高等学校土木工程专业"十三五"规划教材

高校土木工程专业规划教材

城市地下空间规划与建筑设计

李 清 编著

中国建筑工业出版社

图书在版编目（CIP）数据

城市地下空间规划与建筑设计/李清编著．—北京：中国建筑工业出版社，2019.12
高等学校土木工程专业"十三五"规划教材．高校土木工程专业规划教材
ISBN 978-7-112-24240-5

Ⅰ.①城… Ⅱ.①李… Ⅲ.①地下建筑物-城市规划-高等学校-教材 Ⅳ.①TU984.11

中国版本图书馆 CIP 数据核字（2019）第 210911 号

全书共 11 章，内容包括：绪论，城市地下空间规划基础，地下建筑设计基础与开发技术，城市地下街，地下停车场，地下铁道，地下人防建筑，城市地下管线工程，其他地下空间建筑，地下空间建筑防水，城市地下建筑防灾。本书针对土建类专业地下工程方向课程教学特点，注重加强学生能力的培养，使学生掌握城市地下空间规划和建筑设计的基本概念、基本理论和方法。

本书可作为普通高等学校土建类专业地下工程方向城市地下空间建筑规划与设计课程（30～40 学时）通用教材或参考书，也可供从事城市地下空间建筑规划与设计的科研技术人员及管理者参考。

* * *

责任编辑：何玮珂　刘颖超
责任设计：李志立
责任校对：姜小莲

高等学校土木工程专业"十三五"规划教材
高校土木工程专业规划教材
城市地下空间规划与建筑设计
李　清　编著

*

中国建筑工业出版社出版、发行（北京海淀三里河路 9 号）
各地新华书店、建筑书店经销
北京红光制版公司制版
天津翔远印刷有限公司印刷

*

开本：787×1092 毫米　1/16　印张：24½　字数：507 千字
2019 年 12 月第一版　　2019 年 12 月第一次印刷
定价：**78.00** 元
ISBN 978-7-112-24240-5
（34756）

前　　言

随着我国经济和城市化进程的快速发展，城市建设规模和水平不断提高，用地问题日益突出，为适应城市绿色和可持续发展，地下空间得到越来越广泛地开发利用。城市空间由地面及上部空间向地下空间延伸，是现代城市发展的必然趋势，是科学技术发展的结果，相对于拥挤的地面空间，地下空间为城市发展提供了广阔的空间资源。地下空间工程实现了城市空间的多重开发利用，扩充了城市容量，有效缓解了城市发展的矛盾，疏导交通，维护历史文化景观，增加绿地，减少环境污染和改善生态，人类能够享受到更多的蓝天白云、清新空气和明媚阳光，逐渐达到人与自然的和谐。21世纪是开发利用地下空间的世纪，我国已进入城市地下空间开发利用的高峰期。

地下空间工程是我国未来几十年内重点开发的土木工程领域，急需大量受过地下空间工程专业系统教育的技术人才，但由于地下空间工程的复杂性和学科体系的独特性，具有多领域、多学科的交叉性特征，传统的土木工程学科人才培养体系难以满足地下空间工程学科方向需要。国内已有多所高校开设土木工程专业地下工程方向或新开设城市地下空间工程专业，中国矿业大学（北京）的土木工程学科是在传统优势学科矿山建设工程专业基础发展起来，开设地下空间工程方向已近十年，鉴于专业课程体系的教材内容过时、教材衔接性及系统性差，没有反映地下空间工程快速发展现状，面临缺少系列教材的现实问题，因此，根据地下工程方向人才培养要求，组织规划和编写"地下工程"系列教材，促进培养工程实践能力强和创新能力强的应用复合型专业人才，解决地下工程方向培养的教材建设问题，使学生全面熟悉和掌握地下空间工程专业知识，满足专业课程学习和教学需要，提高人才培养质量。

本书撰写过程中，结合笔者多年教学经历，吸收了地下空间工程发展的最新见解、观点与研究成果，参考了该领域国内外知名专家学者的相关著作，尽量反映当前地下空间工程的发展状况。本书全面介绍了城市地下空间规划与建筑设计的基本理论与方法，主要包括地下街、地下停车场、地下铁道、人防工程、地下管线工程、地下工程防水与防灾等方面的内容，引导学生学以致用，提高学生运用所学知识分析并解决地下空间工程实际问题的能力，为从事专业技术工作和进行科学研究打下基础。

本书主要作为普通高等教育土建类专业地下工程方向本科生的通用教材或参考书，也可供从事城市地下空间建筑规划与设计的科研技术人员及管理者参考。

　　由于编者水平有限，书中疏漏、不妥之处，敬请读者批评指正。

编者

2019 年 7 月

目　　录

第1章 绪 论

§1.1 概 述

城市发展到一定程度，表现出城市人口膨胀、土地紧张、能源缺乏、交通拥挤、战争与灾害威胁等矛盾，开发利用地下空间，可有效解决城市可持续发展问题，增强城市活力。

1.1.1 地下空间的涵义

建筑是建筑物与构筑物的总称，随着人类发展而发展。原始社会，建筑物是人类为了避风雨和防备野兽侵袭而产生，最初原始建筑就是地下穴居，地下空间是现代建筑的最原始阶段。人类社会漫长的发展进程中，建筑也发生了很大变化，不仅具有最原始的功能，而且赋予了人们在生产、生活、政治、经济、文化、艺术、防灾、减灾、环保、生态、国防安全等方面所需要的众多功能。随着科学技术的发展，出现了绿色建筑、生态建筑、智能建筑等新型建筑。

地下空间是相对地上空间而言，指地球表面以下岩层或土层中由天然或人工掘凿形成的空间，泛指各类生活、生产、防护的地下建筑物及构筑物，也可特指某一类型的地下空间建筑，如交通隧道、国防工程。例如，石灰岩山体由水冲蚀而形成的天然溶洞，人们对自然资源开采后而留存的矿洞及挖掘构筑的各种地下建筑，这些都是地下空间。地下构筑物常指那些仅满足使用功能要求而对室内外艺术要求不高的建筑，如管沟、矿井、库房、隧道及野战工事等。

早期地下空间主要与战争防御及指挥相关联，如美国地下空间核控制中心、苏联的斯大林地下行宫等。21 世纪是地下空间不断发展的世纪，地下空间已同城市功能、环境保护及人类生存发展联系起来，伴随市地下空间建筑的发展，作为新时代广义建筑学的发展，地下空间建筑记录着一个时代的社会政治、经济、技术发展水平。

地下空间开发的主要特点：

（1）为城市发展提供了丰富的空间资源，是城市可持续发展的必然途径；

（2）提高城市土地利用效率，保护农田，节约城市用地等资源；

（3）地下空间建筑修建在岩土中，具有良好的密闭性与稳定的温度、湿度环境，5m 以下地温常年稳定，适宜掩蔽及对环境温湿度有较高要求的工程，如指挥中心、贮库、精密仪器生产用房等；

（4）改善城市交通，形成城市立体交通系统，有效缓解道路拥挤、堵塞现象，如地铁工程的发展；

（5）减轻城市环境污染等，如地下交通工程可将废气统一处理而不污染空气；

（6）地下空间建筑有较强的防灾减灾特性，有效防御包括核武器在内的各种武器的杀伤破坏作用，对地震、风、雪等自然灾害及爆炸、火灾等人为灾害的抵御能力较强；

（7）施工难度大且复杂，防水防潮要求较高，建造成本高，但使用寿命长；

（8）地下空间自然光线不足，与室外环境隔绝，人们对其适应性较差。

1.1.2 地面建筑与地下建筑的区别

地面建筑有外立面要求，建筑造型受到使用者及建筑师重视，地面建筑立面设计风格具有很强的艺术特征。地面建筑设计中常常为了追求立面外观而使平面更趋复杂，以突出形体变化或增加与空间功能无关的建筑艺术手法等，地面建筑常是形体的艺术。具有历史意义的建筑作品，代表着一个时代的政治及技术水平，著名建筑甚至成为国家的标志。金字塔即代表埃及，万里长城代表着中国，悉尼歌剧院代表着澳大利亚，埃菲尔铁塔代表着法国等，这些建筑都有不同寻常的政治、经济、社会背景，城市规划与单体建筑或群体建筑风格记载着该时期的历史。建筑是凝固的音乐，建筑是艺术，建筑是用石头铸成的历史书。

地下空间的建筑设计同相应建筑功能的地面建筑在空间组成及设计原理相近，差别较大的是外立面要求。地下建筑建造在岩土介质中，建造技术要求高，施工困难，造价高，几乎没有外部造型和艺术风格要求，只有丰富的内部空间组成。地下建筑空间布局更紧凑，更体现了建筑空间功能的内涵。除外部造型外，地下建筑不同于地面建筑表现为以下几方面：

1. 建筑的外围介质不同

地面建筑外围介质为空气，受室外风、雨、雷电等自然气候的影响，影响地面建筑工程的结构材料及构造措施，如严寒地区的保温墙体，热带地区的通风降温。而地下建筑周围介质为岩石或土壤，因此，建筑构造上可不考虑风、雨、雪、霜等室外气候的影响，建筑围护结构构造相对简单。

2. 防灾减灾的能力不同

由于地层复杂性，地面建筑抗震设计仍然难以达到满意的程度，地震对建筑物的破坏仍然巨大，地面建筑对于灾害的抵御能力也较弱，而地下空间建筑对抗震减灾及战争灾害的防护能力强。

3. 综合技术条件差别较大

地下空间建筑采光、通风、水、电等方面综合技术要求复杂，内部设备造价较高，地质、施工、防排水、管线、结构形式都与地面建筑有较大差别。

4. 建筑功能内涵差异较大

地面建筑是人类生活工作的场所，但不含铁路、桥梁等。地下空间包含铁路、公路、管沟、油气贮存设施、街道等地面建筑的所有功能，地下空间建筑类型多，分布广泛，几乎地面城市功能都可在地下空间中完成，存在成片的街景及空间竖向纵横交错的空间关系。

5. 对生态环境的影响不同

人类社会的现代工业技术伟大成就带来了地面建筑和城市的巨大发展，但对自然界生态环境来说，地面建筑与城市发展是对土地、空气、森林、江河等自然环境的破坏，影响生态平衡。地下空间建筑满足了人们生活和工作需要，解决了城市可持续发展问题，保护土地、江河、森林及空气等环境生态。

6. 生活与工作的环境不同

人们生活在自然环境中，离不开大自然，地面建筑直接与自然环境接触，而地下建筑密闭性与稳定的温度、湿度环境，心理和生理感受效果差，需通过地下空间人工环境再创造。

1.1.3　城市地下空间开发的意义

现代城市地下空间建筑的出现，一般以 1863 年英国伦敦建成的世界第一条地铁为标志，至今 150 多年历史。在 20 世纪上半叶，地下空间建筑常同战争防护相联系，20 世纪 60 年代以后，发达城市的地下空间开发达到空前规模，也是全世界城市发展的必然趋势，是衡量城市现代化的重要标志。

1. 地下空间开发节约了耕地

开发地下空间，节约了耕地，减少人类对自然资源的掠夺，保护近海、江河、近空、森林、土地等人类生存的自然环境，因而向地下索取生存空间是空间开发的重要方向。

世界人口公元 1 年约 2.5 亿，1600 年达 5 亿，1960 年达 30 亿，1987 年达 50 亿，是 1600 年的 10 倍，2011 年达 70 亿，预计 2050 年接近 100 亿，近几十年世界人口处于快速增长时期，而世界总可耕地面积为 1729 万 km^2，难以得到发展，因此提供合理的生存空间是人类面临的巨大课题。我国也进入了快速城市化时期，中国 1978 年城镇化率仅为 17.92%，2014 年中国城镇化率达到 54.77%，较 1978 年增加了近 37 个百分点，城市用地规模不断增长，1993～2010 年间，城市建成区面积扩张了 1.3 倍，年均增长率 5.05%，可耕地面积仅为 143 万 km^2，人均只有 1059m^2，而且耕地以年均 1.66% 逐渐减少。

2. 地下空间开发提供了广阔的城市空间资源

实践证明，地下空间开发利用提高了城市容积率。人类生存空间资源主要是海洋、宇宙、地下空间，地下空间是一定历史时期内现有技术条件下可供人类合理开发的空间资源。地下空间是人类潜在的丰富资源，从史前古人洞穴，到新石器时代坑道和已存在 600 多年的黄土窑洞（图 1.1），从 18 世纪工业革命产生的地下电站、地铁，到各种工业和商业用途的隧道洞室，以及现代城市化开发的地下街、地下综合体，都说明地下空间开发的悠久历史及在现代城市建设发展中所发挥的巨大潜力。

图 1.1 中国的黄土窑洞

城市化水平的提高与扩展会延伸到海洋、宇宙近空，开发地下浅层空间是现实途径。地下空间处在城市地表以下，开发地下空间比较容易，距离近，技术有保障，同人类地面生存空间已建成的城市系统联系紧密，可以使地上、地下空间协调发展，而远距离海洋、近空宇宙空间开发在可预见的将来从技术上难以实现。

在我国按占国土面积 15％计，地下空间合理开发不同深度，可供利用的地下空间资源如表 1.1 所示。现有施工技术水平完全可以开发 50m 以内地下深度，假定 2050 年我国生活空间用地占国土面积 7.3％的土地面积约 700 亿 m^2，平均建筑密度 30％，平均建筑层数为 4 层，则可提供建筑总量为 8400 亿 m^2，仅占这部分地面下的地下空间所能提供建筑面积资源的 14％。

我国可供有效利用的地下空间资源（平均层高 3m 计） 表 1.1

开发深度（m）	可供有效利用的地下空间（m^3）	可提供的建筑面积（m^2）
2000	11.5×10^{14}	3.83×10^{14}
1000	5.8×10^{14}	1.93×10^{14}
500	2.9×10^{14}	0.97×10^{14}
100	0.58×10^{14}	0.19×10^{14}
50	0.18×10^{14}	0.06×10^{14}

不计算地价时，城市地下空间建筑造价比地面工程高得多，如土建费用平均为地面工程 2～4 倍，设备费用为地面工程 1.5～2.1 倍。如考虑地价，越是在繁华区间的地下工程造价越低，从日本经验看，地下街道造价仅为地面建筑造价的 1/4～1/12，而且繁华区地下空间的使用价值与土地的使用价值基本一致。我国商品建筑售价中基本都包含地价，应从国家政策、法规等方面规定地下空间使用权及有偿使用问题，基本原则是浅层地下空间开发利用的使用权费用较低，而次深层地下空间应为无偿使用，这样可充分发挥地下空间的使用价值，促进地下空间的开发利用。

　　3. 地下空间开发是城市可持续发展的需要

　　人类传统发展模式造成了各种困境和危机,危及人类生存。(1)资源危机,如金属矿、煤、石油、天然气等非再生资源,据估计,已探明地球上矿物资源储量,长则还可使用一二百年,少则几十年;水资源匮乏也十分严重,地球上 97.5% 的水是咸水,只有 2.5% 的水是可直接利用的淡水。(2)土地沙化日益严重,由于森林被大量砍伐,草场遭到严重破坏,世界沙漠化面积已达 4700 多万平方公里,占陆地面积 30%,而且每年 600 万公顷的速度扩大。(3)环境污染日益严重,包括大气污染、水污染、噪声污染、固体污染、农药污染、核污染等,大量燃烧煤、石油,森林大量减少,二氧化碳大量增加,因而造成了温室效应,后果是气候反常,影响工农业生产和人类生活。(4)物种灭绝和森林面积大量减少,热带雨林被大量砍伐和焚烧,每年减少 4200 英亩,地球上每天有 50~100 种生物灭绝。

　　世界环境和发展委员会把可持续发展定义为满足人类需求,而不危及后人选择他们生活方式及满足需求的可能性。城市地下空间对可持续发展的贡献在于对环境生态的保护作用。地下空间可集中解决交通的快捷和安全,解决废气对空气污染,解决污废水排放与提供清洁水;地下建筑可有效进行防震与防害,即防灾减灾功能远优于地面,减少灾害带来的损失;地下空间可贮存各种物品,如气体、液体、食品、危险品;大幅度增加各种使用空间,保护地面城市与土地。地下空间开发对社会可持续发展的支持显而易见,各个国际组织及我国都相当重视地下空间开发利用。

　　发达国家为解决城市中交通、商业、电力、通信、停车场、市政管线等问题,已将大量的城市设施转移到地下空间。美国早在 1974~1984 年的 10 年之中,地下工程的投资额高达 7500 亿美元,占基本建设总投资的 30%。日本更是提出了向地下发展,将国土面积扩大 10 倍的大胆设想。

　　图 1.2 为日本清水公司提出的"大深度地下城市"构想,该方案是以东京皇宫为中心,深度 50~60m,直径 40km 范围组成地下城。城市组织在 10km×10km 的网格中,节点处设一个直径 100m 带有天窗的 8 层综合体共 4 万 m² 的建筑面积,顶部有通向地面的天窗,可以引入阳光,种植植物,形

图 1.2　日本东京地区大深度
地下城市构想(清水公司)

成舒适的地下环境,适合人类工作和居住,同时每隔 2km 设 3 层的直径为 30 m 扁球体公共综合设施,展示了大城市空间立体开发的设想。

　　我国 1997 年 10 月颁布了《城市地下空间开发利用管理规定》,加强地下空间的管理。规定中指出城市地下空间规划是城市规划的重要组成部分,是解决"城市

病"等一系列问题、实现城市可持续发展的有效途径，是我国城市发展的重要方向。开发利用地下空间有利于改善生态环境，提高城市总体防灾抗毁能力，防治环境污染，保持生态平衡，改善生态环境，提高城市文明水平。由于利用了地下空间，可以使城市地面环境清洁美观，地面空间景色舒适宜人，提高城市居民的生活质量，有利于人口、经济、社会、资源和环境协调发展。地下建筑具有良好的抗震、防空袭和防化学武器等多种功能，是人们抵御自然灾害和战争危险的重要场所。在城市建设过程中兼顾城市综合防灾，做到未雨绸缪，有利于维护社会稳定。

北京每年增加约 300 万 m^2 地下空间，到 2020 年将建成 10m 深度以内的地下空间资源潜力是 9000 万 m^2。30m 深度以内的地下空间资源潜力是 20900 万 m^2，市中心城 10m 深度以内的地下空间资源还能建设 12605 个足球场。2004 年，北京地面建筑面积 1.8 亿 m^2，而当时地下空间浅层剩余 9000 万 m^2。地下 1 层空间可开发商业、餐饮等具有较高盈利的商业空间，地下 2 至 3 层开发为人防空间、停车空间、物流空间、市政设施空间等。北京将地下大型供水系统、地下大型能源供应系统、地下大型排水及污水处理系统等市政设施布置到地下空间。北京作为国际大都市可以建设标志性地下建筑空间结构，在已建成的地下建筑基础上，沿 8 个方向创造 8 组标志性地下建筑，形成未来北京城星罗棋布的地下建筑格局，其中包括地下中关村、奥体地下公园、CBD 地下城、望京地下街、首钢地下城、丽泽地下街和南苑地下公园。因为北京地下都是岩石结构，而且地下水位深，所以非常适合建设深度地下空间。

上海已开发地下空间面积约 4000 万 m^2，形成超过 10 座以上大小不等的"地下城"。2010 年南京地下城建设规模 100 万 m^2 左右，比 2000 年的 50 万 m^2 增加了一倍。武汉市在主城区 684 平方公里范围内到 2020 年规划建成 2000 万 m^2 地下空间。

§1.2　地下空间的发展

地下空间在建筑史学上有其特有的演变规律，地下空间利用的产生和发展经过了漫长历史时期。当今社会发展日益暴露出种种矛盾，其中主要矛盾是人口的不断膨胀和自然资源的减少，将严重威胁着人类的生存，地下空间开发利用是解决城市可持续发展的主要途径。

1.2.1　地下空间建筑发展简史

1. 原始社会的地下空间建筑

从原始人类产生到公元前 3000 年，古人就利用洞穴作为居住生活场所，躲避风雨、抵御野兽。考古发现，距今约 50 万年前的北京周口店中国猿人——北京人居住的天然山洞，应该是最早的一处。在山西垣曲、广东韶关和湖北长阳也曾经发现旧石器时代中期"古人"居住的山洞。5 万年前旧石器时代晚期的"新人"住居有广西柳江、来宾、北京周口店、龙骨山的山顶洞等处。公元前 8000～公元前 3000 年，我国黄河流域挖掘出的洞穴遗址有 7000 余处。在我国西安半坡村发掘出的仰韶文化（距今 3000～6000 年）的一处氏族部落遗址，位于浐河东岸台地上，已发现有四五十座密集排列的住房，居住区周围有宽、深各 5～6m 的壕沟，沟内外分布着窖穴（仓库），沟外北边为基地，东边为窑场，有方形、圆形两种住房形式，总面积约 5 万 m²，其中有一座平面尺寸 12.5m×14m 的公共活动场所。

黄河中下游地区进入龙山文化（距今 3000～4000 年）父系氏族公社时期的洞穴分布更广泛、密集。如陕西西安市长安区客省庄的半地下穴式房（图 1.3），有前后两间不同卧室，呈吕字形平面，中间有门道，外室墙中挖一个小龛作灶，建筑功能上具有分区作用。华阴市横阵村发现方形半地下穴居，长宽各约 4m，深 3m。陕县庙底沟侧有圆形袋状半地下穴，直径 2.7m，深 12m，内有柱洞一处，周边有向内倾斜的柱洞 10 个，推测屋顶可能为圆锥形。河北磁县商代早期遗址中已发现迄今最早的横穴，山西省夏县的龙山文化遗址中也有十多处横穴，到龙山文化后期，地面建筑逐渐增多，洞穴转而贮存物品之用。

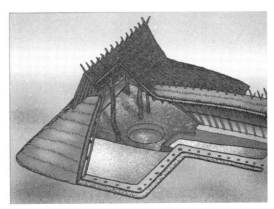

图 1.3　陕西西安市长安区客省庄原始社会半地下穴住宅

日本、法国也发现过这种洞穴。如法国阿尔塞斯竖穴及封德哥姆洞，封德哥姆洞内还有原始人留下的 123m 长壁画。另外，还有马来西亚半岛的巢居，苏格兰的蜂巢屋，这些都产生在新旧石器时代。

2. 奴隶社会的地下空间建筑

我国公元前 2100 年夏朝开始进入奴隶社会。夏朝开始使用铜器，有规则地使用土地，整治河道，防止洪水，天文、历法知识也逐渐积累起来。奴隶制社会经过夏、商、西周、春秋，即公元前 2100～公元前 476 年，地下空间多是墓地与石窟，穴居为奴隶住所。墓穴大多方形，墓深 8～13m，小墓面积 40～50m²，大墓面积可达 400 多 m²。

公元前 4000 年以后，在埃及、西亚的两河流域、印度、中国、爱琴海沿岸和美洲的中部出现了世界上最早的奴隶制国家。古埃及金字塔群举世闻名，金字塔内部空间与地下空间通过甬道相连接，金字塔的西面与南面还有"玛斯塔巴"群，为早期帝王陵，系金字塔的初级形式。公元前 2200 年的巴比伦河底隧道，公元前 312 至公元前 226 年的罗马地下输水道及贮水池，都是杰出的代表。公元前 1250 年，新王朝时期建的阿布辛贝勒·阿蒙神大石窟庙为古埃及石窟建筑中杰出代表（图 1.4），地下空间为全部凿岩而成，正面把悬崖凿成像牌楼门，宽 40m、高 30 多 m，门前有高 20m 的四尊国王拉美西斯二世的巨大雕像，内部有前后两个柱厅，末端是神堂，周围墙上布满壁画。

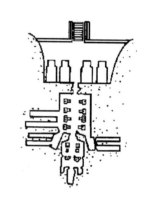

图 1.4 阿布辛贝勒·阿蒙神大石窟庙

3. 封建社会的地下空间建筑

春秋时代末期，中国奴隶社会开始向封建社会转变，公元前 475 年进入战国时代，中国封建制度逐步确立，铁器已经普遍使用，促进了农业和手工业的发展，明确了社会分工，商业与城市经济都逐步繁荣起来，文化上空前活跃和发展。建筑上的反映是大城市的出现，大规模宫室和高台建筑的兴建。

地下空间主要有陵墓、粮仓、军用设施、宗教石窟等。陕西临潼骊山的秦始皇陵东西宽 345m，南北长 350m，三层共高 43m，是中国历史上最大陵墓。河南洛阳一带挖掘出的西汉初期的小型墓多采用预制拼装的砖墓，由大型空心砖（1.1m×0.405m×0.103m）向小型砖（0.25m×0.105m×0.05m）过渡，顶部用梁式大空心砖。四川一带盛行崖墓。我国隋朝（公元 7 世纪）在洛阳东北建造了面积达 600m×700m 的近 200 个地下粮仓，其中第 160 号仓直径 11m，深 7m，容量 446m³，可存粮 2500~3000t；宋朝在河北峰峰建造长约 40km 的军用地道。

自公元 4 世纪中叶佛教传入我国后，凿崖建寺之风遍及全国，成为开发地下空间的重要类型。石窟是在山崖峭壁上开凿洞窟形的佛寺建筑，不同于崖墓，崖墓是封闭，而石窟寺则开放，供宗教活动之用。南北朝时期，相继建成山西大同市的云冈石窟、甘肃敦煌市的莫高窟、甘肃天水市的麦积山石窟、河南洛阳市的龙门石窟、山西太原市的天龙山石窟及河北邯郸峰峰的南北响堂山石窟等。新疆、山东、浙江、辽宁至今都存有石窟寺。石窟寺建筑空间的利用及精美的雕刻、壁画为中国留下了十分宝贵的古代遗产。敦煌莫高窟和洛阳龙门石窟在隋、唐以后又相继大量开凿外，其余各处的主要石窟多是公元 5 世纪中叶至 6 世纪后半期约 120 年期间内所开凿（图 1.5）。

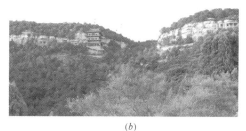

(a)　　　　　　　　　　　　　　(b)

图 1.5　云冈、天龙山石窟

(a) 大同市云冈石窟；(b) 太原市天龙山石窟

石窟寺的建造由南北朝到隋唐，唐朝达到顶峰。有容纳高达 17m 的大像到 20～30cm 的小浮雕壁像等大小不等的窟室和佛龛。地下空间开发同雕刻融为一体，山西太原天龙山的隋代石窟入口设门廊，而唐代石窟外部已取消门廊，仅仅是岩崖雕刻与空间开发，其典型石窟分布在敦煌与龙门。图 1.6 为敦煌石窟中几种窟型平面的比较，分别建于魏、隋、唐的不同时代，平面形式由魏、隋单室平面到初唐双室平面，至盛唐大厅堂平面形成。图 1.7 为河南洛阳龙门石窟的崖壁分布及大窟中的佛像。

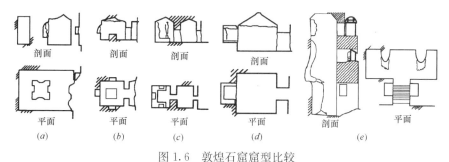

图 1.6　敦煌石窟窟型比较

(a) 魏 251 窟；(b) 隋 305 窟；(c) 初唐 371 窟；(d) 盛唐 156 窟；(e) 盛唐 130 窟

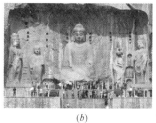

(a)　　　　　　　　　　　　　　(b)

图 1.7　河南洛阳龙门石窟

(a) 崖壁石窟；(b) 奉先寺

我国河南、山西、陕西、甘肃等黄土地区，为了适应地质、地形、气候和经济条件，建造了各种窑洞式住宅与拱券住宅。窑洞有两种，一种为靠崖窑，常常数洞相连或上下分层；另一种为平坦地面开挖下沉式广场，然后在土壁上开出窑洞空间，称为地坑窑或天井窑。图1.8为靠崖窑平、剖面图。

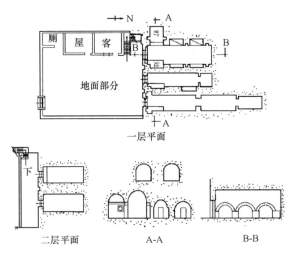

图1.8　河南巩义市窑洞平、剖面

1.2.2　近现代地下空间建筑发展

公元15世纪至16世纪，"文艺复兴"运动达到高潮，遍及欧洲。公元16世纪末，"文艺复兴"运动结束了，以法国为中心的宫廷文化形成潮流，冲击着整个欧洲，"古典主义"文化产生了深远影响。

1. 资本主义使地下空间作为城市文化的一部分而发展

决定欧洲由封建社会走向资本社会的动力因素是英国和法国的资产阶级革命。英国资产阶级革命爆发于1648年，18世纪中叶手工业到了末期，资产阶级同封建制度矛盾激化，整个欧洲形成波澜壮阔的反宗教神学的思想文化解放运动，一直到19世纪中叶才冷却下来。各种建筑随历史而产生，建筑风格多种多样，总体表现为以资本为中心的需要。如哥特式教堂的银行与政府大厦、西班牙式住宅、文艺复兴式的俱乐部、巴洛克式剧场等。

地下空间开发方面，封建社会以神庙及陵墓为中心的建筑风格转化为以城市建设为中心的实用类型，如1613年英国建成市政地下水道，1681年修建了地中海170m长的比斯开湾隧道，1843年伦敦建成了越河隧道，1863年伦敦建成世界第1条地铁，表明资本主义社会已具备了成熟的地下开发技术。

大工业生产为建筑技术的发展创造了良好条件，新材料、新结构在建筑中得到广泛应用。1855年，贝塞麦炼钢法（转炉炼钢法）出现后，钢材更普遍应用于建筑。1774年，英国艾地斯东在灯塔建设中采用了石块混凝土结构，1829年曾把混凝土作为铁梁中的填充物，1868 年法国园艺家蒙涅以铁丝网与水泥试制花钵，拉布鲁斯特以交错的铁筋和混凝土用在巴黎日内维夫图书馆的拱顶取得成功，这为近代钢筋混凝土奠定了基础。法国包杜于 1894 年在巴黎建造的蒙玛尔特教堂是第一个采用钢筋混凝土框架结构，从此钢筋混凝土结构传遍欧美。

2. 两次世界大战推动了地下空间的利用

战争使各国对战争带来损失的认识更加深刻，两次世界大战使城市遭到了严重破坏。当时各国为战争服务的地下空间防护体系及后方生产体系建设量很大。主要有人员掩蔽工程、指挥所、军用工厂、物资库、医院、电站及地下交通网。

从 1863 年到第二次世界大战期间，发达国家地铁建设一直没停止，如美国纽约、匈牙利布达佩斯、奥地利维也纳、法国巴黎、德国柏林、阿根廷布宜诺斯文利斯、西班牙马德里、希腊雅典、日本东京、苏联莫斯科等相继进行地铁建设。第二次世界大战结束后期，很多国家都考虑对战争的防御，而在全国范围内规划设计防空体系，以便一旦战争发生而有备无患。

资本主义的资本垄断使大城市工业畸形发展，人口高度集中，城市污染严重，工作生活环境恶化，道路交通拥挤，土地和资源的不合理使用等，严重影响了城市的使用效率，也阻碍了资本主义社会的发展。第二次世界大战后，恢复生产和生活的要求是当务之急，因此，要有计划地改建现代大城市，开展新城运动，进行区域整治和环境改造，快速建设及恢复生产更加推动了地下建筑的发展。如第二次世界大战后的英国伦敦规划、莫斯科城总体规划、日本新宿的规划等。

3. 战后城市地下空间的快速开发利用

高层建筑是现代建筑技术主要标志，是城市发展的必然趋势，一定程度上解决了城市的发展空间问题，但实践证明，超高层建筑也带来了使用的不便，而且对城市交通、日照、城市艺术等造成严重后果。

第二次世界大战后，西方发达国家随着经济的恢复与快速发展，以及现代科技的发展，地下空间开发进入了高潮时期，地下空间开发应用主要表现两个方面。首先因战争的惨痛教训而大规模地建设城市防护系统，包括战备物质贮存、人员掩蔽系统。其次是地下建筑空间的开发利用，地下空间被当作解决城市危机及土地资源紧张的有效途径，各国都争先开发地下空间，城市矛盾越突出，则地下空间开发规模越大，地下空间及掩土建筑被当作回归大自然，保护地面资源的良好办法；地下交通系统则是解决交通矛盾的主要途径。

瑞典拉普兰体育旅馆（图 1.9），20 世纪 50 年代末建成，是一座掩土建筑，犹如地下生长的自然建筑，乡土气息浓厚，建筑材料与掩土结构的巧妙运用，被认为是北欧"有机建筑"的典范。日本新宿地下街规模宏大，全长 6790m，两旁排列着各种商场，地面大厦与地下街连通，地下车道把地下街与其他四个地下街联系成网，图 1.10 为新宿车站广场、立交、地上、地下连成一体。

图 1.9 瑞典拉普兰体育旅馆   图 1.10 日本新宿车站广场

美国原纽约世界贸易中心大厦（2001 年被恐怖分子劫持飞机撞毁），建于 1969 ~1973 年，110 层，地面建筑高度 411m，总建筑面积 120 万 m²，地下空间为 7 层，地下空间设有地铁车站和商场，可停放 2000 辆汽车的四层停车场，设有电梯 108 部，快速分段电梯 23 部，可供 5 万人办公，接待 9 万来客。

美国明尼苏达大学土木与矿物工程系利用自身优势，建设了 95％的空间在地下的综合办公楼（图 1.11），由教室、实验室和行政办公室三部分组成，地下建筑物多达 7 层。场地工程地质条件良好，上部 15m 厚土层，中间 9m 厚的石灰岩层，下面为软质砂岩。建筑面积 14100m²，其中土层 10000m²、砂岩层 4100m²，明挖法施工，岩洞底最深处距地表 34m，顶部露出地面，两个竖井（内设楼梯和电梯）联系。造价 1300 万美元，1982 年完工。建有日光传输光学系统和遥视光学系统，减轻地下深部压抑感和孤独感，采用太阳能供热、发电，天然冰和地下冷水供冷，日光传输照明等节能措施。

图 1.11 美国明尼苏达大学土木与矿物工程系馆

蒙特利尔市是加拿大的第二大城市，又称为双层城市，冬天有 50 万人使用地下城的各种设施（图 1.12）。地下城位于威尔玛丽区，创造舒适生活环境，克服了恶劣气候，是综合性住宅商业中心，长达 17km，建筑面积 400 万 m²，步行街全长 32km，有 120 多个出入口，最深地下空间可分五层。地下城始建成 1962 年，建筑面积 50 万 m²，20 世纪 90 年代进一步扩充，将面对圣劳伦河和皇家山的市区办公大楼、旅馆、商店、公寓大楼、医院从地下连通，还通往两个火车站、一个长途汽车站和规模巨大的停车场。可以在 142 家中任何一家饭馆或酒店里用餐、饮酒，在 1024 个商店里购买所需商品，在 24 家电影院和 4 家剧院里观看电影或节目，还可以参观两个大型展览、两个艺术长廊。

图 1.12　加拿大蒙特利尔地下城

1.2.3　地下空间开发的优势与劣势

1. 地下空间开发的主要优势

（1）地理位置优势

城市发展速度过快，扩大用地规模，势必占用大量的农业用地，引起严重的社会问题，威胁城市生存空间，土地资源制约了城市发展。城市发展只能走内涵式集约发展，开发利用地下空间是缓解城市用地紧张的有效措施。建筑物建造受形态和位置的影响，地下建筑靠近已有设施，发挥商业效应，开发地下建筑可以充分考虑地形、地貌及设施形式、地面限制的影响，利用地下建筑规划建设的位置优势。城市古建筑改造、文化保护工程体现了地下空间的优势，地下空间也是物流效率和效益最高的场所。例如，瑞典斯德哥尔摩皇家图书馆、法国巴黎卢浮宫等地下扩展工程。

（2）气候优势

世界大多数地区，土壤和岩石中与地面环境下的温度相比，500m 深度以内的温度表现为一个中等热量环境。地下环境的气候优势表现为减少热量损失；在热气候下可以避免外部的热影响（辐射和传导），接触土壤后冷却是可能的；减少调节空气流通的能量需求。地下结构能经得住严峻气候的考验，能够免于飓风、旋风、雷暴、冰雹等自然灾害，最易受到恶劣天气影响的地下结构部分仅仅是结构通道口处或者观测口，也能阻止由于洪水产生的结构破坏。如澳大利亚南部库伯佩迪镇人口仅 3500 左右，世界上 70% 的猫眼石都产自此处。阳光炙热，室外温度可高达 55℃，大部分居民都住在地下（图 1.13），地下有教堂、餐厅、酒店和商店。

图 1.13 南澳大利亚的库伯佩蒂镇 (Coober Pedy)

（3）防护优势

地下空间相对地面是封闭的，地下结构提供了灾害的防护作用。地面建筑物易受地震的破坏，而地下结构由于其位置低，又有周围地层的围护作用，地层限制了地下建筑结构受到同地面一起震动的幅度，地层吸收颤动和震动能量的效果很好，抗震能力较强。地下空间即使少量的土层覆盖物对于阻止空气传播噪声都是非常有效的，对于辐射微尘、有毒化学品爆炸、泄露等具有良好的防护效果。在地震或战时，火灾是一个重要灾害，虽然地下空间通道口易受到水灾影响，但是地下结构不易燃烧，能提供极好的隔热结构，地下空间是比较安全的场所。

（4）自然环境保护优势

地下空间开发节约土地，有利于当地环境与自然土地的保护。地下结构保护自然植被，对生态圈损害较少，保护生态。地下空间对地表的破坏很小，地表降雨补充了地下水，减少地面水流失量。地下结构能够提供与地面结构相比不同的内在特性，世界上许多国家都已经开发了地下休闲场所，使人们在一个安静的环境中放松自己。如挪威哥吉维克奥林匹克山大厅、芬兰地下游泳池、芬兰地下滑冰场大厅、芬兰赫尔辛基岩石中的地下教堂等都是地下建筑与地下自然融合的典范。

（5）规划优势

在地下空间规划时，在地质条件、费用和土地使用权限允许以内，可以利用二维和三维系统资料，对地下空间进行分层设计。不同功能的地下设施应该分布在地下二维和三维空间中。在丘陵地带，采用地下建筑，交通和功能隧道不受地形限制。

（6）综合效益优势

节约初期投资，节省用于购买土地的成本。节约建设费用，地下结构建设成本一般高于地面结构，在一些地质环境、设施规模和设施形式上，地下施工可能提供直接的节约，如在北欧修建的地下石油储备库。温度变化、紫外线、冻融破坏、污染等对地下结构影响较小，地下结构腐蚀老化的速度可能较慢，降低地下结构运营与维修成本。美国大量对比试验表明：地下建筑物比同类型地上建筑耗能明显减少，节能率明尼苏达州及波士顿地区为 48%、盐湖城为 58%、休斯敦地区为 33%。

2. 地下空间开发的劣势

地下建筑与地质环境之间相互作用，地下空间受地质条件影响大。地下结构施工前，难以准确预报地质条件，存在不确定性因素，世界各地城市在江河附近地区地下施工，都遇到过许多不良地质条件。同时，地下建筑存在一定的隔热劣势，地面渗水、地下涌水较难解决，地下空间存在消极心理效应，施工难度大，技术要求高，维修困难，建造成本高。

1.2.4　地下空间开发的主要趋势

经济和社会科学技术的发展，人类战争及灾害的威胁，都要求必须开发地下空间。城市发展到一定规模，地下空间的开发与利用是人类社会发展的必然趋势，是人类为了生存而保护自身的有效措施。城市地下空间开发按表层空间考虑，开发深度 0～10m 以工业与民用项目为重点；郊区或乡村应保留一定自然厚度，地下开发深度在 10～15m 以下，有效地为人类提供能量、自然绿化及生态平衡。21 世纪是地下空间开发利用发展期，城市空间由地上空间向地下延伸，是城市发展的必然趋势。

1. 大型地下综合体是城市密集区发展的趋势

结合地铁建设和旧城改造、新区建设，特大城市进行地下空间开发。大型地下综合体应与地面相结合，如商业服务中心、地下交通网、停车场及公用设施等，有效提高了城市中心区的土地利用率和城市运行效率，改善交通条件，扩大绿地面积，提高了环境的人性化水平。如北京中关村西区、上海世博轴、广州珠江新城、杭州钱江新城波浪文化城等，建成了集交通、商业、文化、娱乐、市政于一体的地下综合体，单体规模在数十万至数百万平方米，占建筑总规模的三分之一以上。

2. 城市交通为地下空间开发利用的重点

地下交通网主要包括地下公路交通网、地铁交通网等，缓解了城市交通拥挤和减轻了环境污染。地下交通网建设深度有浅层、深层，由 5～30m 不等。从 1863 年英国伦敦建成第一条 6.4km 地铁，到目前全世界已有 100 多个城市建设了地铁，而且，地铁建设的总体趋势是地面、高架、地铁组成一体的立体化交通系统，地下高速轨道交通将成为大城市和高密度、高城市化地区城市间交通的最佳选择。我国截至 2014 年初，已有 28 个城市开建地铁，建成运营总里程 2074km，北京和上海的地铁运营总里程均超过 400km，位居世界前列，缓解了城市交通拥挤。

随着城市发展，海底隧道、越江隧道等也发展起来，消除了城市交通的空间屏障，保护了地面环境，如英吉利海峡隧道。我国跨江河湖海隧道和城市地下快速路的建设也举世瞩目，建成了上海黄浦江越江隧道，青岛胶州湾、厦门翔安海底隧道，南昌青城山、苏州蠡湖等城市隧道。

3. 发展具有防灾功能的地下空间

两次世界大战、大小不间断的战争及地震、火山、飓风、放射和泄毒等灾害严重危害城市发展，而地下空间对战争及地震、大火、飓风等城市灾害具有良好的防御能力。各国在为应对城市灾害做了各种各样的准备，重视地下空间开发在城市灾害的防护作用，各国在地面建设规划时对其地下部分有明确的防灾功能要求，如面积、出入口数量、交通工具等。例如，苏联要求城市居民和工矿企业按能容纳总人数的 70% 来修建掩蔽工程；瑞士建造的掩蔽所已能够保证总人口的 90% 在危急状态下的掩蔽；美国弗吉尼亚州在坚固的岩层深处建造了"芒特弗农"的地下城，位于首都华盛顿西北约 75km 处，是为核战争做准备的超绝密"地下城市"，具有作战、生活居住的一切保障，能经受核持久战的一切机能，地下空间设置有起降的直升机机场。

4. 城市市政设施的地下空间利用

市政基础设施是城市的生命线系统，包括水、电、暖、气等市政管线工程及排防系统。城市基础设施必须和城市总体规划、分区规划相结合，新开发地下空间受到原有基础设施的影响，需要使原设施改线、加固或局部改造等，管线廊道代表了城市市政工程的发展方向。总之，大规模开发地下空间必须结合基础设施的改造，所以，基础设施的总体规划应在今后的开发中具有统筹性、方向性。

5. 原有地下空间或天然洞室的利用

在城市地下空间开发过程中，经常有早期已开发的地下空间或天然形成的洞室，对原有的地下空间的维修、改造、处理，以及与新开发的地下空间的相互联系，是城市地下空间开发过程中的重要课题，特别是一些民防工程，其工程质量水平已不适宜目前的要求水准，不改造是不能投入使用的。天然洞室的开发利用较为经济，常开发成民用、工业、景观或军事建筑等。

6. 发展建立水、能源和生产生活物质等地下贮存系统

地下贮存系统，包括水、液化气、热能、油及生产生活物质资料等，具有安全、节能、经济和环保等多种优点，得到了充分利用。图 1.14 为瑞典的一座地下热水库，建在 210m 深的地下岩层中，把地面上热电站地热产生的热水存在容积为 20 万 m³ 的洞罐中，用作首都一个大居民区的热水使用。图 1.15 为美国的两种岩

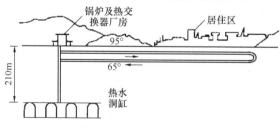

图 1.14　瑞典地下热水库

石蓄热库，全部用石渣回填开挖后的洞库，中间埋设三排管道，从当中一排管道通入热空气，流向上下两排管道，将石渣加热，利用岩石良好的蓄热性能长期贮存热能，使用时，通入常温空气，被加热后输出。热空气可以由热电站提供，也可由太阳能收集器生产。这种蓄热库的输入和输出温度在500℃以上，可贮存4～6个月，造价低，容量很大。当前，地下2000～4000m的高温岩体热能利用，引起各国重视。

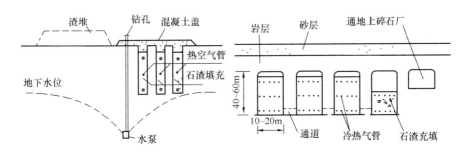

图1.15　美国岩石蓄热库

7. 地下空间开发分层化与深层化的发展

随着一些发达国家地下空间利用先进城市的地下浅层部分已基本利用完毕，以及深层开挖技术和装备的逐步完善，为了综合利用地下空间资源，地下空间开发逐步向深层发展。加拿大温哥华修建的地下车库多达14层，总面积72324m²。以日本学者为主正在研究30m以下深层地下空间利用，深层地下空间资源的开发利用已成为未来城市现代化建设的主要课题。在地下空间深层化的同时，各空间层面分化趋势越来越强。这种分层面的地下空间，以人及为其服务的功能区为中心，人、车分流，市政管线、污水和垃圾的处理分置于不同的层次，各种地下交通也分层设置，减少相互干扰，保证了地下空间利用的充分性和完整性。

8. 先进技术手段的不断成熟和运用

随着地下空间开发利用程度不断扩展，长大隧道开挖以及遇到不良地层机会的增多，要求隧道开挖速度及开挖安全越来越高，硬岩中采用TBM开挖，软岩、土层中采用盾构开挖的更趋明显。微型隧道技术也得到广泛采用，隧道直径一般在25～30cm，最大可达2m，在隧道表面入口处采用遥控进行开挖和支护，具有快速、准确、经济、安全，适宜在高层建筑下、历史文化名胜古迹、高速公路和铁路、河道等穿过管道，也在城市发展中得到越来越广泛的采用，微型隧道技术已修建了5000km管道。由于地下管线不断增多，这种工程的应用将越来越广。

另外，由于地下空间开挖中定位和地质地理信息、勘察现代化的需要，GPS（卫星全球定位）、RS（遥感）和GIS（地理信息系统）技术在地下空间开发中的应用将会得到越来越大的推广。

§1.3　地下空间工程的分类及研究内容

地下空间工程属于土木工程的分支，涉及工程开发与规划、勘测与设计、施工与维护等综合科学和技术，根据不同分类标准，地下空间类型很多。

1.3.1　地下空间工程的分类

1. 按使用功能分类

（1）地下民用建筑

① 地下居住建筑

地下居住建筑主要包括覆土住宅、单建及附建式建筑物、窑洞等。经验表明，地下住所的环境指标能够满足人类生活健康需要，特别是在气候条件恶劣的地区，地下空间内的微小气候及节能作用十分显著，如我国西北地区窑洞式住宅，美国覆土建筑等。人们倾向于地面空间，但当地下空间的气候环境同地面相近或优于地面时，居住效果并无本质差别。但是，现行经济技术条件下，地下空间还难以全部达到高标准居住环境条件，多数存在"闷"、"潮湿"等问题，大量人口到地下居住还不现实。

② 地下公共建筑

地下公共建筑主要包括办公、会议、教学、实验、医疗、文化娱乐、旅馆、体育设施等。地下空间有地面空间不具备的特定环境条件，比如良好的恒温性及遮蔽性，更适合于严寒及酷热的地区，地下空间特殊的隔声优势，使得几乎所有不需天然光线的活动都很适合在地下进行。应当指出的是，地下公共建筑由于人流密集，流量大，因此，对其防火疏散及出入口有更高的要求。

（2）地下商业服务空间

地下空间可作商场、餐厅等设施，尤其当其与动态交通功能相联系时，更能吸引人流，改善交通，繁荣商业，一举两得。在气候严寒或酷热地区，因其恒温性和遮蔽性，更受欢迎。当然，这类空间因人流量大，防灾措施一定要得当，尤其是餐饮业的防火。

（3）地下工业建筑

地下工业建筑通常是指人们从事生产创造产品所需要的地下空间，可用于多种工业生产类型。如要求较高的精密仪器的生产，军事及航空航天工业、轻工业、手工业等工业生产，水利电力的生产等，尤其当这些设施与城市居住区混杂时，将其迁至地下，改善环境、提高生活水平的意义更显突出。

（4）地下交通建筑

城市地面交通拥挤及人流混杂的现象是现代都市最突出的矛盾，而解决城市交通矛盾现实途径是开发地下交通工程及地下人员集散场地。地下交通工程的开发已经成为现代大都市发展的必然结果，是开发利用地下空间的最主要功能，主要包括地铁、公路交通、隧道、地下步行街及其综合公共交通设施（地下步行与交通合一或地下街道与步行合一等）。下沉式广场常建造在人员密集的场所，如火车站、交通及商业中心地段的交叉口，不仅分配和组织了人流流向，同时也是立体城市的缩影。在现代大都市中，这种类型已很普遍，是解决人员集散的有效途径。

（5）地下防灾防护空间

地下空间建筑对于各种自然和人为灾害的综合防护能力很强。各国为了有效保护有生力量、打击敌人，修建了以战争灾害为防护对象的防护工程。地下空间建筑能有效防御核武器空袭、炮轰、火灾、爆炸、地震等造成的破坏。例如，当原子弹低空爆炸时，在距 100 万吨级弹爆心投影点 2.6km 处，地面建筑 100% 全部破坏，而承载力为 98kPa 的地下建筑可保持完好；如承载力为 294kPa，这个距离可缩小到 1.5km。地下建筑埋置在岩石中或土中相当深度以下、有足够厚度的岩土防护层中，则除防护口部外，地下空间建筑可不受冲击波荷载作用，全部由岩土承受，承担防灾防护功能，同时不影响其他功能的开发，而高造价的地面建筑物却难以做到。地下空间平战结合，是人防发展的必由之路。

（6）地下公用市政设施空间

城市产生以来，部分城市公用设施一直在地下发挥作用，包括地下水管线、暖管线、电缆及通信管线、煤气管线等各类管线。随着城市快速发展，变电站、水厂、电厂、锅炉、污水处理系统、未来的垃圾处理输送系统等很多建筑设施将建在地下，地下管网集约化必将是城市市政公用设施的发展趋势和方向。目前，我国城市基础设施建设虽然还未能广泛使用"共同沟"技术，将地下管线集约化，但是，这必将是我国未来城市市政公用设施建设的发展趋势和方向。

（7）地下综合体

地下综合体是由城市中不同功能的地下空间建筑共同组合而形成的大型地下空间工程。日本把地下综合体称为地下街，实际上，地下综合体是由地下街的发展而形成。初期的地下综合体是由地下步道系统连接两侧的商店及地面建筑的地下室组成。经过几十年地下空间开发利用的发展，地下街与地铁车站、快速路车站、地下休闲广场、停车场、市场、综合管线廊道、供水发电设施、防护设施、防灾及水电设备系统控制设施进行综合，还综合了一些需要的、能结合的其他地下空间建筑，综合体是一个外延不明确的模糊的概念。伴随着今后实践的发展，地下综合体即发展为地下城。

地面建筑分为公共、住宅、工业等建筑，通常是针对使用功能而言的单体建筑，而地下综合体综合了街道、公共场所与交通、管线等不同功能的构筑物，是建筑工程领域最复杂、难度最大、成本最高的建筑类型，是现阶段城市在无法解决地面空间矛盾而必然出现的结果与发展趋势。

（8）贮存空间

由于地下空间不占地面用地，加之其独特的内部环境，地下空间有恒温、防盗性好、鼠害轻等优点，使得仓储建筑利用地下更有其独到的价值。地下贮库成本低、节能、安全，因此得到了广泛的利用。地下贮库有车库、粮库、物资库、油库、气库（煤库、热贮库）等。如加拿大在岩盐中建造的液化天然气库，每立方米贮量的造价仅为地面钢罐库的 $6\%\sim8\%$，库容越大，经济性越明显，大到 100 万 m^3 时，则造价仅为地面库的 27%。

（9）高层建筑的设备空间

高层建筑设计施工中是常见利用地下空间作设备层，节省出地面以上的楼面可以用于其他功能。

（10）其他特殊地下空间

包括文物、古物、矿藏、埋葬、天然及人造的地下景观洞穴的开发及应用等。

以上列举内容涉及城市大部分功能，但城市地下空间只是城市空间的一部分，一般应考虑地下空间的特性，无人空间和生产生活设施应优先布置在地下，地下空间的功能与环境应尽量相适宜。

2. 按建筑外围介质分类

地下空间由于设在地面以下，受周围介质影响较大，岩层与土层差别很大，无论从规划、设计、施工都有很大的不同，因此可以分为两大类。

（1）岩石中地下建筑

包括利用和改造的天然溶洞或废旧矿坑以及新建的人工洞等。天然溶洞是在石灰岩等溶于水的岩石中长期受地下水的冲蚀作用而形成。如果地质条件较好，其形状和空间又较适合于某种地下建筑，就可以适当加固和改建，这样可节省大量开挖岩石的费用和时间。新建的岩石地下空间的开发是根据使用要求和地形、地质条件进行规划，如我国的大连、青岛、重庆等市地下空间大多为岩层介质。

（2）软土中地下建筑

软土中地下建筑根据建造方式分为单建式和附建式两种（图 1.16），单建式是指独立在土中开发的地下空间，地面上没有其他建筑；附建式是指依附于地面建筑

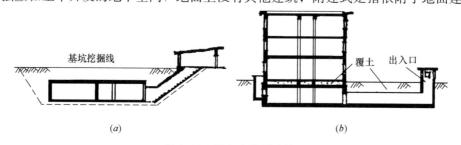

图 1.16　软土中地下建筑
（a）单建式；（b）附建式

室内地面以下部分的土层或半土层的空间，常称半地下或地下室。单建式地下建筑按施工方法又分为掘开式、逆作式、沉井式、暗挖式等，前三种称为浅埋地下建筑，后一种称为深埋地下建筑。

3. 按地下空间的三级分类

地下空间按层次分类，有利于地下空间信息系统的开发和利用。第一级地下空间包括几乎所有的地下工程类型；第二级地下空间按不同分类标准进行划分，使分类更加明确；第三级地下空间用具体用途等加以说明该设施。为了方便建立地下空间数据库，可以采用图表形式，用详细的设施实例来说明地下空间的分类，能够比较详细直接获得地下工程分布。

4. 其他习惯分类方法

我国部队习惯于按军事术语把地下建筑分为坑道式、地道式、掘开式和防空地下室等四种。坑道式一般是指岩石地下建筑，地道式指土中地下建筑，掘开式是指土中单建式工程，防空地下室则指附建式地下建筑。

1.3.2　地下空间工程的研究内容

地下空间工程是涉及范围十分广阔的发展中综合性学科，内容广泛，专业性强。城市地下空间工程包括前期可行性研究、评估、勘察、设计、施工、验收等各个环节，工程地质、水文地质、岩土力学等是重要的专业基础，是土木工程领域的分支。城市地下空间融合多种学科交叉知识，例如地质学、地理学、气象学、城市学、园林学、环境学、生态学、生理学、心理学、结构工程学、防护工程学、防灾工程学、系统工程学、交通工程以及经济学、社会学等；同时，地下空间工程必须满足生产工艺的特殊要求，涉及较多生产工艺领域，如粮食贮存工艺、液体燃料贮运工艺、核废料的永久存放工艺、机械制造工艺、发电工艺、铁路设计工艺、地下岩土施工工艺等。

城市地下空间工程主要研究内容如下：

（1）城市地下空间总体规划

包括交通、市政工程、工业与民用建筑工程、防护防灾系统等规划。

（2）城市地下空间工程建筑设计

依据地下建筑设计规范，考虑和处理地下建筑物与城市规划的关系，其中包括地下建筑物和周围环境、城市交通或城市其他功能的关系等。地下建筑的整个设计构思，是技术设计阶段，考虑地下建筑物内部各种使用功能的合理布置，完成地下建筑物各部分相互间的交通联系，考虑地下建筑物内部不同大小、不同高低空间的合理安排，同时从艺术效果的角度来设计。施工图阶段，解决各个细部的构造方式和具体做法，从艺术上处理细部与整体的相互关系。

（3）城市地下空间工程结构设计

依据结构专业相关规范、图集等，根据地下建筑设计确定结构体系、主要结构材料，给出结构平面布置，选定材料类型、强度等级等，初步确定构件的截面尺寸，进行结构荷载计算及各种荷载作用下结构的内力分析、荷载效应组合，完成构件的截面设计及必要的构造措施。

（4）城市地下空间工程施工技术

包括地下空间建筑、结构、设备防护、市政设施管网、交通隧道、地下空间开发方法及利用地下空间的工程施工方式等。

（5）城市地下空间的立项评估及技术经济评价

主要包括地下空间开发的前期立项、可行性研究、评估及审批程序。

（6）地下空间开发与民防工程建设的关系

世界范围内，一直存在战争危险，民防工程开发是为保证战时人员安全隐蔽疏散、物资保存。20世纪60年代，我国地下空间开发主要以民防工程为主；20世纪80年代后，民防工程建设开始贯彻平战结合的方针，地下工程平时利用和战时平战转换，实现民防工程与地下空间开发利用的结合。平战功能转换的最终目的是保证地下空间资源在非战争条件下为城市系统服务，而出现战争危机时，进行改造而成为掩蔽有生力量，保存物资及保证交通运输。

（7）地下综合体的设计研究

地下综合体功能组合是建筑设计理论必须研究和总结的内容，涉及的学科和专业面广而复杂，从空间上进行优化组合是设计的基本目标。

（8）其他地下空间技术的研究

包括资源及能源的开发、贮备及利用，废旧矿井、天然溶洞的开发利用，地下大型快速交通（飞行廊道或高速列车）及微型隧道技术的利用；同时，也包括城市地下与地面相关规划与技术的研究等。随着地下空间开发的发展，一些新的开发类型不断出现，研究内容也日益广泛。

思 考 题

1.1 地下空间主要特点？

1.2 地下空间开发有哪些意义？

1.3 地下空间的发展趋势与方向是什么？

1.4 地下建筑与地面建筑有哪些区别？

1.5 地下空间如何分类？

1.6 地下空间工程主要研究内容是什么？

第2章　城市地下空间规划基础

§2.1　城市地下空间资源的利用

城市发展阶段中，城市空间容纳效率是评价城市发展的重要标准，广泛开发城市高层建筑、地下空间，大大提高了城市空间容量，科学技术的发展可为扩大空间容量创造条件。

2.1.1　城市容量及地下空间资源

城市空间按层次不同划分为上部空间、地面空间和地下空间三大部分（图2.1）。地下空间包含所有地表以下以土体或岩体为主要介质的空间领域。

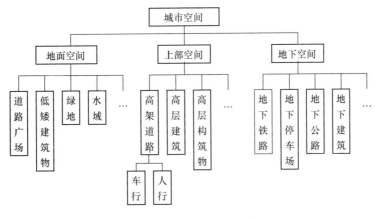

图 2.1　城市空间的划分

1. 城市容量

城市容量是指城市在某时期对人口和人类活动及与人类活动有关的各类设施（建筑物、道路等城市设施）的容纳能力。容纳能力是综合性的总系统，其子系统包含有人口容量、建筑容量、交通容量、环境容量等。城市容量大小取决于城市用地面积、条件、城市的社会经济技术发展程度等因素，其他条件不变的情况下，用地面积的大小和社会经济技术发展程度的高低与城市容量的大小成正比。

城市规划目的是促进生产力发展和改善人类生活水平，城市各容量是相互关联、动态发展以及寻找相互协调平衡状态过程中。城市容量中人口容量最重要，当人口过多过快发展时，建筑容量出现不足，增加建筑容量后又引发交通容量和环境容量下降，最终结果是城市生活环境恶化，人口向外围疏散，导致城市衰退，国外很多发达城市都曾有类似经历。城市衰退的原因从本质上讲是城市各容量的比例和配置失调的结果。当然，城市各种容量的最优化比例和配置不是不变，而是受到生产力水平和民俗文化等社会因素制约的。

城市发展中存在"城市理论容量"和"城市实际容量"两个概念。城市理论容量则指在某一阶段的当前条件下，各种主客观因素的制约下，城市所达到的最大理论承载能力；而城市实际容量，即城市在某阶段实际发生的承载容量。19世纪末20世纪初，高层建筑出现使城市理论容量得到了极大的提高；20世纪中叶以后，广泛地开发利用城市地下空间，大大提高了城市空间容量。到目前为止，浅层地下空间仍没有得到充分利用，地下空间对于提高城市理论容量还有巨大潜力。特别是高层建筑盲目发展带来的巨大城市问题以后，仅从城市上部空间扩大城市容量没有出路。

城市空间拓展方式分为外延式水平方向扩展、内涵式立体方向扩展两种。前者以增加城市用地为主，后者则不增加城市用地，通过向上和向下为主进行空间拓展。两者在城市发展的过程中互不排斥，既可以独立存在，也可以同时出现在城市建设中。城市发展受很多条件影响，有着客观发展规律。拓展城市理论容量的目的是促进城市发展，因此，城市理论容量的大小要努力保持与城市发展速度相适应的规模，过大则浪费，过小则制约城市发展。地下空间开发规划中，是不断调整城市发展与城市理论容量、城市理论容量与实际容量、城市各种容量之间的平衡发展关系的过程。

城市容量随发展而改变，拓展城市容量的第一步是保持各种城市功能协调发展。城市容量与城市空间密切相关，拓展城市容量的根本方法是开发城市空间。从城市发展看，首先开发利用地面空间，其次是上部空间，最后是地下空间。

2. 地下空间资源

国外发达国家20世纪50～60年代，大量开发利用城市地下空间。联合国自然资源委员会于1981年5月把地下空间确定为重要的自然资源，并对世界各国开发利用给予支持。国外很多城市制定了城市地下规划，地下空间被认为是与开发宇宙、海洋并列的最后留下的新开拓领域。

城市地下空间资源潜力大小取决于开发范围和开发深度。地下空间开发深度分为浅层（≤10m）、次浅层（10～30m）、次深层（30～100m）、深层（≥100m）四个层次。一个城市可供合理开发的地下空间资源是城市总用地面积乘上合理开发深度的体积40%，将是十分巨大而丰富的空间资源。在30m以内的空间开发就具有相当可观的利用率，取合理开发深度100～150m（在未来100年内，对于多数大城市这个开发深度是可能且合理的），当城市平均容积率为80%时，可扩大城市空间容量26～40倍，这就是在一定时期内可供有效利用的城市地下空间资源量。如北京市建设用地为1650km²，在次浅层30m以内开发就会获得65.9亿m²的建面积。

对不同层次地下空间深度的使用功能配置进行研究及规划。按照一般做法，城市地下空间的开发总是从浅层开始，然后根据需要逐步向深层发展。因为浅层地下空间效益高，开发容易，距地表近，使用方便，受不良地质条件影响较小等。但对地面上的现状以及浅层地下空间已经被利用的部分和城市的地质、水文条件，都应加以考虑，有的部分应予排除，这样才可以明确在合理开发的范围内，可供有效利用的地下空间资源量，这是一项十分复杂的工作。次浅层以内地下空间利用大多由交通、共同沟及一些与人们生活生产密切相关的设施所占用，这已经成为各国城市地下空间开发的实际状况。

随着技术进步和各国经济的发展，地下空间开发的类型正在不断增多，而规模也在迅速扩大。地下空间开发的类型一般与城市的地面环境紧密相连，以加强城市的总体功能。

城市地下空间开发比地面建筑物或构筑物建造困难和复杂得多，造价更高。城市交通为例，据统计，如地面轨道交通造价为 1，地上高架铁道为 3～5，地铁则为 5～10。类型和规模相同的公共建筑，地下工程造价比地面上高 2～4 倍（不含土地费）；若地下空间内部环境质量标准不低于地面建筑，则运行能源消耗费比地面多 3 倍左右。若考虑地价因素，当地下空间开发不需支付土地费时，则其劣势转化为优势。如地下商业街工程造价是地面同类型建筑的 3～4 倍，考虑地价因素后，地下街造价则仅为地面建筑的 1/12～1/4。可见，城市地下空间只有无偿使用或只需支付少量补偿费的前提下，将获得较高开发价值，因而与土地的所有权和使用权直接联系。在土地私有制国家，通过两种方法解决这一矛盾，一种是要求地下空间开发者向土地所有者支付低于土地价格的补偿费，如日本约 20％左右；另一种是规定土地所有权的地下空间深度，如芬兰、丹麦、挪威等规定私人土地深度 6m 以下即为公有。

地下空间开发是城市发展的产物，随着经济高速发展，城市空间容量严重不足，带来了各种矛盾，城市土地急剧升值。据测算，当人均国民总收入超过 500 美元时，城市地下空间开发进入全面启动阶段，发达国家许多大城市从 20 世纪 50 年代末到 70 年代中期普遍进入了这样阶段，城市空间容量的迫切需求和经济实力的增长，推动了地下空间大规模的开发利用。

截至 2013 年底，北京、上海的地下空间总面积均接近 6000 万 m²。北京市地下建筑量以每年 300 万 m² 速度增加，中心城区地下建筑占全部建筑总规模的 8％左右，地下车库约占地下建筑量的 40％，提供了近 80 万个停车位。根据估算，2012 年人防工程平时利用所折算的地面建设量，需城市面积 15km²，相当于北京旧城区的四分之一。

2.1.2 城市地下空间开发的范围

人口和经济的增长，使城市规模不断扩大，城市中心区空前繁荣，各种城市矛盾相继出现。高度发展的城市中心区主要表现以下几个特征：

（1）容积率的提高和经济效益的增长。在有限的土地上，通过提高建筑密度和增加建筑层数，即可获得较高的容积率，取得较高的经济效益。

（2）地价的高涨与土地的高效率利用。城市土地的价格与其所能创造的使用价值成正比，因此在一个城市中的不同地区和不同地段，地价相差很大，中心区和边缘地区可相差 10 倍以上。

（3）就业人口的增加和常住人口的减少。中心区内高层建筑的增多，大量增加了中心区就业人数。

（4）基础设施不足与环境的恶化。城市中心区的商业繁华，吸引力强，大量人流和车辆向这里集中。当人流和车辆的集中程度超过了该地区基础设施的负荷能力时，就会出现各种矛盾。同时，大量汽车造成空气、噪声污染，中心区环境恶化程度高于其他地区，再加上日照纠纷、电波干扰、火灾危险、高层风等问题，如不及时治理，必将导致中心区各种城市矛盾的加剧，制约中心区功能的充分发挥。

随着城市化水平的提高，在城市区域内，人口与业务管理机构向城市中心部位的集中（含中心和副中心），提高城市机能与城市环境质量的有效措施，就是要立体化开发城市空间（包括地下空间），形成与城市规划相适应的新型城市结构。迄今为止，地下空间开发的范围概括为表 2.1 所示。

地下空间开发利用类型与范围   表 2.1

设　　施	利用项目
1. 交通	地铁、地下公路隧道、地下停车场等
2. 物流	废弃物处理管道、干线共同沟、供给管共同沟等
3. 给排水	上下水道、地下河、大范围的输水隧道等
4. 能源	送配电地下廊道、地下电站、煤气管、区域性集中供暖设施等
5. 通信、情报	电话线专用廊道、管道、专用电视线路管、电缆管等
6. 防灾	地下疏散道、地下体育馆等
7. 生产、研究、储备等	地下工场、地下实验室、研究设施、食品、石油贮库、雨水贮存池等
8. 商业	地下街、地下会堂、地下体育馆等
9. 生活、业务	地下住宅、地下业务设施
10. 其他	旅游观光地下洞室等

为了准确把握地下空间的开发利用，必须明确其所处的位置、形态（水平与垂直方向等）、地形、地质条件等因素，它们都是地下空间利用的制约条件，表 2.2 是根据地点、垂直轴利用形态（线形利用、面形利用）等因素编制而成的地下空间利用状况表。

城市地下空间的利用区域　　　　　　　　表 2.2

地层深度 / 地域	0～10m	10～30m	30～100m
道路用地之下的地下空间	地铁、地下道路、人行地道、地下车库、地下街、共同沟	地铁、地下河、地下道路（干道）、地下物流设施、基础设施（导水管、高压煤气等）	地下骨干设施（高压变电站、地下水处理中心等）
道路用地之外的地下空间	地下街、地下住宅、办公用房、公共建筑、地下车库、地下泵站、变电站、区域性供暖等	地下车库、地下设施（泵站、变电所）	

一般来说，地下空间开发建造完成，再开发和改造原有地下空间极其困难，因此必须制定地下空间开发总体规划，建立健全的法律法令，编制地上、地下的综合开发规划，标明地下开发位置。已制定的综合开发利用规划中应包括水平和垂直方向的分区规划，以及与其对应的开发利用指南。

2.1.3　地下空间资源利用现状

地下空间利用在我国有悠久的历史，几千年以前就开始利用地下作为居住、贮藏等用途的场所，但城市地下空间大规模的开发利用始于 20 世纪 60 年代后期的人防工程建设。80 年代根据厦门会议精神，建设了一批平战结合的人防工程，并改造了一批人防工程，发挥出综合效益。20 世纪 90 年代以来，技术、经济的发展，建成了大型地下工程。迄今为止，我国城市地下空间开发利用的主要特点：

（1）国外大城市地下空间开发利用，一般是结合城市交通的改造而开始，我国因历史的原因，城市地下空间的开发则始于人防工程建设，且形成了独立的管理、投资体系，在一定的时期内未纳入城市的总体规划，因而形成了布局不合理与城市建设脱节的现象。

（2）城市地下空间利用多偏重于商业，而地下交通、地下公用设施综合、地下贮存和处理城市废物等现代化综合功能的利用较少，除少数工程外，内部环境和安全尚处于较低水平。

（3）我国近几年在城市规划和城市建设领域内，已陆续制订了有关的法律和法规；在人防领域中，也已有了一些必要的法规和设计规范。但涉及城市地下空间开发利用的一些全局性问题，例如城市地下空间的所有权和使用权问题，开发战略和方针政策问题，领导和管理体制问题，则仍处于无法可依的状况。在技术政策方面，目前还缺乏技术先进并符合我国国情的建设标准和设计标准，例如环境标准、安全标准等，尚无反映地下空间特点的统一标准可循。

城市地下空间开发应根据城市实际情况和经济发展水平以及开发能力，因地制宜，区别对待。经济较发达的大城市，应结合城市改造，适度鼓励开发利用地下空间。如适当建设地下交通工程，改善交通条件；在城市中心地区适当建设地下公共设施，缓解地上空间拥挤程度，改善环境，提高城市效率，促进经济发展。城市新区或旧区改造，应考虑地下空间的开发利用，按规定修建的人防工程与地面配套设施适当结合，根据功能需要，统一规划、平战结合。新建城市或新开发城市经济特区，地上和地下空间的开发应统一规划、同步实施，充分利用浅层地下空间，获得最大的城市效益。

经济尚不发达，目前开发地下空间紧迫程度不大的城市和中小城市，在近期应以提高现有城市空间容量为主，少量开发地下空间，制定地面与地下空间综合开发的远景规划。一些历史文化名城，城市地面空间容量的扩大受到一定限制时，在经济条件许可的前提下，应考虑开发部分地下空间资源，弥补城市空间容量不足，促进城市发展。

总结来说，我国城市地下空间开发主要问题：

（1）认识问题：我国城市化水平与发达国家还有一定差距，城市空间综合开发利用、理论研究不够深入系统，城市规划与设计者认识不足。

（2）体制问题：人防工程、城市地面与地下空间建设分开管理，不利于统一规划和建设，缺乏独立的管理部门，缺乏统一的工作协调。

（3）规划问题：城市地下空间开发仍缺乏科学的统一规划和设计。

2.1.4　地下空间开发的立法

1. 地下空间权

地下空间权的提出，主要是因现代社会不断开发利用地下空间，地下空间具有独立的经济价值，使地下空间权成为一项独立权利。目前我国学者没有专门涉及地下空间权的性质问题，但初步认为地下空间权不是一项新的、单独的物权种类，而是一定空间上各种物权的综合表述。

2. 发达国家地下空间的立法

美国是最早关注空间权立法的国家，其各州政策与法律自成系统，存在差异。明尼法尼亚州是美国较早进行地下空间开发的地区之一，1985 年通过《明尼法尼亚州地下空间开发条例》，一方面是开发商们在开发利用地下空间时有法可依，另一方面，各市政府还能依据该条例，利用强大的财政工具帮助各地的地下空间开发，从而加快了明尼法尼亚州地下空间的开发利用。

日本把开发地下空间作为利用土地资源，维持生态平衡的重要手段。日本地下空间开发和建设得力于强大的经济实力，也与较为完善的地下空间开发利用法律体系相关。日本地下空间开发利用法律体系主要内容：宪法 29 条第 2 项规定财产权的内容，进行了土地所有权的规定；地下空间利用权规定将他人土地的地下空间分开并加以使用，有地役权、租借权和区分地上权等三种权力。区分地上权是地下拥有建筑物的权利，地下建筑的所有权归区分地上权，区分地上权消失后，该地下建筑应自动归原土地所有者。由契约双方自由协商制定有效期，有效期可定为永久性和有限时间范围内，区分地上权可向土地所有者支付地租，也可无偿借用，区分地上权即使没有土地所有者允许，也有效。

日本政府在 2001 年颁布实施《大深度地下空间公共使用特别措施法》，保证因公共利益而从法律上规范开发利用大深度地下空间，仅限于东京、名古屋和大阪三个都市圈。地下深层空间是指通常难以利用到的地下空间，标准是通常地下室达不到的深度，或建筑物基础达不到的深度。规定了利用地下深层空间的批转手续、深层空间的使用和损失赔偿办法，指出制定项目概要并提交给项目主管大臣或都、道、府、县知事审核，在权利所设计范围被限定于地下深层空间目的区域内。

3. 地下空间立法的意义

在地下空间的潜在价值被发现以前，几乎所有的土地私有制国家都将土地所有权范围延伸到地下空间，直接影响地下空间的开发利用。罗马土地法规定一块土地只能有一个所有权，且所有权的效力范围以地表为中心延伸到地表上下的垂直空间；日本民法典第 207 条规定土地的所有权范围是指土地的上部和下部；德国民法典第 905 条规定土地所有权人权利扩散到地面上空间和地面下地层；美国，瑞士，法国等也有类似的规定。土地私有制和城市地下空间开发利用需求的矛盾日益突现，对土地所有权的重新定义和解释引起全世界的广泛关注。1987 年，国际隧道协会执委会就委托"地下空间规划工作组"研究地下空间开发利用在法律和行政方面的问题。

我国不存在土地私有与地下空间开发的矛盾，但无偿使用地下空间已对科学系统开发地下空间造成了不利影响。我国城市地下空间开发相对地面空间的开发来说仍不充分，如何实现地下空间开发价值是目前需要解决的现实问题，该问题的解决与地下空间的所有权和使用权以及地下建筑物、构筑物的产权密不可分，即要首先解决地下空间开发利用法律体系中的地下空间权问题。因此，地下空间所有权和使用权问题的解决对我国地下空间开发利用有着至关重要的作用。建立、健全明确地下空间资源的所有权、规划权、管理权、使用权的法律法规，制定相关技术标准和规范，让城市地下空间的开发利用步入法制化，是我国城市地下空间开发利用的必经之路。

4. 我国现有地下空间相关法律存在的问题

法律没有明确规定国有土地的地下空间所有权主体，仅规定土地归国家所有。法律对已转让土地使用权的土地地下空间的权属界定不清，指导城市地下空间利用的地方性法规体系尚未建立。

我国城市地下空间规划编制的主要法规是建设部 1997 年 12 月颁布《城市地下空间开发利用管理规定》，2011 年 11 月进行了修订，使地下空间工程规划走向法制化。我国地下空间工程的有关法律规范分散在《中华人民共和国城乡规划法》、《中华人民共和国土地管理法》、《中华人民共和国城市房地产管理法》、《中华人民共和国人民防空法》、《中华人民共和国矿产资源法》、《中华人民共和国环境保护法》、《中华人民共和国建筑法》以及 2006 年颁布实施的《城市规划编制办法》等法律中，目前没有系统的技术标准（或规范），不能形成完整立法体系。2005 年由住房和城乡建设部牵头的《城市地下空间规划规范》仍处于制订过程中，在城市地下空间开发建设步入"快车道"的背景下，亟待制定完整、权威的法律，规范并解决开发权限、体制、标准与规程等问题，实现地下空间开发统一规划、统一标准和统一管理。

5. 我国现有法律法规体系的完善

我国实行土地公有制，故只需通过法律明确国家对地下空间资源的所有权，即可从根本上保证地下空间领域的公共利益和国家利益，通过法律明确地下空间的使用权及其主体的责任、义务权属范围。

建立完善的城市地下空间开发利用管理法规体系：（1）城市规划与设计行政管理法规，将城市地下空间规划纳入整个城市的规划设计中，将其视为国家或地区城市规划的整体看待，避免盲目性，城市地下空间开发利用有法可依；（2）地下空间开发利用的投资市场管理法规，明确地下空间权和使用权，处理政府、地下空间主管部门和投资者的关系，鼓励投资；（3）地下工程建设行政管理法规；（4）地下空间使用管理法规。

6. 地下空间开发利用的鼓励政策

现在对人防工程有一定优惠政策，北京对地下建筑物的地价款减少 30％收取，但几乎没有制定地下空间开发利用的优惠政策，可以从以下几方面进行地下空间利用政策的探讨：

建立专项扶持资金，支持投资地下基础设施项目和社会公益项目；用沿线物业开发推动地铁建设；城市地下空间用于其他基础设施，其投资应以公共财政投入为主；经主管部门批准，由使用者申请地下空间使用权登记，发给土地地下空间使用证；为地下停车设施划定"禁停区"；制定地下空间开发利用的鼓励、限制项目政策；对具有公益性质的地下经营设施，如车库、污水处理厂等，可按同一标准减免各项税费；明确地下建筑物及其附属设施缴纳地价款的标准，并以法规或规章的形式确定下来。

§2.2　地下空间规划特点与理论原则

城市空间开发遵循"地面空间、上部空间、地下空间"的次序。城市地下空间规划与地面规划密不可分，是城市规划的重要组成部分。过去城市规划中一般不考虑地下空间规划，仅考虑市政工程的管网规划，地下空间工程规划是在近几十年才被纳入城市规划管理中。

2.2.1　城市地下空间规划特点

城市规划应将地面、地下相结合，统筹考虑。人类生活需要舒适的环境空间、粮食及生活用品，同时又产生废气、废水、废物等废料，如何保证既满足生活需要，而又能将废料处理再生使用，形成良性循环，最大限度保护生态环境。人类对自然资源的占有、掠夺与消耗，破坏了城市自然环境，威胁了人类生活及健康，出现人类生存危机，地下空间开发是对空气、水、土地等自然生态环境的保护。

城市地下空间规划的主要特点如下：

（1）地下空间工程规划受到原有城市规划的限制。原有城市规划基本上没有或较少涉及地下空间规划，原有城市规模越大，越集中，则用地矛盾越突出，因而地下空间开发利用就越重要，而地下空间工程规划就越受到地面城市规划的限制，地面建筑工程以下次浅层空间内往往受到地基基础的影响，其影响深度为 10～100m 之间，地下空间规划距地表越深则受限制越少。

（2）地下空间规划应结合地面建筑的地下室开发利用进行。目前大多地面建筑都利用多、高层建筑开发地下建筑，多层建筑的地下 2 层及高层建筑的地下 3～8 层建筑已多见，影响深度可达几十米。日本地下街始于地面建筑的地下室相连而形成。

（3）次浅层以内的地下空间工程规划常结合地面道路进行。这包括城市地铁、公路隧道、自行车道等交通设施，一般同地面城市道路相统一。

（4）次浅层以内的地下公共空间建筑常结合城市的广场、绿地、公园、庭院进行规划，如城市广场、公园的地下公共建筑，庭院的地下或下沉式广场及景观等。

（5）地下空间造价高，地下空间是全封闭状态，日光、自然通风环境、绿化及环境艺术方面比地面空间状况差，人不宜长期居住地下空间，这些因素影响了地下空间的利用。

（6）地下空间工程范围较广泛、类型多、技术条件复杂，地下空间规划受水文地质条件等影响很大，如越江隧道。

（7）地下空间是城市防灾减灾的重要组成部分，具有防护功能，地下市政公用设施工程又是城市生命线工程的重要组成部分，这些特点都使其不同于地面城市规划，地面建筑规划往往在工程防护方面考虑不多，常常成为战争重点袭击对象。

（8）地面城市建设在科学与技术方面创造了现代化奇迹，给人们的生产与生活带来便利。其负面影响是不断挤占农田耕地，破坏了环境生态，使江、河、大气受到严重污染，又影响了人们的生活及损害人们的身体健康。地下空间建筑规划可使上述状况得到最理想的解决。

（9）地下空间规划反映不出城市景观艺术，室内艺术表现是主要方面，功能方面更适合公共、工业、国防与人防、交通及市政设施，地下居住建筑不适合全埋式，因而发展覆土建筑及窑洞建筑，因为人的生活离不开地面阳光、绿化、清风、宜人的自然环境，这些特征在地下空间有很大局限性。即使人类科学技术达到较高水平，如解决了光线、绿化与室内良好环境等，人类仍需要回归自然环境中。

2.2.2　城市地下空间规划的理论原则

1. 以人为本的原则

人在地上，物在地下；人的长时间活动在地上，短时间活动在地下；人在地上，车在地下。建设以人为本的现代化城市，与自然相协调发展的"山水城市"，将尽可能多的城市空间留给人休憩，享受自然。对适宜进入地下的城市功能应尽可能地引入地下。技术的进步拓展了城市地下空间功能的范围，原来不适应的可以通过技术改造变成适应的。

2. 疏导与对应原则

对日益拥挤的地面空间，日本学者渡部与四郎先生提出"地下空间应疏导地面以上空间，应在远离城市中心极核区和目标区构筑工程"，能有效解决建成区衰退问题。渡部先生理论对工业发达国家非常有效，但其理论仍未将地下空间放到应有地位，地下空间价值难以最大限度发挥。

我国学者提出"我国城市现状与发达工业国家的城市相比，工业发达国家城市极核区的土地利用强度大，而我国虽然有许多大城市已出现与发达国家建成区相似的城市矛盾，但极核区的土地利用强度较小。"因此，我国城市建成区还有很大发展潜力，地下空间开发原则首先应使地下空间成为"城市经济建设的主战场"。这种观点考虑了我国实际情况，并将地下空间在城市建设中的地位提到了与地面空间相似的位置，但是，对于城市空间的合理功能分工、空间容量的协调考虑似嫌不足。

结合上述两种观点，则得到城市中心区的地下空间开发原则：

（1）地下空间开发的首要任务是疏导地面以上空间的矛盾（以交通问题为主）；

（2）满足首要任务需要前提下，尽量对应地面发展商业等设施，应强调发挥土地的集聚效益。

3. 集聚原则

土地开发的理想循环应是在空间容量协调的前提下，土地价格上升吸引人力、财力的集中，人力、财力集中又再次使得土地价格上升。这种良性循环，是强调集聚原则的结果。在城市中心区发展与地面对应的地下空间，用于相应的用途功能（或适当互补的）与地面、上部空间产生更大集聚效应，创造更多综合效益，形成良好的共生关系，就是"集聚原则"的内涵。

4. 等高线原则

根据城市土地价值的高低绘出城市土地价值等高线，一般，土地价值高的地区的城市功能多为商业服务和娱乐办公等，地面建筑多，交通等压力大，经济也最发达。根据城市土地价值等高线图，确定地下空间开发的起始点及发展方向，起始点是土地价值的最高点，这里土地价格高，吸收资金容易，地下空间开发的经济、社会和防灾效益都是最高。地下空间开发方向沿等高线方向发展，这一方向上土地价值衰减慢，发展潜力大，沿此方向开发利用地下空间，即可避免地上空间开发过于集中、孤立的毛病，又有利于有效地发挥滚动效益。城市地下空间开发的位置选择，相当重要。

2.2.3　城市地下空间功能的演化

城市功能是城市存在的本质特征，是城市系统对外部环境的作用和秩序。城市地下空间功能是城市功能在地下空间上的具体体现，城市地下空间功能的多元化是城市地下空间产生和发展的基础，是城市功能多元化的条件。城市地下空间容量是有限的，若不强调城市地下空间功能的分工，势必造成城市地上地下功能的失调，无法实现解决各种城市问题的目的。

城市地下空间的开发利用是为了解决不断出现的城市问题而寻求的出路之一，因此，城市地下空间功能的演化与城市发展密切相关。工业化社会以前，城市地下空间开发利用很少，功能单一。进入工业社会后，城市规模越来越大，城市各种矛盾越来越突出，地下空间越来越受到重视。典型标志是 1864 年世界第一条地铁在英国伦敦建造，促使地下空间功能由单一功能向解决交通为主的功能转化。

随着城市发展和人们对生态环境要求的提高，城市地下空间的开发利用已从以功能型为主，转向改善城市环境、增强城市功能并重的方向发展。城市用地越来越紧张，人们对环境的要求越来越高，城市地下空间功能必将朝着以解决城市生态环境为主的方向发展，实现城市的可持续发展。

根据城市地下空间的使用和地上用地性质不同，地下空间建设用地功能主要表现为人防、商业、交通集散、停车、市政设施、工业仓储等方面，地下空间呈现不同功能的混合性，分以下几个层次：

（1）单一功能：地下空间的功能相对单一，不强制性要求相互之间的连通。

（2）混合功能：地下空间功能因不同用地性质、区位、发展要求出现多种功能相混合的情况，表现为地下商业、地下停车、交通集散空间等其他的功能，鼓励混合功能的地下空间之间的相互连通。

（3）综合功能：地下空间开发利用的重点地区和主要节点，地下空间不仅表现为混合功能，而且与地铁、交通枢纽及其他地下空间相互连通，形成功能更为综合、联系更为紧密的综合功能。表现为地下商业、地下停车、交通集散空间等其他公共通道网络的功能，综合功能的地下空间要求相互连通。

（4）总体规划城市用地分类中其他较特殊的地下空间功能：

公共绿地：严格控制把握，以局部、小范围开发利用为原则，视具体情况开发利用地下空间；

水域：原则上不得安排与其功能无关的地下空间，但城市公用的管网、隧道、地铁、道路可穿越；

文物：原则上不得安排开发地下空间，但可根据实际需要在地下安排储藏、设备等必需的功能；

历史文化保护区：具有特殊性，更新类建筑物可因地制宜布置在地下空间，功能根据需求安排。

2.2.4　城市地下空间规划途径

1. 充分利用地面建筑的地下空间

充分利用地面建筑开发单层或多层地下室，作为库房、店铺、地下停车场等用房，提高城市容积率；同时，又是防灾防护工程组成部分，作为掩蔽工程。规划中，应通过通道相互联系各独立的地下空间，形成地下空间网。如居住小区，建立与上部建筑联系的地下空间，作为车库或避难所等。

2. 地下空间开发规划的功能常同地面建筑使用性质及环境相关

地下空间建筑的规划常同地面建筑或环境的特点高度相关，如在繁华商业中心开发与经营有关的地下商业街等性质。因此，不同地段环境特点的地下功能规划不同（表2.3），地下空间使用功能的规划应与地面环境及特点协调，充分利用地面环境优势，使地下建筑功能紧密结合地面环境功能。

地上与地下空间规划功能关系　　　　　　　　　　　　　　表 2.3

序号	地面环境及建筑性质	可规划的地下空间使用性质	地面环境特点
1	医院	门诊部、住院部	交通方便、环境安静
2	火车站前	商业、宾馆、娱乐场、车库、地铁车站	集散广场、繁华
3	政府机关广场	车库、接待处	集散广场、安静
4	工厂	车间、库房及辅助厂房	厂区
5	住宅区	地下或半地下室、人防工程、用于库房、营业及服务项目	生活区
6	公路交通	交通工程及公用设施	噪音大，人、车流多
7	繁华商业中心	地下街、地下综合体、娱乐场	繁华、拥挤
8	道路交叉口	地下过街、交通枢纽	繁华，人、车流多
9	库房	库房	库区安静、较掩蔽
10	学校	实验、车间、图书馆、体育馆	安静
11	重要地段及设施	贮库、工事、防护工程	地形特殊、重要掩蔽
12	城市广场	车库、地下购物中心、交通干线车站、下沉式广场过渡的地下设施	开敞，可容纳很多人
13	风景区与古区保护	交通、游乐、基础设施、服务设施	观览、旅游人多
14	放弃空间及天然溶洞	景观、贮存、养殖、工厂库房	市郊在城外，但离市区不太远

3. 地下综合体的规划应在城市中心区

地下综合体的开发与规划主要应在城市中心区广场、车站、商业中心等地段。地下综合体的特点是功能多，集交通、购物、娱乐、步行等功能，是城市地下空间中较为复杂的大型建筑系统。地下综合体投资大、涉及因素多、建造复杂，常与地下街、地铁车站相联系。图 2.2 为济南市古城区地下空间规划，地下综合体及地下街位于繁华区道路中心地下，按道路走向布局，基本规划在道路或空地下面。

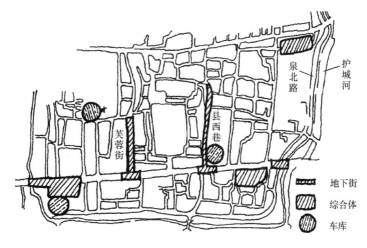

图 2.2　济南古城区的地下空间规划

4. 通过地下轻轨交通建设，进行大规模旧城改造，并与新城建设相结合

各国地铁建设中，新城规划与旧城改造应相结合。轻轨建设投资巨大，影响城市及地下景观，为城市带来新貌，将地铁车站同大型综合设施相结合，服务功能十分强大，保护了地面自然景色。巴黎德芳斯站的开发将公共汽车、国家级公路、停车场、高速公路、地铁轻轨车站、5000m² 的商店、餐厅、咖啡馆等组成综合体（图 2.3）。

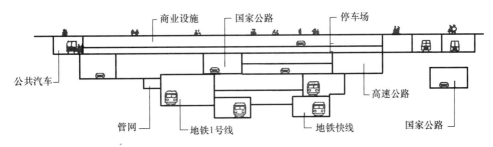

图 2.3　巴黎德芳斯新区综合体

地下空间开发规模不大时，受到旧城限制较大。地下空间开发规模较大时，应有效改造原有旧城区，大规模改造或拆除没有保留价值的建筑，多改造为地面休闲广场，广场内保留绿地与喷泉，广场下面则是地下空间建筑，如地下停车场、地下

商业街。增加新城区的地下空间容量，提高城市使用效率，改善城市景观。

5. 充分利用已有的地下人防工程

我国人防工程建设已有几十年历史，各大中小城市都相继建设了大量的人防工程，取得了很大成就。由于历史的原因，相当部分人防工程改造成能平时加以利用的地下建筑，这种实例在全国很多，从 1987 年开始我国人防系统就开始了这方面的工作。

§2.3　城市地下空间总体规划

地下空间总体规划应结合城市总体规划，满足地面建设功能形态规模等要求，对地下空间的各组成部分统一安排、合理布局，各组成部分有机联系，确定地下空间开发利用的总体发展方向，指导城市地下空间的开发，为地下空间详细规划和规划管理提供依据。

2.3.1　城市地下空间工程规划的基本原则

城市地下空间开发利用是为了保证城市的可持续发展，为了保护人类赖以生存的自然环境，因此，地下空间工程规划必须坚持以下基本原则。

（1）地下空间工程规划的编制应纳入城市总体规划之中，遵循国家有关的方针、政策和规范。

（2）地下空间工程规划应以保护城市历史原貌，以节约土地和扩大美化地面为基准，以保护环境生态为出发点。

（3）地下空间工程规划应根据地区发展水平及经济能力进行，分步实施近、中、远期规划目标，分层实行立体综合开发。

（4）城市地下空间工程规划应以改善城市地面空间物理环境，降低城市耗能，改善地面生活环境为原则，做到不重新污染和破坏自然环境。

（5）地下空间是城市地面空间资源的补充。应将对城市环境影响较大的项目规划在地下，如交通、市政管线（水、电、气、热等）、工业、公共建筑（商店、影剧院、娱乐健身等项目），而将居住、公园、园林绿化、动物园、娱乐休息广场、历史保护建筑留在地面或将居住建筑规划在地面及地下浅层空间内。居住建筑规划在地下时，应保证阳光、通风、绿化的实现。

（6）地下空间工程规划应结合城市防灾减灾及防护要求。因为地下空间对地震、包括对核袭击在内的各种武器破坏的等各种灾害防护具有独特优越性，地下空间开发已是大中城市建设发展的需要，应注意大量开发地下空间的同时把防灾防护纳入地下空间开发的领域中。

2.3.2　城市地下空间规划程序及类型

根据世界各国大城市的建设经验，许多专家认为"城市发展的成功，取决于地下空间的利用"。从科技和社会经济的发展趋势，现代化城市建设对地下空间的需求将大量增加。

1. 地下空间的系统规划任务与程序

地下空间总体规划任务，是通过调查研究，明确城市建设条件、技术经济和地下空间开发现状和发展趋势等基础资料，按城市总体规划、人防条例、防空袭预案以及厦门会议等文件规定综合考虑，提出人防工程建设与城市地下空间开发相结合的规划纲要，规划纲要应具备科学性、长远性、预见性、开创性和现实性，坚持长远目标为基准，不局限于当前技术经济条件和人防结合基本建设的条件限制。实施规划应根据技术经济条件和发展趋势，适应当前发展需要，分期分批实施。

地下空间规划包括子系统多、专业多，具有较强的综合性、整体性、专业性、政策性、艺术性等特点，应运用系统工程方法编制，适应多系统构成的整体系统，不同目标的相互协调，优化系统功能，最大限度地发挥各组成部分的能力。地下空间总体规划程序如图 2.4 所示。

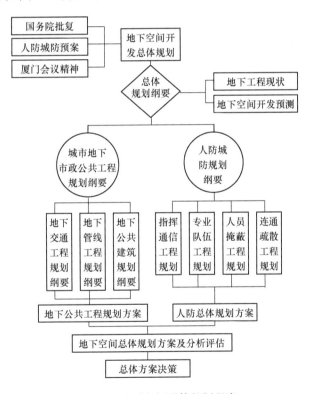

图 2.4　地下空间总体规划程序

2. 地下空间的系统规划类型

因为地下空间环境特殊，一般具有不同程度抵御城市灾害的能力。因此，城市地下空间系统规划除了考虑平时使用功能外，还应充分利用其战备功能，提高综合效益。地下空间规划一般分以下三类：

（1）战备型：如指挥通信工程、射击观察工事等，应以战备效益为主，以战时的防护要求作为工程设计的主要依据，平时尽量充分加以利用，发挥社会效益和经济效益。

（2）结合型：如专业队伍隐蔽部、地下实验室、手术室、病房、办公室、专业队伍车库、战略物资仓库、人员疏散机动干道等，既满足平时社会需要和经济效益，又要考虑战时防护要求，结构按战时防护要求设计，功能布局和装饰按平时使用要求设计，内部装备和装饰的工程经费由使用单位投资。

（3）经济型：如地铁、地下礼堂、地下商场等大型地下工程，应以降低工程造价、提高经济社会效益作为建设依据，工程规划、建筑布局、结构要求等均以满足平时使用为主进行设计。由于工程建设投资大，所需经费必须列入城市基建投资或使用单位集资筹建，战时仅作为结合利用，只预留工程的防护设施，临战前突击改造和安装。

2.3.3　城市地下空间工程规划的主要内容

1. 地下空间与地面空间规划的协调关系

城市地下空间工程规划应在现有城市规划基础上进行，包括原有城市现状，新城规划，并结合地面区段的功能进行考虑，需要研究城市建设与地下空间建设相结合的途径。如商业中心地下不宜建地下工业工程项目等。

2. 城市地下空间工程规划的现状与发展预测

地下空间开发利用是随着城市建设而发展。两次世界大战带来了地下防护工程，战争结束后，各国大规模地修筑防护工程，开发利用城市地下空间，仍然是国家战略防御的重要组成部分。20 世纪 50 至 60 年代以后，地下空间开发利用，包括地铁、库房、车库、地下街、地下综合体等建设，解决了用地紧张的现状。城市地下空间建筑应同地面城市规划相结合，调查、分析、改造利用已开发人防工程，地上地下协调规划，解决地上地下空间建筑功能的不同性质组合问题，改造对城市规划有不良影响的地下工程，预测地下空间工程发展，实现地下空间科学开发利用。

城市地下空间需求预测的主要内容是针对城市人口增长率及土地利用的预测来探讨。基本原则是确定人口变动的影响因素，根据土地及建筑的人均占有比例，预测人对空间需求趋势，保护土地及生态环境，预测一段时期内城市地下空间的需求总量。总预测量中应包含不同地下空间工程功能的分量，如交通空间、防护空间、居住空间及公共空间的需求，也可通过城市绿地及宜人环境的需求来改造地面空间，可将需要的建筑空间移入地下等。

3. 城市地下市政工程的规划

市政工程设施是由多项为城市服务的管网系统组成，如给水排水、电力电信、煤气供热、电视网络、防洪抗洪设施等。每个分项均由专业工程技术人员负责并同规划人员共同来进行该设施的规划。

过去已将市政工程管网设置在地下，但往往自成体系，各自敷设的管网在空中或地下布线，没有统一规划，人力、物力、财力浪费较大。随着城市的发展，市政工程管网应采用"管线廊道"，将水、电、气、热等设施统一组织在"市政管线廊道"内，可垂直或水平划分空间以防止相互干扰，如水管与电线不可设在没有分隔的同一廊道中，便于维修管理，没有艺术要求，只有使用功能要求。

4. 城市地下交通设施规划

地下交通设施是地面交通改造的主要方向。高速线、城市高架桥的建成有助于活跃经济，改善了地面交通拥挤状况，促进了城市的发展，但地面快速路挤占地面空间，高架为主的城市地面交通带来环境污染和城市景观的破坏，机动车数量的增加又加剧了环境噪声污染。对自然资源生态的破坏，也是对人类自身生存的逐步毁灭过程。如果规划实施如地铁、地下公路及自行车车道等地下交通，既减少噪声及空气污染，同时又不占用地面农田及空间，相比地面交通是利多弊少。

5. 城市地下空间民用工程规划

城市空间公共设施主要包括商业、办公、实验室、文化娱乐、体育、医疗等以公共活动为目的的设施。地下居住建筑就目前技术条件来说，全封闭地下空间生活环境相比地面环境差异性大，缺少人日常接触的阳光、自然通风及绿色环境，人们尚不适应，居住区规划应侧重可接受阳光，通风良好及能进行绿化的环境条件，如地面建筑地下室、掩土或覆土建筑、窑洞及下沉式广场的地下建筑等。

6. 城市地下工业设施规划

地下工业设施是地面工业设施的补充。因为完整的工业体系已经形成，当需要继续扩大生产及空间规模时可以考虑向地下发展，地下空间对某些工业生产起着有利的作用，如对温度、湿度、密闭隔绝、防灾防护等方面要求较高的工业适宜设在地下空间中。

7. 城市地下贮存系统规划

地下贮库是用来存放生活物品及生产资料，如粮库、油库、危险品库及气、水、核废料库等。

8. 城市防灾与防护系统规划

城市灾害对城市的破坏及互相诱导发生的次生灾害将呈现日益严重的趋势，应建立防灾减灾系统，包括预测、预报、监测、警报及防空工程建设。城市防灾主要针对自然、人为及战争等灾害对城市破坏而编制的防灾规划。防护工程是防御战争和灾害发生时的工程系统，而战争发生的时间和频率很难确定，所以，地下空间防护工程规划应同城市防灾规划相结合。

2.3.4 城市地下空间的总体规划方案

1. 地下空间的总体规划预测

采用相关树法、数学模型预测方法、趋势外推法、专家集体预测法等方法，对城市住宅小区、交通、公共建筑、管线等方面进行地下空间开发需求预测。采用空袭与城防作战破坏仿真模型方法预测人防地下工程发展，研究人防建设规模，运用系统工程效-费模型，研究人防建设的防护标准。通常运用特尔斐法，即专家集体预测法，预测技术经济发展，实践证明该方法的可靠性较高。

基本程序：确定目标，选择代表面广、权威高的专家，设计评估意见征询表，征询三至四轮的信息反馈，评估结果数据处理。

2. 城市地下空间的总体规划

城市地下空间总体规划应根据交通流量、旧城改造等城市空间需求进行。保护有价值的旧城面貌，拆除无价值建筑，不同功能性质地下空间建筑主要沿道路走向布置，必要时连接地面建筑地下室部分，地下街、地铁车站、综合体作为城市枢纽设在中心广场或繁华区人员集散场所。图2.5为德国慕尼黑市中心区旧城改造示意图，城区40%受到战争损毁，战后为解决居住问题建造了大量住宅，20世纪60年代后，市中心区环境恶劣，导致居民外迁，结合旧城改造和新城建设进行地下空间综合开发，建设了东西向快速电车路、高速公路与环向地铁相交，重点对三个广场进行立体化规划，地面及地下2层规划了地铁车站、地面广场和地下停车场，将步行街、地铁、广场、商场、停车场进行组合，保护了历史意义的建筑，城市面貌焕然一新。

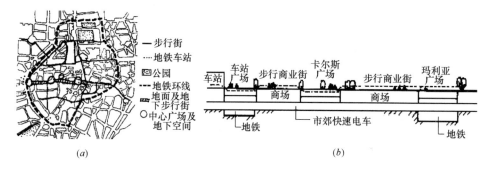

图2.5　慕尼黑市中心区的立体化再开发

（a）中心区立体化开发规划；（b）主要步行广场剖面

3. 城市改造中管线廊道的规划

城市市政管线的分散管理和各自独立为政的现象给使用和维护带来诸多不利，阻碍了城市改造过程中管线建设，应进行综合管线廊道的规划建设。日本20世纪60年代后在建设道路和地铁时，同时建设"共同沟"，1981年末共同沟总长156.6km，21世纪初达526km。法国巴黎自1832年即开始建造综合管线廊道（图

2.6)，西班牙马德里有 92km 的综合管线廊道，莫斯科已有 120km 管线廊道。

图 2.6　世界闻名的巴黎共同沟

　　管线廊道具有多项优越性，如使用寿命长，减少重复破坏路面，检修方便，可结合地下交通设施及地下综合体统一规划。图 2.7 为市政综合管线廊道规划实例，(a) 为日本的道路下共同沟，因日本规定不能通过土地私有权的地下空间，增加了管廊长度和造价；(b) 为瑞典的岩层中管线廊道，不按道路走向规划，担负瑞典南部地区大型供水系统，全部布置在地下，埋深 30～90m，隧道长 80km，靠重力自流，瑞典排水系统的污水处理厂全在地下，仅斯德哥尔摩市就有大型排水隧道 200km。

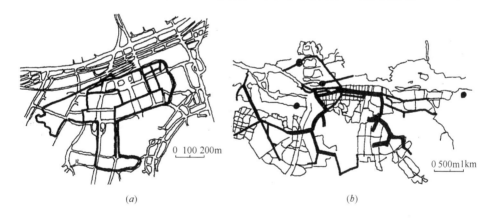

图 2.7　市政综合管线廊道规划实例

(a) 日本的共同沟；(b) 瑞典的公用设施廊道规划

　　我国城市管网仍沿用过去分散直埋式布置，电力、电视、煤气、上下水、供热等基本各自独立管理，尚不能统一，很多城市不具备大规模改造能力。多数城市基础设施投资比重偏低，而管线廊道造价较高，无论管理部门、企业都难以承担如此高昂费用，所以我国城市在管线廊道建设缓慢。

　　4. 城市地下空间总体规划的关键问题

　　(1) 城市中地下空间规划应为点、线、面的结合。点即城市繁华区中心的地下综合设施，线即通过地下交通网络进行连通，面即新城、旧城、交通、公共场所等各种类型功能的地下空间进行整体规划，并根据当时的承受力状况规划近期、中期、远期的地下空间开发利用程度。

（2）规划中以地下交通工程为依托、连接各个中心的地下综合体。地下综合体包括出入口、连通口、通道、车站、广场、地下商业街、地下车库、步行街等，根据多种因素综合体规模及功能可大可小，通常地铁车站与综合体组合，然后连接若干个综合体。

（3）地下空间规划中尽可能考虑市政管网廊道建设的可能性，如条件限制不能建设也要从将来建设的角度去规划。因为随着城市地下空间的开发，社会化程度的提高，市政管线廊道的建设是必然的趋势，否则将不能满足城市集约化的水平。

（4）城市繁华地段地下空间规划的主要单体建筑内容以地下商业街、地铁、地下停车场、下沉式休闲广场、立交公路及快速公路为主，且各单体又有独立的单体规划与设计。

（5）在城市非繁华区的安静地段如条件允许可考虑规划地下居住建筑，该建筑应以半地下和覆土式为主，避免全埋式居住建筑，因为全埋式居住建筑就目前的技术水平来说，很难达到与地面建筑空间环境相同的水准，同时，自然景观是居住者最需要的，而全地下住宅达不到这一点。地下、半地下式的居住建筑的采光、通风、绿化可通过采光井、窗及下沉式广场解决。

（6）地下空间建筑规划要考虑到室内外环境，这就需要光、声、热、风等环境的形成，使使用者感到如同地面空间一样。同时还要考虑到防灾减灾及对战争的防护等级抗力要求，把地下空间规划同城市建设、人防建设有机结合起来。在和平时期，地下空间作为城市空间的组成部分，在战时，经过临时加固即可形成具有一定防护等级的地下掩蔽、疏散中心。

§2.4　城市地下空间规划布局

地下空间布局是城市社会经济和技术条件、城市发展历史和文化、城市中各类矛盾解决方式等众多影响因素的综合表现。地下空间规划对象主要为广场、绿地、道路、水面等地下空间，其次为城市空地、建筑物的地下空间，地下空间规划布局应科学合理、留有以后发展空间。

2.4.1　国外地下空间基本布局理论

国外地下空间布局理论主要以以下代表学者提出的基本布局理论：

（1）欧仁·艾纳尔（Eugene Henerd），法国建筑师

环岛式交叉口系统。为了避免车辆相撞和行驶方便，只需车辆朝同一个方向行驶，并以同心圆周运动相切的方式出入交叉口。与此同时，为了解决人车混行的矛

盾，在环岛的地下构筑一条人行过街道，并在里面布置一些服务设施，初步显露了利用地下空间解决人车分流的思想。

多层交通干道系统。就城市空间日益拥挤问题，于 1910 年提出了多层次利用城市街道空间的设想。干道共分五层，布置行人和汽车交通、有轨电车、垃圾运输车、排水构筑物、地铁和货运铁路。"所有车辆都在地下行驶，实现全面的人车分流，使大量的城市用地可以用来布置花园，屋顶平台同样用来布置花园。"

（2）勒·柯布西耶（Le Corbusier），法国建筑师

20 世纪 20 年代提出了关于"现代城市"的设想，是第一个较多提及地下空间利用的城市规划思想。他在《明日城市》、《阳光城》中非常具有远见地阐述了城市空间的开发实质，主张大城市的交通体系应走立体化的道路，论证了新的城市布局形式可以容纳一个新型的交通系统，建立高架、地下等多层城市交通体系；同时在市区修建高层建筑，扩大绿地，创造接近自然的生活环境等。该思想对后来的城市规划与开发产生了深远的影响。

1922～1925 年，在进行巴黎规划时，提出建立多层交通体系的设想。地下走重型车辆；地面为市内交通，高架快速交通；市中心和郊区以地铁及郊区铁路相连接，使市中心人口密度增加。思想实质可归纳为两点：其一，就是指出传统的城市出现功能性老朽，在平面上力求合理密度，是解决这个问题的有效方法；其二，就是指出建设多层交通系统是提高城市空间运营的高效有力措施。

（3）汉斯·阿斯普伦德（Hans Aspliond），瑞典建筑师

是著名的"双层城市"理论模式创导者，1983 年出版了《双层城堡》一书。"双层城市"理论所寻求的是一种新的城市模式，以使城市中心、建筑、交通三者的关系得到协调发展。传统的交通中各种交通在同一平面上混合，新城则是各种交通在同一水平面上的分离，而"双层城市"则要求交通在两个平面上分离。人与非机动车交通在同一平面上，而机动车交通则在人行平面以下，提出了机动车等有噪声、污染的交通系统建于地下，恢复地面"人与自然和谐共存"的局面。通过这种重叠方式，大大减少了新城的道路用地，省下的土地扩大了空地和绿化面积。

（4）尾岛俊雄，日本学者

20 世纪 80 年代初，提出了在城市地下空间中建立封闭型再循环系统的构想（图 2.8），主要原理是把气—水—热—能的处理与转换进行再利用，把开放性自然循环转化为封闭型再循环，提出城市地下空间内设立再循环系统的设想，用工程方法把多种循环系统组织在一定深度的地下空间中，故又称为城市的"集积回路"，为回收废料，贮存热、水等以备需要时使用。在资源有限的条件下，该系统对于城市未来发展具有深远意义。尾岛进一步针对东京情况，提出在 2000 年前后，在地下 50～100m 深的稳定岩层中建造"新干线共同沟"的建议方案，共同沟为圆形截面，干线直径 10～15m、总长 55km 的管线、铁路、道路等的综合管廊，其中布置

多种封闭循环系统，管廊交叉连接处为大型多层地下构筑物，其中布置各种处理和回收设施，节点间距 2.5～3.5km，形成地上使用和地下输送、处理、回收、贮存的封闭性再循环系统。管廊覆盖东京市 23 个区的大深度地下公用设施复合干线网规划，要求综合敷设供电、供热、供气、垃圾运送、上水、中水、下水、电信等 8 类市政公用设施管、线，后来又增加了集中空调系统和有线电视网络。分析表明，大深度干线网投资高，但比传统的管线单独埋设要节约 30% 的施工费用，占用空间体积也比分散埋设小得多。最大优越性在于共同性强，管理维护方便，城市生活再循环程序将大大提高，也是将来发展的必然趋势。

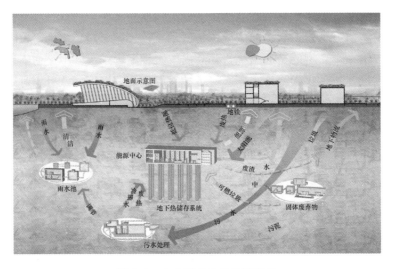

图 2.8 生态型基础设施地下化

从欧仁·艾纳尔的立体化城市交通系统设想，勒·柯布西耶阐明空间开发实质，"双层城市"理论模式的提出与部分实践，直到尾岛俊雄的封闭型再循环理论体现了人类对地下空间开发认识过程的深化。

2.4.2　地下空间的基本形态规划

（1）点状

城市点状地下空间是地下空间形态的基本构成要素，是城市功能延伸至地下的物质载体，在城市中发挥巨大作用。点状地下空间是城市内部空间结构的重要组成部分，如地下停车场、人行道以及人防工程中的各种储库等基础设施。同时，点状地下空间是线状地下空间与地面空间的连接点和集散点，如地铁车站是与地面空间的连接点和人流集散点，同时伴随地铁车站的综合开发，形成集商业、文娱、人流集散、停车为一体的多功能地下综合体，更加强了集散和连接的作用。各种点状城市地下空间也具体体现城市功能，是城市上部功能延伸的最直接承担者。

点状地下空间是城市地下空间形态规划的重点。城市节点是构成城市形态的组成部分，在城市中心区重要节点地段开发点状地下空间，有效地进行人、车分流，把大量人流迅速分散到周围建筑中，缓解地面交通与环境压力，保证交通顺畅。

（2）线状（图 2.9）

线状地下空间是指呈线状建设分布的地下空间形态，如地铁、共同沟等。线状地下空间一般分布于城市道路下部，如同城市道路网一样，线状地下空间构成了城市地下空间形态的基本骨架。没有线状地下空间的连接，地下空间在城市形态中仅仅是零散分布的点状设施，难以发挥集聚效益。

线状地下空间（主要是地铁）是地下空间开发利用的支撑点和生长源。在城市总体规划的指导下，结合中心区地下空间规划，对线状地下空间形态进行合理布置，通过对地铁这种主要线状地下空间设施和地铁车站综合开发，连接各中心区内的点状地下空间，形成地下空间设施体系。

（3）面状（图 2.10）

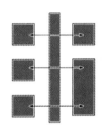 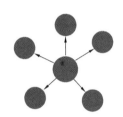

图 2.9　线状地下空间形态　　　　图 2.10　面状地下空间形态

面状地下空间是由若干点状地下空间设施通过地下联络通道相互连接，并直接与城市中心区的线状地下空间设施（主要是地铁）连通的一组点状地下空间群。面状地下空间大多分布于城市中心区以及大型的换乘枢纽地区。实行人、车分流，保证交通有序是中心区地下空间利用的核心问题，因此，面状地下空间首先表现出较强的交通功能。同时，地下商业设施也可以吸引更多人流。这种交通与商业功能的有机结合，使得中心区人、车分流，改善了交通和自然环境。

面状地下空间规划，在功能上应注意交通和商业功能的均衡，在形态上应根据人流的集中与分散来合理布局。面状地下空间主要具有交通、商业和防灾功能，是一组点状地下空间的集合体，同时应有较为发达的线状地下空间作为支撑，面状地下空间由点状地下空间和线状地下空间共同构成，因此，应使具有集中和分散功能的点状地下空间设施达到均衡与统一，并与中心区的环境相协调。

2.4.3　城市地下空间的用地组织表达方式

城市地下空间有机发展的成熟程度与城市地上建设有一定的差距，在城市规划领域，地下空间规划是一门全新的分支领域，在实践操作中，有不尽相同的总体布局表现方式。

1. 沿用传统的城市规划功能布局方式

将地下空间按功能不同，沿袭传统的城市用地功能划分，进行用地组织和表现。因地下空间的固有特点，其功能分类与地面规划略有不同。该方法优点是地下空间的功能明确，便于推算和表述各类用地和规划控制指标；缺点是直观性不强。

2. 沿用地下设施特定名称表述城市地下空间的总体布局

城市地下设施主要特定类型：

（1）地下街。建立在各种建筑物或地面以下的空间，通过地下通道连接，设置店铺、事务所等功能不同的公共设施，有地下商业街、地下文化街等，分为单建式、附建式地下街。

（2）地下交通系统：地下停车场、地下人行过街道、地下公路隧道、地下车行下立交、地铁等。

（3）地下居所：有单建式，也有附建式，在城市中心区多以后者为主。

（4）地下各类仓库：包括粮、油、燃料、各种生产产品等，一般位于城市近、远郊。

（5）地下综合体：城市中集交通、商业服务、文娱等功能于一体的大型地下空间，地段位置好，规模大，客流量大，多数与地铁站相连通，往往具有较高设计标准和艺术表现力。

采用这种划分方式编制地下空间总体布局规划，最大优点是直观性强，地下空间可开发的范围和规模在现阶段与地面相比是较小，非常适合开发项目不多的城市；缺点是当开发项目增多时，划分过于繁琐，缺乏宏观性，不利于制定各类总体控制指标。

3. 综合方法

综合方法是将以上两种方法进行结合的表现方式，充分发挥两者的优点。该方法在功能划分上仍沿用城市用地功能划分方法，只是将城市地下空间开发中重点工程利用特定名称表述予以标示，以示突出，一般突出内容有地下综合体、地下街以及其他需特别突出的设施。

2.4.4　城市地下空间总体布局方案制定

城市地下空间总体布局是在城市总体规划中的城市性质和规模大体定位的情况下，在城市地下可利用资源、城市地下空间需求量和城市地下空间的合理开发量的基础上，结合城市总体规划中的各种方针、策略、相对地面建设的功能形态规模等要求，对城市地下空间的各组成部分进行统一安排、合理布局，使其各得其所，将各组成部分有机联系后形成，是城市地下空间开发利用的总体发展方向，指导城市地下空间的开发工作，为下阶段的详细规划和规划管理提供依据。

城市地下空间总体布局，是城市社会经济和技术条件、城市发展历史和文化、城市中各类矛盾的解决方式等等众多因素的综合表现。因此，城市地下空间总体布局应力求合理、科学，切实反映并恰当地解决城市发展中的各种实际问题。

当然，城市地下空间总体布局的制定是受社会经济等历史条件和人的认识能力所限制。在城市建设中，应随着新情况、新认识出现而适时调整。所以，在编制城市地下空间总体布局规划时就应为以后的发展留有一定的余地，也即常称的"弹性"。

城市地下空间总体布局核心是各种用地功能的组织、安排。即根据城市的性质规模，将城市可利用地下空间按不同功能要求有机组合起来，使城市地下空间成为一个有机的联合整体。城市地下空间的总体布局从其基本形态上也可以分为集中紧凑和分散疏松两大类。但因为地下空间的特殊性，一般相对集中紧凑，疏松分散型布置，不大可能出现完全的集中紧凑型。城市地下空间总体布局疏松分散型常与城建初始阶段认识上对地下空间不重视和缺乏统筹考虑有关。

城市地下空间总体布局以用地功能组织为基本内容，以地下空间规划结构为框架。图 2.11 是上海市黄浦区地下空间开发的规划结构，黄浦区是浦西极核地区，功能定位为城市 CBD 地区（中央商务区），著名的"中华第一街"南京东路和大世界等享誉海内的设施都位于该区范围内。

图 2.11　上海市黄浦区地下空间规划结构

规划结构体系以人民广场为依托、地铁 1、2 号线发展方向为主轴的"大十字"地下商城结构体系（表 2.4）。地铁 1 号和 2 号线交汇点结合地面繁华区域形成全区地下商业主中心，在新闸路地铁车站周围和南京路、河南路口的地铁 2、3 号线交汇点形成两个地下商业次中心，组成三个商业中心。在西藏路、延安路口相结合和地面大世界游乐场形成地下娱乐主中心，在南京西路上海图书馆附近和福州路、福建路口各形成一个以娱乐为主的地下次娱乐中心，组成三个娱乐中心。

上海市黄浦区五条主要街道地下空间功能布局分布　　　　　表 2.4

路名 \ 类	地面室内功能	地下空间功能
南京路	商业街	以商业服为主
福州路	文化街	以文化、娱乐为主
延安路	交通主干道	以停车和防灾连通为主，适当开发商业服务功能
金陵路	精品特色街	以商业服务为主
西藏路	娱乐、休闲、购物街	通过地下综合体建设具综合性的地下设施

通过以上实例分析，制定城市地下空间开发总体布局方案的过程中应体现以下几个原则：

1. 以地铁为依托

城市交通直接影响城市的发展，地下空间开发利用中，应首先选择交通便利、商业繁华的区域。城市中心极核区的交通问题往往最突出，人流量大，道路狭窄，交通拥挤，旧城改造过程中，拓宽道路，优化设计交通组织方案，调整道路布局，修建高架道路、地下铁路，修建空中通道（或过街天桥）、地下过街人行道等，人车分流，布置地下停车场，改善交通问题。在某些地面建设已较为充分或保护性建筑多的区域，结合城市地铁建设规划，设置车站，及时疏散人流，减少人流在极核区的无效滞留。

地铁车站具有客流量大的优势，因此，城市地下空间的总体布局方案制定中，首先是地下铁路和公路的城市地下动态交通建设，包括各类地下设施选线、选择站点等工作，长距离地下公路隧道建设的可能性不大，所以，地铁选线将成为城市地下空间之间的联系。同时，结合地铁站建设，开发地铁站周边地下空间，形成地下空间开发的各类中心区。

2. 城市空间建设相协调

城市地下空间与地面、上部空间三部分是有机整体。地下空间为地面、上部建筑的建设提供了基础，城市立体再开发时，从简单的建筑结构概念引申到了更广的城市综合发展范围，城市地下空间的开发应是地面功能扩展及延伸，在平面布局上应与地面主要路网格局一致，地下空间和地面、上部空间的联系还表现在功能对应互补，产生集聚效应，解决了地上诸多难以解决的矛盾，促进了城市发展。

3. 保持规划总体布局在空间和时间上的连续性和发展弹性

任何城市规划都应是动态连续规划，在规划工作中对现状以及未来的发展方向的分析预测不可能都是百分之百充足而精确，随着时间的延续，会有新情况发生，因此在城市地下空间规划中，应尽量考虑这些不可知因素，在保持总体布局结构、功能分区相对稳定的情况下，规划实施过程中具有应变能力，成为具有弹性的动态规划，分层开发与分步实施。

4. 必须保证规划的可操作性

城市规划是分析现状的各种因素，预测和设计城市的未来发展过程。城市发展规划的理想与客观现实性相结合，为城市建设提供管理依据和发展方向。城市规划过分追求"就事论事"和在现状条件下"可操作性"，也是不足取。城市规划应该超越现实，预计某些条件改变后能达到的目标，应该对现状条件中的不利因素进行大胆改革。实际上，这也是目前城市规划讨论的"世纪末情绪"和"二十一世纪新情绪"的问题，前者规划思想保守、消极，后者开放、积极。保持规划的可操作性实质上是保持"理想"与"现实"之间的某种恰当的"度"及其"比例"的问题。开发城市地下空间，无论是从经济上、技术上，还是心理上，都较开发城市地面以上空间要复杂得多、困难得多。所以，在城市地下空间规划中时时要注意体现规划的可操作性。

思　考　题

2.1　我国城市地下空间开发的主要问题、发展方向是什么？

2.2　城市容量的含义，如何提高城市容量？

2.3　城市地下空间规划有何特点？

2.4　城市地下空间工程规划的基本原则是什么？

2.5　简述城市地下空间的总体规划的途径和关键问题？

2.6　地下空间的基本形态主要有几类？

2.7　城市地下空间开发总体布局的原则是什么？

2.8　城市地下空间总体规划的主要内容？

第3章 地下建筑设计基础与开发技术

§3.1 建筑设计概论

建筑是人工创造的空间环境，是科学和艺术的统一。构成建筑的三个基本要素是建筑功能、建筑技术和建筑形象，彼此相互联系、相互影响。

3.1.1 建筑设计的内容和程序

1. 建筑设计的内容

建筑工程设计是指设计一个建筑物或建筑群所要做的全部工作，一般包括建筑设计、结构设计、设备设计等几方面的内容。

建筑设计主要是根据建筑功能要求，进行包括总体设计和个体设计，一般由建筑师完成。结构设计主要是根据建筑设计选择切实可行的结构方案，进行结构计算及构件设计，结构布置及构造设计等，一般由结构工程师完成。设备设计主要包括给水排水、电气照明、通信、采暖、空调通风、动力等方面的设计，由设备工程师配合建筑设计完成。

2. 建筑设计的程序

建筑设计是按照设计程序和设计要求做好设计的全过程工作，对收集资料、初步方案、初步设计、技术设计、施工图设计等几个阶段，应根据工程规模大小，难易而定。

（1）设计前的准备工作

① 落实设计任务

建设单位必须具有上级主管部门对建设项目的批准文件、城市建设部门同意设计的批文，方可向设计单位办理委托设计手续。

② 熟悉设计任务书

建设项目总的要求、用途、规模及一般说明。

建设项目的组成，单项工程的面积，房间组成，面积分配及使用要求。

建设项目的投资及单方造价，土建设备及室外工程的投资分配。

建设基地大小、形状、地形，原有建筑及道路现状，并附地形测量图。

供电、供水、采暖、空调通风、电信、消防等设备方面的要求，并附有水源、电源接用许可文件。

设计期限及项目建设进度计划安排要求。

③调查研究、收集必要的设计原始数据

明确使用单位对建筑物的使用要求，调查同类建筑在使用中出现的情况，全面掌握所设计建筑物的特点和要求。

了解建筑材料供应和结构施工等技术条件，如地方材料的种类、规格、价格，施工单位的技术力量、构件预制能力，起重运输设备等条件。

现场踏勘，对照地形测量图深入了解现场的地形、地貌、周围环境，考虑拟建房屋的位置和总平面布局的可能性。

了解当地传统经验、文化传统、生活习惯及风土人情等。

（2）设计阶段的划分

建筑设计一般分为初步设计和施工图设计两个阶段。大型和重要民用建筑工程在初步设计之前应进行方案设计优选。小型和技术要求简单的建筑工程可以方案设计代替初步设计。

① 方案设计阶段

主要任务是提出设计方案，即根据设计任务书的要求和收集到的必要基础资料，结合基地环境，综合考虑技术经济条件和建筑艺术的要求，对建筑总体布置、空间组合进行可能与合理的安排，提出二个或多个方案供建设单位选择。

方案设计的图纸和文件包括：

设计总说明：设计指导思想及主要依据，设计意图及方案特点，建筑结构方案及构造特点，建筑材料及装修标准，主要技术经济指标以及结构、设备等系统的说明。

建筑总平面图：比例 1∶500、1∶1000，应表示用地范围，建筑物位置、大小、层数及设计标高，道路及绿化布置，技术经济指标。地形复杂时，应表示粗略的竖向设计意图。

各层平面图、剖面图、立面图：比例 1∶100、1∶200，应表示建筑物各主要控制尺寸，如总尺寸、开间、进深、层高等，同时应表示标高，门窗位置，室内固定设备及有特殊要求的厅、室的具体布置，立面处理，结构方案及材料选用等。

工程概算书：建筑物投资估算，主要材料用量及单位消耗量。

透视图、鸟瞰图或制作模型。

② 初步设计阶段

初步设计包括设计说明书、设计图纸、主要设备材料表和工程概算等四部分，设计图纸和文件有：

设计总说明：设计指导思想及主要依据，设计意图及方案特点，建筑结构方案及构造特点，建筑材料及装修标准，主要技术经济指标以及结构、设备等系统的说明。

建筑总平面图：比例 1∶500、1∶1000，应表示用地范围，建筑物位置、大小、层数及设计标高，道路及绿化布置，技术经济指标。地形复杂时，应表示粗略的竖向设计意图。

各层平面图、剖面图、立面图：比例 1：100、1：200，应表示建筑物各主要控制尺寸，如总尺寸、开间、进深、层高等，同时应表示标高，门窗位置，室内固定设备及有特殊要求的厅、室的具体布置，立面处理，结构方案及材料选用等。

工程概算书：建筑物投资估算，主要材料用量及单位消耗量。

大型民用建筑及其他重要工程，必要时可绘制透视图、鸟瞰图或制作模型。

③ 施工图设计阶段

施工图设计的主要任务是满足施工要求，即在初步设计或技术设计的基础上，综合建筑、结构、设备各工种，相互交底、核实核对，深入了解材料供应、施工技术、设备等条件，把满足工程施工的各项具体要求反映在图纸中，做到整套图纸齐全统一，明确无误。施工图设计的图纸和文件有：

建筑总平面图：比例 1：500、1：1000、1：2000。应表明建筑用地范围，建筑物及室外工程（道路、围墙、大门、挡土墙等）位置，尺寸、标高、建筑小品，绿化美化设施的布置，并附必要的说明及详图，技术经济指标，地形及工程复杂时应绘制竖向设计图。

建筑物各层平面图、立面图、剖面图：比例 1：50、1：100、1：200。除表达初步设计或技术设计内容以外，还应详细标出门窗洞口、墙段尺寸及必要的细部尺寸、详图索引。

建筑构造详图：建筑构造详图包括平面节点、檐口、墙身、阳台、楼梯、门窗、室内装修、立面装修等详图。应详细表示各部分构件关系、材料尺寸及做法、必要的文字说明。根据节点需要，比例可分别选用 1：20、1：10、1：5、1：2、1：1等。

各工种相应配套的施工图纸，如基础平面图、结构布置图、钢筋混凝土构件详图，水电平面图及系统图，建筑防雷接地平面图等。

设计说明书：包括施工图设计依据，设计规模，面积，标高定位，用料说明等。

结构和设备计算书。

工程预算书。

3.1.2　建筑设计的要求和依据

1. 建筑设计的要求

（1）满足建筑物功能要求。为人们的生产和生活活动创造良好的环境，是建筑设计的首要任务。

（2）采用合理的技术措施。正确选用建筑材料，根据建筑空间组合的特点，选择合理的结构、施工方案，使房屋坚固耐久、建造方便。

（3）具有良好的经济效果。设计和建造房屋要有周密的计划和核算，重视经济领域的客观规律，讲究经济效果。房屋设计的使用要求和技术措施，要和相应的造价、建筑标准统一起来。

（4）考虑建筑美观要求。建筑物是社会的物质和文化财富，它在满足使用要求的同时，还需要考虑人们对建筑物在美观方面的要求，考虑建筑物所赋予人们精神上的感受。

（5）符合总体规划要求。单体建筑是总体规划中的组成部分，单体建筑应符合总体规划提出的要求。建筑物的设计，还要充分考虑和周围环境的关系，例如原有建筑的状况，道路的走向，基地面积大小以及绿化等方面和拟建建筑物的关系。新设计的单体建筑，应使所在基地形成协调的室外空间组合，良好的室外环境。

2. 建筑设计的依据

（1）自然条件

① 气象条件

建设地区的温度、湿度、日照、雨雪、风向、风速等是建筑设计的重要依据，对建筑设计有较大的影响。我国部分城市风向频率玫瑰图如图 3.1 所示。

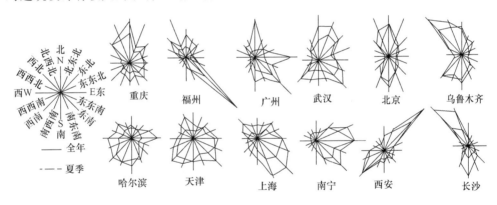

图 3.1　部分城市风向频率玫瑰图

② 地形、地质及地震烈度

基地地形平缓或起伏，基地的地质构成、土壤特性和地基承载力，对建筑物的平面组合、结构布置、建筑构造处理和建筑体型都有明显的影响。

③ 水文

（2）使用功能

① 人体尺度及人体活动所需的空间尺度

我国成年男子和成年女子的平均高度分别为 1670mm 和 1560mm，人体尺度和人体活动所需的空间尺度如图 3.2 所示。

② 家具、设备尺寸和使用它们所需的必要空间。

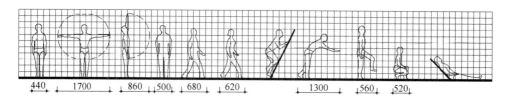

图 3.2　人体基本动作尺度

3.1.3　建筑平面设计

1. 平面设计内容

从组成平面各部分的使用性质来分析，建筑物由使用部分和交通联系部分组成。使用部分是指各类建筑物中的主要使用房间和辅助使用房间。交通联系部分是建筑物中各房间之间、楼层之间和室内与室外之间联系的空间。建筑平面设计包括单个房间平面设计和平面组合设计。

2. 主要使用房间设计

使用房间平面设计主要要求：

（1）房间的面积、形状和尺寸要满足室内使用活动和家具、设备合理布置的要求；

（2）门窗的大小和位置，应考虑房间的出入方便，疏散安全，采光通风良好；

（3）房间的构成应结构布置合理，施工方便，有利于房间组合，材料应符合建筑标准；

（4）室内空间、顶棚、地面、各个墙面和构件细部，应考虑人们的使用和审美要求。

建筑常见的房间形状有矩形、方形、多边形、圆形等。在设计中，应从使用要求、结构形式与结构布置、经济条件、美观等方面综合考虑，选择合适的房间形状。房间形状的确定，取决于功能、结构和施工条件，也要考虑房间的空间艺术效果。

房间尺寸是指房间的面宽和进深，而面宽常常是由一个或多个开间组成。房间尺寸的确定应考虑以下几方面：满足家具设备布置及人的活动要求，满足视听要求，良好的天然采光，经济合理的结构布置，符合建筑模数协调统一标准的要求。

房间中门的最小宽度为 700mm，是由人体尺寸、通过人流及家具设备的大小决定。为获取良好的天然采光，保证房间足够的照度值，房间必须开窗。窗口面积大小主要根据房间的使用要求、房间面积及当地日照情况等因素来考虑。房间门窗位置直接影响到家具布置、人流交通、采光、通风等。因此，合理地确定门窗位置是房间设计又一重要因素。

3. 交通联系设计

走道又称为过道、走廊，凡走道一侧或两侧空旷者称为走廊。

按走道的使用性质不同，可分为三种：完全为交通需要而设置的走道，不允许安排作其他功能的用途；主要为交通联系同时也兼有其他功能的走道，这时过道的宽度和面积应相应增加；多种功能综合使用的走道。

为了满足人的行走和紧急情况下的疏散要求，我国《建筑设计防火规范》GB 50016 规定学校、商店、办公楼等建筑的疏散走道、楼梯、外门的各自总宽度不应低于规范规定（表 3.1）。

楼梯门和走道的宽度指标 表 3.1

宽度指标（m/百人）层数	耐火等级		
	一、二级	三级	四级
一、二层	0.65	0.75	1.00
三层	0.75	1.00	—
≥四层	1.00	1.25	—

走道的长度应根据建筑性质、耐火等级及防火规范来确定，最远房间出入口到楼梯间安全出入口的距离必须控制在规定范围内（表 3.2）。

房间门至外部出口或封闭楼梯间的最大距离（m） 表 3.2

名 称	位于两个外部出口或楼梯之间的房间			位于袋形走道两侧或尽端的房间		
	耐 火 等 级			耐 火 等 级		
	一、二级	三级	四级	一、二级	三级	四级
托儿所、幼儿园	25	20	—	20	15	—
医院、疗养院	35	30	—	20	15	—
学校	35	30	25	22	20	—
其他民用建筑	40	35	25	22	20	15

楼梯的形式主要有直行跑梯、平行双跑梯、三跑梯等形式。此外，还有弧形、螺旋形、剪刀式等多种形式。建筑楼梯的位置按使用性质可分为主要楼梯、次要楼梯、消防楼梯等。楼梯的宽度和数量主要根据使用性质、使用人数和防火规范来确定，所有楼梯梯段宽度的总和应按照《建筑设计防火规范》GB 50016 的最小宽度进行校核。

电梯按其使用性质可分为乘客电梯、载货电梯、消防电梯、客货两用电梯、杂物梯等几类。电梯的布置形式一般有单面式和对面式。自动扶梯是一种在一定方向上能大量、连续输送流动客流的装置，除了提供乘客一种既方便又舒适的上下楼层间的运输工具外，自动扶梯还可引导乘客走一些既定路线，以引导乘客和顾客游览、购物。坡道的特点是上下比较省力（楼梯的坡度在 30～40 度左右，室内坡道的坡度通常＜10 度），通行人流的能力几乎和平地相当，但是坡道的最大缺点是所占面积比楼梯面积大得多。

4. 建筑平面的组合设计

影响平面组合的主要因素：

（1）使用功能。合理的功能分区，具体设计时，可根据建筑物不同的功能特征，从主次关系、内外关系、联系与分隔等几个方面进行分析，明确流线组织。

（2）结构类型。混合结构根据受力方式可分为横墙承重、纵墙承重、纵横墙承重等三种方式；框架结构主要特点是支承建筑空间的骨架如梁、柱是承重系统，而分隔室内外空间的围护结构和轻质隔墙是不承重的；空间结构随着建筑技术、建筑材料和结构理论的进步，促使新型高效的结构有了飞速的发展，出现了各种大跨度的新型空间结构，如薄壳、悬索、网架等。

（3）设备管线。

（4）建筑造型。

建筑由于使用功能不同，房间之间的相互关系，平面组合形式也不同。平面组合是根据使用功能特点及交通路线的组织，将不同房间组合起来。平面组合形式主要归纳为如下几种：

（1）走道式组合可分为单内廊、单外廊、双内廊及双外廊四种组合方式；

（2）套间式组合可分为串联式和放射式两种组合方式；

（3）大厅式组合；

（4）单元式组合。

总平面功能分区是将各部分建筑按不同功能要求分类，将性质相同、功能相近、联系密切、对环境要求一致的部分划分在一起，组成不同的功能区，各区相对独立并成为一个有机的整体。建筑物的朝向主要是考虑太阳辐射强度、日照时间、主导风向、建筑使用要求及地形条件等综合因素。太阳在天空的位置可以用高度角和方位角确定。建筑物之间的距离，主要应根据日照、通风等卫生条件与建筑防火安全要求来确定。从早晨到晚上太阳的高度角在不断变化，春夏秋冬太阳的位置也在不断变化。

3.1.4　建筑剖面设计

如何确定房间的剖面形状、尺寸，特别是对于一般房间和有视线及音质要求的房间剖面形式，应了解建筑空间的组合和利用，对于不同空间类型的建筑应采取的不同组合方式，如重复小空间的组合、大小高低相差悬殊的组合，错层式空间组合、台阶式空间组合，还应了解充分利用空间的处理方式。

1. 房间的剖面形状

使用要求对剖面的影响。绝大多数建筑采用矩形，如住宅、学校、办公楼、旅馆、商店等。有视线要求的房间（影剧院的观众厅、体育馆的比赛大厅等），剖面形状主要采用地面的升起坡度、设计视点选择、座位排列方式、排距等方面来实现，视线升高值符合规范。有音质要求的房间（剧院、电影院、会堂），要求声能分布均匀、防止回声、避免声聚焦，满足观众厅声学特点，优先采用矩形剖面。

房间进深不大，采用侧窗采光和通风。房间进深较大，侧窗不能满足要求时，常设置各种形式的天窗，形成了各种不同的剖面形状。特殊要求的房间为使室内照度均匀、稳定、柔和、并减轻和消除眩光的影响、避免直射阳光损害陈列品，常设置各种形式的采光窗。

2. 房屋高度的确定

房屋的净高和层高：

人体活动及家具设备的要求：人体活动要求房间净高应不低于 2.2m，卧室净高取 2.8～3.0m，但不应小于 2.4m，教室净高取 3.3～3.6m，商店营业厅底层层高取 4.2～6.0m，二层层高取 3.6～5.1m。家具设备的影响：要求学生宿舍通常设有双人床，层高不宜小于 3.25m，演播室顶棚下装有若干灯具，为避免眩光，演播室的净高不应小于 4.5m。

采光、通风要求：

（1）进深越大，要求窗户上沿的位置越高，即相应房间的净高也要高一些。

（2）当房间采用单侧采光时，通常窗户上沿离地的高度，应大于房间进深长度的一半；当房间允许两侧开窗时，房间的净高不小于总深度的 1/4。

（3）用内墙上开设高窗，或在门上设置亮子等，改善室内的通风条件房间。

（4）公共建筑应考虑房间正常的气容量，中小学教室每个学生气容量为 3～5m³/人，电影院为 4～5m³/人。根据房间的容纳人数、面积大小及气容量标准，可以确定出符合卫生要求的房间净高。

结构高度及其布置方式的影响：在满足房间净高要求的前提下，其层高尺寸随结构层的高度而变化。结构层越高，则层高越大；结构层高度小，则层高相应也小；坡屋顶建筑的屋顶空间高，不做吊顶时可充分利用屋顶空间，房间高度可较平屋顶建筑低。

建筑经济效果：在满足使用要求和卫生要求的前提下，适当降低层高可相应减小房屋的间距，节约用地、减轻房屋自重，节约材料；从节约能源出发，层高也宜适当降低。

室内空间比例：房间比例应给人以适宜的空间感觉；不同的比例尺度往往得出不同的心理效果；处理空间比例时，可以借助一些手法来获得满意的空间效果。

处理空间比例常用手法：利用窗户的不同处理来调节空间的比例感，如设大片落地窗来改变房间的比例效果；运用以低衬高的对比手法，将次要房间的顶棚降低，从而使主要空间显得更加高大，次要空间感到亲切宜人，如以低衬高烘托主要空间。

窗台高度：一般常取 900～1000mm。

室内外高差主要由以下因素确定：

（1）内外联系方便：室外踏步的级数常以不超过四级（600mm），仓库为便于运输常设置坡道，其室内外地面高差以不超过 300mm 为宜。

（2）防水、防潮要求：底层室内地面应高于室外地面 300mm 或 300mm 以上。

（3）地形及环境条件：山地和坡地建筑物，应结合地形的起伏变化和室外道路布置等因素，综合确定底层地面标高。

（4）建筑物性格特征：一般民用建筑室内外高差不宜过大；纪念性建筑除常借助于室内外高差值的增大，以增强严肃、庄重、雄伟的气氛。

建筑设计中，一般以底层室内地面标高为±0.000，高于它的为正值，低于它的为负值。

3. 房屋的层数

使用要求对房屋层数的影响。住宅、办公楼、旅馆等建筑可采用多层和高层。托儿所、幼儿园等建筑，层数不宜超过三层。医院门诊部层数不超过三层为宜。影剧院、体育馆等公共建筑宜建成低层。

建筑结构、材料对房屋层数的影响。混合结构建筑一般 1～6 层。常用于一般大量性民用建筑，如住宅、宿舍、中小型办公楼、医院、食堂等。多层和高层建筑各种结构体系的适用层数及高层建筑的结构体。空间结构体系适用于低层大跨度建筑，如影剧院、体育馆、仓库、食堂等。确定房屋层数除受结构类型的影响外，建筑的施工条件、起重设备、吊装能力以及施工方法等均对层数有所影响。

环境与规划对房屋层数的影响。房屋的层数与所在地段的大小、高低起伏变化有关。确定房屋的层数要符合各地区城市规划部门对整个城市面貌的统一要求。风景园林区适宜采用小巧、低层建筑群。

建筑防火对房屋层数的影响。建筑物层数应符合《建筑设计防火规范》GB 50016 的规定。剧院、体育馆等的长度和面积，可以放宽。托儿所、幼儿园的儿童用房不应设在四层及四层以上，托儿所、幼儿园的儿童用房不应设在三层及三层以上，电影院、剧院、礼堂、食堂不应超过二层，医院、疗养院不应超过三层，学校、食堂、菜市场等不应超过一层。

4. 建筑空间组合与利用

（1）建筑空间的组合

① 重复小空间的组合

这类空间常采用走道式和单元式的组合方式，如住宅、医院、学校、办公楼等。常将高度相同、使用性质相近的房间组合在同一层上，以楼梯将各垂直排列的空间联系起来构成一个整体。有的建筑由于使用要求或房间大小不同，出现了高低差别。如学校中的教室和办公室，可将它们分别集中布置，采取不同的层高，以楼梯或踏步来解决两部分空间的联系。

大小、高低不同的空间组合。有的建筑由于使用要求或房间大小不同，出现高低差别。如学校中的教室和办公室，可将它们分别集中布置，采取不同的层高，以楼梯或踏步来解决两部分空间的联系。

② 大小、高低相差悬殊的空间组合

以大空间为主穿插布置小空间。有的建筑如影剧院、体育馆等，空间组合常以大空间（观众厅和比赛大厅）为中心，在其周围布置小空间，或将小空间布置在大厅看台下面，充分利用看台下的结构空间。这种组合方式应处理好辅助空间的采光、通风以及运动员、工作人员的人流交通问题。

以小空间为主灵活布置大空间。某些建筑如教学楼、办公楼、旅馆、临街带商店的住宅等，虽然构成建筑物的绝大部分房间为小空间，但由于功能要求还需布置少量大空间，这类建筑在空间组合中常以小空间为主形成主体，将大空间附建于主体建筑旁。

综合性空间组合。有的建筑由若干大小、高低不同的空间组合起来形成多种空间的组合形式，其空间的组合不能仅局限于一种方式，必须根据使用要求，采用与之相适应的多种组合方式。

③ 错层式空间组合

当建筑物内部出现高低差，或地形变化使房屋几部分空间的楼地面出现高低错落现象时，可采用错层处理方式使空间取得和谐统一，以踏步或楼梯联系各层楼地面、室外台阶解决错层高差。

④ 台阶式空间组合

台阶式空间组合的特点是建筑由下至上形成内收的剖面形式，从而为人们提供了进行户外活动及绿化布置的露天平台。此种建筑形式可采用竖向叠层、向上内收、垂直绿化等手法丰富建筑外观形象。

（2）建筑空间的利用

夹层空间的利用。在公共建筑中的营业厅、体育馆、影剧院、候机楼等，常采取在大空间周围布置夹层的方式。从而达到利用空间及丰富室内空间的效果，但应特别注意楼梯的布置和处理。

房间上部空间的利用。常利用房间上部空间设置搁板、吊柜作为贮藏之用。

结构空间的利用。利用墙体空间设置壁龛、窗台柜，利用角柱布置书架及工作台，设计中还应将结构空间与使用功能要求尽量统一，以达到最大限度地利用空间。

楼梯间及走道空间的利用。采取降低平台下地面标高或增加第一梯段高度以增加建筑楼梯间底层休息平台下的净空高度，可布置贮藏室及辅助用房和出入口，可以利用楼梯间顶层一层半空间高度布置一个小贮藏间，常利用民用建筑走道上空布置设备管道及照明线路，布置贮藏空间。

§3.2　地下空间的生理与心理效应

地下空间是相对封闭空间，由有限的出口联系地面环境，内部环境质量对人体产生明显的生理效应和心理效应，地下空间空气质量、口部的处理、内部空间组合、色彩设计和自然景观的引入，都会直接影响地下人工环境效果。

3.2.1　生理效应分析

地下空间的利用，应考虑其环境质量对人体所产生的生理效应。

（一）空气污染的影响

空气的清洁度主要表现为空气中是否有充足的氧气，一氧化碳、二氧化碳以及浮游粉尘和细菌含量是否符合卫生标准。标准的清洁空气：氧含量为 21.4％，二氧化碳含量为 0.04％。当地下空间内空气污染物超过一定浓度，并持续一段时间，则可对人体产生不同程度的危害。

1. 一氧化碳（CO）

CO 是一种侵害血液、神经的毒物。长期接触低浓度 CO 的会造成慢性中毒。许多动物实验和流行病调查证明，长期接触低浓度 CO 对健康的影响主要表现在：

（1）影响心血管系统。雷斯等人发现，当血液中 CO 的饱和度为 8％ 时，静脉血氧张力降低，冠状动脉血流量增加，从而引起心肌摄取氧量减少和促使某些细胞内氧化配系统停止活动；CO 达到 15％ 时，能促使大血管内膜对胆固醇的摄入量增加，并促进胆固醇沉积，使原有的动脉硬化症加重、从而对心肌产生影响，使心电图出现异常。

（2）影响神经系统。脑是人体内耗氧量最多的器官，也是对缺氧最敏感的器官。由于缺氧，还会引起细胞呼吸内窒息，发生软化和坏死，出现视野缩小，听力丧失等。轻者也会出现头痛，头晕、记忆力降低等神经衰弱症候群，兼有心前区紧迫感和刺痒感。

（3）造成低氧血症。出现红细胞、血红蛋白等代偿性增加，其症状与缺氧引起的病理变化相似。

（4）遗传影响。通过对吸烟与非吸烟孕妇观察，吸烟者的胎儿出生时有体重低和智力发育迟缓的趋向。

2. 可吸入颗粒物

空气中浮游粉尘成分较复杂，可吸入颗粒物随空气经呼吸道进入机体，因粒径的大小不同，在呼吸道内滞留的部位也不同，因而造成的危害也不同。大于 $5\mu m$ 的颗粒易被上呼吸道所阻留，部分虽可经咳嗽、吐痰等排出体外，但对局部黏膜产生刺激作用，可引起慢性鼻炎、咽炎。粒径小于 $5\mu m$ 的颗粒物，可进入深部呼吸道，沉积在肺泡内的颗粒物，尚可促进肺泡的壁纤维增生。这些因素均可影响肺组织的换气功能，造成慢性支气管炎患病率的上升。空气中的悬浮颗粒物一般具有很强的吸附能力。很多有害气体或液体，都能吸附在颗粒物上面被带入肺脏深部，从而促成急性或慢性病症的发生。

3. 二氧化硫

二氧化硫是窒息性气体，有腐蚀作用，刺激眼结膜和鼻咽等黏膜，当空气中湿度大并有催化剂存在时，与水分结合形成亚硫酸，并缓慢地形成硫酸，使其刺激作用增强。

4. 氮氧化合物

氮氧化合物难溶于水，故对眼睛和上呼吸道的刺激作用较小，易大量进入深呼吸道而不被人所觉察。但如空气中氮氧化合物的浓度较高为 60~150ppm 时，可立即引起鼻腔和咽喉的刺激，并发生咳嗽及喉头和胸部的灼烧感；引入新鲜空气后上述症状即可消失。但是在吸入后 6~24h 又可能发生胸部紧缩和灼烧感，并出现呼吸紧迫、失眠不安，又可发生肺水肿、呼吸困难加剧、昏迷，甚至死亡。幸存者日后有可能再发肺炎。浓度 100~150ppm 时，吸入 50~60min 即有危险，浓度 200~700ppm 时，短时间吸入即可致死。

5. 苯并（a）芘

凡是煤、木材、油、有机物在一定条件下进行燃烧均可产生，动物试验和环境流行病学调查确认，苯并（a）芘具有局部和全身的致癌作用。

6. 二氧化碳（CO_2）

实验证明，当 CO_2 含量达 0.07% 时，有少数对气体敏感的人就有不适感觉；当达到 0.1% 时，人们普遍感到不适；当达到 3% 时，呼吸深度增加；当达到 4% 时，则感到头痛、耳鸣、血压上升；当达 8~10% 时，呼吸明显困难，意识陷入不清。

7. 甲醛

甲醛是具有特殊刺激性的无色气体，易溶于水。对黏膜有刺激作用，低浓度的甲醛可致结膜炎、鼻炎、咽炎等，浓度高时则发生肺炎、肺水肿等。

8. 氡气

氡及其子体放射衰变产物常黏附在可吸入颗粒物上，随呼吸而进入人体并沉积在肺部。氡气对人体的早期健康效应不易觉察，但长期接触则对人体有害，且发病潜伏期较长。

9. 臭氧

室内污染物臭氧主要能刺激和破坏深部呼吸道黏膜及组织，对眼睛亦有轻度刺激性。浓度为 1ppm 以上时，可引起头痛、肺气肿以及组织缺氧等。

10. 室内空气中的微生物

地下商业空间空气中细菌的来源很多，虽然一般情况下不致造成多大危害，但也应防止细菌的聚集。室内空气中的微生物主要来自室外受污染的空气和人体。室内微生物污染程度与周围环境、室内空气温湿度、灰尘含量及采光通风等因素有关。空气微生物通过空气传播而产生的主要疾病有流行性感冒、麻疹、结核、百日咳等疾病。

（二）空气离子化对人体的影响

空气离子化作为一个生物气象因素，已经引起人们的注意。空气离子化程度，可以作为判断空气质量的一个特殊指标，可用于检查建筑物的通风换气状况。一般认为，在一定浓度下，阴离子（也称负离子）对机体呈良好的作用，而阳离子（正离子）则起到不良作用，但阴阳离子的生物学作用，并不完全是相反的，两种离子依其浓度和持续作用时间的不同，对机体的作用也不相同。低数量的阳、阴离子对机体均呈良好作用，数量过高时，即使是阴离子也将起不良作用。

空气离子对整个机体起作用，例如对血液及心血管系统、机体代谢和氧化还原过程、调节中枢神经系统的兴奋和抑制状态等都产生影响。

除了上述因素对室内空气质量明显影响外，一些物理因素如噪声、电磁辐射（射频、红外、可视、紫外线等），范围从 10^4 Hz（射频）到 10^{15} Hz（紫外线），这些因素也会对人产生心理及生理上的影响。

室内空气污染物的来源可分为：燃料、人的活动、建筑材料以及室外等四大类。地下空间处在特殊的环境中，封闭性强，自然光线不易被引入，温湿环境受地温的影响很大，结构受地层介质的包围，室内环境几乎都是由人工创造的，在相同条件下，与地面室内空间相比，地下空间室内空气污染源的排除，有时还要困难一些。这对于从事地下空间规划与设计者来说，都是需要事先了解的内容。

3.2.2　心理障碍分析

地下空间是一个封闭空间，人们在地下活动时，由于与户外隔绝，地下建筑与地面环境只能由有限的出口联系，空气不流通，湿空气难以排除等，人们对地下建筑常有恐惧心理，当进入地下空间后，难免产生压抑感。

地下空间不同于地面建筑的心理特点，主要表现如下：

（1）地下空间没有阳光和水，无外部景观和自然景色，而且由于难以利用自然光线，人们无法形成准确的时间观念，引起人们心理的不安；

（2）地下空间没有外界人们熟悉的环境声，没有鸟语花香，无自然的风感，引起人的不适感，会产生枯燥乏味，拥挤隔绝等不良的心理反应；

（3）地下空间使人产生"无意识"消极作用，感到幽闭恐怖，阴暗潮湿，空气浑浊，令人窒息等，引起人们的心理障碍；

（4）人们身在地下，担心水灾、火灾、断电、断风、其他骚乱等灾害降临，时时有恐惧心理；

（5）由于人们心理上的偏见，地下生活显然存在导致一种否定印象，联想到穴居社会与原始落后文化，即使居住地下可能是中等收入阶层的一种选择，而某些发展中国家是低社会经济阶层的不得已，因此人们容易把地下居住与贫困相联系；

（6）地下空间的封闭特征导致其扩建和改造受到各种条件的限制。

综上所述，引起人们进入地下空间心理障碍的原因主要归结为以下两点：

（1）习惯与非习惯空间的设计差异

人们习惯的外部空间实际上是人与自然进行"光合作用"的场所，而如果在地下不能创造这种"外部空间"，人们则感觉不到已经习惯的"外部空间"的刺激，而根据人类经验证明，人们只有在"外部空间"这种环境下，才能使人在生理和心理上达到最佳刺激效益，感到舒适，从而使人处在最适于机体生理需要的环境内，情绪唤醒水平最佳。而在地下空间环境中，只能引起消极心理作用。

（2）"无意识"的消极作用

人们即使在内部条件和地面传统建筑一样的条件下生活工作，还是会产生各种各样的恐惧心理，这主要是由于人们已有了地下环境的"心理地图"的"无意识"。这个"心理地图"是一幅黑暗的恐惧地。人的这种"无意识"的来源很复杂，也许来源于人的体验，以及传说、宗教等文化背景。

3.2.3 改善地下空间的心理和生理影响途径

地下空间的开发是创造出适应人生活的人工环境。地下空间内部空气质量、口部处理、内部空间布置分隔、色彩设计和自然景观的引入，都会直接影响人工环境的效果。若处理不好，将增加人们的心理障碍，破坏人们的生理机能。

1. 入口的口部处理

根据弗罗伊德的精神分析理论，人的"无意识"状态，是在人脑底层，一旦有某种诱发，才能转变成意识。人们对地下空间的消极"无意识"，是由于人们在体验、传说、宗教及神话中得到，只要一想到"地下"，这种消极的"无意识"就会"跳"出来，只有让人并不知道他在地下，控制这种诱因，关键的第一步就是"口部"处理。

为了最大限度消除对地下建筑的偏见及常伴随地下居住而生的幽闭感，最重要的是建筑入口设计（图 3.3）。通向地下的阶梯一般不直接与口部相连，而是看起来不是为了进入地下空间而设置，通常做法是类似传统建筑入口，在口部前方尽可能设置比例适当的外部空间，作为地下空间的过渡区段。把在地面设计入口，避免入口近旁的外部或内部布置很多阶梯而产生某种消极联想。

2. 地下建筑心理空间的创造

地下空间的内部空间可分为实体空间和心理空间两类。实体空间的特点是

图 3.3 广州国际金融城起步区
地下空间入口

空间范围较明确，各空间之间有比较明确的界限，私密性较强。心理空间的特征是空间范围不太明确，私密性较小，处于实体空间内，因此又叫"空间里的空间"。

地下建筑心理空间既有实际作用，又有心理作用。一方面为使用者提供一个相对独立的环境；另一方面，人们在地下空间内常有压抑感，心理空间能够改变人的观感，从而解除这种心理障碍。

3. 室内色彩

地下空间内部环境中，色彩占有重要的地位，因为经验证明，室内色彩能影响人们的情绪，使人欢快、兴奋或淡漠、安静。在减弱人们进入地下空间的心理障碍上，将起到重要作用。大量研究表明，色彩具有明显的生理效果和心理效果。

色彩的心理效果主要表现在两个方面。一是悦目性，色彩可以给人以美感；二是情感性，色彩能影响人的情绪，引起联想，具有象征作用。不同的人和不同时期的人对于色彩好恶倾向有差异，由于人的年龄、性别、文化程度、社会经历、职业以及美学修养的不同，色彩所引起的联想也不同，联想可以是具体和抽象的，会联想起某些事物的品格和属性；色彩的联想作用还受历史、地理、民族、宗教、风俗习惯等多种因素影响。

色彩对人的生理具有较明显的作用。地下建筑室内设计常遵循色适应原理，一般做法是把器物色彩的补色作背景色，消除视觉干扰，减少视觉错觉，使人视觉器官从背景色中得到平衡和休息。色彩的生理效果还表现为对人的脉搏、心率、血压等具有明显影响。

4. 通风

众所周知，在地面自然环境中，空气、水、土壤和食物是自然环境的四大要素，都是人类和各种生物不可缺少的物质。其中空气居首，与人体关系最为密切，人的新陈代谢时刻离不开空气。如成人每天通过鼻子呼吸空气大约 2 万多次，吸入空气量达 $15\sim20m^3$，大约为每天所需食物和饮水量的千倍。

空气环境直接影响人的生活和工作。由于地下空间是封闭空间，几乎与外界环境隔绝，所以其内部存在着缺氧和一氧化碳中毒的危险。另外因为周围介质地下水、裂隙水、施工水、生活水和人体散热等因素，相对湿度很高，利于细菌繁殖，直接对人体造成危害，还会使生产设备，仪器锈蚀，影响生产和产品质量。再加上空气流动不畅，加剧了空气对人体的热作用。这些都会带来人体的不适感，甚至会影响健康，危及生命。

地下空间由于有围护结构，主要由通风道、窗户等组成通风系统，实现地下通风。通风可提供新鲜空气、排走污气，消除人和机器产生的热量，通风换气还能降低相对湿度，对人体健康是利的。通风设计主要要求如下：

（1）保证空气中的氧气含量。正常空气的气体组成中，氧气含量为 20.94%，变动范围约为 0.5%，它是人体呼吸作用和物质代谢不可缺少的条件。如果氧气含量低于 17％，室内工作活动的人就会感到呼吸困难；当低于 15％，人体会缺氧，呼吸、心跳急促，感觉及判别能力减弱，肌肉功能被破坏，失去劳动能力；含量在 10％～12％时，人失去理智，时间稍长就有生命危险；当含量为 6％～9％时呼吸停止，不急救就会导致死亡。

（2）尽量减少空气中 CO_2 和 CO 及尘埃的含量。CO 俗称煤气，经肺、心脏吸进入血液，会使血素色丧失运输氧气的能力，以至于全身组织尤其是中枢神经系统严重缺氧，造成中毒。同样，吸入过量的 CO_2 也是有损健康，当其浓度达 10％～20％，人体死亡率就在 20％～25％。在地下空间中，存在的异味，人体体臭及过量的尘埃，也是引起人们不舒适的原因，由此而引起的危害也是不能低估。

（3）处理好室内的温度。温度表示空气冷热程度的指标，也是衡量空气环境对人和生产是否合适的一个十分重要的系数。从生理学和建筑热工学的角度看，对人最舒适的空气温度为 22℃左右。地下建筑的热稳定性，使其内部温度较容易保持在人体舒适温度点小范围内上下波动而较少受外界温度变化的影响。地下建筑冬暖夏凉，温差小，但若处理不当，与室外温度不协调（夏天过低，7℃以上；冬天又过高，不能及时散热）都可能影响人体健康，只要选择恰当的送风温度和通风形式（如下送上回等），就可以有效地提高地下室内的下部温度。

（4）保持适当的相对湿度。所谓相对湿度，就是空气中实际所含水蒸气密度和同温度下饱和水蒸气密度的百分比。一般空调工程常以相对湿度表示空气的干湿程度。它也是衡量空气环境的潮湿程度对生产工艺和人员舒适感影响的重要指标。按照生理学的标准，对人最舒适的空气相对湿度值为 65％左右，室内相对湿度标准为一般保持在 40％～70％为宜。夏天，在自然的地下空间中，由于没有阳光加上地下水的作用，容易使人感觉阴冷潮湿，必须使用空调以保持合适的相对湿度。

（5）控制好室内空气的流速。室内的空气流动速度也是影响人体对流散热和水分散发散热的主要因素之一。当气流速度大时，对流热和水分蒸发散热随之增强。亦即加剧了空气对人体的冷作用；而当空气流速小时，效果正相反，加剧了热作用。如果超过一定限度，不管冷、热作用都会导致生病。

（6）控制围护结构内表面的温度。周围物体表面的温度决定了人体辐射散热的程度。在同样的室内空气环境条件下，当围护结构内表面温度高时，会使人增加热感，而当表面温度低时，则会增加冷感。由于地下建筑壁面温度一般较低，尤其夏天温差很大，会对人体增加冷感，同时造成壁面结露，使增加室内湿源，如果没有处理好，肯定会增加人体在"地下"的不适感。

另外，地下建筑室内通风设计中，有不少工程设置电力通风以作应急之用，然而这种通风往往可能产生危险的 CO。所以有必要设置固定的被动式通风作为安全措施，同时可将其发展成为制冷系统。

5. 自然景观

工业的发展、城市人口的集中和住房的拥挤，许多绿地被侵占，使人与大自然越来越远了，特别是地下建筑室内，人们常有置身于地下的恐惧感和压抑感，更渴望周围绿色的自然环境。因此，将自然景观引进室内已不单纯是为了装饰，而且作为提高环境质量，满足人们心理需求所不可缺少的因素。

大自然中的瀑布、小溪、花草树木等景物都可以使人联想到生命、运动和力量。把自然界景物恰当地引入室内，可以较好地消除人的心理障碍。这些自然景观主要有水体、山石、绿化、盆栽。日本大阪的地下彩虹市，中心广场上设置了喷泉，使顾客们如投身于大自然的怀抱，因而流连忘返，有世界最漂亮的地下都市的美称。

众所周知，地下建筑内部较为幽静，一定程度上是其优点，然而，习惯于地面环境声的人们，进入地下后，环境声消失，会加重心理上封闭感。因此，地下建筑室内设计应适量引入大自然环境声。地下建筑室内设计中的声音，大部分来自流水和飞禽。除水声、鸟声外，近年来，国外不少设计师们在发掘其他声源方面也做了许多新的尝试，如日本的"音浴室"，印度的音乐楼梯等。

§3.3 地下建筑入口与空间布局形态设计

地下建筑空间设计涉及入口、空间形态、交通流线等，建筑总体布局、空间组织一般是地下建筑的决定性因素，应与外部形象、入口的设计协调一致，也是建筑内部设计的前提。

3.3.1 地下建筑空间设计的特点与涵义

建筑是人们遮蔽风雨的场所，室内已是人们生活的主要场地。地下建筑空间设计是根据人在地下活动规律，建立具有良好秩序的地下建筑室内环境。在近代建筑理论中，有关空间概念与室内有关方面的提法主要有以下几种：

1. 私密空间

人应该有自己的生活空间。私密空间并不是与外界隔绝，而是应该满足私人生活的需要。满足私人生活需要的空间，叫作私密空间。国外的室内设计中，私密空间是基本的内容。

2. 心理空间

在人的生活需要中，最主要的是生理方面的要求。但是，进一步的需要则是心理上的要求，心理上的要求主要是指思想状态、个性特点、兴趣爱好以及习惯势力等。这些心理上的要求所需要的空间就是心理空间。

3. 公共性的室内

廊、亭以及接待室、商业建筑等等的空间应具有公共性质和社会性质，称为公共性的室内。对于城市来说，某些公共性的室内就是城市空间的一部分。

4. 城市空间室内化

这是在近代城市规划中的一种趋势。如意大利米兰的拱廊，人们在其下面进行活动非常满意，虽然身在城市，但却感到像在室内一样。步行街、跨楼、下沉式广场、空中花园、室内庭园、共享大厅、半室内环境等的设计，就出于这种设计思想，受到人们的欢迎。

5. 城市内部空间的城市化

这也是在近代城市规划中的一种趋势，其主要设计思想是城市的内部空间的处理，不能仅停留在"引入大自然"的处理方式上，而需将引入的"大自然"进行现代化的人为加工、培植，进行所谓的城市化。

无论是地面建筑还是地下建筑，室内设计都要满足物质和精神两方面的功能。国外的室内设计师们将地下建筑与地面建筑的室内设计并没有截然分开。然而，地面建筑与地下建筑各有其特点，室内设计也有差异。

地面建筑采用"围合"的方式组成特定的建筑空间，主要特点如下：

（1）室内外空间联系紧密，室外自然环境加强了室内气氛，室内设计强调人与自然的高度和谐；

（2）一般地面建筑物可以按意图增建或改造原有的空间，从而为室内设计提供了较大灵活性；

（3）人们通过日光的变化，气候的变迁等可以体会、把握时间的变化。

地下建筑环境不同于地面建筑，地下建筑室内设计主要处理好技术要求、生理环境、心理环境三者之间的关系，三方面相互影响，相互制约。技术要求是为了保证正常的使用环境，满足人们的需要。生理环境又称物理环境，是人生活和工作所必需的条件，包括空气环境（温度、湿度、清洁度）、视觉环境（照度、色彩）和听觉环境（声音的清晰度、噪声强度）等各种舒适条件和卫生指标。心理环境主要指舒适程度和方便程度，内部空间的形式美及空间气氛对人心理上的愉悦程度，以及安全感等，是影响情绪变化的主要因素，包括地下街的建筑布置是否合理，交通是否顺畅，顾客是否拥护，服务是否周到，是否有适当的休息和饮食条件以及内部空间的建筑艺术处理的优劣等。

衡量视觉环境质量的指标主要是照度、均匀度、色彩等，良好的视觉环境可以克服人们进入地下空间后的一些不适，地下空间的视觉环境多由人工控制，故有可能创造出符合人的视觉特点和地下环境的光照环境。保持地下空间正常听觉环境的主要问题是控制噪声强度，以免影响顾客购物时与营业员的对话，创造宁静的购物环境。

人们对室内环境的心理，如果不是到了不可忍受的程度，或已经出现某种症状，一般不会有明显表露。因此，人们对所处环境的适应和满意程度，需组织心理学调查，选择一定数量的自然人群，或根据需要采用抽样调查的方法，还可选择固定人员进入特定环境的生理现象及主观反应的记录。对于长期或长时间在地下环境中工作的人群进行心理调查，可以涉及更多心理因素，除对生理环境的反应外，应全面考察地下环境引起人群中的心理障碍及其程度。

地下建筑室内设计主要内容分为四部分。一是空间处理，包括建筑设计基础上，利用人体工程学基本理论调整空间尺寸和比例，决定空间的空实程度，解决空间之间的衔接、过渡、对比、统一问题。二是室内陈设，主要是设计、选择和配置家具与设备、窗帘等各种织物，盆景、绘画、雕刻等各种工艺品和日用品，绿化、水体与叠石，以及照明方式与灯具。三是室内装修，主要指墙面、地面、顶棚的色彩、图案、纹理和做法。四是室内物理因素的处理，主要是室内冷暖、干湿、静闹等的控制。

总之，地下建筑室内设计内容广泛，涉及心理学、水电通风设施、环境行为、视觉美学、人体工程学、社会学等多方面的知识。

3.3.2　地下空间的建筑设计与创造

地下建筑中，需要依据建筑的不同功能要求，尽量创造出开敞、通透、地上和地下流动的空间效果，弥补和抵消地下建筑封闭、迷失方向等负面因素。

1. 地下空间的建筑设计基本原则

（1）节点空间的处理。在城市地下空间主要出入口的门厅，通道的交叉点以及道路的尽端处，利用节点空间组织一些供人流集散和休息的功能，可使空间的组织富于变化，减轻由通道过长而引起的单调感等问题，并能改善地下空间环境。需要注意的是节点空间作为休息空间处理时，其布置应以不占用人行通道为前提。法国卢浮宫倒置玻璃金字塔（图 3.4），形似倒立的金字塔，塔尖朝下直指地下通道，位于通向卢浮宫各大厅的主路交汇处，由于上覆植被，在地面上完全看不到，但在夜间，这座玻璃制成的倒金字塔的灯光被点亮后，光与镜立即让它熠熠生辉，仿佛一盏永恒的明灯。

（2）过渡与衔接。宽敞的富于层次和变化的空间对减轻地下空间的封闭、低矮、单调感具有重要作用。与地面相同，从一个大空间进入另一个大空间时，如果简单地使之硬接，会令人感到突然，缺乏过渡。而如果在进入一个较大的空间之前，先经过一个小的过渡空间，却会带来一种豁然开朗的感觉。因此，地下空间设计中，小的门厅、道路交叉口、休息空间等均可作为过渡空间。如美国国家艺术馆东馆（图 3.5），从西大门进入东馆，这个等腰三角形建筑的中央大厅高挑明亮，以此三角形大厅作为中心，不同高度，不同形状的平台、楼梯、斜坡和廊柱交错相连，线条简洁利落，合理，人们通过楼梯、自动扶梯、平台和天桥出入各个展览室，博物馆弥漫着优雅而又亲切的气氛，广场中央布置五个不同的角度和大小的玻璃制三棱锥体，是广场地下餐厅借以采光的天窗。

图 3.4　法国卢浮宫倒置玻璃金字塔

图 3.5　美国国家艺术馆东馆地下大厅内景

（3）对比与变化。在地下空间设计中，当一个封闭的大空间中包含一个小空间时，大小空间之间便容易产生视觉及空间上的变化（图 3.6）。这一点与地面建筑空间是同样的。为强调大小空间之间的对比，两者之间的尺寸必须有明显的差别。而要使小空间具有较大的吸引力，可使其采用与大空间形式相同而朝向相异的方式，这种方法会在大空间里产生第二网格，并留下一系列富有动感

图 3.6　现代化办公室

的剩余空间。小空间也可采用与大空间不同的形体，以增强其独立实体形象，这种形体的对比，会产生一种两者之间功能不同的暗示，或者象征着小空间具有特别的意义。

图 3.7　卓思道温泉度假酒店的通道

（4）序列与节奏。对商业街式的地下空间来说，空间的序列和节奏尤为重要。可以沿主要人流路线逐一展开一连串的空间，使空间序列起伏抑扬、节奏鲜明，避免单调沉闷的空间效果。除出入口外，在适当的地方还可以插入一些小型过渡空间，如在通道转折的交叉口设计一些小型广场以形成空间的高潮，加强空间序列的节奏感，同时又有利于地下通道式商业街内人自身位置的确定。另外，也可结合通道内人行密度、流量的大小，对通道的宽度进行适当的收放，以丰富空间。如广州从化良口镇的卓思道温泉度假酒店（图 3.7），序列组合排列充满律动感和节奏感，与勃勃生机的庭院相呼应。

2. 流线组织

建筑流线是建筑设计中经常用到的基本概念。建筑流线俗称动线，是指人们在建筑中活动的路线，根据人的行为方式把一定的空间组织起来，通过流线设计分割空间，从而达到划分不同功能区域的目的。流线系统无论对于地下建筑还是地上建筑都具有至关重要的作用。以与凯文. 林奇的城市五要素相似的方法来分析流线系统的构成要素。

（1）通道，走廊、地下通道和垂直交通。

（2）标志，一般是指地面构筑物。

（3）节点，流线停留的环节。

（4）区域，功能分区是最典型的区域划分。

（5）边界，建筑的边缘。

设计者需要将这些要素精心组织成一个整体。实际上一座建筑就应该是一个要素的等级体系，可以以逻辑序列来命名和描述，如主入口、门厅、中央大厅、中庭、门等。一个成功的空间布局与流线应做到使一个人用一句话就可以向另一个不了解周围环境的人解释清楚其中的任一个给定的地址。

建立一个通道、区域、节点与标志的体系不仅适用单体地下建筑，也适用于大型地下建筑复合体以及互相联系的一组地下建筑。

3. 地下空间设计的具体手法

（1）开放空间

由于地下空间封闭内向，因此需要特别强调开放空间的创造。开放空间的实质是空间的互相渗透，这既扩大了空间，又减少了地下空间中心理方面的不利因素。创造开放空间有以下几种方法：

① 水平方向的通透。在地下空间设计中，多采用玻璃墙、镜面或透明玻璃，对空间进行水平方向的分割与限定，以此形成大范围的视觉通透；还可利用多重玻璃不仅向室内、向庭院而且向另一室内空间乃至更远的景观渗透。

② 垂直方向的渗透。通过楼梯、夹层、中庭空间使地下空间内部上下层乃至许多层之间相互穿插，以取得垂直方向的空间渗透效果。

③ 内外空间的渗透。不同形式的中庭玻璃顶能够形成室内外空间的直接交流与渗透。此外，城市上、下部空间之间的连接与过渡也可形成一种内外空间的渗透关系。

（2）动态空间

在地下空间中，尤其是在用于交往和娱乐的公共空间中，需创造一种动态的环境气氛来打破地下空间的封闭和沉寂。具体可采用以下一些手法：

① 直接应用动态要素。将观景电梯、自动扶梯等置于中庭空间，再配合动雕、轻质帷幕等动态要素，可在地下空间中创造出欢快动感的空间效果。

② 利用人在空间中的流动。利用对人的活动的组织，可在地下形成一个理想的"人看人"的空间。

③ 采用动态的造型。弯曲的墙面、天花上弯曲的吸顶灯光带以及地面上的曲线形铺砌等动态造型均能给人以美妙的动感，也有利于对人流的导向。

④ 光影。自然光随时间、气候的变化所产生的微妙活动的光影，能给地下空间带来时空感，消减处于地下的消极联想，并给通透空间带来动感。而人工照明建立的视觉导向系统也会造成空间中动态的感觉（图3.8）。

图3.8 多伦多伊顿中心室内中庭

（3）与外部环境相联系空间

因为地下空间与大自然和外部环境隔绝，因此就特别需要创造一种自然化的地下人工环境。要创造与外部环境密切相关的地下空间环境，首先可以通过设置下沉庭院、下沉广场、带玻璃顶的中庭等将外部自然景色引入到地下空间，或在地下空间中直接引入水池、喷泉、瀑布、山石、花草、树木等自然要素。也可以利用视错觉的原理，在地下空间中使用大幅的风景图画与照片等，为地下空间环境增添生机与活力。

3.3.3 地下空间出入口设计

地下建筑的出入口与内部交通之间没有明确的界线。出入口附近的室内垂直交通系统（楼梯、电梯、自动扶梯）也可以视作出入口的组成部分。这些要素对于满足舒适地向下过渡到地下建筑极为重要，出入口不仅包括外部形式，也包括交通方式。

1. 出入口功能

对于大部处于地下的建筑物来说，出入口往往决定其外部形象，因为出入口是地下建筑物露出地表面的少数部位之一。出入口把人们由外面引到内部的导向作用，是把人们引向内部空间的关键部分，也可能助长人们到地下空间中去的恐惧感和幽闭感。

出入口具有地上、地下空间之间的过渡功能。地下空间出入口是地下空间序列的起止点，它与地面空间的过渡功能表现在两个方面：

① 空间过渡 地下空间出入口把人们由室外开敞的、明亮的空间，引到内部相对狭小的、封闭黑暗的空间。因此，空间过渡是地下空间出入口的重要功能之一。

② 心理过渡 地下空间由于缺乏天然光线、不能观景，当人们进入地下空间时容易产生不良心理反应，因而，出入口空间具有缓解人们因进入地下，而产

生不良心理反应的功能。设计拙劣的出入口，如四壁灰暗冷漠的混凝土墙柱，与纷繁丰富的外部空间形成的强烈对比，会助长人们对地下空间的恐惧感、幽闭感和枯燥感，使人们带着不良的心态进入地下空间。然而，空间尺度适当，设计装饰亲切，墙壁内容丰富，光线过渡柔和的出入口，会使人们淡忘自己即将进入地下的意识，心情自然、好的心理状态应当是不知不觉，没有心理上的突兀感，既不会因向下进入地下而心情沉重、压抑，也不会因向上来到地面而乍感喧闹、心悸。

2. 出入口设计内容

为了尽量缓解人们进入地下空间时产生的不良心理，要采用一些设计手法，其中最重要的方法是设计成与地上建筑出入口相似。地面的出入口，最好不要设计成在离出入口内侧或外侧很近的地方立刻下楼梯。往下走，往往会使人产生不好的心理感觉，而往上走时，人们的心理感觉就比较好。过去，一些大型公共建筑常常设计很大的室外台阶，上到二层后再进入主要入口。

（1）出入口朝向、位置

地下空间出入口的朝向与在某一方向上的人流数量有关，主要出入口应朝向地面人流主要来向。出入口位置设置，首先应与地下空间平面布置有机结合，远近适度，方便进出；其次应满足地面规划要求，按地面环境性质和功能需要，或单独设置或与地面建筑结合。目前与地面建筑结合的形式使用较多，如在商业大厦、写字楼等建筑中设置地铁站、地下商场、娱乐场出入口，把人流自然地引进大厦。广场下的地下空间，其出入口位置的选择不能破坏广场的整体气氛，汽车道口也不能妨碍交通。

（2）出入口方式

出入口方式应考虑周围的环境、场地、建筑功能、特性等多方面因素，同时出入口与外观设计效果还需结合室内设计要素与采光等综合考虑。主要有以下几种方式：

① 坡地建筑出入口

山坡上的台阶式建筑（图3.9），因其部分位于地下，建筑的立面仍然外露，从山下看时，这类建筑物与传统建筑物类似，地下空间也能做到像地上建筑物那样由地面直接进入，而不必直接下降。植物、墙及标高的改变可以用来部分地遮掩服务出入口。

② 在平坦地形上堆成的地下建筑物，也能够不下台阶就进入。

③ 地上出入口门厅（图3.10）

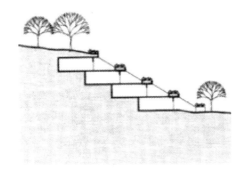

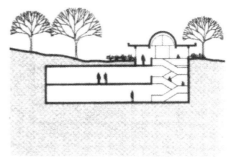

图 3.9　斜坡地上地下空间的出入口　　　　图 3.10　地上建筑门厅的出入口

在平坦的基地上，采用地面建筑的形式作为通往地下建筑出入口的门厅。地上出入口门厅内包含有通向地下的垂直交通，有时还可为某些建筑提供方便的出入口，如可以将通风换气设备隐藏或综合在门厅的设计中。地上出入口门厅具有传统建筑出入口的一些特征，可以远距离看见，形象传递地下建筑的某些信息，提供围合的空间；缺点是体量相对较小，难以暗示地下建筑的规模和范围、内部布局与空间组织方式，因此，设计上强调清晰形象的处理上，仍需创造出恰当的从出入口到地下空间的过渡。可以在楼梯、自动扶梯向下运动过程中引入自然光和外部景观以及其他的室内设计手法来加强这种过渡。

④　通过地上建筑的出入口

地下空间与地铁车站、商场、大型办公室等建筑毗邻，或地下空间常常是地上建筑的附属部分（图 3.11）时，因此，地下部分是通过地上建筑物进出，出入口的设计问题基本上已解决，但是要搞好地面与地下相连接部分的设计。优点在于总有一个可见的建筑体量，更易于从远距离辨识。与此同时，建筑的服务设施也能包括在上部建筑体量中，而服务出入口和公共出入口更易分开。康奈尔大学的尤里斯图书馆的地下扩建部分，连接上下两部分建筑物的楼梯用玻璃罩起来，避免了产生走向地下的不愉快心理而产生一种从屋顶向下观望全景的特殊感觉（图 3.12）。

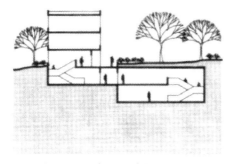

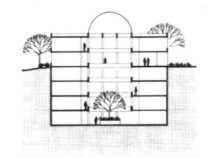

图 3.11　毗邻地上建筑的出入口　　　　图 3.12　建筑自身地面部分的出入口

⑤ 下沉式广场的出入口（图 3.13）

平坦地面上完全建在地下的建筑物，没有可能修建上面介绍的普通出入口。比较合理的方法是在出入口的外侧做一个小型下沉广场，使人们能够水平进入地下空间的上层，下沉广场自身成为地下建筑外观很重要的一部分。对于浅层地下建筑，下沉式广场不仅解决了外部形象和出入口过渡问题，还能够给地下建筑带来采光、向外的视野效果。这种方法保留了很多普通出入口的特点。在视界广阔的室外空间逐步向下走，由于过渡实际发生在开敞的外部空间，因此可以减少不良的心理感觉。明尼苏达大学土木与矿物工程系馆出入口前的螺旋形下沉广场是这种方法的典型例子（图 3.14）。

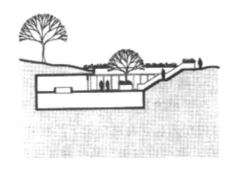

图 3.13　下沉式广场的出入口　　　　图 3.14　明尼苏达大学土木与矿物
　　　　　　　　　　　　　　　　　　　　　　工程系馆下沉广场

⑥ 楼梯、坡道、自动扶梯的出入口（图 3.15）

楼梯、坡道、自动扶梯可以作为地下空间的出入口方式，也可以置于多层开敞空间内来加强方向感，并改善从上到下的过渡。不同类型的垂直交通方式各有其适用范围。坡道适用于高差相对较小的情况；楼梯作为主要交通方式仅限于在二、三层的建筑中，同时，残疾人需要另一套交通系统；自动扶梯适于深层地下空间，如深层地铁车站。当把楼梯、坡道、自动扶梯放在大的宽敞空间中，方向感从上到下、从外部环境到内部环境的连续流动空间得以加强。

在场地条件受到特殊限制时，可能无法采用下沉广场的做法。这时唯一的选择是通过地上较小的建筑物直接下到地下空间中（图 3.10）。这种出入口可能会加强人们进入地下空间时的不良感觉，因此在楼梯处要设法引入天然光线并使内部尽量宽敞。

⑦ 电梯与观光电梯的出入口（图 3.16）

电梯可能是多层地下建筑最主要的垂直接通方式。明显优点是方便所有人使用，但固有问题是出入口空间与建筑的其他任何地方都缺少空间上的联系。对地面建筑可以通过建筑的总体形式、组织方式和窗户等辨别方向。而地下建筑通过密闭电梯进入与上部环境缺少联系的环境中，会使方向感恶化。这些传统封闭电梯带来的问题可以通过每层设置过渡空间加以缓和，能够为建筑中的人引导方向。

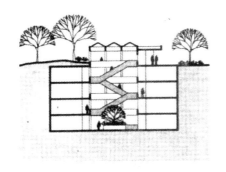
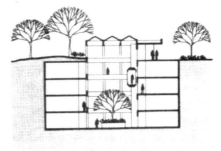

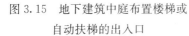

图 3.15　地下建筑中庭布置楼梯或　　　　图 3.16　地下建筑中庭布置观光
　　　　自动扶梯的出入口　　　　　　　　　　　　　电梯的出入口

（3）出入口建筑设计技巧

地下建筑的出入口与外观设计最重要解决两个问题，一是形式方面，创造显著的建筑形象与清楚的出入口，以了解建筑的地点与范围，易于找到地下建筑的出入口；二是心理方面，尽量消除进入地下建筑可能有的消极不良的心理反应。因此，出入口空间多样丰富、过渡舒适，提供明确的导向。

地下建筑的入口可以有多种做法，一般取决于整个地区设计所希望的外部构图。当然，设计时，要注意采取一些设计技巧：

① 口部处设计亮度力求与天空亮度一致（最好用自然光），随着空间的深入而逐渐降低；

② 由外到内的过渡体部位用同种材料，使之具有等同的质感和色泽，一切都具有连接的感觉；

③ 要注意入口的角度，使之方便，并且能避免得热或失热；

④ 在过渡段及内部要布置与外部连续的绿化，壁画以及雕塑等艺术品；

⑤ 适当的时候，布置商店，从外一直延伸到内，采取相同或相似的比例、尺度；

⑥ 口部应有识别性，同时也要具有独创性，入口处颜色应清淡悦目，整体以及门的设计应深思熟虑并富有吸引力。

总之，利用种种设计技巧与手法，从而诱导人们在信步与漫游之际深入新的空间。口部设计所起到的效果就是要使人们从地上到地下就像从繁华的街道进入大商场一样顺理成章。

3.3.4　地下建筑内部空间的组合设计

在地下建筑设计中，始终贯穿封闭感，缺少与外界地面人工和自然环境的联系，方向感等问题使得地下建筑室内环境设计比同样的地面建筑要求更高，不仅创造功能合理、舒适、宽敞、吸引人的空间，加强方向感，更要注意抵消地下建筑负面因素。

怎样通过空间组合环境的设计，消除人体对"身处地下"的心理障碍，解决好地下空间的内部空间的实体空间和心理空间的相互关系。

从理论上说，一个大空间可以封闭起来，并使其中包含一个小空间。两者之间便容易产生视觉及空间的连续性，但是"被包含"的小空间与室外空间的关系，则取决于封闭的大空间。在这种空间关系中，封闭的大空间是作为小空间的三度的场地而存在。为了感知这种概念，两者之间的尺寸必须有明显差别。如果小空间的尺寸增大，那么大空间就开始失掉其作为封闭空间的能力；小空间越是增大，其外围的剩余空间就越感到压抑而不成其为封闭空间，变成仅仅是环绕于小空间的一片薄层或表皮，那么原来的意图就破坏殆尽了，要使小空间具有较大的吸引力，小空间可采用与大空间形式相同而朝向相异的方式。这种方法会在大间里产生第二网格，并留下一系列富有动势的剩余空间。小空间也可采用与大空间不同的形体，以增强其独立实体形象。这种形体上的对比，会产生一种两者之间功能不同的暗示，或者象征着小空间具有特别的意义。

对于地下建筑室内空间分隔组成的建筑元素而言，最基本的是壁面、地面和天棚。因此，在室内设计中，壁面、地面和天棚（简称为"三面"）的处理，不仅仅是一般的建筑室内装饰处理，而且对于室内环境气氛的创造也是有很大影响。此外，"三面"处理不仅是一般的建筑室内装修所指的表面处理，更主要的是将"三面"处理如何同整个室内环境气氛设计有机地结合起来。"三面"处理造成的空间效果与环境气氛是一个整体，相互影响，既有技术原因，又有美学因素，其功能，更重要的是在心理上和精神上给人舒适的工作、生活、休息、娱乐的室内环境。

作为围成空间的元素之一的壁面，由于它是垂直于地面和人的视平线，因此，对人的视觉和心理感觉极为重要，其中包括门窗、灯具、线脚、装修处理等，都是设计的对象。作为组成空间的天棚和地面，同样需要考虑其点、线、面的处理，给人以恰当的心理影响，如灯具、空调进口、排气孔、消防喷水孔、横梁的处理、吊顶棚的处理以及地面高低差变化造成的线、面空间变化等。

在室内设计时，建筑空间的尺度只有相对弹性。限定空间的天棚、墙面、楼梯等建筑要素，按功能需要做种种升降或左右移动，一般有水平方向的限定和垂直方向的限定。

所谓水平方向限定，即改变地面和顶棚高度。比如在地下住宅中，餐室与起居室之间，餐室与厨室之间可设踏步，这些踏步既能方便联系，又把性质不尽相同的空间划分开，以形成几个相互贯穿又有一定界限的新空间，从而进一步改善空间感。

所谓的垂直方向的限定，就是墙壁左右移动，从垂直的方向限定大小空间尺寸。

构成地下建筑心理空间的方法一般有如下几种：

1. 改变地面的标高。实际空间内，地面标高不同的部分，各有一定的独立性，因此，可结合功能要求，提高某个部分的标高，或降低某个部分的标高，可以改善空间感。

2. 改变顶棚的高度。实体空间内，顶棚高度不同的部分，在感觉上也各有一定的独立性，用这种方法处理空间，可以区别各空间其地位和作用的不同。

3. 借助家具与设备。借助家具、设备形成心理空间，一种方法是分隔，另一种是围合。

4. 改变照明方法和灯具种类。

5. 借助绿化与水体。绿化、叠石、水体、栏杆、雕塑部可作为构成心理空间的手段，由于它们种类繁多，形态生动，构成的心理空间更显得新颖活泼。

6. 借用各种隔断。在地下空间室内设计中，常用玻璃花格隔断，增加空间的深远开阔感，形成相应的心理空间。

3.3.5　地下空间的主要建筑要素设计

1. 下沉庭院（图 3.17）

在地下建筑的室内外空间中，可利用下沉式外部庭院提供阳光、景观，从而增强地下建筑内部的方向感。庭院设计时首先应考虑以下几个问题：

（1）庭院的面积大小及其深度与长宽比多大合适。过深容易造成天井的感觉，过浅则缺少围合感。

（2）庭院中哪些要素是增加景观质量所需要的？

图 3.17　法国巴黎列阿莱地下综合体的
下沉式庭院

（3）在庭院中什么样的活动可赋予它生机与活力？

为确定一个下沉式庭院的合适尺寸，设计者必须考虑它希望达到的功能，若庭院的目的是让阳光进入建筑，那就必须计算该地日照角度来确定阳光进入庭院的确切角度，一个较明知的目标是在冬至中午让阳光可以照到庭院地面的一半，这种方法导致基地离赤道越远，庭院越深，其宽度也越大。阳光会使庭院对人们更有吸引力，更愿意在此消磨时间，并能促进庭院中植物的生长。国外根据多年的分析研究，正常广场的下限尺度为 12m×24m 左右。其最大尺度以不侵入人行道为限，有的较大的还具备露天演出的条件。其次，下沉广场界面的设计与大小设置应注意保持地面空间的完整性。

在确定了大小之后，还应在庭院中创造出受人欢迎的景观。这些景观有着如下的特征：内容丰富，包含有建筑立面、天空、大地与地平线；尽量提供自然景象而非都市景象，因为绿色景观看起来比建筑景观更能带给人开阔的感受。因此，在下沉式庭院中广泛应用植物是比较理想的。植物可柔化由硬性材料构成的庭院围合界面，此外，植物还能加强庭院作为一个与外部自然界的连接体的形象。

人在庭院中的活动，也构成了庭院景观的一部分，它能使庭院看上去更有趣。因此，为鼓励人们在庭院中活动，必须在其中提供可满足小憩、就餐、会面及别的恰当的功能设施，提高庭院易达程度并将其置于建筑流线与公共区域的延伸部分。也可以促进庭院的这种作用，使主要交通通道邻近庭院以及设置通向庭院的多个入口是受欢迎的，这能使人们在建筑中活动时意识到庭院的存在，并有机会经常从其中穿过。

总之，下沉式外部庭院不应是空荡、寒冷、无人使用的混凝土空地，而应是地下建筑中令人愉快的地方。

2. 中庭设计（图 3.18）

图 3.18   地下空间的中庭

中庭通常指一个室内的或有覆盖的庭院空间，可用于任何一种靠近地表或深入地下的地下建筑中，不受某种特定地形限制，在地下建筑中一般采用创造多层室内中庭空间的设计手法，最常见的中庭是将建筑复合体的地上层与地下层联系起来的建筑内庭院。中庭所营造的空间在地下空间中是最富有变化、引人入胜、宽松雅致和更接近自然化的空间，很容易形成地下空间的中心标志物，并构成了地下空间的主要形象。对于层数少、平面体量相对较大的地下空间，更需要一个中心开放的"核心"空间，来改善地下空间方向感差、缺乏刺激的问题及缓和地下空间内部的局促感，使地下空间的内部有拓延、有发展，容易让人感受到地下空间的外形特征和体量的存在。中庭空间很好地解决了地下空间封闭隔绝、视觉信息缺乏、空间形体单一、可读性差及缺乏自然环境和天然光线的渗透等问题。因此，地下空间的中庭成为一个包含了人、活动及自然要素的，多样的、发展的、激励人心的景观空间源泉。

中庭的主要特点：

① 有来自上方或侧方的天然光线，空间内部包含着自然因素，诸如植物、水景、山石、小桥等，构成一幅静与动、凝固与变化的场景；

② 是人们进入的社交活动与休闲的多功能场所；

③ 通常是地下建筑的交通枢纽或是整个建筑的"核心标志"；

④ 通常与地下空间的出入口完美结合，一起成为建筑外形特征的主要构成要素；

⑤ 空间构成有时不止一层，常被窗、门或带形廊等所围绕；

⑥ 与外界自然环境联系密切，景观互补。

由于地下建筑中庭使用性质的公众性、聚散性，空间构成的独特性，以及对天然光和外部自然景象的强烈需求性，地下建筑中庭空间的界面处理与地面建筑相比往往有其自身的特点。建筑空间界面主要有立面、底面和顶面三要素，有时三要素不明确或不完全。地下建筑中庭的空间界面，主要解决的问题是顶面和立面处理。顶面的处理通常有两种方式，透光方式和封闭方式。缺乏天然光线和自然景观是地下建筑在心理和生理两方面存在的最大问题，为此设置透光顶棚引入光线是常用的方法，同时还要重视对中庭的光线质量和气候控制等技术问题。顶棚采用封闭式在考虑战时设防等因素的条件下更为有利，此类型中庭跨度不大时，可采用梁板结构；当跨度较大时，可采用拱或壳结构形式，这时常常以人工照明来创造自然化气氛。

由于地下建筑中庭的界面中立面所占面积比率大，而且处于人们正常视觉或行为可及的范围内，因此是界面处理设计的重点。立面在中庭空间中既起围隔作用，又可利用立面的不同介质特性与建筑内外空间取得渗透与联系。地下建筑中庭的立面设计主要有立面的体化、立面的渗透及立面的个性树立等内容。立面的体化是指利用建筑构件或某种处理手法使得单调的大尺度的立面变得有进深感、层次感和韵律感，诸如富有变化的环廊、交错纵横的楼梯、各种形态的门洞、窗洞等，都能求得空间层次的丰富、含蓄和深邃感。立面的渗透是指中庭空间通过立面的介质特点或造型与室外空间或相邻室内空间的渗透与交融，使身处在中庭的人们的视野超出所在空间的范围，局部围合中庭的立面常采取与室外空间渗透的方式，将室外美景融入室内。与相邻室内空间的渗透与交融常采用造型各异的洞口，挑台、回廊等建筑构件使空间富于变化和相互通融，有时在一些中式格调的中庭中利用景窗，使空间的渗透时断时续，获得步移景异的变化。立面的个性树立不言而喻，是指立面设计的风格化和个性化，有的设计藤蔓水景，俨然造就一幅自然景观，而有的设计一片大红大绿，色彩斑斓，不拘一格，极富现代气息。

中庭的主要功能是抵消地下建筑的不良心理反应和生理影响。除了利用玻璃顶棚引入天然光线和有利于向外观景外,中庭构景非常重要。中庭设计应尽可能接近自然,自然景观(树木、水、山、石等)的运用体现设计的技巧和手法,无论是抽象还是写实,都可能改善空间环境,鼓励人们走进自然,促使人际交往,丰富中庭空间和多样性活动,封闭的中庭,即使缺少天然光线,也可以通过水景、树木花草等使人感到好像置身于室外环境中。

图 3.19　美国国家艺术馆地下通道

3. 室内大街

与其运用单独的传统走廊,还不如创造一个穿越整个地下建筑的主要通道,即室内大街,让它比通常的走廊更高更宽,甚至贯穿多层空间,并提供与活跃的外部街道相似的小憩与社交的场所。美国国家艺术馆联系东西两馆的地下通道(图 3.19),走在平动滚梯上,四周的灯光效果,让人觉得动感十足,似乎是穿梭在时间隧道内。

地下建筑中,如果仅将走廊作为穿越建筑的通道,那么人们穿越建筑的活动以及相应的活力都会很容易随之分散,大量的走廊与电梯网络也将使地下建筑中的人孤立和分离开来。而在城市中,街道是重要的线性景观,它将城市中的节点联系起来,人们穿越街道来寻找建筑及其入口。许多情况下,街道也是社交场所,对于邻近街道的建筑中的人们,通道或街道成了景观区域或开放空间。这提示我们可以借用城市要的设计方式来组织地下建筑的室内,赋予建筑中的通道以某些城市街道的特性,使之成为地下建筑组织结构的重要部分,而不仅仅是过道。

要使室内通道具备外部街道的活力,首先要精心设计它的位置,它不应该成为一条捷径,而应尽可能与外部街道连续,还要有一个宽敞开放的入口。应在两侧布置窗户、座位、柜台及入口,这样的入口是通向大厅的,并向公众显示了建筑的主要功能。如果街道有几层高,那么在不同的楼层边缘的步行道就可用于形成低的空间。

其次,为形成实际的街道,它应比通常的走廊更宽、更高,能提供小憩与社交的空间,而且应尽可能将建筑的内部活动暴露出来,在大街两侧使用内部玻璃隔断可以在两个方向上都加强景观与宽敞感;大街为每个重要部分都设计一个明显的入口,就能进一步加强其活力。作为流线系统的主动脉,室内街道应穿过或导向次要通道。它们也应连接主要空间和标志物,一个宽敞的、有生机的多层通道有可能成为一个线形的内部中庭。

4. 短的次级通道

现代建筑中许多典型的走廊都是又长又窄且单调乏味。在地下建筑中,应尽可能去掉冗长无窗的走廊，而代之以短而有生气的通道，尽可能减少个别零散的通道，使建筑中所有空间直接从室内大街或是与室内大街相连的中庭空间进入。但与主要通道相连的次级通道是不可避免，改善次级通道主要有以下几种方法：

（1）使次级通道尽可能短捷通畅，一般不超过 15～25m，否则走道就会变得死气沉沉和单调乏味。

（2）尽可能使过道靠近下沉式庭院和内部中庭，这些地方能提供自然光线与开放空间，从而使过道不像封闭的走廊。

（3）沿通道的内部窗户可提供宽敞感，并使人能看见建筑中活动。

（4）地下建筑中的通道应避免过多的转折，通道宽度按主次程度应有所不同。在适合建筑功能的前提下，过道也可有一些被加宽并有座位的地方。在某些情况下，比较安全的空间中的过道可以用书架、陈列或别的要素来限定，既创造空间氛围，又满足日常活动的功能需求。

5. 特征明显的区域

在大型地下建筑或互相联系的地下建筑群中，应创造有明显特征的区域来加强方向感，而富有个性的空间也能令建筑更人性化。

在城市中，"区域"被认为能够促使认知图像的形成，它因具有某种特征而易于辨认，从而增进方向感并利于寻找道路。城市与地下建筑综合体之间具有很多相似之处，一个城市区域近似于建筑综合体中的一个地区。大型建筑综合体常常包含功能不同的区域，如公寓、办公楼、旅馆、商店、剧场及交通枢纽，这些功能上的差异本身就能创造出具有鲜明特征的区域，从而便于人寻找。

而在功能单一或彼此区别不大的功能组成的地下建筑中，区域可以用地点来区分（如西端或在较低一层），或是与建筑的某个特征相联系（如围绕有瀑布的中庭），其关键在于，这个区域应能被明确定义。此外还可以有着明显特征的较大区域中设置代表特别工作群的较小区域，如在建筑中应有一个与别处入口特征不同的办公入口，以形成多层次的空间。

6. 室内窗户

在地下建筑中，运用可看到活动区域的内部窗户，能缓解地下无窗建筑中的封闭感，创造宽阔的室内景观。

室内窗户的运用是地下建筑设计整体组成的一部分，也是常见的设计要素。例如，"室内街道"与"短而有生气的过道"常依靠室内窗户来传递关于空间功能与建筑内部活动的信息，并缓解走廊的单调感与封闭感。这里主要是指较小尺度的地下建筑中，单个空间之间的室内窗有关的设计问题。

在设计上，地下建筑的室内窗户与通常的窗户之间没有本质的不同，一般窗户的形状与尺寸取决于以下几个因素：

（1）窗户可以影响人的感觉上的房间尺寸，因此要想使房间显得宽敞，就可以增加窗户的尺寸，或是将窗户设在长方形房间较短的墙面上。

（2）对于窗户形状的研究没有这么明确。在一个方形房间中，一系列较小的单独的窗能使空间感觉宽敞，而在长方形房间中则可通过窗户的连续排列来增加宽敞感。至于是横向窗还是竖向窗能增加宽敞感这一问题并无定论。

（3）关于窗户的面积问题，一系列的研究表明，窗占墙面积在 20%～40% 时最为理想。但是，这一问题不应单独考虑，因为在窗户面积相同时，对一个空间的满意程度还受到别的因素影响，比如景观内容以及房间本身的设计等。

（4）根据常识，窗的形状与尺寸也受到观测者相对窗户的距离和位置的影响。

通常建筑的窗户可看到室外很远的地方并令自然光线进入，且室外景观要比室内景象更吸引人，室内窗是无法与之相比，因此，为缓解封闭感，在相同的情况下，室内窗户应设计得比室外窗户大。

此外，室内窗的效果也与景观内容以及私密性受保护的程度有关。

7. 空间形状与内部空间的划分

单个空间的不同几何特征，直接影响空间的宽敞感。房间形状会影响对空间的感觉。高度和面积相同时，长方形房间比正方形房间感觉要大，在长方形被拉长至长宽比为 2∶1 之前，这种效果一直会增加；对称的房间感觉上没有不规则、拉长的空间大；形状复杂，边界模糊，且内部景观丰富的空间比形状简单的空间感觉更宽敞；而一个被划分为几个层次的空间要比单一空间的感觉大。因此在地下建筑中，理想的内部空间几何特征就应包括：形状不规则；具有可使空间相互渗透的隔断；将一个大空间在水平和垂直方向上进行划分，以增加空间的层次。

在对大空间进行划分时，划分所形成的小空间，彼此之间应有所连通，互相隔绝的小空间或夹层并不能强化宽敞感或增加环境的复杂性和趣味，只能令空间更闭塞，而一睹半高的墙，一个围栏或一排柱子则不仅能造成围合感，又可使空间超越这些边界流动。

§3.4　地下空间建筑的内部环境设计

地面建筑可以依靠自然调节，如天然采光、自然通风等，保持良好的建筑环境，既节省能源，又可获得较高质量的光线和空气，而地下建筑则更多地依靠人工控制。地下空间环境的设计特点、方法和注意事项是地下空间规划的基本内容。

3.4.1　地下建筑室内环境设计特点

地下建筑包围在岩石或土壤之中，直接与介质接触，使得内部空气质量、视觉和听觉质量，以及对人的生理和心理影响等方面都有特殊性；加上认识上的局限和材料设备的限制，难以全面达到地下建筑功能所要求的环境标准。长期以来，形成了一种"地下建筑环境不如地面建筑环境"的社会心理。应当说,这是客观现实的反映,因为这两种环境质量,确实在不同程度上存在差异,随着技术进步,地下建筑环境标准也得到了很大的提高。但必须看到,在建筑环境学科中,存在着许多待开发待研究的领域,还需作出巨大的努力。

不同的建筑功能,对环境有不同的要求,因此建筑环境有生活环境、生产环境、贮物环境等多种类型,但是只要有人活动,就首先要满足生理上的客观需要,同时还要考虑一些心理因素。

在地下建筑环境中,有几种不同情况下的环境标准。一是舒适标准,人在这种环境中能正常进行各种活动而没有不适感;二是最低标准,指维持生命的最低要求;三是极限标准,如果低于这个标准,对人体健康就会产生致病、致伤,甚至致死的危险。着重从空气环境、视觉和听觉环境,以及生理环境和心理环境等三个方面,围绕这三种标准,进行地下建筑环境的设计。

地下空间环境设计主要包括内部房间的大小、布局和隔断的设计;色彩、质感、照明和家具摆设的设计;室内喷泉、树木花草等小品设计;通风、温湿度、吸音音质设计;另外还有各种导向、标志性以及防灾设计等。地下空间环境往往方向感差,阴暗潮湿,给人带来不良心理影响,因此,通过建筑环境的巧妙设计与精心处理,如引入自然光和外部景观,或采取某些物理上的导光技术来弥补先天性不足,改善内部环境,使人们进入地下空间后会有一种新奇、舒适感,与大自然浑如一体,忘掉置身地下,有效地减轻人们的地下心理压力。

3.4.2 地下建筑室内装修

地下建筑室内装修是建筑艺术形式的重要内容。随着工艺水平和施工技术的不断提高,地下建筑的室内装修在花钱不多的情况下,促进了平战结合,增加了经济效益,使地下工程更多更好地为生产和生活服务,有利于平时维护管理和战时的安全使用。

地下建筑要长年使用,平战结合,消声、防火、防潮、防震要求高。地下建筑室内装修用水泥拉毛作吸声装修,但水泥拉毛本身较坚硬,对声音反射强,吸声系数很低,且平时又易积灰,不利清扫。常用易燃的钙塑板或塑料制品,追求美观价廉,对防火极为不利,这类制品受火作用时放出有毒气体,危害人体健康。用材不当,未根据平、战使用要求进行建筑装修。口部通道、洗消间、防毒通道内运用水泥拉毛,拉线条,分隔印花,增加了战时染毒后清洗的困难。地下商场采用水泥地坪,易积污起尘,一些工程内部门窗用木质装修,易受潮变形。装修标准太高,经济合理性差。地下会议室墙裙用大理石、马赛克,增加了造价,又不利消声。此外,施工方法不当,墙裙用色太深、照度暗淡等都影响了地下建筑室内装修效果。

地下建筑室内装修同样要满足使用功能和心理功能要求,必须适用、经济、美观、耐久。装修艺术上,要朴素、明朗、协调、大方。建筑装修的标准应根据地下工程的用途、规模、材料来源和施工条件等因素来确定。它主要包括天棚、墙面、地坪、柱子以及口部、门、窗孔等材料选择、位置安排、形式确定，色彩应用和空间比例关系上的协调。具体说来：

天棚　天棚是地下建筑的"天空"，"阳光"（照明）和"新鲜空气"（空调）均设置于天棚。天棚装修应宁静、明朗、利于光线反射和清洁维护。应具有良好的抗震、消声性能。空间较矮时可不设吊顶，较高时，用轻质吸声装饰板作吊顶，吊顶应能防火、防锈、防震、防潮、防腐、少积灰、易维修。

墙面　地下建筑围护墙应首先做好防潮处理。墙面本身的处理要简洁，色彩明快。低矮的墙面，应以吸声粉刷，拉竖向线条，分隔印花，增大空间比例，减少压抑感；高大空间墙面则以吸声粉刷，横向划分线条，调整空间比例，给人以舒适感。墙面装饰应结合壁灯设计创造特殊的空间效果。

地面　地面装修材料应具有耐磨、防滑、防潮、防腐、平整、光泽、便于清扫、不扬尘。图案设计规整，以暖色调为主，有利于烘托活动空间的气氛，通常用水泥压光，水磨石、红缸砖，有些用橡胶板、纤维地面，如必须用木地板，要做好防水、防潮、防腐处理。注意采用富有韵律感的图案，起到导向作用。

柱　柱的装修应与整个房间协调，一般常用水泥砂浆抹光。当空间较矮时，柱子用吸声材料粉刷，拉竖线条，涂料饰面，调整空间比例。其色彩一般以桃红、暗红、淡绿为宜。

门、窗、孔　一般多运用园林建筑中各种形式的漏花、花格窗、曲线门洞等小品进行装修。有利于通风，点缀环境，加强气氛。

3.4.3　地下建筑室内色彩设计

进行地下建筑室内色彩设计要综合考虑功能、美观、空间形式、建筑材料等因素。

（1）由于色彩具有明显的生理效果和心理效果，直接影响人们的生活、生产、工作和学习。因此，色彩设计时，应首先考虑功能上的要求，力求体现与功能相适应的性格和特点。

考虑功能要求，应分析空间的性质、用途以及人们感知色彩的过程，此外，还要注意生产、生活方式的改变，随着科学技术的不断进步，色彩设计也应更加科学化和艺术化。

地下医院，色彩要利于治疗的休养，常用白色、中性色或其他彩度较低的色彩做基调，能给人以"安静"、"平和"与清洁的感觉。

地下餐厅，应给人以干净、明快感觉，常以乳白、淡黄等色为主调，橙色等暖色可刺激食欲，应彩度合适，彩度过高的暖色可能导致行为的随意性，易使顾客兴奋和冲动，常出现吵闹、醉酒等现象。

地下商场，营业厅商品琳琅满目，色彩丰富，墙面色彩应采用较素颜色，突出商品，吸引顾客。

地下旅馆，色彩应呈现亲切、舒适、优雅气氛，强调安静感，多用乳白、浅黄、浅玫瑰红等做主调。

地下影剧院，应通过色彩设计把观众注意力集中到舞台上，台口和大幕可用大厅的对比色，舞台的背景常用浅蓝等偏冷的颜色。

地下工厂，车间的色彩直接关系到工人健康、生产安全、劳动效率和产品质量，高温车间应用冷色调，减轻灼热感；不同工作区域和管道，危险区域和设备，应当用不同的颜色加以区别和提示。

（2）要充分发挥室内色彩的美化作用。地下建筑室内色彩的配置必须符合形式美的原则，正确处理协调与对比、统一与变化、主景与背景、基调与点缀等各种关系。色彩种类少，容易处理，但有单调感；色彩种类多，富于变化，但可能杂乱。为此要力求符合构图原则。

（3）地下建筑室内色彩设计必须密切配合建筑材料。同一色彩用于不同质感的材料效果相差很大，能使人们在统一之中感到变化，在总体协调的前提下感受细微的差别。充分运用材料的本色，可使色彩更具有自然美。

（4）地下建筑室内色彩设计一般用中性浅色、清淡明亮、悦目柔和的色彩，采用"上轻下重"的手法，不同建筑元素运用相适应的色彩。

① 天棚，宜用白色、乳白、天蓝、米黄等色。

② 墙面，一般室内墙面应用相同颜色，地下建筑室内一般用白色、奶黄、淡红等色。

③ 墙裙，地下建筑室内墙裙一般用淡绿等色。

④ 踢脚板，颜色应与墙裙或地坪相同，多采用较深颜色，以增加整个空间色彩的稳定感。

⑤ 地坪，可用低明度的色彩，保持上轻下重的稳定感和地面清洁，一般用棕色、铁红等色。

⑥ 地毯，色彩应与地坪、家具、陈设的色彩相配合，家具、陈设的颜色偏冷时，地毯的颜色可暖一些，反之，家具、陈设的颜色偏暖时，地毯的颜色可以冷一些。

（5）地下建筑色彩设计应考虑民族地区特点。

3.4.4　地下建筑室内光线照明设计

有些人常患有幽闭的恐惧症，害怕逗留在地下建筑有限的封闭空间中。为了消除这种障碍，地下建筑应尽量引入自然光线。如国外有的掩土建筑，房屋一侧有直接对外的视景，往往将房屋建筑在斜坡上，从而能有效地达到引入自然光。将自然光线引入地下建筑室内还有一种方法是通过天井。如日本八重州地下街是一个三层地下街，在设计中采用了直通地面的天井，引入自然光线，一定程度上消除了人们在地下街中的压抑感。美国建筑师 J·巴拿德设计的马萨诸塞州康尔斯托·密勤斯的地下生态房屋,结构完全处于地下,通过围绕一个中心天井,解决了采光问题。

大部分地下建筑更多是通过人工照明来满足人们生产和生活。人工照明发光强度远小于阳光,而且光色不全,再加上我国地下工程照度标准较低,长期生活在这样的环境中会导致视力下降,工作效率降低。美国试验表明,在仿日光灯特制的荧光灯照明的房间里每天度过 8 小时,一个月以后,这些人摄入的钙量增加 5%,而在用普通白炽灯和荧光灯的房间里,每天同样照射 8 小时,他们摄入钙的能力减少 25%,可见光源选择合适,就能预防矿物质摄入量的减少。

医学界还报道未加遮挡的荧光灯光线可使室内工作人员每月紫外线摄入量增加 5%,对紫外线敏感的人,增加了发生皮肤癌的可能性。为了尽量消除危害,在地下建筑室内照明设计中应作一些措施:

(1) 人工照明的照度应满足工作需要,当前,我国地下工程照度标准太低,有待提高;

(2) 室内色彩应明亮;

(3) 尽量选用带有玻璃罩的荧光灯,以滤掉一些紫外线;

(4) 要选用含多种光的荧光灯,减少单独使用白色冷光荧光灯;

(5) 各种光源混用,可降低光色的单调程度;

(6) 地下建筑照明设计要有装饰性和艺术性;

(7) 要安全可靠,利于投资和节约能源,便于维护管理。

以地下商场为例,地下商场的照明方式应是综合性,切忌单一,一般方法如下:

① 照明效果能招揽和吸引消费者;

② 货柜、橱窗的局部照明,要突出商品的形、色、光泽等质感。使商品本身有宣传力,诱惑力;

③ 艺术装饰照明要求反映建筑的不同风格和分区的商品特点,使不同售货场所有不同光色、不同照度、不同位置,容易引起顾客注意、增加了活泼气氛;

④ 出入口应有醒目的广告照明,霓虹灯照明,使顾客产生一种希望进入地下商场观光心理,入口通道是过渡照明,照度要明亮;以改善视觉器官对明暗的适应性;

⑤ 地下商场的天棚照明在工程层较低时,不适宜采用大花吊顶。

另外,对于地下餐厅、酒吧、茶室这类照明应考虑:

① 照明必须与室内环境布置风格一致;

② 光源应尽量用白炽灯,暖色调;光的色彩应有丰富的红、黄色成分,其显色性能好,使食品色泽鲜艳,有助于增进食欲;

③ 照明应根据餐桌排列来布置,既有整体又有单独性,照度不宜过高,可配

制壁灯，光色以茶色、橙色为宜；

④ 音乐茶座舞池照明，可以采用聚光灯、射灯、效果灯等照明方式；强调空间有立体感；对于灯光的色彩和明亮度，应伴随着音乐欣赏的艺术效果。

总之，地下建筑室内照明设计应据地下工程用途、空间大小、建筑形式、材料光洁度、色彩及灯具形式全面考虑。

3.4.5　地下建筑室内的自然环境设计

室内绿化已有相当悠久的历史，作为室内设计要素之一，在组织内部空间能丰富色彩，美化环境，陶冶情操，影响人的心理状态，行为态度，以及改善小气候等方面起着重要作用。我国传统的室内绿化，一般以木本为主，草本为辅，绿化的造型，重人工修剪，寓意性强；而西方国家则以草本为主，木本为辅，他们主张自然形态，抽象造型，重色，重型。

水池、喷泉、小溪、瀑布等室内水体往往比室内绿化更诱人，主要原因是室内水体的形态多变，性格鲜明，能够引人联想，给人留下深刻印象，明镜似的水池清澈见底，给人以平和宁静的感觉，蜿蜒的小溪气氛欢快，喷珠吐玉的喷泉千姿百态，奔腾而下的瀑布气势磅礴，都具有强烈的感染力。各种水体都有运动感，就连那表面看来静止不动的水池，也能通过反映周围的景物，丰富自身层次，扩大空间感，给人以静中有动的印象。

山石与水是相辅相成的。"水以石为面"，"水得山而媚"，水体的形态受石材（或人工石）所制约。以溪为例，或圆或方，皆因池岸而形成；以溪为例，或曲或直，亦受堤岸的影响，瀑布的动势与悬崖峭壁有关系；石缝中的泉水正因为有石壁作为背景才显得有情趣。因此，在室内设计中山石的布置多数是与水体结合在一起。

室内绿化、水体和山石三者之间错落有致地结合，将赋予地下建筑极为生动的内涵。可以巧妙地组织内、外空间的过渡与引申，成为空间的提示与指向，也可以深入建筑内部室内视野的延伸，丰富和扩大了室内空间。

由于植物是大自然的一部分，将植物引进室内，使内部空间兼有自然界外部空间的因素，有利于内外空间的过渡。在入口处布置花池和盆栽，在门廊的顶棚上或墙上悬吊绿化；在进厅处布置花卉树木形成一种室外进入建筑物内部时有一种自然的过渡和连续感，或者在入口处围以喷泉和水池或设计一水幕，有静有动。另外，把室外绿化引入室内，还能借助绿化使室内外景色通过通透的围护体互渗互借，诱导人们的视野，顺着绿化的延伸而延伸。如面积较小的门厅，可通过绿化与外部庭园景色互相渗透，增加空间的开阔感和变化，靠窗陈设的绿化，通过大玻璃与室外绿化连成一片，增加了空间的深远感，使用有限的室内空间得以扩大。

人们的室内活动往往是在空间组群内进行，特别人群密集或空间复杂情况下，有时需要给予提供明确的行动方向。因而在空间构图中暗示指向性可有利于组织人流，导向主要活动空间及找到出入口。

自然景观由于具有观赏的特点能强烈吸引人们的注意力，因而常能巧妙而含蓄地起到指向与提示的作用。例如在空间的入口处，空间形象变换的过渡处，廊道的转折点，台阶坡道的起止点，可运用花池，陈设盆景作为提示。在旅馆、商馆、剧院等公共建筑的大厅内，往往以重点绿化处理来突出主楼梯的位置或是借助于有规律的花池或吊篮绿化，形成无声的空间诱导路线。

在地下建筑的内部，设计一些较为开敞的庭洞，除可供游览观景外，还可坐览景色，在庭洞的适当位置立山石，植花木，引小溪，形成室内具有一定主题的景观，许多水体流动有声，瀑布的轰鸣，泉水的滴答，可以使人真切地感到水体的存在和运动，使环境更有个性。有些自然景观还与灯光、音响设备相结合。用闪烁多变的灯光，高低起伏的音乐与姿态万千的水体、山石、绿化相呼应，其效果无疑更加奇异和感人。为了消除人们在地下空间中的压抑感，日本的许多地下建筑采用层间天井扩大净度高度，并采用直通地面的天井，直接引入阳光，使绿色植物可以接受阳光，进行光合作用。在一些地下街的设计中，日本建筑师们为了消除顾客的疲劳，创造出类似地面的环境。地下街布置有"绿地"、"庭园"等等，为人们提供休息和散步的地方。

通过这些特别巧妙的设计手法，利用现代的技术和材料，创造出逼真的风景，布置得美妙和谐，不仅使人忘却了"身在地下"，还使地下建筑别具一格，很受人们欢迎。

3.4.6 地下建筑的声环境

声环境是地下空间环境设计系统中的功能要素，与其他室内环境要素联成一体，共同组成室内空间环境的网络。因此声科学和技术应与室内环境艺术和谐统一，才能取得好的整体效果，反映出科学前沿的水平，显示出时代感。

地下工程出入口的两端在外，其本身蜿蜒于地下，绵亘纵横，然而相对于其长度来说其断面较少，所以表现为无限长小断面的特殊空间，犹如乐器中的笛子，两旁支洞等是笛子的音孔，所以地下建筑有利于声音传播。

另外，在此无限长小断面的空间中，声音衰减特殊，低频声音衰减快，中、高频声衰减慢；声音频率的分辨点与断面大小有关，断面大，则分频点低，断面小，则分频点高，一般在 250 赫以下。这种现象是在通常建筑空间中声衰减规律不同，是介于理想情况下的室内（扩散声场）和室外空旷处（自由场）的半自由声场。

以上是地下建筑声环境的两大特点，由于城市地下空间环境是多文化，生活机能性的综合体，在环境中，声环境的内容不仅是噪声控制，而且是多样化，其内容广泛和丰富。

噪声令人烦恼，影响人们工作，有害人体健康，所以声环境处理应结合空间环境设计综合考虑。由于地下空间环境的特殊性，人们对噪声承受特点不同于地上空间，一般地下与地上的噪声允许值相差 5dBA，因此，可以借鉴地上建筑空间的要求来考虑。当环境声音超过允许分贝时，都作为噪声。另外，通风噪声应比各处噪声允许值低 5～10dBA。在噪声处理时，首先进行噪声分区，使产生噪声和振动的设备远离对噪声敏感的区域。另外，尽量利用地层的隔声作用，采取以隔为主、吸为辅的方针。

地下空间的顶棚是声学处理主要位置。由于两端无限小断面空间，低频声自然衰减快的特点，所以顶棚可以采用吸收中、高频声音的吸声材料，因此可比地上空间中取得同样效果的节省空间和费用。

为了减少对"地下"的恐惧感，声环境设计可以利用背景音乐。背景音乐不仅可以烘托环境气氛，还可以抑制噪声，冲淡噪场环境，带来宁静的心理感受，一般背景音乐的声呐约 60dBA，并且素材都为轻音乐，不适宜有很大的动态范围的音乐，更不宜用流行歌曲或音乐，否则，将获取不到上述效果。另外，背景音乐不能具有明显的方向性，所以放送背景的扬声器应均匀地布置在顶棚上，其间距约为顶棚与人耳的距离。背景音乐的电声设备仅可作广播和通信用。

在出入口和小广场处，可以布置背景音，也可以采用"音雕"，即利用音乐形象来丰富空间环境，例如采用鸟鸣、虫叫、风声等增加动态的丰富听觉环境，更饶有情趣。

§3.5　地下空间的开发技术

地下工程施工技术与地面建筑的施工技术差别较大。地面建筑施工技术已趋于成熟，形成了适应各种施工条件的施工工艺，而地下空间开发技术是近数十年随城市发展需要而逐渐形成的新兴技术，地下空间开发技术仍处于不断发展阶段。

3.5.1　岩层中开发技术

我国很多城市坐落在山区或丘陵地区，覆盖的表土层浅，地下空间开发常遇到岩层，工程地质条件复杂，开挖难度大，洞室围岩控制技术性要求高，直接影响地下空间的开发水平。地下洞室与地面建筑的重要区别，围岩本身是洞室建筑物的结构体，围岩直接影响地下空间的稳定性，应采用相适应的支护技术，由围岩和支护结构共同构成地下洞室。地下空间围岩强度随施工过程发生变化，爆破震动会引起围岩松弛，洞室开挖引起围岩松弛和变形，破坏岩体的整体性，降低岩体强度，导致围岩失稳坍塌，尤其构造发育地质软弱岩体中的洞室。岩层地下工程在勘探、设计和施工等各个环节上都不同于地面建筑。工程的安全性和造价与岩体特性密切相关，地下工程要比地面工程复杂得多。

1. 工程规划布置

工程布置在地下洞室设计中起关键作用。与地面建筑相比，工程布置需要考虑的因素较多。地下洞室位置、方位、洞群间距均需针对具体地质条件进行分析。工程实践证明，洞室布置能适应承载岩体洞室开挖卸荷后围岩条件的变化，有利于维持洞室稳定。相反，会使围岩不稳，增加支护难度，危及安全，发生塌方，推延工期，甚至被迫改变洞室位置。

洞室布置应遵循的基本原则，应尽量把洞室位置选在坚硬完整或构造简单的岩体中；洞室有足够的围岩厚度；大洞室远离大断层和破碎带；洞室主轴力求与大多数节理方向或主要节理方向保持最大的交角，最好正交；高地应力地区，洞室边墙与最大水平地应力方向平行，当选择洞室方位有困难时，还可调整洞室断面形状和尺寸，以改变围岩的受力状态，从而改善围岩的稳定条件。

正确地选择洞线和合理的工程布置是隧洞设计的关键。影响洞线选择的主要因素有地形、地质、水文和施工条件，以及枢纽总体布置和运动方式，这些因素相互制约，又相互矛盾，需要综合考虑。洞线选择过程中，要求设计和地质的密切配合，掌握必要的基本资料，并在各勘探阶段充实和修正。所需基本资料包括：枢纽建筑物组成和可能的布置方式、隧洞用途和洞身流态；可供方案比较的各条洞线的地形图；枢纽地质平面图和现场踏勘初拟洞线的地质剖面图；隧洞沿线地层的岩性、产状、结构特征和地下水分布规律；可供选用的施工方法和施工机械；以及枢纽运行要求等。

2. 洞室结构计算

洞室结构计算比地面构筑物难度大。由于岩体特性不容易充分掌握，计算参数不容易准确选取。前者具有多变性，后者具有任意性，会对计算结果产生较大影响，因此地下工程的结构计算，不宜过分追求所谓的精确计算方法，也不宜片面强调计算精度，要善于工程类比，着重对围岩的试验和分析，对计算参数的合理选择。特别是重视现场测试，以便验证、修改和完善设计。

随着岩石力学的发展、施工技术的进步以及大量工程实践，地下结构设计已开始注意根据围岩情况和工程要求，改变常规的笨重混凝土衬砌支护方式。锚喷技术在地下工程中得到了较快的发展，对较好稳定性岩层采用喷锚支护技术，对坚硬完整岩石完全不衬砌。事实上，通过隧洞的喷锚实践，即使强度很低的第三纪地层，洞室开挖后如能及时喷射混凝土加固，把岩壁与大气隔离，控制隧洞围岩的过大松动，基本保持岩体的原有物理力学性质，形成具有承载力的承载圈而维持围岩稳定，锚喷技术已为人们普遍接受。另有资料统计，喷锚和钢筋混凝土衬砌相比，可节省挖量 20%以上，混凝土 40%以上，人工 40%以上，成本 30%以上。建在不良地质条件岩体中的隧洞，仍以混凝土或钢筋混凝土衬砌为主。衬砌结构一般仍根据围岩特性确定岩石荷载，用结构力学方法计算内力，对复杂地层辅之以有限元分析。

3. 施工技术

洞室开挖是地下工程施工中的重要环节，主要有钻爆法和掘进机法。

钻爆法具有工程爆破效率高，适应性广，单位成本低，在岩层洞室开挖中仍广泛采用光面爆破和预裂爆破技术。施工过程中，应采取控制爆破技术减轻爆破震动，条件允许时尽可能全断面一次开挖成型，减少爆破震动次数，避免多次爆破对岩体结构的频繁扰动，危害围岩的稳定；为减轻对围岩的冲击，沿设计开挖线布置减振孔；限制炮孔装药量，减少单次爆破药量。

隧洞开挖有条件时，宜使用掘进机开挖，与常规钻爆法相比，没有爆破振动，岩体扰动小，有利于保持围岩稳定性，据美国资料介绍，钻爆法围岩扰动厚度达0.6～1.3m，掘进机只有 0.3m；掘进速度快，尤以长隧洞开挖最为突出，美国在抗压强度 0.7～0.35MPa 的岩石中掘进，最高月进尺可达 2000 多 m；断面成型好，开挖面平整，节省喷射混凝土；开挖安全有保障，避免和减少粉尘污染；节省劳力，降低造价，同等条件下比钻爆法可节省造价 20％以上。当然，掘进机也存在着缺点，投资大，工程开始需购置价格昂贵的机械设备；设备安装费时间，开挖前的准备工作量大；不适用于短隧洞；掘进机开挖断面形状有局限性。

设计和施工时应根据岩体特性确定洞室围岩控制技术，解决围岩稳定问题。满足使用要求的前提下，尽量选择受力条件最佳的断面形状，使洞室开挖后不致因围岩二次应力重分布产生过大的应力集中，引起围岩的过大变形。应充分重视洞室开挖卸荷作用下的围岩变形，开挖轮廓要圆滑平整，避免隧洞成型差而产生较大的应力集中。洞室开挖后，应及时支护，封闭围岩。

应充分认识到地下工程的复杂性，严格遵循勘探、设计和施工的建设程序，充分掌握地质资料，全面评价围岩状况，确定合理支护类型，加强勘探、设计和施工等方面的密切协作，正确选择施工方法，加强施工监测，更有效地建设地下工程。必须强调指出，尽管地下工程有其复杂性，但比地面工程，却具有隐蔽、布置灵活、不破坏原有地貌，特定条件下能够降低工程造价。正是由于地下工程的优点或工程布置上的需要，地下工程在国内外得到较快发展。事实上，随着经验的积累、技术的进步和机械化程度的提高，必将更加充分地体现出地下工程的优点。

3.5.2　土层中开发技术

土层中地下空间开发技术与岩层中有很大的不同，特别施工技术方面相差甚远，常用土层施工工艺和技术有地下连续墙法、盾构法、沉井法、顶管法、搅拌桩技术、板桩支护及地基加固等技术。

（一）地下连续墙施工技术

1. 简介

地下连续墙开挖技术起源于欧洲。根据打井和石油钻井中使用泥浆和水下浇筑混凝土的方法而发展起来，1950 年在意大利首先采用了护壁泥浆进行地下连续墙施工，20 世纪五六十年代该项技术在西方发达国家及苏联得到推广，成为地下工程和深基础施工中有效的技术。

地下连续墙施工方法,是在地面上采用挖槽或钻孔设备,沿着深开挖的周边(如地下结构物的墙边)在泥浆护壁的情况下,并挖狭长深槽或一排圆孔。在槽内或孔内放置钢筋笼并浇筑混凝土,筑成地下连续墙,实现截水防渗、挡土或承重。采用地下墙有利于环境保护,节省土方,加快施工进度。

2. 适用范围

地下连续墙技术已广泛应用于以下基础工程中,如建筑物地下室、地下电站、地铁车站、盾构工作井、顶管工作井、市政引水或排水隧道、防渗墙、地下停车场、大型污水泵站等各类基础结构。

3. 特点

(1) 工效高、工期短、质量可靠、经济效益高。

(2) 施工时振动小,噪声低,非常适于在城市施工,属无振动施工法。

(3) 占地少,可以充分利用建筑红线以内有限的地面和空间,充分发挥投资效益。

(4) 防渗性能好,由于墙体接头形式和施工方法的改进,使地下连续墙几乎不透水。

(5) 可用于逆做法施工。地下连续墙刚度大,易于设置埋设件,很适合于逆做法施工。

(6) 可临近其他建筑物施工(距离可达 20cm),且对邻近建筑物或地下管线影响小。

(7) 用地下连续墙作为土坝、尾矿坝和水闸等水工建筑物的垂直防渗结构,是非常安全和经济的。

(8) 墙体刚度大,用于基坑开挖时,可承受很大的土压力,极少发生地基沉降或塌方事故,已经成为深基坑支护工程中必不可少的挡土结构。

(9) 适用于多种地基条件。地下连续墙对地基的适用范围很广,从软弱的冲积地层到中硬的地层、密实的砂砾层,各种软岩和硬岩等所有的地基都可以建造地下连续墙。

(10) 可用作刚性基础。地下连续墙不再单纯作为防渗防水、深基坑围护墙,而且越来越多地用地下连续墙代替桩基础、沉井或沉箱基础,承受更大荷载。工效高、工期短、质量可靠、经济效益高。

4. 经济效益评价

城市施工时,泥浆处理需一定的设备和场地。地下连续墙如果用作临时挡土结构,比其他方法的费用要高些,一次性投资大。如果施工方法不当或施工地质条件特殊,可能出现相邻墙段不能对齐和漏水的问题。一些特殊地质条件下(如很软淤泥质土,含漂石的冲积层和超硬岩石等),施工难度很大。

5. 技术水平

地下连续墙技术已相当成熟，最大开挖深度可达 140m，最薄地下连续墙厚度为 20cm。地下连续墙已代替很多传统施工方法，广泛用于基础工程。地下连续墙初期阶段，多用作防渗墙或临时挡土墙，新技术、新设备和新材料的出现，越来越多地用作结构物的一部分或用作主体结构。

（二）盾构法施工技术

1. 简介

盾构法是暗挖法施工中的全机械化施工方法，是盾构机械在土层中推进，通过盾构外壳和管片支承四周围岩，防止隧道围岩坍塌。同时，在开挖面前方用切削装置进行土体开挖，通过出土机械运出洞外，千斤顶在后部加压顶进，并拼装预制混凝土管片，形成隧道结构的机械化施工方法。不同盾构施工法，其工作原理也不同。

主要施工程序：在盾构起始端和终端各建一个工作井，在起始端工作井内拼装盾构，盾构出洞，盾构推进与衬砌管片安装，在终端工作井拆除盾构。

辅助施工技术措施：疏干掘进土层中地下水的措施，稳定地层、防止隧道及地面沉陷的地层加固措施，隧道衬砌内的防水堵漏技术，配合施工的监测技术，气压施工中的劳动防护措施，开挖土方的运输及处理方法等。

2. 盾构的种类

盾构机于 1847 年发明，是带有护罩的专用设备。利用尾部已装好的衬砌块作为支点向前推进，用刀盘切割土体，同时排土和拼装后面的预制混凝土衬砌块。盾构机掘进的出碴方式有机械式和水力式，水力式居多。水力盾构在工作面处有一个注满膨润土液的密封室。膨润土液既用于平衡土压力和地下水压力，又用作输送排出土体的介质。

盾构机既是施工机具，也是强有力的临时支撑结构。盾构机外形上是一个大的钢管机，较隧道部分略大，是设计用来抵挡外向水压和地层压力。包括前部的切口环、中部的支撑环以及后部的盾尾三部分，多数盾构形状为圆形、椭圆形、半圆形、马蹄形及箱形等形式。

盾构类型有敞胸手掘式盾构、干出土网格式盾构、水力出土网格式盾构、局部气压水力开挖网格式盾构、土压平衡盾构、加泥式机械化土压平衡盾构、泥水加压盾构。

3. 盾构法施工的主要特点

城市市区建筑公用设施密集，交通繁忙，明挖法施工对城市生活干扰严重，地质复杂、埋深较大的隧道甚至无法施工。盾构法对城市地铁、上下水道、电力通信、市政公用设施等各种隧道建设有明显优点，水下公路（越江隧道）、铁路隧道或水工隧道中，因特定条件下的经济合理性而采用盾构法施工。松软含水地层或地下线路等设施埋深达 10m 或更深时，可采用盾构法，主要适用范围如下：

（1）线位上允许建造用于盾构进出洞和出碴进料的工作井；

（2）隧道要有足够的埋深，覆土深度宜不小于 6m 且不小于盾构直径；

（3）相对均质的地质条件；

（4）如果是单洞则要有足够的线间距，洞与洞及洞与其他建（构）筑物之间所夹土（岩）体加固处理的最小厚度为水平方向 1.0m，竖直方向 1.5m；

（5）从经济角度讲，连续的施工长度不小于 300m。

盾构法施工的盾构推进、出土、拼装衬砌等全过程可实现自动化作业，安全性高，掘进速度快，施工劳动强度低。施工不影响地面交通与设施，同时不影响地下管线等设施，穿越河道时不影响航运，施工中不受季节、风雨等气候条件影响，施工中没有噪声和扰动。在松软含水地层中修建埋深较大的长隧道往往具有技术和经济方面的优越性。但是，盾构法施工对断面尺寸多变的区段适应能力差，新型盾构购置费昂贵，对施工区段短的工程不太经济，工人的工作环境较差。

4. 经济效益评价

若仅仅从隧道施工的角度讲，应用盾构法隧道施工的投资将远远大于应用明挖法进行隧道施工的投资。但综合考虑拆迁、交通、管线和因施工而影响商业环境等因素，应用盾构法则趋于经济合理。

5. 技术水平

用盾构法修建隧道已有 150 余年的历史，已广泛应用于地下隧道工程的开挖中。20 世纪三四十年代，仅美国纽约就采用气压盾构法成功地建造了 19 条水底的道路隧道、地铁隧道、煤气管道和给水排水管道等。从 1897～1980 年，在世界范围内用盾构法修建的水底道路隧道已有 21 条。德、日、法、苏等国把盾构法广泛使用于地铁和各种大型地下管道的施工。1969 年起，在英、日和西欧各国开始发展一种微型盾构施工法，盾构直径最小的只有 1m 左右，适用于城市给水排水管道、煤气管道、电力和通信电缆等管道的施工。我国盾构技术已达国际先进水平，已有多种形式适用于不同条件的盾构机。

（三）顶管施工技术

1. 简介

顶管法是类似于盾构法的一种在地面下暗挖隧道的施工方法，不同点在于顶管法用预制管节替代了盾构法中的管片衬砌安装。

顶管法的主要施工顺序：预先在起点和终点做好顶管工作井，然后以工具管为先导，逐节将预制管节按设计轴线顶入土层中，直至工具管后第一个管节的前端进入另一工作井的进口孔壁。为了进行较长距离的顶管，可在这段管道中设置一至几个作为顶进接力的中继间，并在管道外周压注减摩剂。

2. 顶管种类

工具管的技术性能集中地代表了顶管施工的技术水平。上海已使用的工具管形式有手掘式，挤压式，局部气压水力挖土式，泥水平衡式，闭胸旋器出土土压平衡式（普通土压平衡式）等。

3. 适用场合

顶管施工最突出的特点就是适应性问题。针对不同的地质情况、施工条件和设计要求，选用与之适应的顶管施工方式，如何正确地选择顶管机和配套辅助设备，对于顶管施工来说将是非常关键的。在公用设施密集、交通繁忙等地区进行隧道施工时，为减少对交通和附近建筑设施的影响，常常采用顶管法。实践证明，从技术经济的综合效益而论，顶管法在一定条件下的优越性是可以肯定。

4. 技术水平

经过多年的发展，顶管技术在我国已得到大量应用，且保持着高速增长势头，施工工艺技术及设备上取得了很大进步，顶管施工水平已达到新的高度，有的处于世界领先水平，但与日本、德国等国外发达国家，在机械设备及施工技术水平等方面仍有显著差距。2001 年上海隧道股份有限公司在江苏省常州完成了长 2050m、直径 2m 的钢筋水泥管顶管工程。2001 年 8 月～12 月嘉兴市污水处理排海工程一次顶进 2050m 超长距离钢筋混凝土顶管，选择了合理的顶管机具，解决了减阻泥浆运用和轴线控制等技术难题，约 5 个月完成全部顶进施工。我国西气东输关键工程中，全长 3600m、管径为 1.8m 的钢管从 23 至 25m 深的地下于 2002 年 9 月成功横穿黄河，无论从顶进长度、埋深、地质条件、钢管直径等在国内尚属首次，也是当时世界上复杂地质条件下大直径钢管一次性顶进距离最长的顶管工程。2008 年在无锡长江引水工程中，采用直径 2200mm 双钢管同步顶进 2500m 的国产顶管设备。

（四）沉井施工法（图 3.20）

图 3.20　沉井施工法

1. 简介

沉井施工法是将位于地下一定深度的建筑物，先在地面制作，形成井状结构，然后在井内不断挖土，借井体自重而逐步下沉，形成地下建筑物。

沉井法施工包括沉井制作和沉井下沉两部分。根据不同条件，可分节制作一次下沉，也可以一次制作一次下沉，或制作与下沉交替进行。首先完成下沉前的准备工作，然后沉井下沉，接长沉井、沉井封底等阶段。主要有圆形和矩形的单孔沉井、矩形和椭圆形的单排孔沉井、多排孔沉井、柱形沉井、阶梯形沉井等沉井类型。

2. 适用场合

在市政工程中，沉井常用于桥梁墩台基础、取水构筑物、排水泵站、大型排水窨井、盾构或顶管的工作井等工程。

3. 特点

与基坑放坡施工相比，具有占地面积小、挖土量少、对邻近建筑物影响小等优点，因此，在工程用地与环境条件受到限制或埋深较大的地下构筑物工程中被广泛应用。

4. 技术水平

沉井施工主要有"钻吸"和"中心岛式"工艺，施工时的地表沉降和地面位移小。只要施工措施选择适当，沉井施工法可适于任何环境和地质条件，最深沉井已达地下数十米。延安东路越江隧道中，2♯竖井是隧道的通风并兼作盾构施工的盾构检修井，面积和深度较大，地质和施工环境复杂，对其平面和高程的施工允许误差和周围的地面沉降控制要求高，难度大，采用不排水钻吸法为主要特征的沉井施工法，沉井上口平面尺寸为24m×27.9m，底部平面尺寸为24.3m×28.2m，总深度为33.6m，井底设底梁，将井底平面分为8个区格，井内还设有五道水平框架及4道纵横隔墙。

（五）深层水泥土搅拌桩技术（图3.21）

1. 简介

深层搅拌桩是用搅拌机械将水泥、石灰之类的固化剂和地基土相搅和，从而加固地基的方法。

主要工艺流程：定位→搅拌下沉→上提喷浆（或喷粉搅拌）→重复搅拌→清洗→移位。

2. 适用场合

一般采用水泥和饱和软黏土相搅拌，形成一根根搅拌桩，或相互搭接，形成搅

图3.21 深层水泥土搅拌桩

拌桩墙，用于增加厂房和住宅地基的承载力和作为基坑开挖的侧向支护。

3. 特点

搅拌桩墙具有优良的防渗性能，在基坑开挖时可不用井点降水，从而避免对周围地下管线和建筑物造成危害，这种施工方法无污染，无振动和噪声，机具简单，操作方便，价格又低，很受建设、设计和施工单位的欢迎，发展较快。

4. 技术水平

（1）地基加固。加固深度可达 10～15m，加固的地基承载力 0.15～0.20MPa。

（2）基坑侧向支护。侧向支护的搅拌桩，原则上按重力式挡土墙设计，除了进行抗滑动，抗倾覆计算外，还要计算整体滑动的安全系数和根据开挖面下的土层情况进行抗渗计算。计算采用的安全系数取决于配比试验资料、现场施工条件、施工质量和现场监测条件等因素，通常在 2～5 的范围内变化。饱和软土层中，水泥土搅拌桩支护的基坑开挖深度可达 9m。

（六）板桩支护基坑（或沟槽）

钢板桩（图 3.22）、钢筋混凝土板桩（图 3.23）在软土地层的基坑支护中应用广泛。支撑的数量及布置方向已由单道、双道，发展到 4～5 道支撑，以及拉锚、岛式支撑等措施，沟槽深度发展到 15m。最深钢板支护基坑在结合表层土采用自然放坡、井点降水、地基加固等措施后，已经使基坑深到地面下 22.3m，沟槽宽度已由 2～3m 发展到 15m 以上，大型基坑面积已达 100m² 以上。设计也从过去只验算防止塌方滑坡安全度、支护结构强度，进一步验算坑底稳定及施工全过程中周围土体位移控制值，并在重要工程保护区进行监测，在位移控制值超过允许值时采用必要的技术措施。

图 3.22　钢板桩

图 3.23　混凝土支撑与钢支撑

3.5.3　工程保护与监测

1. 工程保护

在采用盾构法、顶管法、地下连续墙、沉井法、打桩等施工和基坑开挖过程，引起周围土体扰动、位移和变形，导致邻近范围内的地面构筑物、地下管网类等公共设施变形，严重时甚至丧失使用功能，影响正常工作。城市地下管线和房屋基础情况复杂，保护要求较高的地段，必须采取切合实际的工程经济合理的保护措施，制定安全可靠的工程保护技术方案。工程保护是根据偏于安全的沉降估计来预先实施防止灾害性破坏影响的工程措施，常用的工程保护措施如下：

（1）隔断法。在已有建筑物附近进行地下工程施工时，为避免或减少土体位移和沉降变形对构筑物的影响，在构筑物与施工面之间设置隔断墙予以保护的方法。隔断法可以用钢板桩、地下连续墙、树根桩、深层搅拌桩、注浆加固等构成墙体。墙体主要承受施工引起的侧向土压力和地基差异沉降产生的负摩擦力。

（2）地基注浆加固法。对盾构法、沉井法等施工影响范围内的地基，注入适当的注浆材料，可以填实孔隙加固土体，从而控制由于施工引起的土体松弛、坍塌以及地基变形和不均匀沉降，保护重要的地下管线。实践证明：跟踪注浆，控制了施工中的地面沉降，提高了管线下卧土层的密实性，大大减小了后期固结沉降。

（3）地下管线保护。地下管线可分为刚性管线和柔性管线两种。①在施工中，如管道沉降超过预计幅度，则通过预先埋设注浆管，在量测监控条件下以分层注浆法，将管底下沉陷的地基控制到要求的位置。②将管线开挖暴露，对其进行悬吊处理，以保证此段管线不受地层移动影响。

（4）邻近建筑物保护。在盾构法、沉井法及其他方法施工的地下工程，总会扰动土体，引起周围沉降，影响邻近建筑物结构，除积极性防护或采用隔断法、地基加固等措施外，应采取加固建筑物技术措施，适应沉降引起的变形，使建筑物不受破坏。

2. 工程监测

理论、经验和量测相结合是指导市政地下工程设计和施工的正确途径。在地下工程中，由于材料性质、荷载条件、地质条件和施工条件的复杂性，很难单纯从理论上预测工程中可能遇到的问题。因而，将理论分析与现场工程监测相结合是十分必要的。

工程监测的目的：根据测量限值，采取工程措施，防止工程破坏和环境事故的发生；用工程监测指导现场施工，确定和优化施工参数，进行信息化施工；将现场量测结果用于修改工程设计，进行信息化反馈设计。

工程监测的主要内容：位移或变形的量测，土压力的量测，支撑结构轴力的量测，孔隙水压力的量测等，锚杆锚索应力量测。

思 考 题

3.1　地下空间的生理和心理效应主要包括哪些方面?

3.2　概述地下空间环境的设计特点、方法和注意事项?

3.3　地下建筑的入口部设计的原则及设计技巧是什么?

3.4　简要说明地下建筑入口与空间布局形态设计基本内涵。

3.5　地下建筑空间的理解与建筑设计如何实现?

3.6　简要说明地下空间建筑的内部环境设计的主要要求。

3.7　比较软土地下空间各种开发技术的特点及适用范围?

第4章 城市地下街

§4.1 城市地下街的发展与特点

地下街是解决城市可持续发展的有效途径，承担多种功能城市，是城市的重要组成部分，伴随着地下街建设规模的不断扩大，形成具有城市功能的大型地下综合体。

4.1.1 地下街的发展

地下街最先起步在日本，成熟阶段在 20 世纪 50 年代前后，地下街建设经历了三个发展阶段。第一阶段是第二次世界大战以前，在地铁车站内开设商店，以及地铁沿线一些新建的地下室中，开设了若干食品商场。第二阶段是 1955 年到 1973 年，经济快速发展，随着城市人口增多和交通发达，特别是地铁的大量兴建和许多大型车站的改建，地下街有了很大发展。第三阶段是 1973 年至今，以世界性的石油危机为转折点，经济从调整发展进入停滞和低速稳定发展时期，地下街建设也反映了这一变化。1973 年决定限制地下街发展，整顿地下街建设。数量有所减少，但单个地下街的规模越来越大，质量越来越高，抗灾能力越来越强。

日本第一条地下街是 1930 年建成的东京上野火车站地下街道，1940 年至 1950 年因为二战而停顿了地下街开发。1952 年，东京中心银座地区建设了三原桥地下街；1955 年，建成浅草地下街；以后的几十年中，地下街逐年上升，至 2010 年，日本地下街已发展到 65 处，如包括建在私有土地下以商店为主的准地下街，则有 83 处。现在地下街分布在日本的 26 座主要城市，至少多达 150 处，总面积约为 120 万 m^2，日本各地大于 1 万 m^2 的地下街总计 26 处，其中 80％集中在东京、大阪和名古屋 3 大都市圈内，仅东京就有 14 处，总面积达 22.3 万 m^2，名古屋有 20 余处，总面积达 16.9 万 m^2。

我国地下街在 20 世纪 80 年代以前，主要是以人防建设为主。随着地下空间的开发，特别是地铁出现，经过 40 多年的发展，我国大中城市大多开发了商业性质地下街，并兼作步行街，北京、哈尔滨、桂林、大连、沈阳、武汉、成都、西安等地都建有相当规模的地下街，如上海市人民广场地下街有 5 万 m^2。

随着城市规模的扩大，地下街将成为城市可持续发展的重要模式，由"街"相连成"城"。

4.1.2　地下街的涵义

地下街最初源自 1910 年法国建筑师欧仁·艾纳尔（Eugene Henard）所提出的多层次街道的设想，地下街的出现是因为与地面商业街相似而得名，最初由地下室改为地下商店或某种原因单独建造地下商店而出现。由于地下室或地下商店规模很小，功能单一（主要为购物），没有交通功能，就不能形成"街"所有的综合功能，因而也就不能称其为地下街。

日本建设省的定义："地下街是供公共使用的地下步行通道（包括地下车站检票口以外的通道、广场等）和沿这一步行通道设置的商店、事务所及其他设施所形成的一体化地下设施（包括地下停车场），一般建在公共道路或站前广场之下"。劳动省的定义："地下街是在建筑物的地下室部分和其他地下空间中设置的商店、事务所及其他类似设施的连接，即把为群众自由通行的地下步行通道与商店等设施结为一整体。除这样的地下街外，还包括延长形态的商店，不论其布置的疏密和规模的大小"。

我国童林旭编著的《地下建筑学》的定义："修建在大城市繁华的商业街下或客流集散量较大的车站广场下，由许多商店、人行通道和广场等组成的综合性地下建筑，称地下街"。

因此，城市地下街（地下综合体）是建设在城市地表以下，能为人们提供交通、公共活动、生活和工作的场所，并相应具备配套一体化综合设施的地下空间建筑。

地下街应包含的内容：首先，必须有步行道或车行道，成为城市地下公共步行空间；其次，布置多种供人使用的设施，具有多种商业功能，成为供城市公共服务的地下商业综合设施；最后，与地面交通设施相连，改变交通流向，承担人流组织疏散功能。

开发地下街的主要目的是把地面街设在地下，解决繁华地带的交通拥挤和建筑空间不足的问题。从历史演变过程看，随着功能变化，其涵义也在改变，地下街功能的增加即演变为城市地下综合体。

城市地下街具体可划分为地下商业街、地下娱乐文化街、地下步行街、地下展览街及地下工厂街等。建设较多的为地下商业街和文化娱乐街。随着城市地下空间建设规模的发展，把各种类型地下街与其他各种地下设施进行组合连接，发展为"地下城"，又称为"地下综合体"等。

4.1.3　地下街的功能

广场和街道是城市空间的重要组成部分，发挥着许多城市功能。广场具有公共活动（如政治活动、文化休息活动等）和交通集散两大功能，街道主要是满足城市交通需要的功能。广场和街道的立体化再开发，产生了地下街的城市综合体，因此地下街的规划是城市再开发总体规划的一部分。

（1）地下街的城市交通功能

建造地下街的主要出发点是治理与改善交通。从地下街组成比例看，停车场比重大，公共通道所占比重大于商店，两项交通面积占到总面积的60%以上。从地下街的基本类型和形态看，同样可以明显看出其在城市交通中的作用。地下街所在的广场主要在车站前或附近，街道则是在城市中心区较宽阔的主干道。这些位置都是地面交通量大、停车需要量多、行人与车辆最容易混杂的地方，也常常是地上交通与地下交通网的转换枢纽。因此，在这些地方建设地下街，改善交通就成为最主要的目的。

发展地铁，兴建与地下街结合的地下步行道和地下停车场，就可以在少增扩城市道路的条件下，改善地面交通。由于可在地下换乘、地下购物、地下通行及地下停车，吸引大量人流到地下空间，地面的人车混杂和提高车速问题就可能得到解决，地下街的公共步行通道一般可以起到40%～50%的分流作用，同时又具备停车和购物等条件，利用效率很高，对改善地面交通起着重要的作用。

地下街在治理城市交通中的作用，还表现在对静态交通的改善上。新建地下街的指导方针中就已经把是否有兴建地下停车场的需要作为批准建设地下街的一个前提条件。

（2）地下街对城市商业的补充作用

从地下街组成看，商业在地下街中一般占1/4左右，面积并不很多，但却在地下街中经济效益最高，社会效益显著。地下街中的商业，是中小型零售商店和中低档餐饮业的一种集合体，采用商业街的布置形式，不同于大型百货商店的地下商场，经营方式以分散租赁为主。总体上看，地下街中的商业在整个城市商业中所占比重很小，因为相对于全市，地下街的数量和规模毕竟有限。地下街方便、舒适，特别是不受气候条件对购物影响，雨天或雪天顾客更多，对于广大消费者吸引力强。

在地下街中限制商业部分的原因主要是防灾的考虑，有些过去的地下街中商店面积比公共通道多1倍，对防灾疏散很不利，因此作出了商业面积应小于通道面积的规定；另一个原因是地下街都建在"公地"之下，投资和租金都比在地上买地建房便宜得多，因而出现地上商店与地下商店店主之间的所谓"不公平"现象，故政府采取适当限制地下商业发展的政策以缓和这一矛盾。

（3）地下街对城市环境的改善作用

城市是一个大环境，空气、阳光、绿地、水面、气候、空间、交通状况、人口密度、建筑密度等都对城市环境质量产生影响。地下街的建设并不涉及以上所有因素，使城市面貌有很大的改观：地面上的人车分流，路边停车的减少，开敞空间的扩大，绿地的增加，小气候的改善，容积率的控制等，对改善城市环境的综合影响是相当明显的。

（4）地下街的防灾功能

与地面空间相比，地下空间具有对多种城市灾害防护能力强的优势。在城市综合防灾中，地下空间抗御地面上难以防护的灾害合，为居民提供安全的避难场所；地面上受到严重破坏后，地下空间保存部分城市功能和灾后恢复能力。在相连通的地下空间，机动性较强，有利于长时间抗灾救灾。

4.1.4　地下街的类型

地下街按规模分类，根据建筑面积的大小和其中商店数量的多少，可以分为：

小型地下街，面积 3000m² 以下、商店少于 50 个，这种地下街多为车站地下街或大型商业建筑的地下室，由地下通道互相连通而形成。

中型地下街，面积 3000～10000m²、商店 30～100 个，多为上一类小型地下街的扩大。从地下室向外延伸，与更多的地下室相连通。

大型地下街，面积大于 10000m²，商店数 100 个以上。

地下街按形态分类，根据地下街所在位置和平面形状，可以分为：

街道型地下街，多处在城市中心区较宽阔的主干道下，平面为狭长形，这类地下街兼作地下步行通道的较多，也有的与过街横道结合，一般都有地铁线路通过，停车的需要量也较大。

广场型地下街，一般位于车站前的广场下，与车站或在地下连通，或出站后再进入地下街。广场型地下街平面接近矩形，特点是客流量大，停车需要量大，地下街主要起将地面上人车分流的作用。

复合型地下街，即街道型与广场型的复合，兼有两类的特点，规模庞大，内部布置比较复杂。

按使用功能分类有"地下商业街"、"地下文化娱乐街"、"地下工厂街"、"地下多功能街"等几种，可由地下街的使用特性命名。德国人肖勒在研究日本地下街时，按地下街在城市中作用，分为通路型、商业型、副中心型和主中心型四类，也在一定程度上反映了日本地下街的特点。

§4.2　城市地下街的规划

地下街开发需要市场条件，开发价值受多种因素影响，通常规划于城市繁华交通中心，主要解决人流、车流和车辆存放等交通问题，我国地下街主要建设在城市浅层，统一规划。

4.2.1　城市地下街规划的开发条件

1. 地下街的市场开发条件

（1）经济发展水平

人均 GDP 达到 500 美元以后，就具备了大规模开发利用地下空间的条件。人均 GDP 在 1000 美元至 2000 美元之间时，就进入了地下空间开发利用高潮。2003 年我国人均 GDP 首次超过了 1000 美元，尤其是北京、上海等大城市，更具备了大规模开发地下空间的基本条件。

（2）城市容积率水平

城市中心区建设日益密集，一般容积率达 600%～1000%，甚至 1000% 以上，地上空间已接近饱和状态，具备了开发地下商业的必要条件。随着城市发展，地价必然不断攀升，按照土地高效率利用原则，地价上涨，刺激了容积率的提高，另外使中心区再开发受到限制，因此，地下街开发成为发展的途径。

（3）交通条件恶劣

随着城市人口不断增加，城市交通流量越来越大，交通矛盾加剧，停车场缺乏，地下街是疏导交通、缓解交通压力的重要手段。当街道步行人数超过 2 万人/日，就有必要设置地下步行道。停车场所占比重与公共步行通道和商店面积的总和相近，设置地点多在广场、车站前或附近，商业街则多在城市中心区较宽阔的主干道下，比较有利于发挥其交通功能。

（4）基础设施不足与环境恶化

从人防角度来看，当地上存在危险时，地下空间是重要的人防设施，与地面空间相比，具有对多种城市灾害防护能力强的优势，有利于长时间抗灾防灾，是城市地下防灾空间的主要组成部分；当城市环境恶化，急需改善时，地下商业可使地上可绿化面积增加，局部改善城市气候，优化城市环境。

2. 地下街出现的内在市场机制

（1）需求角度

政府部门为了解决城市发展中各种矛盾，需要建设与改造原有城市，或称为立体化再开发，形成城市三维发展模式，一些大城市制定了地下空间设施建设规划；另外，充足的消费需求需要多种商业形态，需要更加便捷的购物方式，与交通联系的地下街消费功能更易为现代人所接受。

（2）供给角度

开发商为继续挖掘利润点，最大限度地发挥土地利用价值，将从平面开发转向立体开发，向空间要效益，地下商业街的开发正在成为新一轮的资本聚集地和利润角逐场。仅以北京为例，几大繁华商业区均将进一步发展的目光瞄准了地下，西单已建成了西单文化广场地下商城，王府井、南中轴路以及奥林匹克公园内建成了大量的地下商业，今后地下商业将成为一种重要的商业形式而存在。

4.2.2　城市地下街规划的主要影响因素

同类型同规模的公共建筑，建在地下时（不含土地费）造价一般比在地面上高出 2～4 倍；如果要保持不低于地面建筑的内部环境标准，能源消耗比地面上多 3 倍左右。地下街按街道走向，每隔一定距离设置出入口，交叉口附近也要设置出入口，规划受地面、地下、周围环境、道路等多种因素影响。

（1）附近地面建筑的分布、使用性质、基础类型、地下室等因素。

（2）附近地面交通道路、交叉口、地铁线路、地下管线，地面绿化等设施分布。

（3）附近地面街道的交通流量、公共交通线路、车站设置，主要公共建筑的人流走向、交叉口的人流分布，地下街交通人流的流向。

（4）该地段的防护、防灾等级、战略地位，以便规划防灾防护等级。

（5）地下街的多种使用功能（如是否有停车场）与地面建筑使用功能的关系。

（6）地下街的竖向设计、层数、深度及扩建方向（水平方向的延长，垂直方向的增层）。

（7）与附近公共建筑地下部分及首层、与地铁或其他设施、与地面车站及交叉口之间的相互联系。

（8）地下街的水、电、风和各种管线等设备布置及走向，如地下空间的进排风口形式。

4.2.3 城市地下街的规划原则

1. 按上位规划原则，应遵循国家和地方的城市建设法规及总体规划

城市总体规划是根据社会对城市的发展需求而制定，表现为系统性、科学性、政策性和区域性特征。国家和地方政府颁布的法规是建设工程的指导性文件，考虑了城市分期建设以及国家、地方、部门相互协调的利益关系。为解决城市空间不足，发挥城市效益及潜能，完善城市资源优化配置，整合城市空间资源，发展地下空间，推动地下街的发展，地下街规划应是城市规划的补充与结合。

地下街要做到合理规划，除了满足地下空间规划设计要求，还应充分考虑地面建筑物性质、规模、用途及环境地域特点，从周围环境的整体上考虑建筑、街道、标识、小品等设计要素。地下街大多是在旧城区改造或在原有地下人防工程的基础上建设，为解决地面拥挤而开发，地下街规划必须合理利用城市空间资源，考虑道路及市政设施的中远期规划状况，实现城市经济发展和环境建设的有机结合。

2. 遵循人性化设计原则

地下街规划应符合人的认识规律和经历体验，创造出让人感到舒适和愉悦的心理环境，重视空间的舒适性、可识别性与尺度的适宜性。人性化设计分为满足人的生理需求、行为心理需求和情感需求三个层面。满足人的生理需求必须从引入自然光线和创造健康的环境进行设计，满足人的行为心理需求必须从和谐的空间创造、适宜的比例尺度进行景观设计；通过文脉创造具有活力的空间环境，以满足人的情感需求。多伦多伊顿购物中心的设计显现人性化（图4.1），紧凑的动态流线让人在购物过程的视觉感到丰富多彩，顶棚透着淡淡的蓝光，光线随着时间而变化，内

部与市中心地下通道网相连，附近设有两个车站，横跨整条街，实现一站式的休闲娱乐。

图 4.1　加拿大多伦多伊顿中心

3. 应运用生态可持续原则

地下街规划要结合现有自然环境，尽量降低对周围环境的影响，强调生态可持续理念，因地制宜，创造具有生态层面意义的可持续发展景观。地下街规划中，运用生态可持续性，需考虑视觉的时空连续性，空间视觉主要通过建筑本身及周围植物设计、风格设计、功能和色彩设计等延续性来表现，可以通过施工材料选择、原有特色建筑保留以及可再生能源利用，实现城市建设的连续性。

4. 体现地域性特征原则

地下街规划应重视地域文化、城市文脉的延续性和地方文化特色的保留。发扬与自然气候有关的地方建筑特色，保留和突出地方的人文特色和文化特色。地下街中的各种建筑、设施、小品等具有整体性，反映地方特色，采用当地材料，融入地方建筑符号，充分尊重传统文化习俗，继承历史文化，延续城市风貌。南京地铁三号线地下空间以红楼文化为主题的进行设计见图 4.2。

图 4.2　南京地铁三号线地下空间

5. 应考虑人流、车流量和交通状况，建在城市人流集散和购物中心地带

地下街应布置在城市繁华地带，分散地面人流，解决地面交通拥挤的局面，同时满足人们购物或文化娱乐要求，体现交通、购物或文化娱乐、人流集散等功能。

地下街规划应考虑地面建筑改造、地下市政设施、交通及人、车流量等因素，地下街开发与地面功能的关系应以协调、对应、互补为原则。如上海静安寺地区，是中心城西区中心，有 3 条地铁线路通过，静安寺地铁站是 3 条地铁线的换乘站，静安公园改建为立体化公共生态绿地，地下空间开发由静安公园地下向四周扩展组织地下公共空间网络，以地铁站为中心组织人车分流、公共停车、地铁换乘、休闲、商业购物，定位为"高质量的商务商业区"，站点周边地块以商业、办公、文化娱乐为主，经济社会效益显著。

6. 地下街的修建原则

（1）地下街是以公用通道或停车场为中心来修建，但为了提高其社会经济效益，还应附有必要的店铺及其他设施，但店铺面积要尽量小些。

（2）地下街是相对封闭的空间，一旦发生火灾，人不能像在地面那样，很快辨别出自己的位置而迅速避难，所以应充分考虑使用者的方便以及紧急情况下的避难等问题，地下街内应有显著的引导标志。从防火观点出发，地下街与一般建筑相比要求较高，每 200m^2 内要设防火壁等设施。

（3）为防止灾害扩大，原则上禁止地下街与其他建筑物的地下室相连接，如必须连接时，应有必要的识别、排烟及联络通道等设施。

（4）地下街规划应考虑保护其范围内的古物与历史遗迹，应按国家或当地文物保护部门的规定执行。地下街建设是保护城市历史及环境的好方法，有价值的街道不能用明挖法建造地下街。

（5）地下街规划要考虑同其他地下设施相联系，发展成地下综合体的可能性。地下街与地面建筑物、地面及地下广场、地铁车站、地下车库等其他地下设施相联系，是地面城市的竖向延伸，实现多功能、多层次空间（竖向和水平）的有机组合，形成地下综合体。

图 4.3 为名古屋车站的地下街群，1957～1976 年陆续修建 9 处地下街，由 17 个大型建筑地下室、3 个车站及地下商场连接而成，叶斯卡地下街较规整，其余地下街平面空间关系曲折、混乱。图 4.4 为东京副都中心之一的池袋站，东口和西口地下街是 1957 年和 1965 年分期建设连成一体，东口地下街 40252m^2、西口地下街 38816m^2，内部空间布局复杂。这些地下街不靠指示牌，难以辨别方向，突发性灾害极易造成混乱，后果严重。

4.2.4　城市地下街的规划类型

地下街建设主要解决地面交通拥挤状况及人们对空间的需求等，地下街大多具有商业、文化娱乐、停车等功能。地面街道类型及城市状况对地下街规划具有十分重要的影响，地下街可按城市地下街规划平面类型分类。

1. "道路交叉口型"地下街

该类地下街多数布置城市中心区宽阔的主干道下，平面大多为"一"字形或

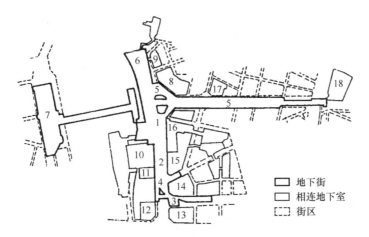

图 4.3　名古屋车站的地下街总平面

1—名古屋站地下街；2—名古屋地下街；3—新名地下街；4—近铁东海地下
街；5—大名古屋地下街；6—特明那地下街；7—叶斯卡地下街；8—大名古
屋大厦；9—东洋大厦；10—名铁百货店；11—近铁大厦；12—住友银行；
13—新名古屋大厦东楼；14—新名古屋大厦北楼；15—丰田大厦；16—每日
新闻社；17—堀内大厦；18—大东海大厦

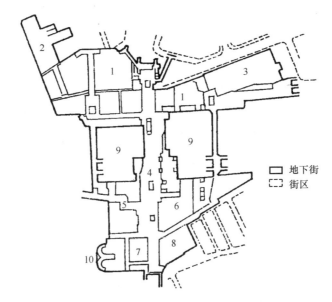

图 4.4　池袋东口和西口地下街总平面

1—池袋地下街；2—三越百货店；3—西武百货店；4—换乘大厅；5—东
武会馆新馆；6—东武会馆；7—东武霍普中心；8—东武会馆分馆；
9—连接通道；10—车库坡道

"十"字形。地下步行街沿街道走向布置，同地面有关建筑设施相连，多具有商业
功能，其特点是地面交叉口处的地下空间也相应设交叉口，出入口的设置应与地面

主要建筑及同小交叉口街道相结合，保证人流上下。

图 4.5 所示为日本罗莎、奥罗拉、三宫地下街，均属"道路交叉口型"地下街。

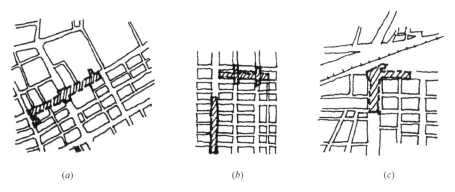

图 4.5　"道路交叉口型"地下街平面图（日本）

(*a*) 罗莎地下街；(*b*) 奥罗拉地下街；(*c*) 三宫地下街

图 4.6 为哈尔滨市东大直街地下步行商业街。该地下商业街早期为秋林地下商店，然后发展为秋林与奋斗路地下步行过道连接形成一期地下街；后向奋斗路方向扩展，形成二期地下街；三期扩展至博物馆方向，并同博物馆地下立交桥相联系，在地下街通道内通往立交桥的地下设有去往其他方向交通转乘站。该地下街共两层，主要沿道路走向布置，解决繁华地带人车混流局面，满足购物、娱乐要求。

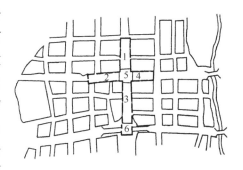

图 4.6　哈尔滨市东大直街地下商业街

1——期；2—二期；3—三期；4—四期；

5—步行过街；6—立交广场

图 4.7 所示为重庆市"道路交叉口型"地下街，全长 723m，总建筑面积 2.8 万 m^2，位于市中心区解放碑闹市区，由地下商业街、地铁、地下食品街、地下娱乐街、地下旅店街组成。

2. "中心广场型"地下街

地下街布置在城市中心广场内，是城市交通枢纽，如火车站及中心广场地下，并同车站首层或地下层相连接，若为广场，除与各道路出口相连之外，还可以设置下沉式露天广场，从造型上丰富城市广场的空间层次。地下街地面开阔，常形成较大规模的地下空间，用于交通、购物或娱乐、分配人流等功能，同时还有休息空间。广场型地下街平面规划类型常为矩形，地面客流量大、停车量大，常起分流作用，也同地下停车场相连。在铁路、码头、客运站等交通流量较大的广场，地下街含多种功能，规划为停车、住宿、步行道、餐厅、商场等。如上海人民广场有 1 万 m^2 的地下商业街和 4 万 m^2 的地下停车场，并与地铁相通（图 4.8）。

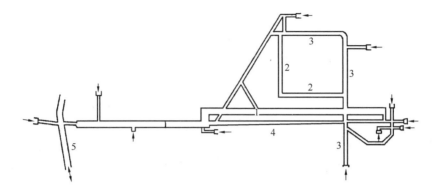

图 4.7　重庆市地下街

1—地下商业街；2—地下娱乐街；3—地下食品街；4—地下旅店街；5—地铁

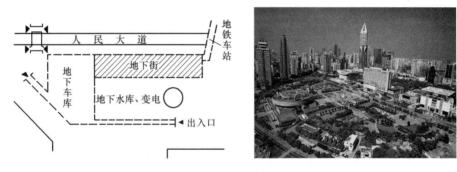

图 4.8　上海人民广场地下街

　　所谓下沉式广场，即在地下设施交汇处设一个公共广场空间，广场空间为下沉开敞式，阳光可进入广场内，通过室外楼梯与地面相连接。图 4.9 为我国兰州市中心广场的下沉式广场与地下街的规划，位于火车站前，考虑了地面铁路车站、地下商场、游乐场、车库等项目与广场上下的交通联系，形成了小型地下综合体。图 4.10 为自贡市地下街规划设计，由下沉式广场、娱乐场、车库、商场及地铁组合成。图 4.11 为日本东京都川崎市川崎站阿捷利亚地下街，由存 380 台车的停车场、135 个店铺、阳光广场及地下通道组成，总建筑面积 56916m²，把车站地下、道路、广场、交通、娱乐、购物全部综合在一起，形成大型地下街。

　　3. "复合型" 地下街

　　"复合型" 地下街是指 "中心广场型" 与 "道路交叉口型" 地下街的复合。常常分期建造，工程规模较大，需要很长时间才能完成。几个地下街连接成一体的复合型地下街，带有 "地下城" 意义，能在交通上划分人流、车流，同地面建筑连成一片，与 "中心广场（含车站广场）" 相统一，与地面车站、地下铁路车站、高架桥立体交叉口相通；使用功能上又有商业、文化娱乐、体育健身、食品、宾馆等多种功能。这样的多层地下街由于与地面打通，很难分清哪一个标高为地表位置。

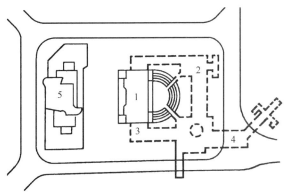

图 4.9　兰州市中心广场地下街

1—下沉式广场；2—地下娱乐场；3—茶室；4—商场；

5—地面车站

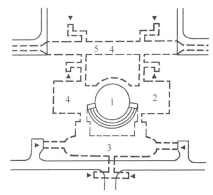

图 4.10　自贡市站前广场地下街

1—下沉式广场；2—游乐场；3—车库；

4—商场；5—地铁车站

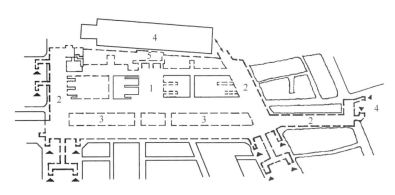

图 4.11　日本东京阿捷利亚地下街

1—阳光广场；2—通道；3—营业；4—地面川崎站；5—防灾中心

　　"复合型"地下街基本上以广场为中心，沿道路向外延伸，通过地下通道与地下室相连，因而形成整体地下街。经过规划的复合型地下街就能在城市中有较完善的景观，有利于人车分流，便于使用。"广场型"地下街较易规划成"复合型"，而"道路交叉口型"如没有中心广场只能是一种类型。

　　图 4.12 为日本名古屋地区建成的地下街群，从 1957 年建造开始，一直到 1976 年才建成，由 9 处地下街、17 个大型建筑的地下室和 3 个车站的地下室相连，并没有一开始就如此规划，比如建地下室并未考虑到建地下街，尽管不规整、曲折，但这种地下街属于"复合型"。

　　图 4.13 为日本东京站附近的复合型地下街规划，该地下街是八重洲路地下街，建于 20 世纪 60 年代，总建筑面积 6.6 万 m^2，沿八重洲路方向有 150m 长，共 215 家商店，地下二层有可停放 570 台车的车库，地下三层为 4 号高速公路及管线廊道。汽车可由地下街高速路直接出入停车场，行人可通过步行道到地铁站换乘，解

决了路面堵车拥挤现象。所以尽管东京站日客流量达 90 万人次，但街道上交通秩序井然，人车分流，停车方便，环境清新，体现了现代大都市的风貌。

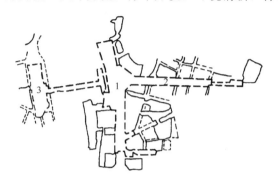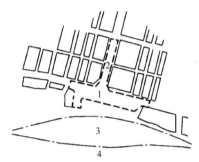

图 4.12　日本名古屋复合型地下街规划　　图 4.13　日本东京站复合型地下街规划

1—名古屋站地下街；2—名古屋地下街；　　　　1—广场地下街；2—八重洲地下街；

3—叶斯卡地下街　　　　　　　　　　　　3—铁路；4—旧站前广场

§4.3　城市地下街的建筑设计

地下街的主要功能是缓解城市空间资源紧缺、交通拥挤、服务设施缺乏的矛盾，地下街是多种建筑功能的地下空间组合。

4.3.1　地下街功能组成分析

1. 地下街功能分析

地下街功能组成有很大差别。地下街的功能分析如图 4.14 所示，有大型、中型和小型地下街等不同规模上的地下街。小型地下街功能较单一，仅有步行道、商场及辅助管理用房，而大型地下街包含公路、停车设施、防灾及附属用房。超大型地下街是人流、车流、购物、存车的综合系统，且人流可由地下公交、地铁换乘，这种地下街称为地下综合体。

2. 地下街的组成

地下街规划涉及专业面广，如道路交通、城市规划、建筑设备、防灾防护等，各组成部分也有差异，中小型地下商业街主要有步行道、出入口、商场及附属设施。地下街主要由以下几部分组成：

（1）地下步行道系统。包括出入口，连接通道（地下室、地铁车站），广场、步行通道，垂直交通设施（楼梯和自动扶梯）、步行过街等。

（2）地下营业系统。按使用功能性质设计，如商店、饮食店、文娱设施、办公、展览、银行、邮局等业务设施。

（3）地下机动车运行及存放系统。地下街常配置地下停车场及地下快速路，使地面车辆由通道转快速路后可通过，也可停放在车库。因污染严重，快速路和步行

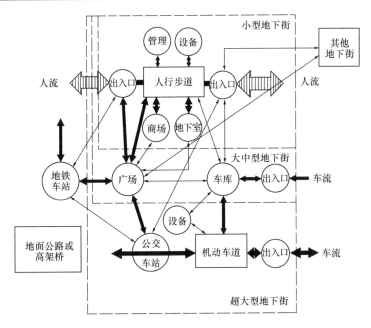

图 4.14　地下街功能分析

道不宜布置在同一层。

（4）地下街的内部设备系统。包括通风、空调、变配电、供水、排水等设备用房和中央防灾控制室，以及备用的水源、电力用房。

（5）辅助用房。包括管理、办公、仓库、卫生间、休息、接待、防灾中心等房间。

地下街各组成部分之间在面积上应保持合理的比例，反映出地下街各功能的主次关系。从日本地下商业街建设经验反映出各主要组成部分的比例关系如表 4.1 所示，步行道、商店、停车场三部分约各占 1/3。

日本 6 大城市地下街组成比例　　　　　　　　　　　　　　表 4.1

建造年代	城市	总建筑面积（m²）	步行道		商店		停车场		机房等	
			面积（m²）	%	面积（m²）	%	面积（m²）	%	面积（m²）	%
1964	横滨	89662	20047	22.4	26938	30.0	34684	38.7	7993	8.9
1965	神户	34252	9650	28.2	13867	40.5	—	0	10735	31.3
1973	大阪	95798	36075	37.6	42135	44.0	—	0	17588	18.4
1974	名古屋	168968	46979	27.8	46013	27.2	44961	26.6	31015	18.4
1974	东京	223083	45116	20.3	48308	21.6	91523	41.0	38135	17.1
1980	京都	21038	10520	50.0	8292	39.4	—	0	2226	10.6

日本于 1973 年以后的建设标准作了如下规定：地下街内商店面积一般不应大于公共步行道面积，同时商店与步行道面积之和应大致等于停车场面积，也可用公

式表示，即

$$A \leqslant B \tag{4-1}$$

$$A + B \approx C \tag{4-2}$$

式中，A 为商店面积，B 为步行道面积，C 为停车场面积。

我国现在仍无统一标准，基本上参考国外经验，按具体情况执行。

地下街规划要考虑是否配置停车场。至于地下高速路是否与地下街整体考虑，虽说在管理上也许不能统一，但在设计上需要两个专业的极密切配合才能完成，还涉及地面及高架公路的连接技术。

地下街中的商业部分又可分为营业部分、交通部分和辅助部分。营业部分、交通部分和辅助部分应保持合理比例关系。商店经济效益与营业面积成正比，店铺式营业街的经济效益与柜台长度成正比。但过分看重经济效益而压缩交通面积，则可能在营业高峰时段造成拥挤或堵塞，不利于购物和防灾。如表 4.2 所示中地下街的各组成比例关系，其中营业面积、交通面积、辅助面积平均分别占总建筑面积50.6%、36.2%、13.2%，约为 15∶11∶4 或简化为 4∶3∶1，地下街营业面积与交通面积之比平均为 1∶0.74。

地下街中商业各组成部分的面积比例　　　　　表 4.2

地下街名称		总建筑面积	营业面积		交通面积		辅助面积
			商店	休息厅	水平	垂直	
东京八重洲	m²	35384	18352	1145	11029	1732	3326
地下街	%	100	51.6	3.2	31.0	4.9	9.3
大阪虹之町	m²	29480	14160	1368	8840	1008	4104
地下街	%	100	48.0	4.6	30.0	3.4	14.0
名古屋中央	m²	20376	9308	256	8272	1260	1280
公园地下街	%	100	45.7	1.3	40.6	6.1	6.3
东京歌舞伎町	m²	15637	6884	—	4114	504	4235
地下街	%	100	44.0	—	25.7	3.2	27.1
横滨波塔	m²	19215	10303	140	6485	480	1087
地下街	%	100	53.6	0.8	33.7	2.5	9.4

关于地下街仓库，如果仓库面积过小，商品可能出现时断时续现象，影响地下街营业收入；但加大仓库面积，势必减少营业面积，对营业额影响较大。地下街中仓库面积一般较小，与营业面积之比为 1∶16.7，这是因为有专门为商业服务的集中仓库网点，故在商店内只需要少量周转仓库。

4.3.2　地下街的建筑空间组合

通过地下建筑空间组织，建筑布置是各组成部分在平面上和竖向上的组合，实现地下街的各种功能。根据地下街的位置，地面、地下交通情况，管理方式和施工方法等条件，地下街的建筑布置可以有多种方式。空间组合涉及因素很多，牵涉面广，不同影响因素，有不同组合特点。

1. 组合原则

（1）建筑功能紧凑、分区明确。空间组合时，应根据建筑性质、使用功能、规模、环境等不同特点、不同要求进行分析，使其满足功能合理要求。为了安全，商店只能布置在地下一层，二层以下不应设店，停车场布置在商店的下层，有利统一经营，但在一定条件下，在平面上分两部分布置也有某些优点，例如停车场的使用和管理相对独立，可采用符合停车技术要求的柱网，使坡道的使用率较高等。此时可借助功能关系图进行设计（图 4.15）。

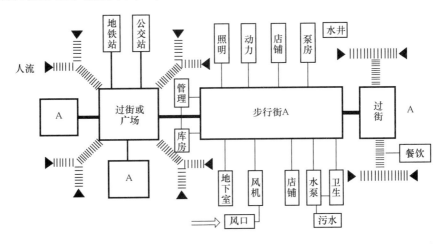

图 4.15　地下商业街功能关系

地下街主要功能是人流通行，功能关系图中主要考虑人员流线，通常有"十"字形地下步行过街（日本常做成休息广场）及普通非交叉口过街。在步行街两侧可设置店铺等营业性用房，靠近过街附近设水、电、管理用房，库房和风井则可根据需要按距离设置。

（2）结构经济合理。地下街结构方案常做成现浇顶板，墙体、柱承重，没有外观，只有室内效果。应根据土质及地下水位状况、建筑功能及层数、埋深、施工方案，确定地下街结构类型。地下街结构主要有三种形式，如图 4.16 所示。

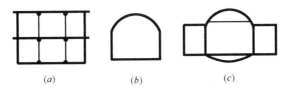

图 4.16　地下街结构形式

（a）矩形框架；（b）直墙拱顶；（c）拱平顶结合

一是直墙拱顶，即墙体为砖或块石砌筑，拱顶为钢筋混凝土。拱形有半圆形、圆弧形、抛物线形多种形式。此种形式适合单层地下街。

二是矩形框架，此种方式采用较多。由于弯矩大，一般采用钢筋混凝土结构，其特点是跨度大，可做成多跨多层形式，中间可用梁柱代替，方便使用，节约材料。

三是拱平顶结合结构，此种结构顶板、底板为现浇钢筋混凝土结构，围墙为砖石砌筑。

（3）管线及层数空间组合。要考虑管线的布置及占用空间的位置，建筑竖向是否多层，如有地下公路等也会受到影响。

2. 平面组合方式

（1）步道式组合

步道式组合即通过步行道并在其两侧组织房间，常采用三连跨式，中间跨为步行道，两边跨为组合房间。此种方式适合布置在不太宽的街道下面。组合特点如下：

① 保证步行人流畅通，且与其他人流交叉少，方便使用；

② 方向单一，不易迷路；

③ 购物集中，与通行人流不干扰。

图 4.17 为步道式组合的几种类型。图 4.18 为哈尔滨秋林地下商业街，步道式组合，双层三跨。

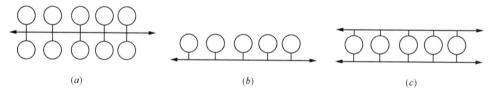

图 4.17　步道式组合类型

（a）中间步道；（b）单侧步道；（c）双侧步道

（2）厅式组合

厅式组合没有明确的步行道，其特点是组合灵活，可以内部划分出人流空间，内部空间组织很重要，如果内部空间较大，容易迷失方向。应注意人流交通组织，避免交叉干扰，在应急状态下做到疏散安全。厅式组合单元常通过出入口及过街划分，如超过防火区间则以防火区间划分单元。图 4.19 为日本横滨东口广场厅式布局地下街，建造于 1980 年，总建筑面积 40252m²，商业规模为 120 个店铺，建筑面积 9258m²，地下二层有存 250 台车的车库。

（3）混合式组合

混合式组合是厅式与步道式组合为一体，如图 4.20 所示，其主要特点是可以

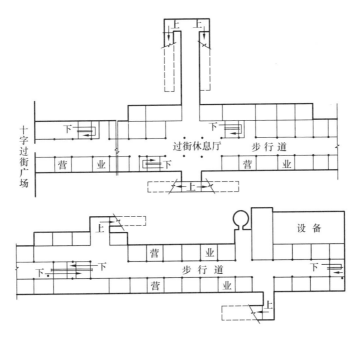

图 4.18　哈尔滨秋林地下街上层平面（步道式组合）

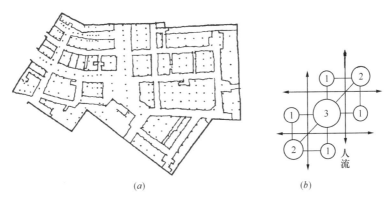

(a)　　　　　　　　　　(b)

图 4.19　厅式组合示意图

(a) 日本横滨东口波塔地下街；(b) 厅式组合

结合地面街道与广场布置；规模大，能有效解决繁华地段的人、车流拥挤，地下空间利用充分；彻底解决人、车流立交问题；功能多且复杂，大多同地铁站、地下停车设施相联系，竖向设计可考虑不同功能。

图 4.21 为日本东京八重洲地下街，采用混合式组合，分两期建成（1963～1965 年和 1966～1969 年），400m 长，80m 宽，建筑面积 69200m²。地下分三层，顶层为商服，有

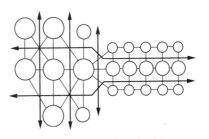

图 4.20　混合式组合示意

215 个店铺，约 150m 长，23 个出入口，商店内部均匀布置有多个送风口，以保持温度的均匀和稳定，设有"花之广场"、"石之广场"、"光之广场"、"水之广场"等 4 处休息空间；中层设有市区高速公路、地铁及停车场，总容量 570 辆；底层为机房，管线也都设有单独的廊道。

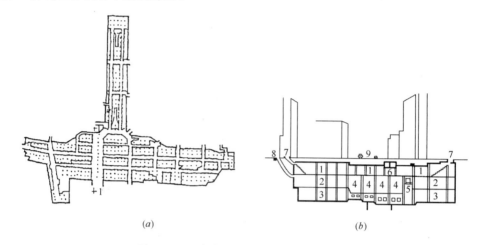

图 4.21　日本东京八重洲地下街组合示意

(a) 平面布置；(b) 剖面

1—商店；2—库房；3—机房；4—地铁；5—污水管；6—电缆道；7—出入口；

8—汽车出入口；9—街道

3. 竖向组合设计

地下街是为解决人流车流混杂、市政设施缺乏而开发，因此地下街的竖向组合比平面组合功能复杂。地下街竖向组合主要包括以下几个内容：

① 分流及营业功能（或其他经营）；

② 出入口及过街立交；

③ 地下交通设施，如高速路或立交公路、铁路、停车场、地铁车站；

④ 市政管线，如上下水、风井、电缆沟等；

⑤ 出入口楼梯、电梯、坡道、廊道等。

随着城市发展，应考虑地下街扩建，必要时做预留，不同规模地下街的组合功能如下：

（1）单一功能的竖向组合。单一功能指地下街无论几层均为同一功能，比如，上下两层均可为地下商业街 [图 4.22 (a)]。

（2）两种功能的竖向组合。主要为步行商业街同车库的组合或步行商业街同其他性质功能（如地铁站）的组合 [图 4.22 (b)]。

（3）多种功能的竖向组合。主要为步行街、地下高速路、地铁线路与车站、停车库及路面高架桥等共同组合，通常机动车及地铁设在最底层，并设公共设施廊道解决水、电敷设问题［图 4.22（c）、（d）］。

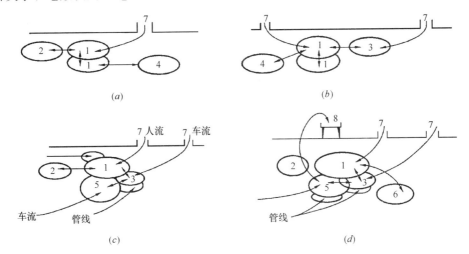

图 4.22　地下街多种功能的竖向组合示意

（a）同一功能；（b）两种功能；（c）三种功能；（d）多于三种功能

1—营业街及步行道；2—附近地下街；3—停车场；4—地铁站（浅埋）；5—高速公路；

6—地铁线路（深埋）；7—出入口；8—高架公路

图 4.23（a）为单一功能组合的日本横滨戴蒙德地下街，两层均为商场及步行道。图 4.23（b）为两种功能组合的日本新潟罗莎地下街，顶层为步行道、商场，底层为地铁车站。图 4.23（c）为三层三种功能组合的大阪虹之町地下街，顶层为步行道、商场，中层为停车场，底层为地铁车站。图 4.23（d）为东京歌舞伎町地下街，由顶层步行道、商场及中层停车场、底层地铁车站三种功能组合。

4.3.3　地下街的平面柱网及剖面设计

地下街平面柱网主要由使用功能确定，如仅为商业功能，柱网选择自由度较大，如同一建筑内上下层布置不同使用功能，则柱网布置灵活性差，要满足柱网要求高的使用条件。

大型地下街柱网布置与尺寸的确定，受几个因素的影响。首先，取决于商店部分是独立建造，还是与地下停车场或车站组合在一起；其次，商业经营方式对柱网的选择也有影响，商场式与商店街式在柱网布置上有差异，后者比较容易与停车场柱网相统一。此外，地下街所在场地的轮廓形状和尺寸，也影响柱网布置和尺寸。

日本设计地下街时，通常考虑停车柱网，因为 90°停车时最小柱距 5.3m 可停 2 台，7.6m 可停 3 台，柱网大多为 (6＋7＋6)m×6m（停 2 台）、(6＋7＋6)m×8m（停 3 台），这两种柱网满足了停车要求，也适合步行道及商店；没有停车场的地下街，常采用 7m×7m 方形柱网。柱网布置如表 4.3 所示。

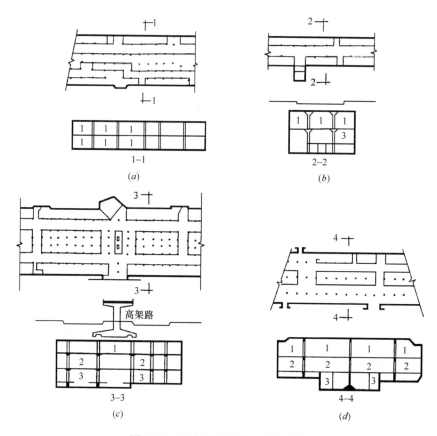

图 4.23　日本地下街竖向组合示意

(a) 单一功能组合（横滨戴蒙德地下街）；(b) 两种功能组合（新潟罗莎地下街）；(c) 三种
功能组合（大阪虹之町地下街）；(d) 三种功能组合（东京歌舞伎町地下街）

1—商店；2—停车场；3—地铁车站

日本地下街的柱网布置　　　　　　　　　　　　　　表 4.3

城市	地下街	柱网尺寸（m）	备注
东京	八重洲	(6+7+6+6+7+6)×8	街道式部分
东京	歌舞伎町	(7+12+12+7)×8	2层有停车场
横滨	戴蒙德	(6+7+6+6+7+6+6+7+6+6+7+6)×7.5	广场型部分
名古屋	中央公园	(6+8+7+6+12+6+7+8+8+8+6)×8	商店街部分
		(6+7+6+6+7+6)×8	停车场部分
名古屋	叶斯卡	(5+7+5+5+7+5+5+7+5)×8	2层有停车场
大阪	虹之町	(5+10+10+7+5+7)×7	有地铁线路
京都	波塔	(7+7+7+7+7+7+7+7+7)×7	无停车场
札幌	奥罗拉	(4+8+8+8+4)×8	2层有停车场
新潟	罗莎	(6+7+6)×8	2层有停车场

为了尽可能减少施工期间对地面交通的影响，地下街往往采用钢筋混凝土箱形框架结构，尽量减小埋深，减少层数，加快施工进度。单建式浅埋地下建筑，一般采用明挖或连续墙方法施工。当然，层数过少，地下空间利用不够充分，经过长期实践，地下街剖面设计层数不多（图 4.24），地下街多数为两层，总埋深 10m 左右，少数没有停车场的仅有 1 层，也有少量为地下 3 层或局部 3 层。

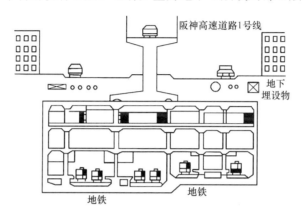

图 4.24　地下街剖面示意

地下街层高是建筑布置和空间组织的一个重要因素。层高是指每一层从地面到顶板上皮的尺寸，净高是地面到吊顶下皮的尺寸。层高影响地下街造价和工期，与运行费用高低也有直接关系。为了降低造价，通常条件允许建成浅埋式结构，减少覆土层厚度及地下街的埋深。

地下街层数越多，层高越高，则造价越高。因为层数及层高影响埋深，埋深大，则施工开挖土方量大，结构工程量和造价也相应增加。日本地下商业街净高一般为 2.6m 左右，通道和商店净高有差别，目的是为了保证良好的购物环境。哈尔滨秋林商业地下街（图 4.25），跨度是 $B_1 \times B_2 \times B_1 = 5.0m \times 5.5m \times 5.0m$，柱距 $A = 6.0m$，属于双层三跨式地下商业街，顶层层高为 3.9m，净高为 3.0m，底层层高为 4.2m，净高为 3.3m。地下街吊顶上部常用于走管线，便于检修。

地下街的纵剖面一般随地表起伏而变化，但最小纵向坡度必须满足排水需要，

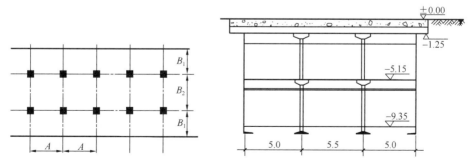

图 4.25　哈尔滨秋林地下街柱网尺寸及剖面

一般不得小于 3%。

4.3.4　建筑设计注意事项

（1）地下街的人流和物流组织

合理组织大型地下街的人流和物流，直接关系到地下街的使用质量、综合效益以及防灾需要。

人流组织主要是通过出入口、门厅、过厅和通道的合理布置，以及商店、货摊和其他服务设施（如休息厅、吸烟室等）的均匀分布来实现。由门厅、过厅和通道组成的地下街内部水平交通系统，是人流活动的主要场所。门厅和过厅起集散人流的作用，应大小适度，有条件时还可结合休息厅一起布置。通道的布置除保证足够的宽度外，应尽可能短捷、通畅，避免过多的转折。

物流组织包括商品运输、垃圾清除以及水、电、气的输送等，其中主要为商品运输。商品运输不会与人流发生矛盾，因为货运不可能在营业高峰时间内进行，因此，供人流使用的通道网完全可以在非营业时间内让货运使用；但是大型地下街需要设专用的货车停车场和卸货场地。

（2）公用地下通道

应尽量采用形状简捷的直线布局，使用方便，便于避难。在所有地点应有两个方向的避难口。地下通道长度超过 60m 时，考虑避难方便，每隔 30m 设一个直通地面的台阶，并在端部加设台阶。

（3）台阶

保证通向地面的台阶有效宽度不小于 1.5m。当台阶出入口设在地面人行道上时，人行道宽度在 5m 以上。设计时还要充分考虑残疾人群使用的可能。

（4）地下广场

地下广场应设有自然排烟等通风设施，在火灾发生的初期避难时使用。原则上，在公共地下人行道的端部及其所有地段，每隔 50m 都应设置对防灾有效的地下广场，根据地下广场分布的店铺面积，设置防灾所需的排烟、采光等设施，并至少应有两个直通地面的台阶。

（5）店铺

地下街中店铺（包括机械室、防灾中心）的总面积，不能超过公共地下人行道（包括广场、台阶）的总面积。店铺的种类原则上以经销货物为主，应限制以明火为能源的店铺（如饮食店等），店铺一般布置在街的两侧，店铺之间应设有耐火的墙壁、顶棚。

（6）防灾中心

应设置具有防灾、报警功能的灾害监控中心，集中控制，防控地下街灾害。发生火灾时，能及时自动启动灭火系统，防止次生灾害发生。防灾中心设在易于监控地下街全貌位置，应便于通往地面。

（7）附属设施

设在地面的给排气口等设施，应布置在道路区域之外，不妨碍地面交通及景观。水泵室、电气室等机械室应设置于便于日常检查、维修的合理位置处；其他附属设施，如厕所、导向板、电话等，都应考虑使用者的方便而设置。

§4.4　城市地下街的空间艺术

地下建筑与地面建筑不同之点是地下建筑没有外部造型，为了创造优良的心理环境，完善地下街的整体形象，高水平、有特色的建筑艺术处理不可缺少，包括内外空间组织、装潢、绿化美化等。

4.4.1　出入口处的处理

地下街出入口是由地面进入地下的必经之路，主要作用是交通、防火疏散，是地面景观的一部分，同时影响到地下效果。出入口不仅是艺术品，同时引导人们进出地下，应根据出入口的位置、地段条件来设置。地下街出入口形式主要有棚架式（图 4.26）、平卧开敞式（图 4.27）、附建式（图 4.28）。

棚架式出入口主要适用于地段狭窄的街道或交叉口处，出入口不宜过大，如日本大阪虹之町出入口设计成拱形玻璃雨罩，上有金属骨架，很容易与"彩虹"联系起来，取得了艺术效果（图 4.26）。出入口在人行道上时，可以取消挡雨架，避免影响视线。平卧开敞式出入口采取无棚架式的地面出入口（图 4.27），适用于地面较开阔。附建式出入口设置是利用地面建筑物的首层，如日本横滨波塔街出入口直接在建筑旁设置（图 4.28）。

图 4.26　棚架式出入口

出入口造型及设计的基本规律如下：

（1）在交通道路旁宜设开敞式或棚架式出入口；

图 4.27　平卧开敞式出入口

图 4.28　附建式出入口

（2）在广场等宽阔地区宜设下沉广场出入口，同时结合地面广场的环境改造；

（3）在大型的交通枢纽及有大量人员出入的公共建筑中且用地紧张地段，宜设附属建筑出入口；

（4）考虑特殊用途时，如防护、通信、维修、疏散等可采用垂直式、天井式与其他地下空间设施相连接的出入口。

4.4.2　下沉式广场

下沉式广场是地下街常用手法，出入口布置在广场内。打破了地下空间的封闭感，把地下、地面空间及出入口巧妙地联系在一起，使地下空间与地面空间流通起来的一种有效手法。

1. 下沉式广场的功能及作用

广场是城市的门厅，下沉式广场是城市广场在空间上的立体拓展和功能扩延，是地下建筑的门厅，伴随地下空间建筑而产生，是地面与地下空间的过渡，把地面与地下空间巧妙地连接起来。下沉式广场兼作地下空间建筑的出入口，避免了地下空间建筑出入口的狭小感觉；具有交通功能，利用整体在空间方向上的高差形成不同标高的城市平面交通网络，加强地上地下交通空间联系，实现人车分流和人流畅通；提供相对封闭的人流集散、休闲娱乐与观赏的公共场所；具有通风、采光、景观和商业功能。

2. 下沉式广场的类型

根据下沉广场的功能作用大致可将分为公共活动交互型、交通集散活化型两类。下沉式广场可根据地段条件有多种平面类型，主要有圆形、矩形、不规则形三种。

3. 下沉式广场设计特点

（1）下沉式广场常结合城市广场的地面规划进行，宜布置在城市中心广场、公园等人流集中地带，具备休闲娱乐、城市人员应急转移的条件，通常不与地面交通相交叉。

（2）下沉式广场是地面与地下空间过渡。空间过渡可采用楼梯、自动扶梯、台阶、坡道等措施，从下沉式广场进入地下街的出入口。剖面高度 5m 左右，一般不伸至地下二层。

（3）下沉式广场建设应同自然、文化艺术、人的心理与审美相结合。下沉式广场丰富建筑空间，设置流水、绿化、水池、喷泉、装饰、露天楼梯和其他一些建筑小品，具有较强的环境艺术特征。

图 4.29 为日本东京新宿西口地下街以绿化为主的小型下沉式广场，游人置身其中，暂时摆脱地面的繁闹，给人以恬静的感受，可以进行公益演出活动。图 4.30 为我国上海静安寺的下沉式广场。

图 4.29　日本东京新宿西口下沉式广场　　图 4.30　上海静安寺的下沉式广场

4.4.3　休息空间与换乘空间

地下街休息空间，常常根据主题构思设计，用喷泉、水池、雕塑、灯光、植物、建筑小品等手段突出主题，配以造型精美的座椅、座凳，使人得到休息，还可观赏景物，再加上灯光、水流等变化，给人留下深刻的印象。

较长的地下街，每隔一定距离需设一个休息广场。如日本大阪虹之町地下街，长 800m，设置了 5 个休息广场，并以主题构思广场内的艺术效果，如"水之广场（图 4.31）"、"光之广场（图 4.32）"、"晶之广场"、"爱之广场"，均为地下休息广场。位于地下街中部的"水之广场"利用喷水和灯光的相互作用和变化，形成两条人工彩虹，绚丽多姿，与地下街相呼应，成为该地下街的重要特征。

图 4.31　大阪虹之町地下街的"水之广场"　　图 4.32　大阪虹之町地下街"光之广场"

与地铁车站相连通的地下街，在平面上和竖向上都要为人流提供一定的换乘空间，这种空间主要为交通集散用，故除顶部外，其他部分不宜有过多的绿化美化设施。

4.4.4　地面构筑物的建筑处理与室内装饰

（1）地面构筑物的建筑处理

地下街有一些构筑物必须露出地面，如进风井、排风井等，由于体型大，位置受到内部布置的限制，要想在地面上把这些构筑物隐蔽起来是相当困难。日本有几处地下街采取了暴露的手法，然后加以适当处理，成为街道或广场上的景观（图4.33）。大阪钻石地下街通风口以钢铁材质的连续抽象雕塑竖立在绿化带中［图4.33（a）］，新宿地下综合体的通风口设计成类似蒸汽轮船烟囱雕塑的城市景观［图4.33（b）］，其表面覆盖绿色植物。

（2）室内设计与装修

地下街中，由于丰富多彩的店面和花色繁多的商品占有主要位置，因而在室内建筑设计上特别应注意保持统一的格调和色调，以简捷、明快、实用为追求的效果。

把吊顶和灯具组织在一起统一设计，是地下街中较为普遍的做法。早期地下街多采用略向下凸出吊顶面的吸顶灯（图4.34），后来又有灯具凹进去的做法。后期建成的地下街，吊顶设计日趋简捷，采用整片发光的灯具，与吊顶完全在一个平面上，灯具有条状（图4.35）、带状和点状等形式。

(a)　　　　　　　　　　　　　　(b)

图 4.33　日本地下街的地面通风口

（a）大阪钻石地下街；（b）东京新宿地下综合体

图 4.34　吊顶面的吸顶灯　　　　　　图 4.35　条状吸顶灯

地下街地面设计多用现制水磨石或地砖铺砌，有的为单色，也有在大面积单色基础上适当加一些异色块状图案。柱面处理除个别较繁复外，一般较简单，多用现

制水磨石饰面。后期建成地下街，有的用
不锈钢做柱饰面，很有现代气息。地下街
墙面大部分均为店面，业主自行设计，难
以形成统一格调，只有不能开店的少部分
需处理，多用饰面砖。图 4.36 是查克罗灵
地下商业街夜景，石材装饰。

图 4.36　查克罗灵地下商业街

（3）绿化与美化

地下街的封闭环境中，尽管在没有天
然光线的条件下植物生长困难，如能适当
绿化，将很好改善地下街的心理环境。地
下街内的美化手法虽多种多样，但应掌握分寸，突出重点，如在适当地点设置壁画
和雕塑，在小型广场的中央布置喷水池是较早期地下街常用的美化措施。建筑小品
如果使用得当，可以起到很好的点缀作用。

4.4.5　日本大阪地下街实例

日本大阪站附近地区交通拥挤、混乱，人车混行局面，1961～1983 年进行地
面改造，采用建筑高层化，提高该区域的容积率，建造了 4 座高楼，拓宽城市主干
道。1988～1995 年改造了该区域的地下交通体系，上下两层组成交通网络，顶层
布置为地下街和公共地下人行通道，下层主要设置为停车场。规划为"复合型"地
下街，方便行人和车辆通行，高层建筑物地下室连通，形成了大阪站区域的地下综
合体。主要设施见表 4.4。

大阪站前地下街功能面积　　　　　　　　表 4.4

位置	功能	面积（m²）
地下街层（顶层）	四条路线地下街步道	12800
	商　店	6100
	长　廊	1100
	防灾及设备间	1900
	小计	21900
停车场层（下层）	公共地下停车场（340 台）	7900
	地下街停车场等	10700
	小计	18600

大阪地下街周边地区有大阪、阪急、阪神、梅田车站等交通枢纽，3 条地铁从
此通过，外来人员不断增加，使停车设施不能满足要求。大阪中心地区为增强城市
的功能，规划建造地下街。图 4.37 为地下街顶层平面规划，图 4.38 为下层的停车
场。大阪地下街设计考虑了自然光线的引入，在步行道和商店设计了多种吊灯及不
同的光照效果，在人行通道处分布着多种风景及文化特色的墙面，如电视新闻墙、
回音壁等，行人触摸回音壁会发出钢琴音乐声。

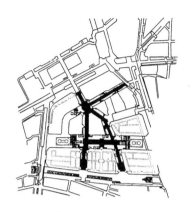

图 4.37   大阪地下街顶层平面图

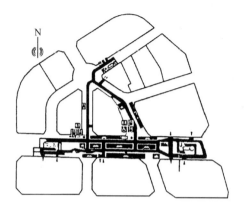

图 4.38   大阪地下街底层平面图（车库）

思 考 题

4.1   地下街规划的原则是什么？

4.2   地下街规划的平面类型有哪几种？

4.3   简述地下商业街的主要功能。

4.4   城市地下街规划的主要影响因素有哪些？

4.5   地下街的功能分析及组成内容是什么？

4.6   地下街的平面与空间组合有哪几种类型？

4.7   下沉式广场的功能及作用是什么？

4.8   地下商业街建筑空间艺术的基本要求是什么？

第5章 地下停车场

§5.1 概　述

20世纪汽车工业巨大发展，形成了以汽车为主的城市交通系统，带来了城市停车问题。20世纪50年代，发达国家大城市开始建设地下停车场，作为地下空间开发利用的重要组成部分。

5.1.1 发展概况

地下停车场出现在第二次世界大战后，为满足战争防护及战备物资贮存要求而出现。20世纪50年代后，随着汽车数量增多及停车设施不足，城市地面空间有限，发达国家开始建造较大规模停车场。如1952年美国洛杉矶波星广场地下停车场（图5.1），共3层，柱网8.24m×8.24m，每车占用面积27.6m²，停车2150辆，4组进出坡道和6组层间坡道，均为双车曲线坡道，一层与下面两层用螺旋坡

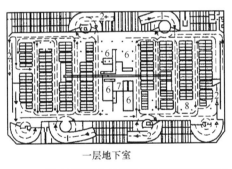
一层地下室

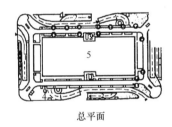
总平面

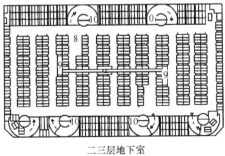
二三层地下室

图5.1　美国洛杉矶波星广场地下停车场

1—入口坡道；2—出口坡道；3—自动扶梯；4—排气口；5—水池；
6—服务站；7—附属房；8—加油站；9—行人通道；10—通风机房

道连接，坡道宽 8.37m，坡度 8%，广场地面为绿地和游泳池。日本在 20 世纪 60 年代地下停车场多为 400 辆以下，70 年代后几个大城市共建公共停车场 214 座，总容量 44208 辆，其中地下 75 座，容量 21281 辆，占总数 48%，到 1984 年建了 75 座。欧美当时地下停车场规模多为 100 辆左右，也有容量 320 辆的瑞士伯尔尼市维森豪斯广场地下停车场、2359 个车位的芝加哥格兰特公司地下停车场。

　　法国巴黎 1954 年开始规划深层地下交通网，建有 41 座地下停车场，总容量 5.4 万辆，如依瓦利德广场的地下停车场 [图 5.2（a）]，上下两层，720 个车位；格奥尔基大街下的地下停车场 6 层，1200 个车位 [图 5.2（b）]，到 1985 年已建成 80 座地下停车场，有 4 层、停车 3000 辆的欧洲最大地下停车场。

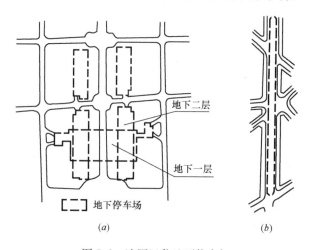

图 5.2　法国巴黎地下停车场

　　我国地下停车场建设起步于 20 世纪 70 年代，主要以"备战"为指导方针建了若干专用停车场，并保证平时使用。近年来，我国大城市停车问题日益突出，路边常被用来停车，随着城市交通发展，矛盾日益突出。香港停车场以高层建筑地下室居多，地下停车场容量一般在 100 辆以上。调查表明，市中心的 10000 辆停车中，从停车位置上看，非停车场停车占 79.4%，停车场停车只占 20.6%（表 5.1）；从停车目的上看，占用路面道路比例相当高（表 5.2）。

停车位置所占比例　　　　　　　　　　　　　　　　表 5.1

停车位置	停占比例（%）
人行道	34.9
机动车道	5.6
非机动车道	32.3
巷口	6.6
停车场	20.6

停车目的所占比例	表 5.2
停车目的	停占比例（%）
通勤	9.8
购物	27.9
业务活动	28.4
娱乐	3.4
装卸	11.5
其他	19.0

我国各大城市中有相当部分企事业单位已建造了自用或公用地下停车场（图5.3），许多城市规划的地下停车场大多是附建式地下停车场，设在高层建筑地下层，有些地下停车场已同地下街相结合，成为地下综合体的一部分。

图 5.3　地下停车场

5.1.2　城市停车问题

20 世纪汽车的出现和发展，使城市发生了不同于人类过去几百年的根本性变化。汽车发明于 1883 年，100 年后的 1985 年，全世界已有汽车 4.6 亿辆，平均每11 人有 1 辆。美国在 1960 年时平均每 2.6 人有 1 辆汽车，到 1980 年每 1.4 人有 1辆，同期其他发达国家也达到每 3.6～2.4 人拥有 1 辆。汽车的快速发展，带来了城市停车问题。停车问题是城市静态交通问题，相对于动态交通形态，二者相互影响。停车设施是静态交通的主要内容，包括露天停车场等各类停车场、修车场、储备车库等。

机动车数量与停车空间的三种主要关系：

第一，车辆停放时间一般比行驶时间长得多，即城市中的车辆大部分处于停放状态。据统计，在城市道路上行驶的汽车仅占该市汽车总量的 6.6%，其余 93.3%均处于停放状态。

第二，停车占用空间由停车车位和进出车位所需行车通道组成，停车空间的面积比车辆本身的水平投影面积要大 2～3 倍。汽车和自行车停放所需要的面积和空间如表 5.3 所示。

停车所需的面积和空间   表 5.3

指标	小型汽车（长×宽）	中型汽车（长×宽）	自行车
车辆水平投影面积（m²/辆）	8.64（4.8×1.8）	17.5（7.0×2.5）	0.95（1.9×0.5）
停放用地面积（m²/辆）	18～28	40～50	1.6
停放所需空间（m³/辆）	40～62	110～140	3.2

第三，每辆车需要的停放空间不只一处，因为除车辆所有者需要的停车空间外，即专用停车；同时，出行过程中还需要停放，即公用停车（或称社会停车）。

以上三种现象的综合表现为城市停车设施的增长常常落后于车辆增长。国外一些汽车发展较早城市，对停车问题的认识也随车辆不断增多而发展。停车设施的建设经过了几个发展阶段。最初城市汽车数量较少时，道路面积相对宽裕，主要为路边停车，对交通影响也小。到 20 世纪 60 和 70 年代，随着车辆不断增加，城市道路已不能满足车辆行驶要求，路边停车进一步恶化了动态交通状况，后来开辟了一些露天停车场，建造了大量多层停车场。尽管如此，停车空间仍难以满足停车需求增长，停车空间不足，出现停车问题，必然出现城市停车难的现象。

停车空间的分布和集中程度在城市分布中也不同，城市繁华区的停车空间需求量大，地价高，建设停车场造价高，停车空间的扩展也困难。停车难，导致中心区的衰退，影响城市发展，需进一步改善城市停车条件。据欧美发达国家研究资料，如果以居住区停车需求量为 1，则业务活动区为 1.5，商业区为 4.5；日本私人小轿车用于购物活动较少，这个比例的关系为 1：4.5：3.5。

我国许多大城市汽车拥有量近几年得到了快速发展，如北京、天津、上海、广州、武汉、沈阳、重庆等特大城市，由于汽车数量增长速度快，对静态交通问题认识不足，停车设施不能满足需要，致使城市停车问题突出，停车难，而且占用道路停车，进一步严重恶化了城市动态交通。如北京市，1989 年共有机动车 34.5 万辆，以中型车露天停放 70％计算，用地面积为 923 万 m²；到 2014 年底，机动车为550 万辆，如按年增长速度 2.8％计算，到 2030 年，仅机动车停车面积就需 20000万 m²，不考虑停车时间、停车次数等影响因素，城市停车空间与用地之间存在突出矛盾。

为进一步解决城市停车难，扩大停车空间，采取了两方面措施：

第一，发展机械式多层停车场，只需停车位而不需行车通道和进出坡道，停放1 台车所需建筑面积比自走式（坡道式）停车场小得多，而且层数不受限制，机械式停车场最初在瑞士和西德出现，后来在日本大量推广。

第二，开发建造地下停车设施，欧洲和北美一些大城市在 20 世纪 50 和 60 年代结合城市广场的再开发建造了不少大规模的公用地下停车场；日本从 20 世纪 70年代起兴建城市公用地下停车场，到 1982 年，已有地下停车场 107 个。

按照我国城市规划规定，交通用地占城市用地的 12.5%，假定其中 1/3 的面积用于停车，社会停车需求量占机动车总量的 25%，需要大量停车用地，建设地下停车场是解决我国城市停车问题的主要途径及发展方向。由于地下停车场造价较高，而停车收费较低，难于收回建设资金，甚至难以支付平时的运行费。应更好地发挥综合效益，应选择适当的地下停车场基地地址，并结合其他功能的地下空间综合布置，统一开发，统一经营，发挥集聚效益。我国一些城市近年兴建了若干地下综合体，多数由商业和停车等部分组成，在地下停车场总体布置的综合化方面，取得了一些初步成效。

5.1.3　地下停车场的特点

地下停车场的主要优点：

首先，停车容量受限较小。可以在狭窄的地面空间提供大量停车位，如 1952 年建成的美国洛杉矶市波星广场地下停车场（图 5.1），容量 2150 台，地下 3 层，广场地面恢复后成为公园和水池。

第二，停车场位置受到限制较小。有可能在地面空间无法容纳时，满足停车设施的合理服务半径要求，城市繁华中心区尤为重要。

第三，节省城市用地。地下停车场出入口、通风口等所需地面空间小，一般不超过总面积的 15%，如果露天停车场占地面积设为 100，则 3 层坡道式停车场为 65，6 层机械式停车场为 32、12 层为 26，而坡道式地下停车场仅为 15。

第四，经济效益显著。地价昂贵地区，地面停车场经济上不合理，而地下停车场不需土地费或只需少量补偿费，则可以在经济合理的条件下满足城市的停车需求。

应全面认识地下停车的经济可行性问题。我国大城市用地已十分紧张，已不宜大量建设露天停车场、地面多层停车场；同时由于工业发展水平所限，地面机械式停车场在近期内也不可能有很大发展。从直接经济效益看，地下停车设施明显低于地面上同规模同类型设施，即使营业收入完全相同，由于建设费用高，仍然缺乏足够竞争力，与其他类型公共建筑相比更是如此。但随着科学技术进步，可以克服地下停车场的造价高、工期长的缺点。尤其在土地价格十分昂贵的地区，充分发挥地下停车设施的综合效益，完全有可能比在地面上建多层停车场具有更大优势。

据我国经济资料分析（按 1989 年价格），地面多层停车场单位建筑面积造价 560 元/m²，平均每个停车位造价 16544 元；地下停车场造价 1301 元/m²，平均每车位造价 45839 元，地下与地上停车场造价之比大约 2.6～2.821。以国内地下停车场造价 1400 元/m² 计，按最大充满度（1.5h/辆）、最大周转率（8 辆/日·车位）和停车收费净收入（1.0 元/h·辆）考虑，投资回收期约为 15 年。如果建在北京市土地级差收益为一等地区，则每年需付土地使用费 206.16 元/m²，按停车设施使用寿命为 50 年计，增加土地使用费 10308 元/m²，高出地下停车场造价 8 倍，充分显示地下停车空间开发价值。

因此，不能仅仅以建设地下停车设施的经济合理性来评价其必要性与可行性，必须以城市发展的整体利益为出发点，把改善城市交通的全局作为主要目的。主要当明确以下三个认识问题：

第一，城市停车设施的性质和投资渠道问题。停车设施是城市交通设施的一部分，属于城市基础设施，具有非营利性质。停车收费是为了维持停车系统正常运转，几乎是不可能依靠营业利润抵偿建设投资。我国一些城市停车空间已严重不足。因此，停车设施的建设投资应从城市基础设施建设资金中解决，同时不排除贷款、社会集资等其他渠道。

第二，地下停车空间的开发价值问题。应从地下空间开发价值上来认识停车设施的建筑造价。从建筑性质和建筑功能上，停车空间使用价值一般低于商业等各种业务活动空间，但评价地下停车空间的开发价值，应同时考虑土地费用、地面空间开发程度等综合因素。如日本建造的 57 座公用地下停车场，建在政府所有土地上，不需付土地费，其中广场下的 14%，道路下的 44%，公园下的 17%；如建造在私人所有土地上，则土地费用高出建筑造价几十倍甚至上百倍，使地下停车空间开发不合理。

第三，地下停车设施的综合效益问题。地下停车设施在社会、环境、防灾等方面发挥综合效益。国外公用地下停车场建在城市广场和公园下较多，地面恢复后，可为城市保留或开辟较大的开敞空间和公共绿地，城市景观也因地面上停车减少而有所改善。同时，地下停车设施空间大、分布比较均匀，防护能力强，适合作为城市防灾空间使用。此外，地下停车场与地下商业设施综合布置，开发地下商业空间，以商业的高额利润弥补停车收入的不足。例如，瑞士许多公用地下停车场，均按战时能转换为公共人员掩蔽所设计，具有较高的防护标准和生活标准。

5.1.4 地下停车场的分类

1. 单建式与附建式地下停车场

从地下建筑与地面建筑的关系，地下停车场可分为单建式和附建式两种类型。

单建式地下停车场是指地面上没有建筑物的地下停车场（图 5.4），一般建在广场、道路、绿地、空地之下。单建式地下停车场的柱网尺寸和外形轮廓不受地面建筑物使用条件限制，在结构合理的前提下，可完全按照车辆行驶和停放技术要求确定，以提高停车场的面积利用率，此种停车设施主要功能由车辆运行及停放的功

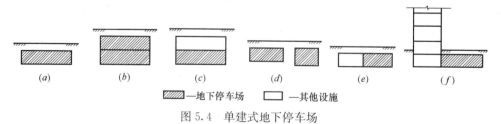

（a）　　　　（b）　　　　（c）　　　　（d）　　　　（e）　　　　（f）

▨—地下停车场　　□—其他设施

图 5.4　单建式地下停车场

能来确定，因此选择城市广场作为单建式地下停车场的基地是比较适宜，受到的限制少，建筑拆迁量小，地面恢复也较容易，基本不影响地面设施。当然，单建式地下停车场在施工期间需占用一定面积的场地，征用地紧张的城市中心区，有时要受到一些限制；建在街道下的地下停车场在施工期间可能影响地面交通。

附建式停车场建在地面建筑地下部分（图 5.5）。建筑设计同时满足地面建筑及地下停车场两种使用功能要求，因而柱网选择较困难，大型公共建筑多采用高低层组合来解决这一问题，将地下停车场布置在低层部分的地下室中，由于低层部分的功能一般需要较大的柱网尺

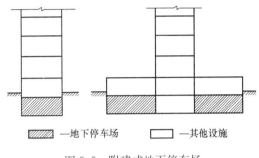

▨—地下停车场　□—其他设施

图 5.5　附建式地下停车场

寸，常把裙房中餐厅、舞厅、商场等使用功能与地下停车场相结合，比较容易与停车技术要求取得一致。我国近年兴建的一些高层旅馆和商住综合楼，多采用这种方式建造附建式地下专用停车场。

2. 土层地下停车场与岩层地下停车场

从建造的地层特性，地下停车场可分为土层地下停车场、岩层地下停车场两种类型。

土层地下停车场是软土层中建造，可集中布局，采用大开挖或盾构施工方法，开挖较容易。城市土层很厚、土质很好、地下水位不高或浅埋工程与原有浅层地下设施有较大矛盾时，可以用暗挖建造深埋地下停车场，而且最好与城市地下交通系统一起建设，否则在结构、施工、垂直运输等方面将需付出很高代价，使用也不如浅层工程方便。图 5.6 为比利时布鲁塞尔容纳 950 台小型车的地下停车场，面积指

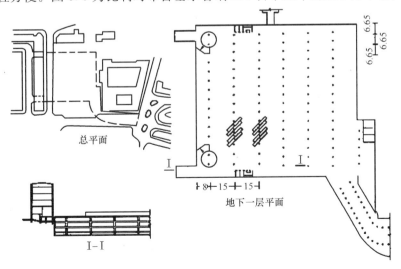

总平面

地下一层平面

├8┤─15─┼─15─┤

I—I

图 5.6　土层中地下停车场（比利时）

标为 32.8m²/台，45°停放，地面恢复后为广场。

岩层地下停车场是在岩层中建造，当地形和地质条件比较有利时，规模几乎不受限制，基本上不影响地面和地下的其他工程，明显节省用地。岩层停车场主要特点为条状通道式布局，洞室开挖走向灵活，开挖方法为矿山法，即传统钻爆法或掘进机开挖。图5.7为芬兰在岩层中建造的地下停车场，容量138台，平均36.2m²/台，平时工程为停车场，战时可供1500人使用的掩蔽所。我国青岛、大连、重庆等城市大多为岩石地区，土层很薄，所建停车场为岩层中地下停车场。

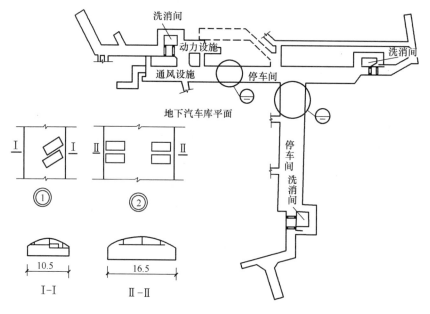

图5.7 岩层中地下停车场（芬兰）

3. 坡道式与机械式地下停车场

从车辆进出方式不同，地下停车场可分为坡道式、机械式两种类型。

坡道式地下停车场是利用坡道出入车辆，主要特点是造价低，进出车方便、快速，不受机电设备运行状况影响，运行成本低，又称自走式。目前所建的地下停车场大多为此种类型。其主要缺点是占地面积大，交通使用面积与整个车场建筑面积的比值为 0.9：1，使用面积的有效利用率大大低于机械式停车场，并增大了通风量及增加了管理人员。图5.8为德国汉诺威坡道式停车场，可停放小型车 350 台，平均33m²/台，地面为广场，地下 2 层。

机械式地下停车场利用垂直自动运输方式出入汽车，取消坡道，停车场利用率高，把每台车所需要的停车面积和空间压缩到最小，基本上不需要通风，人员不进入停车间，管理人员少，减少了许多安全问题，充分发挥了机械式停车的势。但机械式停车场由于受机械运转条件限制，进车或出车需要间隔一定时间（1～2min），

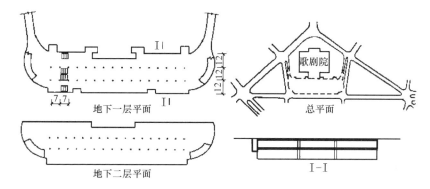

图 5.8 坡道式地下停车场（德国汉诺威）

不像坡道式停车场可以在坡道上连续进出车（最快 6min 进出一辆车），因而在交通高峰时间内可能出现等候现象，这是机械式停车的主要局限性，同时由于机电设备造价高，在每个停车位的造价指标方面，机械式停车场显然处于不利地位。日本资料显示，若坡道式停车场各项指标 100，机械式停车库占地面积则为 27，车辆平均需要面积 50～70m²。图 5.9 为日本东京机械式停车场，地下 5 层可停车 155 台的办公楼专用停车场。

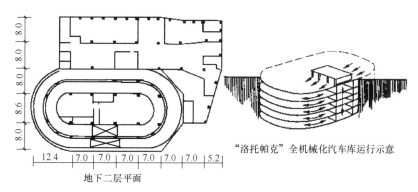

图 5.9 机械式停车场（日本东京）

4. 其他类型地下停车场

除上述分类方法外，还有公共和专用地下停车场。

公共停车场需要量大，分布面广，一般以停放大小客车为主，是城市停车设施的主体。需要量大，分布面广，既要有一定的容量，又要保持适当的充满度和较高的周转率，既要使车辆进出和停放方便，又要尽可能提高单位面积的利用率，保证公用停车场发挥较高的社会和经济效益。

专用停车场是指为所有者使用的停车场，直接为本单位或本单位的旅客、顾客和职工服务，包括以特殊车辆为主的停车设施，如消防车、救护车、载重车等。图 5.10 为北京市消防地下停车场，可停放 9 台消防车，建有人防掩蔽所。一些大型旅馆和文娱、体育设施，也提供停车服务；较大规模的商店和办公楼，应建有专用停车场，提供停车服务。图 5.11 为瑞士公共地下停车场，可停车 608 台，面积指标 $28.7m^2/$ 台，地下 6 层，充分利用地形坡度，可容纳 1000 人掩蔽。

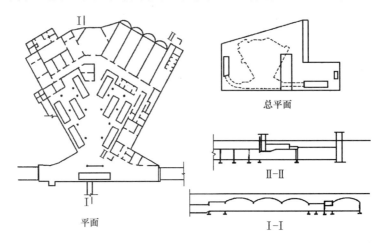

总平面

II-II

平面

I-I

图 5.10　消防地下停车场（北京）

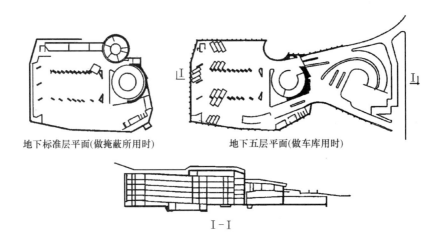

地下标准层平面(做掩蔽所用时)　　　地下五层平面(做车库用时)

I-I

图 5.11　公共地下停车场（瑞士）

§5.2　地下停车场的规划

地下停车场规划应纳入整个城市规划中，结合城市现状与发展，配合不同等级的城市道路，满足不同规模的停车需要，与城市交通流量、各种社会活动相对应，体现发展城市中心区与限制交通相结合的原则，以便调节和控制城市中心区的交通。

5.2.1 建设规模和停车需求量预测

1. 建设规模

20 世纪 50 年代后期，发达国家许多大城市建造了大批大型公用地下停车场，容量都在 1000 台左右，如美国洛杉矶市波星广场地下停车场（容量 2150 台）、美国芝加哥市的格兰特公园地下停车场（容量 2359 台）。这些大型停车场多位于中心区的广场或公园地下，规模大，利用率高，服务设施齐全，建成后地面上仍恢复为广场或公园，对在保留中心区开敞空间的条件下解决停车问题起了积极的作用。当城市中心区的大型广场、公园的地下空间已被充分开发利用后，地下公用停车场规模日渐缩小，20 世纪 60 年代以后，容量超过 1000 台的大型地下停车场已不多见。日本的大城市用地紧张，很少有大面积的广场和公园，因此在 60 年代发展起来的公用地下停车场，规模多在 400 台以下。根据日本实践，城市中建公用地下停车场，特别是中心区，规模以容量 300 台较适当。

地下停车场规模，即停车场合理存量，涉及使用、经济、用地、施工等许多方面，应做方案综合比较分析。当地下停车场建设规模较大，如单个停车场的容量超过 400 台时，应当考虑在合理服务半径范围内是否有 400 台的停车需求量；若需求量不足 400 台，将影响停车场充满度和运营效益。其次，应考虑单个停车场容量过大时，是否会引起停车场出入口附近车辆的过分集中，从而影响地面动态交通。此外，单个停车场规模过大时，停车场内步行距离过长，造成不便，日本认为这个距离应以 200m 为限，值得借鉴。

专用地下停车场的规模主要决定于使用者的停车需求和建设条件，如场地大小，地下室面积等。大型酒店、宾馆等停车需求量较大，容量 100～200 台的地下停车场较为普遍和可能；对于高层办公楼，以 30～50 台的地下停车场较为适用。

为了限制路边停车和减轻公用停车场的停车压力，有些国家以法律形式规定在建造大型公共建筑时，必须按比例建造一定容量的停车场。例如，韩国 1987 年规定，每 1000m² 建筑面积应同时修建停车场 120m²；日本法规要求新建或扩建的面积超过 3000m² 的建筑物，应修建停车场，其规模根据建筑性质和所在地区的不同，可通过计算确定，如对于城市工业区的计算方法

$$当 3000 > A > 2000 时，N = (A - 2000)/300$$
$$当 A > 3000 时，N = (A - 3000)/300$$

式中，A 为商业建筑面积（m²），N 为所需停车位数（个）。

有的国家根据城市大小，规定停车场面积在所在区域总面积中应占比例。例如，美国人口为 100～250 万的城市，中心区面积约为 1000 万 m²，停车面积应有 8 万 m²，占 18.3%；人口为 250～500 万的城市，停车面积应占 11.4%；人口 1000 万以上的城市，停车面积应占 13.3%。

北京市的一项研究成果，经过对停车现状的调查与分析，提出了按公共建筑类

型规定配建停车设施的建议。例如，高级宾馆每间客房应有不少于 0.3 台的停车位，办公楼每 1000m² 建筑面积不少于 4.5 台，市级商店每 1000m² 不少于 2.5 台等。我国 1988 年颁布试行的《停车场建设和管理暂行规定》和《停车场规划设计规则》，要求在新建、改建、扩建大型公共建筑时，必须配建或增建停车场，并提出了旅馆、影剧院、商业场所等 12 类公共建筑所需配建的机动车停车位指标。例如，大城市一类旅馆每间客房应有停车位 0.2 台，一类办公楼每 100m² 建筑面以需有停车位 0.4 台，商业场所每 100m² 营业面积应有停车位 0.3 台等。这样，确定专用地下停车场的规模时就有了一定的依据。

当单个地下停车场的建设规模确定后，应按表 5.4 规定进行地下停车场的规模分级，以便于进一步按规范进行规划设计。由于大型汽车一般不适于停放在地下停车场中，故表中只对停放小型车和中型车的地下停车场实行了规模分级。

不同车型地下停车场的规模分级　　　　　　　表 5.4

规模等级　　停车场类型	小型车地下停车场（辆）	中型车地下停车场（辆）
一级	＞400	＞100
二级	201～400	51～100
三级	101～200	26～50
四级	26～100	10～25

2. 停车需求量预测

为了确定地下停车场建设规模，应预测城市一定时期内的停车需求量。通过城市中心区土地利用指标、机动车出行规模量与停车吸引量的关系模型，计算出该地区停车需求量最少的标准停车位。北京市研究了城市公用停车空间需求量的预测方法，采取直观预测，然后综合修正相关量。

不宜统一规定停车设施在地面和地下的合理比例，必须结合当地城市用地、地价以及停车设施布局等情况考虑。但没有必要按停车需求量的 100% 建地下停车场，因为即使停车设施再充足，路边停车也是不可避免。一些发达国家大城市经验表明，完全取消路边停车不现实，问题在于通过交通管理，首先要求交通干道不得停车，然后控制次要道路路边停车数量，一般认为，正常的路边停车率为 15%～20%。对于新建工程，应按规定配建一定数量的停车设施，并可以适当减小单建式公用地下停车场规模。我国一些大城市中心区重点部位的立体化再开发过程中，当地停车设施主要是尽可能建设规模较大的附建式地下停车场。

5.2.2　地下停车场规划步骤

（1）城市现状调查，包括城市的性质、人口、道路分布等级、交通流量、地上地下建筑分布的性质、地下设备设施等多种状况。

（2）城市土地的使用及开发状况，土地使用性质、价格、政策及使用情况。

（3）机动车发展预测、道路建设的发展规划、机动车发展与道路现状及发展的关系。

（4）原城市的停车场和车库的总体规划方案、预测方案。

（5）编制停车场的规划方案，方案筛选制定。

5.2.3 地下停车场规划要点

（1）结合城市规划，重点应以市中心向外围辐射形成综合整体布局，考虑中心区、次中心区等交通流量的规划，注意静态交通规划与动态交通规划相结合。

（2）重视节约城市用地，尽可能提高选址方案的综合开发可能性和提高建筑面积密度，以保证停车场的合理容量（以 200～400 台为宜），提高建设投资效益。停车场地址应选择交通流量大、集中、分流的地段，并注意该地段的公共交通、人流，是否有立交、广场、车站、码头、加油站、食宿等。

（3）考虑地上停车场与地下停车场之间的比例关系，也要考虑地下空间开发造价高、工期长等特点，因而，原有地面上的停车设施应可尽量利用。

（4）考虑机动车与非机动车的比例，并预测非机动车转化为机动车的预期，使停车设施有一定余量或扩建可能性。

（5）规划停车场要同旧区改造相结合，注意节约土地使用，保护绿地，重视拆迁的难易程度等。

（6）各类停车场相结合，如地面停车场、地下停车场、原停车场、附建式地下停车场结合规划。

（7）注意规划选址方案位置适中，使停车者到达出行目的地的步行距离控制在 300～500m 以内，采用分散布局方案，重点放在中心区边缘地带。

（8）把规划选址与需求控制结合起来。地下停车场的规划布局，应考虑平战结合问题，以及在平时发生灾害时的防灾空间作用问题。

5.2.4 城市停车设施综合规划

1. 国外城市停车设施系统的综合规划

城市车辆较少的时期，停车设施布局基本上处于自发状态，停车问题没有纳入城市规划的范畴。20 世纪 50 年代以后，发达国家许多大城市都进行了以改造中心区和居住区的城市再开发，建立与城市结构相适应的现代交通体系，保持中心区的繁荣与活力，改善居住条件，使城市空间不过分拥挤。20 世纪 60 年代以后，由于车辆迅速增多，城市静态交通矛盾日益突出，发达国家开始重视停车设施系统与城市结构、动态交通系统的关系。在发达国家大城市中，私人小轿车在机动车总量中占比很大，停车要求较复杂，因此小轿车的社会停车问题（即公用停车场的布局问题）成为主要的研究对象。

城市动态交通的路网结构是城市结构的骨架。一些历史较久的大城市以团状结构为多，以旧城网格状道路系统为中心，通过放射形道路向四周呈环状发展，再以环状路将放射形道路连接起来，在上下班高峰时段，城郊与市中心区的交通流量大，再加上购物和其他业务活动的交通量，使停车需求量主要集中在中心区内。新型交通体系包括由高速道路、城市干道、城市辅路、步行道组成的动态交通路网，也包括与路网结构相配合的多级停车设施组成的静态交通系统，把停车设施从简单的满足停车需要提高到车辆交通与步行交通之转换点的地位，对城市交通流量和流向起着重要的调节作用。

把停车系统纳入城市交通改造规划中，主要有两个特点：一是将停车设施结合道路情况实行分级设置；二是利用停车设施截流作用，实现核心区域步行化。

停车设施分级布置是与不同等级的城市道路相配合，既满足不同停车需要，又能调节和控制城市中心区的动态和静态交通。停车需求基本上分为两大类：一类是短时停车，时间 0.5～2h，如购物和业务活动、文化活动等；另一类是长时停车，以上下班人员为主，停车时间为一个工作日。短时停车要求尽量靠近出行目的地，因而规模较小，布置较分散，使停车后的步行距离保持在合理范围内。长时停车是接近工作地点，停车规模大，中心区内选择用地困难，难以满足近距离停车要求，因此，长时停车设施宜布置在中心区的边缘地带，停车后乘车人步行稍长时间到达工作地点，或换乘公共交通车辆。可通过调整停车收费标准进行引导两类停车需要，如短时停车收费可以较低，提高周转率，维持收益，超过短时停车的平均时限后，大幅度提高收费标准，限制长时停车数量。

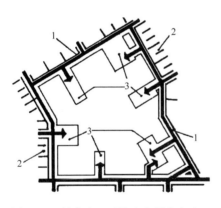

图 5.12　城市中心区停车布局方案之一
1—环型高速道路；2—长时停车设施；
3—短时停车设施

根据停车设施布局与地面道路系统的关系表现出不同布局方式。

图 5.12 是德国人比林格提出的停车布局方式。停车设施分 3 级，在高速路内侧，城市中心区 4 个角各布置 1 座大型长时停车场，停车后换乘公共交通到达市中心。在中心区外围建 1 条环形道路，从高速路下到环路后，部分车辆停在环路内侧停车场，可短时或长时停车，称为中间型停车。少量短时停车进入中心区尽端式的辅路，停车后步行进入核心区。市中心左侧布置一个次中心，在次中心两端高速路以外设两个大型长时停车场，环路内侧设短时停车场，因距环路较近，不再设中间性停车场。

图 5.13 是老城中心区再开发的典型方式。中心区环路与两侧的高速道路连接，在两路之间均匀设置长时停车设施，短时停车的车辆可经尽端式辅路直达中心步行区的边缘，短时停车设施的位置与步行区的轮廓紧密配合，十分方便。

2. 国内城市停车设施系统的综合规划

我国大城市交通较落后，不仅在机动车保有率、路网密度、道路等级、道路面积率、停车车位数量等主要指标上同现代大城市的要求有较大差距，自行车交通和步行还占有较高比例，快速轨道交通在公共交通中所占比重也越来越高。因此，应当参考国外城市再开发模式，解决我国城市停车问题。国外城市交通改造典型方式是改变把停车设施作为一个单体建筑，仅为满足局部地区停车需要而进行规划设计的陈旧观念，而是将静态交通看作一个系统，动态交通系统与城市现代化进程相协调，调节和控制动态交通流量与流向，综合解决城市停车问题。

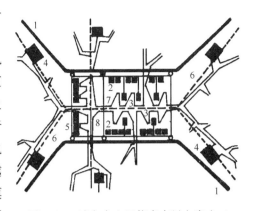

图 5.13　城市中心区停车布局方案之二
1—高速道路；2—中间性停车设施；
3—短时停车设施；4—长时停车设施；
5—次中心停车设施；6—公共交通线路；
7—步行道路系统；8—新的次中心

城市快速轨道交通的发展为停车设施布局方式增加了新的内容，也为停车设施系统的地下化提供了更为有利的条件。地下停车场的建设在城市静态交通发展中占有越来越重要的地位，城市中心区等地区，地下停车场几乎已成为停车设施的主体。但从规划角度看，不宜单独规划地下停车场布局，应当把各类停车设施作为整体进行全面综合规划，解决地下停车场的布局问题。

在我国，汽车已经大量进入家庭，应重视城市居住区的停车问题。在居住区内的体育场、公共绿地等处布置较集中的公用地下停车场，同时在楼间空地适当分散布置小型地下停车场，使居住区内的停车位数量从占居民总户数的 1/10 逐渐发展到占 1/3，可能是较为现实可行的途径。地下停车场的规划布局应当考虑平战结合，平时发生灾害时，作为防灾空间。

战时用于停车的人防专业队地下停车场，属专用停车场，在规模和布局上应满足人防建设总体规划要求。这类地下停车场的平战结合问题，应在人防部门统筹下，与有关企、事业单位协调解决。城市中大量建造的公用地下停车场，不作为战时停车，但应纳入城市综合防灾规划，发挥地下工程防护功能，出入口适当防护处理，成为城市防灾空间的一部分。临战时，可使大量人流迅速进入地下空间，短时间内暂时掩蔽等候疏散，提高整个城市人防工程体系的防护效率。同时，城市发生重大灾害时，作为容纳居民避难和专业人员救灾等作用。

北京市的一项研究，对城市停车设施系统的综合规划提出了以下几点建议：

（1）停车设施系统规划的重点应在从北京市中心到三环路的范围内。城市结构基本上是以旧城区为中心向外呈同心圆扩展，新中国成立后旧城区内方格网状路网结构没有大的改变，但是规划和修筑了 5 条环路和若干条向郊区辐射干道，改善了旧城以外交通，但旧城区内交通矛盾突出。外环路因路面宽，立交桥多，故车速较高，可分散机动车流量，但东西长安街机动车流量大，旧城区自行车流量、公交客运量集中；另一方面，进入三环路以内的小型汽车和公交车辆进到旧城区后车速降低，又没有立交设施，以致主要路口堵车现象严重，加剧了旧城区内交通矛盾。同时，旧城区内车辆高度集中，道路狭窄，城市用地不足，因而停车难。可见，从旧城区到三环路以内，旧城区全面改造以交通改造、危旧房屋改造和商业区再开发为重点，才能合理解决城市停车问题。

（2）结合北京城市再开发和路网结构的调整实行地下停车设施的分级布置。路网现状和发展规划与国外城市再开发后的典型路网结构有所不同，主要是没有环绕市中心区的高速道路，但相似之处是在环路与辐射路相结合。因此，三环路是轻、重型车进入中心区的分界线。三环路沿线与辐射路的交汇点处设置综合停车设施，有利于发挥三环路对机动车的截流作用，但是主要不是截住去市中心工作的车辆，则是禁止货运车流、外地进京的大型车流，因此在设施规模大，停车时间长等方面与国外的长时停车设施是一致的，停车的车型和停车目的则不相同。对于允许进入中心区的轻型车辆，则宜在辐射路与二环路和内环路交叉的各个再开发重点部位设置短时停车设施，主要为公务、业务和购物等停车目的服务，停车时间一般在 2h 以内。

（3）结合城市再开发实行停车设施的综合布置。停车设施规划设计不仅要满足停车的各种技术要求，还要为不同停车目的创造良好的停车环境，例如停车后步行距离适当、换乘其他交通工具方便等。因此，停车设施应与所在地段建设项目实行统一的规划设计、综合开发，满足停车后需要，减少步行距离，节省城市用地，丰富建筑造型和改善城市景观等。例如，三环路与辐射路交汇点处的停车设施应以中型地下停车场为主，地面上应保留适当露天停车场，同时，地下停车场可用做物资短期贮存，转运货物方便。服务设施首先应具备换乘公共交通工具（公共汽车、电车或地铁）去市中心的便利条件，最好与公交线路终始站相衔接，应为乘车人提供饮食、住宿和为车辆提供修理、加油等条件；旧城再开发重点部位，以大型建筑综合体取代过去沿街成片布置的商业建筑，并一定范围内实现步行化，短时停车设施布置在步行区边缘，尽量与综合体建筑统一设计，交汇点处如果有地铁车站，停车后可换乘地铁，以减少地面车流量。

（4）提出了规划中重视汽车停车与自行车停车的关系问题，也是我国城市的特殊问题，长远来看，应考虑自行车和汽车保有量间的变化，科学预测变化发生的时间和变化幅度。

上海市一项研究，提出了中心商业 440 万 m² 范围内停车场的布局和分期实施方案（图 5.14）。依据城市总体规划和土地使用性质调整，中心区旧城改造和交通规划相结合，尽可能采用分散布局方案，提高该区域停车用地比重，社会停车场容量满足基本机动车停车需求。考虑到大型公共建筑配建和附建停车场，推荐了 12 个社会机动车停车场布局，总容量为标准小轿车车位 3710 个，相当于该地区停车需求量预测值的 1/3，基本上满足该地区停车需求。

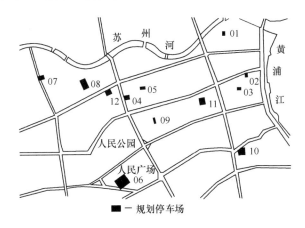

图 5.14　上海市中心区公用停车设施选址方案

§5.3　地下停车场总平面设计

地下停车场总平面设计应在规划方案制定中完成，总平面设计应考虑影响地下停车设施的主要因素，确定地下停车场合理选址及平面布置类型。

5.3.1　地下停车场选址

地面上停车场多占有一定范围，而地下停车场在建成后占用地面的范围很小，例如有的附建式地下停车场除出入口外，几乎不占用任何地面面积。地下停车场的一般选址原则：

（1）同城市总体规划和道路交通总规划要求相符合，与城市结构和道路结构相适应。应选择在道路网中心地段，如市中心广场、站前广场、商业中心地段。

（2）应保证停车场合理的服务半径，公用停车场的服务半径不宜超过 500m，专有停车场不宜超过 300m。国外经验和调查表明停车场到目的地的步行距离为 300～500m。

（3）所选位置应使地下停车场的充满度有一定保证，三级以下（含三级）停车场应不小于 70%，二级以上（含二级）应不小于 85%，周转率均应不小于 8 次/日；

（4）应符合城市环境保护的要求，地下停车场的排风口位置应避免造成附近建筑物、广场、公园等空气污染。

（5）基地应选择在水文和工程地质条件比较有利的位置，避免地下水位过高或地质构造特别复杂的地段。

（6）规划应符合防火要求，设置在或出露在地面上的建筑物和构筑物，如出入口、通风口、加油站等，其位置应与周围建筑物和其他易燃易爆设施保持规定的防火间距、防爆间距和卫生间距。表 5.5、表 5.6 为停车场最小防火间距及卫生间距。

汽车停车场的防火间距（m）　　　　　　　　　　　　表 5.5

汽车库名称和耐火等级	建筑物名称和耐火等级	停车库、修车库、厂房、库房、民用建筑		
		一、二级	三级	四级
停车库	一、二级	10	12	14
修车库	三级	12	14	16
停车场		6	8	10

停车场与其他建筑物的卫生间距（m）　　　　　　　　表 5.6

名称	车库类别 I、II	III	IV
医疗机构	250	50～100	25
学校、幼托	100	50	25
住宅	50	25	15
其他民用建筑	20	15～20	10～15

（7）基地应避开已有的地下公用设施主干管、线和其他已有的地下工程。

（8）专业停车场及特殊要求的停车场应考虑其特殊性。如消防车库对出入、上水要求较高，防护车库要考虑到三防要求等。

岩层地下停车场的工程水文地质条件在选址中起到关键作用，主要选址要求：

（1）山体厚度应满足最小自然保护层要求，一般为 20～30m；大型洞室宜沿山脊走向布置；

（2）山体岩性均一，整体性好，风化破碎程度低，岩石强度高，不存在区域性的大断裂带；

（3）岩层倾角较大时，主要洞室轴线方向应垂直于岩层走向，避免平行，至少二者间成一定角度；

（4）洞室底面宜布置在稳定地下水位以上，石灰岩地区应避开岩溶地段，特别要避开暗河；

（5）洞口附近边坡稳定，按防洪标准（如 50 年或 100 年一遇的洪水位）确定洞口的合理高程。

公用单建式地下停车场的选址应考虑以下几点：

（1）宜选择在有大量社会停车需求，但地面空间不足或土地价格特别高的地段，例如城市中心区或商业区的广场，宽度 20m 以上的街道，新建的公园或公共绿地等处；

（2）宜选择在地面上人流、车流特别集中，需要采取人车分流措施的地段，例如铁路或公路客站的站前广场等交通换乘枢纽处；

（3）宜选择在地面建筑物或环境有较高保留价值，原有城市风貌和景观需保护的历史或文化地区；

（4）地下停车场建成后，地面宜恢复为城市广场、公园或绿地，不宜再做露天停车场，以改善城市环境和景观；

（5）宜与地下商业设施和地铁车站、地下步行道等综合布置。

人民防空专用地下停车场的选址应注意以下几个问题：

（1）各种人防专业队的专用地下停车场，应根据人防工程建设总体规划，形成一个以各级指挥所直属地下停车场为中心的，大体上均匀分布的地下停车场网点；

（2）选址应避开城市中预计的高毁伤地区，尽可能以通行车辆的疏散干道将各车库互相连通；

（3）各级和各种用途的专业队专用地下停车场，应尽可能结合功能相同或相近的现有单位、车场或车队，布置在其用地范围之内；

（4）战时用于人员掩蔽的地下公用停车场，位置应在临战时能使附近大量居民和街道行人迅速进入掩蔽。

5.3.2 总平面设计需要考虑的因素

（1）总平面设计内容较简单，主要有场地的建筑布局、形式、道路走向、行车密度及行车方向，重点是停车场内外交通组织设计；

（2）是否有其他地下设施，如地下街、地铁等；

（3）周围环境状况，如绿化、道路宽度、高程、是草地还是山地；

（4）工程与水文地质情况，如地下水位、是软土还是硬土，若为岩石则对总图设计影响大；

（5）一级、二级和三级地下停车场的车辆出入口，不宜设在主干道上，出入口宜设在宽度大于 6m，纵坡小于 10% 的次干道上；

（6）地下停车场的车辆出入口，三级地下停车场不应少于 2 个，二级和一级地下停车场出入口不应少于 3 个，并应设独立的人员专用出入口。各出入口之间的净距应大于 15m；出入口宽度双向行驶时不应小于 7m，单向行驶时不应小于 5m；

（7）地下停车场的车辆出入口进、出车方向，应与所在道路的交通管理体制相协调；在我国城市车辆右侧行驶的情况下，应禁止车辆左转弯后跨越右侧行车线进、出地下停车场基地；图 5.15（a）中广场上的出入口距立交、道路交叉口应大于 80m，距城市地下综合体、人行过街天桥、过街地道、桥梁或隧道的引道等应大于 50m；图 5.15（b）为街道中央的出入口允许进、出车方向；

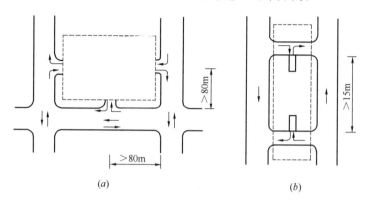

图 5.15　地下停车场车辆出入口的进、出车方向
（a）出入口在广场上；（b）出入口在街道上

（8）公用地下停车场基地出入口前的地面上应设候车道，宽度不小于 3m，长度不小于 2 辆车的长度；当车辆进、出特别集中时，在出入口前地面上应设足够大小的候车场；

（9）地下停车场基地应有良好的照明设施，并按规定设置有关的标志和标线；

（10）单建式地下停车场的总平面设计，应包括地面的恢复要求，可按广场、公园、公共绿地等内容的具体要求进行设计；

（11）地下停车场在地面的附属设施较少，有的几乎没有；规模较大单建式公用地下停车场，较多出入口的露出地面的小型建筑物的位置应与城市规划要求相协调，满足使用要求，地面通风口应结合地面绿地布置，不宜破坏地面上的景观；

（12）为了使基地车辆出入口有良好的视野，出入口距离城市道路规划红线不应小于 7.5m，并在距出入口边线内 2m 处视点的 120°范围内至边线外 7.5m 以上不应有遮挡视线的障碍物（图 5.16）。

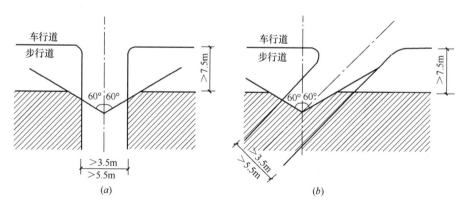

图 5.16　地下停车场基地车辆出入口的视野要求
（a）与道路垂直；（b）与道路成一定角度

5.3.3　平面布置类型

1. 广场式矩形平面

广场式布局通常是地面环境为广场，体型、柱网、结构都比较简单，周围是道路，即在广场地下设地下停车场。常在广场一侧道路旁设计地下停车场，一是进出车方便，二是尽可能同人流密集区有一定距离。较小广场的，应按广场与停车场规模来确定地下停车场。广场地下停车场的总平面大多为矩形、近似矩形、梯形等。

图 5.17 为上海人民广场单建式地下停车场，共两层，上层为商场，下层为车库，可容纳 600 台小汽车，平均 36.3m²/台，停车场设在广场西南路边一侧，入口设在环路一侧，没设在主要道路上。

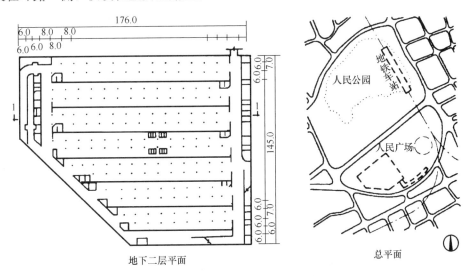

图 5.17　上海人民广场单建式地下停车场

2. 道路式条形平面

道路式条形平面布局的地下停车场，停车场设置在城市道路下，基本按道路走向布局，出入口设在次要道路一侧，平面形状基本为条形。地下停车场基本上与地下街相结合，即上层为地下街，下层为停车场，两者柱网布局相同。平面类型为条型或长矩形。图 5.18 为日本东京道路式条形平面布局的停车场，停车场设在主要道路下，出入口设在次要道路上，共两层，上层为商场，下层可存车 385 台。

图 5.18　道路下停车场
（日本东京）

3. 不规则地段下的不规则平面

不规则平面的地下停车场大多有特殊原因，主要是地段平面不规则或专业车库的某些原因。不规则的地下停车场施工复杂，增加了造价。图 5.19 为北京某消防地下停车场，9 台容量，地段条件限制而形成此种形状。图 5.20 为德国某广场地下建的大型停车场，地下 3 层，可存车 640 台，广场不规整，停车场形状不规则。

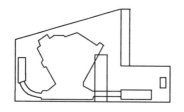 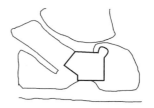

图 5.19   不规则平面停车场（北京）   图 5.20   不规则平面停车场（德国）

4. 圆形平面

圆形平面的优点是可以建在广场、公园及不规则地段地下。通过环形道进出车，由于可建多层，所以存车量很大。图 5.9 所示为圆形全机械式地下停车场。

5. 附建式与地面建筑平面相吻合平面

附建式地下停车场，是停车场完全附建在多层或高层建筑地下室中，受地面建筑的平面柱网限制，平面轮廓和柱网与上部建筑一致；完全附建在高层建筑裙房的地下室中，平面形状和柱网可不受高层建筑的限制，规模可以比较大。附建式停车场由于利用地下部分或全部空间，平面与地面建筑平面相吻合，有的裙房地上部分也是停车场。图 5.21 即是北京某旅馆大楼下开发的附建式专用地下停车场，容量266 台，平均 $29m^2$/台。

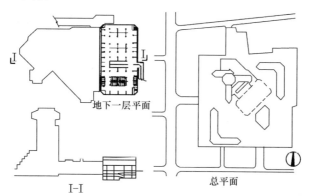

图 5.21   北京市某附建式专用地下停车场

6. 利用建筑地下室扩展的混合型平面

首先利用地面建筑地下室，在此基础上由规模或柱网要求的内外扩展的地下停车场，此平面类型既有附建部分，又有广场的单建部分，可称为混合型平面。图 5.22 为苏联地下停车场，地上 12～14 层住宅，因居住建筑柱网同停车库相矛盾而扩展了平面。

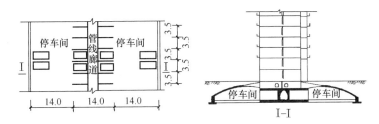

图 5.22　混合型平面地下停车场

图 5.23 为日本东京独立的且与地上建筑毗连的专用地下停车场，可停放 360 台小型车、地下 3 层。此种形状为不规则形，主要受建筑及广场、道路的不规则形限制。

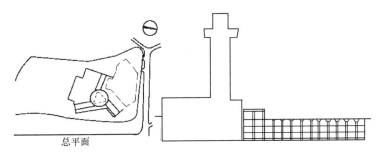

图 5.23　混合型专用地下停车场

7. 岩层中的通道连接式平面

岩层地下停车场的平面形式常常由条形通道式拼接起来，可组成"T"形、树状或"井"形平面。图 5.24 为我国某省地下专用车库，可存 100 台中型客货车，

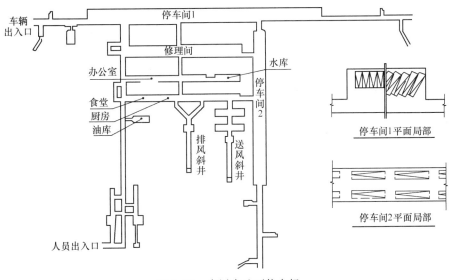

图 5.24　岩层中地下停车场

有防护能力，战时为人员掩蔽所。

§5.4 地下停车场的建筑设计

建筑布置主要是为满足停车需要，同时应从经济社会效益综合考虑布置问题，特别对于大规模的公用地下停车场更应如此。

5.4.1 建筑组成与工艺流程

1. 建筑组成

地下停车场生产工艺简单，主要有公用和专用地下停车场，地下停车场由以下几个部分组成：

（1）停车部分：主要有停车间（包括停车位、行车通道和人行道）和交通设施，如候车场地、坡道、升降机、楼梯、电梯等；

（2）服务部分：包括等候室和收费处，以及洗车、加油、修理、充电等设施；

（3）管理部分：有门卫室、调度室、办公室、防灾中心等；

（4）辅助部分：包括风机房、水泵房、器材库、燃油库、润滑油库、消防水库等。

专用地下停车场的组成与公用地下停车场没有很大区别，对外服务内容有所减少，但是人民防空专业队的专用地下停车场，有时要增加专业队员的掩蔽部分，包括宿舍活动室（兼餐室）、小型厨房、食品贮藏间、饮用水库、盥洗室、厕所、贮藏室、防毒衣物存放室以及各种防护设施等。由于柱网、层高和防护要求的不同，人员掩蔽部分宜相对集中布置，与停车场毗邻，用密封墙和密闭门隔开或独立布置于车库主体建筑之外，短通道和洗消间与停车场相通。

2. 工艺流程

如图 5.25 所示，地下停车场一般流程是车由入口进入、洗车、收费、存车、加油、出库、出口。

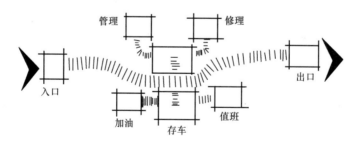

图 5.25 地下停车场工艺流程

5.4.2 结构形式

地下停车场结构形式主要有矩形结构、拱形结构两种，同其他地下建筑结构形式基本相似，在尺寸、受力特点、施工方法有区别。一般同时进行柱网与结构形式的选择，以使两者协调一致。

矩形结构又分为梁板结构、无梁楼盖、幕式楼盖等（图 5.26）。侧墙通常为钢筋混凝土墙，大多为浅埋，适合地下连续墙、大开挖建筑等施工方法。

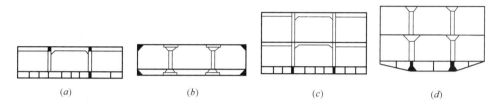

图 5.26　矩形结构

(a) 三跨梁板式；(b) 三跨无梁楼盖式；(c) 双层三跨梁板式；(d) 双层三跨无梁楼盖式

拱形结构有单跨、多跨、幕式及抛物线拱板、预制拱板等多种类型（图 5.27），特点是占用空间大，节省材料，受力好，施工开挖土方量大，有些适合深埋，但不如矩形结构应用广泛。

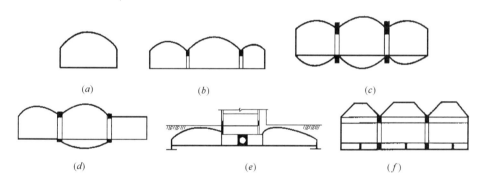

图 5.27　拱形结构

(a) 单拱结构；(b) 三跨单拱结构；(c) 三跨双拱结构；(d) 拱与矩形混合结构；

(e) 预制拱板结构；(f) 幕式结构

坡道式地下停车场在结构上与一般大空间地下建筑常采用的整体式钢筋混凝土结构没有区别。侧墙多为钢筋混凝土墙，早期多用掘开式施工方法现浇钢筋混凝土，近年用地下连续墙施工方法整体浇筑。地下停车场经常采用的顶部和底部结构形式有梁板楼盖、无梁楼盖、幕式楼盖和拱形楼盖。梁板结构使用最为普遍，可用于单建式、附建式地下停车场，形状简单，施工容易，缺点是当柱网尺寸较大时，结构构件的高度较大，材料消耗较多。单建式地下停车场常采用无梁楼盖的结构形式，减小结构占用空间，对大面积多跨方形柱网更为合适。幕式楼盖仅在我国少数地下停车场使用过，拱形楼盖在我国早期单建式地下停车场中使用较多。这两种结构形式在用材上较节省，但结构占用空间较大，不能充分利用，加大了层高和埋深，施工较复杂，近年很少采用。

5.4.3　交通组织

交通组织是地下停车场建筑布置的重要内容，要组织好车辆在停车间内的进、出、上、下和水平行驶，使进出顺畅，上下方便，行驶路线短捷，避免交叉和逆行。由于停车场内人员较少，故人流组织一般处于次要地位，主要使人员进出方便和行走安全即可。

水平交通的组织首先应保证出入口、坡道和行车通道有足够的宽度和必要的转弯半径。在建筑布置上，主要应协调好行车通道与停车位的关系，和行车通道与坡道及出入口位置的关系。

行车通道与停车位的关系见图 5.28；图 5.28（a）为一侧通道一侧停车；图 5.28（b）为中间通道两侧停车；图 5.28（c）为两侧通道中间停车；图 5.28（d）为环形通道四周停车等多种。行车通道可以是单车道，车辆单向顺行；也可以是双车道，车辆双向相对行驶。当行车通道由于进、出停车位的需要，其宽度完全可以容纳两辆车并行时，采用双车道对行比较合理，但容易在某些部位出现车辆交叉现象，应该尽力避免。目前，国内外停车场采用中间通道两侧停车的方式较多，因为行车通道利用率较高。但是，对于有紧急进、出车要求的停车场，宜采用两侧通道中间停车的布置方式。如果中间只停一排车，则可以一侧顺进，一侧顺出，可保证进出车位迅速、安全，当然通道所占面积大得多。此外，当采用环形通道时，应尽可能减少车辆转弯次数，并保持必要的通视距离，中型车停车场应为 50～80m，小型车可减至 30～40m。

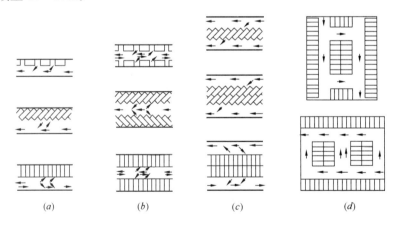

(a)　　　　(b)　　　　(c)　　　　(d)

图 5.28　停车间行车通道与停车位的关系

行车通道与坡道、出入口位置的关系，取决于地下停车场的布置与地面道路的关系。图 5.29～图 5.32 是按照道路在地下停车场的一侧、两侧、两端和四周等 4 种情况所决定的出入口位置，图 5.33 是建在道路下的特殊情况的地下停车场，表示了若干种停车场内的行车通道布置方式。

图 5.29 是道路在地下停车场的一侧，出入口只能布置在道路上。图 5.29（a）为小型地下停车场，只有 1 条直线行车通道和 1 个出入口，车辆直进直出，比较简单。图 5.29（b）～图 5.29（f）都是较大型地下停车场，行车通道多采取一组直线通道由环形通道并联起来的布置，比较简捷，两个出入口或分处两端 [图 5.29（b）、图 5.29（e）]，或集中在一端 [图 5.29（c）、图 5.29（f）]，在单建式地下停车场中比较有代表性。图 5.29（d）在行车通道的布置方式上与图 5.29（e）基本相同，只因基地容纳不下直线坡道，故采用直线加曲线互相交错的两条坡道。图 5.29（f）出入口都集中在一端的情况，是由不利外部条件造成，车辆在停车场内行驶距离较长，出入口处车辆容易集中。

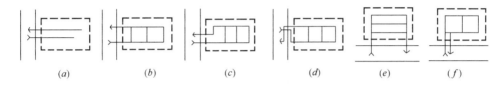

图 5.29　道路在地下停车场一侧时行车通道布置方式

图 5.30 是道路在地下停车场两侧时的两种情况，行车通道的布置与图 5.29 相近，图 5.30（a）出入口在一侧道路上，或图 5.30（b）在两侧道路上，车辆进、出和在停车场内行驶都比较通顺。

图 5.31 是道路在地下停车场两端的三种情况。图 5.31（a）小规模停车场，直进直出。图 5.31（b）略大，增加 1 个环形通道。图 5.31（c）更大一些，采用直线并联加环形通道，两端各设两个出入口，停车场内外交通方便。

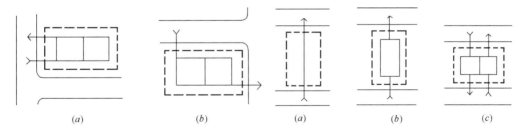

图 5.30　道路在地下停车场两侧时　　　　图 5.31　道路在地下停车场两端时
　　　　行车通道布置方式　　　　　　　　　　　行车通道布置方式

图 5.32 是地下停车场四周均有道路的两种情况，地下停车场规模较大，4 个方向都可布置出入口，其中图 5.32（a）为 3 个方向设出入口，图 5.32（b）是 4 个方向设有出入口，应优化停车场内水平交通组织。

图 5.33 是特殊情况，直接建在道路下的狭长形地下停车场，左右两组出入口均在道路中央，在停车场内形成两个环形通道。这种方式在日本大城市中比较多。

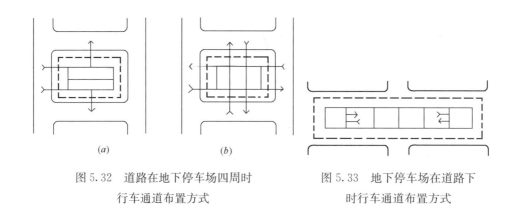

图 5.32　道路在地下停车场四周时　　　　图 5.33　地下停车场在道路下
　　　　行车通道布置方式　　　　　　　　　　　　时行车通道布置方式

　　分析可以看出，除小型地下停车场外，二级和二级以上的地下停车场应尽可能采取一组直线行车通道与环形通道并联的典型布置方式，行车通道与出入口、坡道的关系应使停车场水平交通容易、顺畅。当然，很多复杂工程，如附建式地下停车场在同一层与不同功能房间交错布置一起时，停车场内外交通组织困难，因此应尽量避免这种情况，使停车间相对集中布置。

　　在停车场内，一般不单设人行通道，以节省面积。在大面积停车场中，可在行车通道范围内的一侧，划出宽度 1m 左右的人行线，行人与行驶中的车辆相遇时，可利用停车位的空间暂避。供人员垂直交通使用的楼梯、电梯，除满足使用要求外，还应满足安全疏散的要求，可结合防火分区进行布置。单建式地下停车场超过 4 层时应设电梯；附建式地下停车场内的电梯，可利用地面建筑中的电梯延伸到地下层，这样对于在地面建筑中工作的人员来说，存取车都很便利。

5.4.4　主体平面设计

1. 基本要求

以停放一台车需要的平均建筑面积作为衡量柱网是否合理的综合指标，同时满足以下基本要求：

（1）适应一定车型的停放方式、通道布局，并具有一定的灵活性；

（2）确保规定的安全距离，避免遮挡和碰撞；

（3）尽量做到充分利用面积；

（4）施工方便，经济合理；

（5）尽可能减少柱网尺寸，结构完整统一。

2. 构造要求

停车场构造要求是设计基础尺寸，包括车道宽度、梁下有效高度、弯曲度回转半径、斜道坡度等。

双向行驶的行车通道宽度应大于 5.5m，单向行驶的车道宽度可采用 3.5m 以上。梁下有效高度指梁底至路面的高度，行车通道要求不低于 2.3m，停车位置不低于 2.1m。弯曲段回转半径为使汽车在弯道顺利行驶，单向行驶的行车通道有效宽度应在 3.5m 以上，双向行驶在 5.5m 以上进行设计。

3. 面积估算

专用停车场的控制指标为地下停车场与地面建筑总面积比例（表 5.7）。

地下专用车库面积控制指标　　　　　　　　　　　　表 5.7

类别	地下停车场/地面建筑
一、二级	<5%
三、四级	<10%

地下停车场每台车所需面积指标是根据地下停车场统计得到（表 5.8），该指标为参考指标。停车场建筑规模按汽车类型和容量分为四类，并应符合表 5.9 的规定。

地下停车场的面积指标　　　　　　　　　　　　　表 5.8

指标内容	小型停车场	中型停车场
每停一台车需要的建筑面积（m²）	35~45	65~75
每停一台车需要的停车部分面积（m²）	28~38	55~65
停车部分面积占总建筑面积的比例（%）	75~85	80~90

停车场建筑分类　　　　　　　　　　　　　　　　表 5.9

规模	特大型	大型	中型	小型
停车数（辆）	>500	301~500	50~300	<50

4. 停车位平面尺寸

停车场一般服务车型不能太多，因为城市中汽车的牌号、型号、规格、性能多种多样，特别是车辆外廓尺寸的大小，对停车间设计的影响很大，尺寸差别会影响到停车场建筑面积和空间利用率。

首先，在小型车、中型车和大型车中间确定适于停放在地下停车场中的车型，然后在选定的小型车和中型车这两类车型中，根据城市车辆中在外廓尺寸和性能上应具有代表性的牌号，确定适应性较强的基本车型为设计车型，该型号在尺寸和性能上有代表性，停车场设计取决于设计车型选定。统计了国内机动车 3875 种，包括轿车、运动型多用途乘用车、多功能乘用车、交叉型乘用车、客车、载货车、越野车、自卸车、牵引车、专用车和半挂车，进行归纳和分类（表 5.10），小型车（4.80m×1.80m×2.00m）及货车（9.00m×2.50m×4.00m）可作为地下停车场的设计依据。

我国机动车设计车型的外廓尺寸　　　　　　表 5.10

设计车型		外廓尺寸（m）		
	尺寸	总长	总宽	总高
微型车		3.80	1.60	1.80
小型车		4.80	1.80	2.00
轻型车		7.00	2.25	2.75
中型车	客车	9.00	2.50	3.20
	货车	9.00	2.50	4.00
大型车	客车	12.00	2.50	3.50
	货车	11.50	2.50	4.00

　　由设计车型确定车库的柱网。如果所停车辆多数略大于设计车型尺寸，可在调整柱网尺寸时取偏大值；如少数车辆与设计车型相差悬殊时，则仍应按设计车型处理。

　　停车场不仅满足车辆尺寸要求，周围还须留有余量，必须满足车辆周围的安全距离，以保证停车状态下能打开车门和便于车辆进出。每台车所需占用的空间称为停车位（简称车位），一般以平面尺寸表示，作为停车间设计的主要依据之一。车辆停放时与周围物体间安全距离见表 5.11。

车辆停放时与周围物体的安全距离（m）　　　　表 5.11

车型	停放条件	车头距前墙（或门）	车尾距后墙	车身距侧墙或邻车		车身距柱边	车身之间的纵向净距	
				司机侧	无司机侧		0°停放	30°~90°停放
小型车	单间停放	0.7	0.5	0.6	0.4	—	—	—
	开敞停放	—	0.5	0.5	0.3	0.3	1.2	0.5
中型车	单间停放	0.7	0.5	0.8	0.4	—	—	—
	开敞停放	—	0.5	0.7	0.3	0.3	1.2	0.7

　　单间停放与开敞停放见图 5.34，单间停放指一台车周围有墙或车，开敞停放指一台车周围有柱。

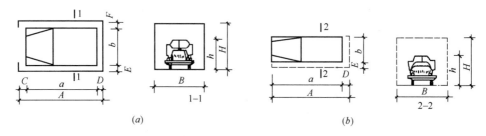

图 5.34　每辆车所需占用的空间和平面尺寸
(a) 单间停放；(b) 开敞停放

5. 停放方式与停车方式

停放方式是指车辆在车位上停放后，车的纵向轴线与行车通道中心线所成的角度，一般有 0°、30°、45°、60°、90°等（图 5.35）。

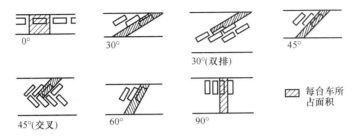

图 5.35　车辆停放方式

停车方式是指车辆进、出车位的驾驶措施（图 5.36）。

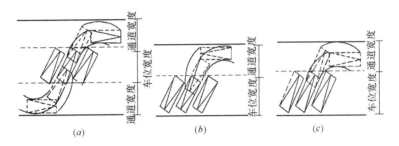

图 5.36　汽车停车方式

（a）前进停放、前进出车；（b）前进停放、后退出车；
（c）后退停车、前进出车三种驾驶方式

　　实践证明，停车间内的车辆停放方式和停车方式，影响停车方便程度和每台车占用面积（图 5.37）。停放角度越小，进、出车越方便，但每台占用面积随停放角度变小而所需面积越大。0°停放角度最小，车辆进、出车位最方便、安全，但每台车平均需要面积较大，适合狭长无柱的停车间；斜角停放时，进、出车较方便，所需行车通道宽度较小，但进、出车只能沿一个固定方向，停车位前后出现不能充分利用的三角形面积，

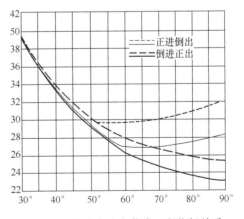

图 5.37　停车角度与停车面积指标关系

使每台车占用面积较大；90°直角停放时，可以从两个方向进、出车，停车面积指标最小，但行车通道要求较宽，适用于大面积多跨的停车间。90°停车方式较为合

理，我国近年设计建造的地下停车场，多采用倒入停车、前进出车的停放和停车方式。

5.4.5　柱网选择

1. 柱网选择的基本要求

坡道式地下停车场除规模很小外，一般因空间较大，结构上需要有柱，增加了停车间内不能充分利用的面积。假设柱径为 1m，车辆距柱边 0.3m，则柱占用空间的宽度为 1.6m，使不能利用的面积已接近 1 台小型车停车位的面积。因此，地下停车场总体布置中，柱网选择直接关系到设计的经济合理性。对于单建式地下停车场，柱网主要应满足停车和行车的各种技术要求，并兼顾结构合理；对于附建式地下停车场，则除此之外，还要考虑到与上部建筑柱网的统一。

一般以停放 1 台车平均需要的建筑面积作为衡量柱网是否合理的综合指标，同时满足以下几点基本要求：

（1）适应一定车型的停车方式、停放方式和行车通道布置的各种技术要求，同时保留灵活性；

（2）保证足够的安全距离，使车辆行驶通畅，避免遮挡和碰撞；

（3）尽可能缩小停车位所需面积以外的不能充分利用的面积；

（4）结构合理、经济、施工简便；

（5）尽可能减少柱网种类，柱网尺寸统一，并保持与其他部分柱网的协调一致。

2. 柱网单元的合理尺寸

停车间柱网是由跨度和柱距两个方向上的尺寸组成，在多跨结构中，几个跨度相加后和柱距形成柱网单元。柱网单元中，跨度包括停车位所在跨度（简称车位跨）和行车通道所在跨度（简称通道跨）。

决定停车间柱距尺寸的因素：

（1）需要停放的标准车型宽度，停放角度及停车方式，一个柱距内停放车辆台数；

（2）车辆停放所必需的安全距离及防火间距；

（3）通道数及宽度；

（4）结构形式及柱断面尺寸；

（5）柱距和跨度应符合建筑模数要求，尽可能取整数（单位为 m 时，一般取一位小数）。

如按我国小型车和中型车的车型，当地下停车场柱距间停放 1 台、2 台和 3 台汽车时所需的最小柱距为（3.0m、3.9m）、（5.3m、7.0m）、（7.6m、8.5m），图 5.38 为所需要的最小柱距尺寸，是按照小型车宽 1.8m，中型车宽 2.5m，柱径 0.6m 作图求出，如柱径大于 0.6m，则最小柱尺寸要相应增加。

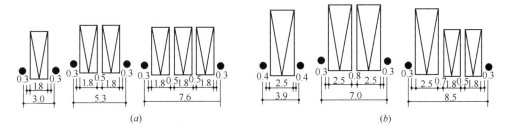

图 5.38　停车间柱距的最小尺寸（m）

（a）小型车；（b）中型车

对于单建式地下停车场，停放小型车时不宜采用两柱间停 1 台车，以免柱过多；而对于附建式停车场，则有时因上部建筑柱网尺寸较小，两柱间停 1 台车可能合理，但仍以停放 2 台或 3 台为宜。

由于小型车与中型车的尺寸相差较大，在确定柱网尺寸时，不宜保留同时能停放两种车型，但可在同一车型范围内，保留同一车型但不同牌号和尺寸的车辆停放在一个柱距内的可能性。例如，两柱间停 3 台中型车时，若按标准车型的宽度计，则柱距尺寸过大，一般不宜采用，但如果在两柱间停放 1 台载重量为 5t 的中型货车和 2 台载重量为 2t 的轻型货车，则柱距尺寸不超过 8.5m，如图 5.38（b）中的第 3 种情况所示，可增加停车的适应性。

早期修建的小型车地下停车场以两柱间停 2 台车较多，而 20 世纪 80 年代以后修建的，则多数为两柱间停 3 台车。实践表明，地下停车场有向大柱距适当发展的趋势。

决定车位跨尺寸的因素：

（1）停放标准车型长度；

（2）车辆的停放方式；

（3）一定车型所要求的车后端（或前端）至墙（或柱）的安全距离和防火间距；

（4）柱的横截面尺寸或直径（对中间跨），或墙轴线至墙内皮的尺寸（对边跨）；

（5）与柱距尺寸保持适当的比例关系；

（6）总尺寸在结构合理的范围内，并尽可能取整数。

决定通道跨尺寸的因素：

（1）车辆的停车方式和停放方式，即柱距、车位跨不变，进、出车位所需的行车通道最小宽度；

（2）行车线路的数量；

（3）柱的横截面尺寸或直径；

（4）与柱距和车位跨尺寸保持适当的比例关系；

（5）总尺寸在结构合理的范围内，并尽可能取整数。

大跨无柱停车场，柱网选择较简单，但多数停车场有柱，柱影响车辆进、出停车位和在行车通道上行驶。实践表明，柱距、车位跨及通道跨三者相互影响，并影响停车面积。柱距、车位跨和通道跨三者之间应确定合理比例关系，停车间的面积指标最优。一般的规律是：柱距加大时，柱对出车的阻挡作用减小，而通道跨减小，但柱距加大到一定程度后，柱不再影响出车，通道跨尺寸主要受两侧停车外端点控制；柱距不变，通道跨随车位跨变化，车位跨越小，即柱向内移，所需行车通道的宽度越小，超过车后轴位置后，柱不再影响出车；如柱向外移，超越停车位前端线后，需要加大通道跨。

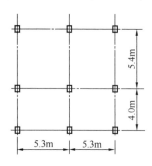

图 5.39　柱网单元示意

如图 5.39 所示，以两柱间停 2 台小型车为例，柱距最小尺寸 5.3m，说明柱距、车位跨和通道跨之间的关系以及对停车间面积的影响。

如图 5.40 所示，首先固定柱距为 5.3m，车位跨为 5.0m，每台车平均停车间面积为 27.8m²。图 5.40（a），车位跨增加时，停车间面积增大，车位跨为 6.0m 时，达到 30.5m²/台；车位跨减小到 4.0m 时，面积减到最小为 25.2m²/台。图 5.40（b）、（c），车位跨分别为 5.0m 和 4.0m 时，则停车间面积分别由 27.2m²/台增至 31.8m²/台、24.7m²/台增至 27.7m²/台，停车面积随柱距增加而增加。因此，柱距为 5.3m、车位跨为 4.0m 时为最佳经济尺寸，此时通道跨为 5.4m，最佳柱网单元为（4.0＋5.4）m×5.3m。

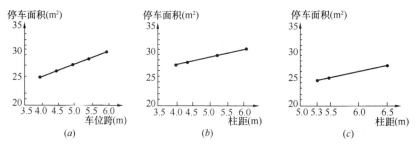

图 5.40　停车间柱网尺寸变化对停车面积指标的影响（柱间停 2 台车）

（a）柱距 5.3m；（b）车位跨 5.0m；（c）车位跨 4.0m

选择停车间柱网时，除满足停车技术要求和停车间面积指标最优外，还必须考虑结构是否经济合理，结构跨度不应过大，材料消耗量小，结构构件尺寸合理，在平面和高度上不过多占用室内空间，跨度、柱距的比例适当，并适应结构形式，柱网单元种类不应过多等几个方面。我国柱网宜为 6～8m。对于相差较大车型，一个停车场内同时停放小型车和中型车，加大了柱网尺寸，结构不经济，造成面积、空间浪费，只能采用不同柱网，或分库建设，不应勉强放在一起。

国外早期单建式地下公用停车场多采用较大柱网，尺寸在 8～9m 的较多，甚至超过 10m，跨度最大 15m、柱距最大 13m（即两柱间停 4 台小型车）。大尺寸柱网使停车间内柱的数量少，行车通畅，适应不同车型，但结构构件尺寸很大，用钢量高，空间利用上不合理。如日本东京新宿西口地下街的停车场，柱网 10.5×7.8m，梁高达 1.4m；后来，日本结合地下街建造地下停车场，缩小了柱网尺寸，渐趋统一，两柱间停 2 台小型车柱网单元（6＋7＋6）×6m；停 3 台车柱网单元（6＋7＋6）×8m 较多。

前述停车均为直角停车的柱网布置。不同停车角度，所需停车面积也有区别，见表 5.12 所示。

表 5.12

不同停车角度所属停车面积（m²）

车型　　　　停车角度	0°	30°	30°（双排）	45°	45°（交叉排列）	60°	90°
小汽车	41.4	34.5	32.2	27.6	26.0	24.6	23.5
载重车	77.7	62.6	58.2	49.6	47.1	45.3	44.9

5.4.6　层数、层高、埋深

地下停车场的层数取决于停车容量、存积率、基地情况、地质条件、施工方法等许多因素。层数少，进、出车方便，但用地范围较大，如果受到基地条件限制，或地面拆迁量很大时，则难以实现。层数多，布置较紧凑，但车辆上下次数多，行驶距离长、不利于安全行驶，防灾也不利。因此，地下停车场的层数仍不宜过多，1、2 层仍占大多数。

地下停车场的层高，包括室内净高和结构构件高度，主要受停车间层高控制。停车间的层高是停车间的净高，加上各种管线所占空间的高度和结构构件的高度；净高是车辆高度加上 0.20m 的安全距离。层高直接影响地下停车场的埋深、通风量和造价，应尽量缩小层高，应采用适当结构形式，减小结构构件高度，合理布置管线来减小占用空间等。日本《停车场法规》规定，小轿车停车位处梁下皮到地面的有效高度应不小于 2.1m，行车通道处不小于 2.3m，一般统一为 2.3m。我国《车库建筑设计规范》JGJ 100‑2015 规定小型汽车停车间净高不小于 2.2m，中型汽车停车间不小于 2.8m，均已考虑了汽车高度和安全距离。

地下停车场的埋深涉及坡道长度、结构荷载、防护要求、地下水位、防水做法、施工方法等问题，当在其中某些方面遇到困难时，可适当调整层数、层高和覆土厚度，以减小埋深。当单建式地下停车场顶部地面恢复后需种植各种植物时，应根据自然条件保持一定的留土厚度，在种植树木时，土层厚度应有 1.5～2.0m；种植草皮或花卉时，土层应有 0.3～0.6m 的厚度。

如果地下停车场的建设与地铁、地下商业街等综合布置，停车场的层数、层高和埋深还应考虑到与其他设施在水平和垂直两个方向上保持合理联系。

5.4.7　坡道与通道设计

坡道是车辆进、出地下停车场的主要垂直运输设施，也是车辆通向地面的唯一通道。坡道在停车场的面积、空间、造价等方面占比大，技术要求高，影响停车场的使用效率和安全运行。

1. 坡道设计

（1）坡道设计原则

① 坡道设计要同出入口和主体有顺畅的连接，同地段环境相吻合，满足车辆进出方便、安全。

② 要有一定的坡度，且有防滑要求，对于回转坡道有转弯半径的要求。

③ 有防护要求的车库，坡道应设在防护区以内，并保证有足够的坚固程度。

④ 在保证使用要求的前提下应使坡道面积尽量紧凑。

（2）坡道类型

坡道类型较多，根据所采用坡道的类型和反映在建筑布置上的特点，坡道式地下停车场一般分为直坡道式、错层式、倾斜楼板式和螺旋坡道式 4 种，前 3 种为直线型坡道，后 1 种为曲线型坡道。

如图 5.41（a）所示，直线长坡道，视线好、上下方便、切口规整、施工简便，实际工程中采用较多。但占用面积和空间较大，常布置在主体建筑以外。

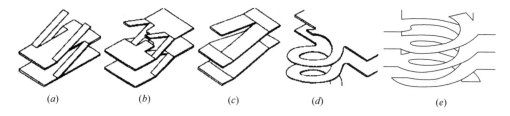

图 5.41　停车场坡道类型

（a）直线长坡道；（b）直线短坡道（错道）；（c）倾斜楼板；（d）曲线整圆坡道；（e）曲线半圆坡道

如图 5.41（b）所示，直线短坡道，使用方便，节省面积，但对于层数不多的地下停车场，不能充分发挥这种坡道的优点，反而使结构复杂化，一部分空间不好利用。

如图 5.41（c）所示，倾斜楼板，坡度不能大于 5°，车辆停放要与行驶方向保持 60°以上，以防车辆滑动。倾斜楼板出地面部分不易处理，且车辆在库内行驶距离较长，上层车辆要在下层中穿行，一般不适用于地下停车场。

如图 5.41（d）、图 5.41（e）所示，曲线形坡道，占地面积小，适用于狭窄地段，尤其适合在多层地下停车场的层间使用，比较容易布置。但视线效果差，进出不太方便，车辆需连续旋转，故必须保持适当的坡度和足够的宽度以保证车辆安全行驶，一般不适用于停放中型汽车的地下停车场。

混合形坡道是直线段与曲线段相连方式。如先过直线段，然后为曲线段，或进出为直线段，层间用曲线螺旋坡道等。

坡道总体设计应根据实际情况，满足适用、节约用地、安全、坚固要求。建筑布置上，经常也是直线与曲线坡道混合使用。采取灵活布置方式，以满足车辆进出和上下短捷、迅速和安全等要求。

（3）坡道与主体交通流线

坡道与主体交通流线顺畅、方便、安全，是存车的重要设计要求，坡道和主体内的交通形成完整的流线。坡道与主体内交通布置应顺畅，方向单一，流线清楚，出入口明显。流线在主体内时应同主体平面相吻合。图 5.42 为坡道与主体之间的相互关系，可以看出，进出坡道既可在同向也可在两侧，取决于出入口的道路状况，应考虑多种因素综合设计。

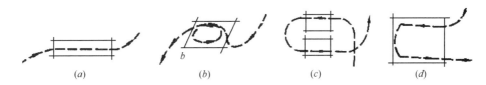

(a)   (b)   (c)   (d)

图 5.42 交通流线图

(a) 直线式；(b) 曲线式；(c) 回转式；(d) 拐弯式

（4）坡道技术标准

① 数量和位置

坡道数量与单位时间内单向通过能力、车速、安全、长度、出入口状况和防火要求等有关。防火要求规定：容量超过 25 辆以上的车库至少应设 2 条不同方向的坡道；特别困难条件下，其中 1 条可用机械升降设施。日本一般取 300 辆车/h 作为坡道通过能力。还要考虑到主体面积比值，因为面积比太大，过于浪费，所以，坡道数量应根据车库容量和防火要求来确定。

表 5.13 为停车场容量与坡道面积的关系，当容量为 10 台时，比值占 49.7%；容量为 100 台时，比值下降到 11.9%，变化值较大。坡道数量与坡道面积的关系如表 5.14 所示。

停车场容量与坡道面积的关系   表 5.13

容量	总使用面积 （m²）	停车间面积 （m²）	坡道面积 （m²）	坡道面积/总使用面积 （%）	备注
10	1018	512	506	49.7	按两条直线坡道计，每条长 63m，宽 4m，坡度 10%，中型车设计车型，90°停放
25	1603	1097	506	31.6	
50	2470	1974	506	20.5	
100	4235	3729	506	11.9	

坡道数量与坡道面积的关系   表 5.14

坡道数	总使用面积 （m²）	停车间面积 （m²）	坡道面积 （m²）	坡道面积/总使用面积 （%）	备注
2 条坡道	1603	1097	506	31.6	均按容量为 25 台计算
1 条坡道	1350	1097	253	18.7	
1 条坡道加固车道	1462	1097	365	24.9	

坡道可以布置在车库主体建筑内部或外部（图 5.43）。

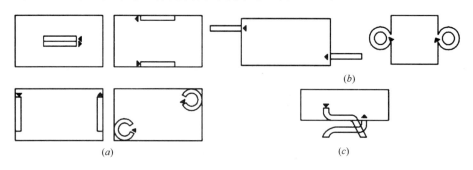

图 5.43　坡道的位置

(a) 在主体建筑之内；(b) 在主体建筑之外；(c) 在主体建筑内、外均有

② 坡道坡度

坡道坡度关系到车辆进出口和上下方便程度，也影响坡道长度和面积。

坡道的纵向坡度应综合考虑车辆爬坡能力、行车安全、废气发生量、场地大小等多种因素。汽车都有最大爬坡能力的技术参数，如小轿车爬坡能力为 18°～24°，中型货车为 22°～28°。但不能以最大爬坡能力当作确定坡道纵坡的依据，因为这样不安全。此外，汽车爬坡角度越大，燃料消耗量越大，废气排出量也越大，爬坡困难；坡度过小固然安全，但增加了长度、面积。因此，综合各种因素，确定适当的纵向坡度。同时，应区别直线坡道和曲线坡道，上行坡道和下行坡道，采取不同坡度。

直线坡道的允许最大纵向坡度，日本规定不应大于 17%，德国为 15%，英、美、法和苏联各为 10%、10%、14% 和 16%。但不宜采用最大纵坡，日本常用 12%～15%，德国为 10%～15%。我国的纵坡坡度一般规定 17% 以下，地下停车场坡道纵向坡度建议值为 10%～15%，见表 5.15。

地下停车场坡道的纵向坡度（%）   表 5.15

车型	直线坡道	曲线坡道	备注
小型车	10～15	8～12	高质量汽车可取上限值
中型车	8～13	6～10	

当坡道纵坡大于 10% 时，在坡道与上、下方平地直接连接处，应设置缓坡段，以防止汽车的前端或后端擦地，其坡度为正常坡度的一半，如 13%～15% 左右。缓坡段的长度与车长及车身距地的最小尺寸有关，一般为 4～8m，日本的小轿车停车场的缓坡段长度要求大于 6m。我国有关资料的建议值为：直线坡道缓坡段水平长度不应小于 3.6m，曲线坡道不应小于 2.4m。

当沿坡道设纵向排水沟时，坡道横向也应设坡度，以便于排水，该坡度值：直线段 1%～2%，曲线段 2%～6%。曲线段坡度是横向超高，也可用公式（5-1）计算：

$$i_c = \frac{v^2}{127R} - \mu \tag{5-1}$$

式中　i_c——横向坡度；

　　　v——设计车速（km/h）；

　　　R——弯道平曲线半径（m）；

　　　μ——横向力系数（0.1～0.15）。

③ 坡道长度、宽度、高度

坡道长度取决于坡道升降的高度和所确定的纵向坡度，当受到基地条件限制必须缩短坡道长度时，可适当减少升降高度（如降低层高，减小覆土厚度等），和在允许最大纵坡范围内适当加大坡度。坡道的长度由几段组成，见图 5.44。在计算坡道面积时，应按实际总长度计算；在进行总平面和平面布置时，可按水平投影长度考虑。计算面积可按水平投影乘以 $\cos\alpha$。表 5.16 为坡道升降高度 3.5～7.0m，坡度为 10%～15% 条件下的直线坡道各段长度。

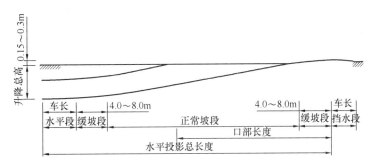

图 5.44　直线坡道分段组成

直线坡道各段长度　　　　　　　　　　　　　　　　表 5.16

坡度/% 升降高度（m）	实际长度（m）				水平投影长度（m）				口部长度（m）			
	10	12	14	15	10	12	14	15	10	12	14	15
3.5	43.2	37.3	33.3	32.5	43.0	37.1	33.2	32.0	30.2	27.5	25.0	22.4
4.0	48.2	41.5	36.9	35.9	48.0	41.3	36.6	35.4				

续表

坡度/% 升降高度（m）	实际长度（m）				水平投影长度（m）				口部长度（m）			
	10	12	14	15	10	12	14	15	10	12	14	15
4.5	53.3	45.7	40.5	39.3	53.0	45.5	40.2	38.7	30.2	27.5	25.0	22.4
5.0	58.3	49.9	44.1	42.8	58.0	49.7	43.7	42.1				
5.5	63.3	54.1	47.7	46.2	63.0	53.8	47.3	45.4				
6.0	68.3	58.3	51.3	49.6	68.0	58.0	50.9	48.7				
6.5	73.4	62.5	54.9	53.1	73.0	62.1	54.5	52.1				
7.0	78.4	66.7	58.5	56.4	78.0	66.3	58.1	55.4				

坡道宽度影响到行车安全，同时影响坡道面积大小，因此过窄或过宽都不合理。直线单车坡道的净宽度应为车辆宽度加上两侧距墙的必要安全距离（0.8～1.0m），双车坡道还需加上两车间的安全距离（1.0m，包括车道分界道牙宽0.2m）。曲线坡道的宽度为车辆的最小转弯半径在弯道上行驶所需的最小宽度加上安全距离（1.0m）。参考国外经验，我国有关资料对坡道最小宽度的建议值见表5.17。

地下停车场坡道的最小宽度（m） 表 5.17

最小宽度 设计车型宽度	直线单车坡道	直线双车坡道	曲线单车坡道	曲线双车坡道	
				里圈	外圈
1.8	3.0～3.5	5.5～6.5	4.2～4.8	4.2～4.8	3.6～4.2
2.5	3.5～4.0	7.0～7.5	5.0～5.5	5.0～5.5	4.4～5.0

表5.18为不同长度、宽度、坡度的直线坡道使用面积比较值。

不同高度、宽度、坡度的直线坡道使用面积（m²） 表 5.18

宽度（m） 坡度（%）	3.0				3.5				4.0			
	10	12	14	15	10	12	14	15	10	12	14	15
升降宽度（m） 3.5	130	112	100	98	151	131	117	114	173	149	133	130
4.0	145	125	111	108	169	146	129	126	193	166	148	144
4.5	160	137	122	118	187	160	142	138	213	183	162	157
5.0	175	150	132	128	204	175	156	150	233	200	176	169
5.5	190	162	143	139	222	189	167	162	253	216	191	185
6.0	205	175	154	149	239	204	180	174	273	233	205	198
6.5	220	188	165	159	256	219	192	186	294	250	220	212
7.0	235	220	176	169	274	233	205	198	314	267	234	226

坡道的净高一般与停车间净高一致，如果坡道的结构高度较小，又没有被管、线占用空间，则可取车辆高度加上到结构构件最低点的安全距离（不小于0.2m）。

当门洞净高采用这一尺寸时，坡道净高还应加防护门上下槛的高度，若总高度因此而过大，可在门的前后局部提高坡道的净高。

2. 通道设计

汽车通道设计主要考虑汽车回转轨迹，平曲线及缓和曲线，横向超高和加宽。回转轨迹表明当汽车回转状态下的环道内外半径不同，则最小道宽尺寸也将不同。平曲线是指通道中非直线段的曲线段部分。在直线与曲线段相接处为缓和曲线，由于地下停车场汽车进入时行驶速度较低（小于 40km/h），缓和曲线可用直线代替，直线缓和段一端与圆曲线相切，另一端与直线相接处予以圆顺，不设缓和曲线的临界半径 $R=0.144v^2$，v 为汽车行驶速度，表 5.19 为不设缓和曲线时的半径及其临界值。

不设缓和曲线的半径及其临界值　　　　　　　　　表 5.19

计算车速（km·h⁻¹）	40	30	20
不设缓和曲线的临界曲线半径 R（m）	230	130	58
不设缓和曲线的半径 R（m）	600	350	150

利用式（5-1）计算停车场曲线道路最大超高值可见表 5.20 所示。在曲线段，汽车行驶道路的宽度要比直线段大，因此，曲线段必须加宽，按公路建设标准规定，当曲线半径等于或小于 250m 时，应在曲线的内侧加宽，且加宽值不变，地下停车场通道设计应按城市道路曲线加宽取值（表 5.21）。

圆曲线半径　　　　　　　　　表 5.20

计算行车速度（km·h⁻¹）	80	60	50	40	30	20
不设超高最小半径（m）	1000	600	400	300	150	70
设超高推荐半径（m）	400	300	200	150	85	40
设超高最小半径（m）	250	150	100	70	40	20

城市道路曲线加宽值　　　　　　　　　表 5.21

曲线半径（m） 加宽值（m）	200<R ≤250	150<R ≤200	100<R ≤150	40<R ≤100	30<R ≤50	20<R ≤40	15<R ≤30	20<R ≤30	15<R ≤20
车型　小型	0.28	0.30	0.32	0.35	0.39	0.40	0.45	0.60	0.70
车型　普通汽车	0.40	0.45	0.60	0.70	0.90	1.00	1.30	1.80	2.40
车型　铰接车	0.45	0.55	0.75	0.95	1.25	1.50	1.90	2.80	3.50

加宽值由直线段开始，逐渐按比例增加到圆曲线起点处的全加宽值，在圆曲线段加宽值不变。

3. 主体行车通道宽度设计

行车通道宽度取决于汽车车型、停放角度和停车方式。应根据所采取的车型的转弯半径等有关参数，用计算法或几何作图法求出在某种停车方式时所需的行车通道最小宽度，再结合柱网布置，适当调整后确定合理的尺寸，一般不小于3m。

（1）前进停车，后退出车的行车通道宽度计算方法为

$$W_d = R_e + Z - [(r+b)\cot\alpha + e - L_r]\sin\alpha \tag{5-2}$$

$$R_e = \sqrt{(r+b)^2 + e^2}$$

$$L_r = e + \sqrt{(R+S)^2 - (r+b+C)^2} - (C+b)\cot\alpha$$

$$r = \sqrt{r_1^2 + l^2} - \frac{b+n}{2}$$

$$R = \sqrt{(l+d)^2 + (r+b)^2}$$

式中　W_d——行车通道宽度（mm）；

　　　C——车与车的间距（取600mm）；

　　　S——出入口处与邻车的安全距离（取300mm）；

　　　Z——行驶车与停放车或墙的安全距离（大于100mm时，可取500～1000m）；

　　　R——汽车环行外半径（mm）；

　　　r——汽车环行内半径（mm）；

　　　b——汽车宽度（mm）；

　　　e——汽车后悬尺寸（mm）；

　　　d——汽车前悬尺寸（mm）；

　　　l——汽车轴距（mm）；

　　　n——汽车后轮距（mm）；

　　　α——汽车停放角度（°）；

　　　r_1——汽车最小转弯半径（mm）。

公式（5-2）的作图方法见图5.45，作图步骤：

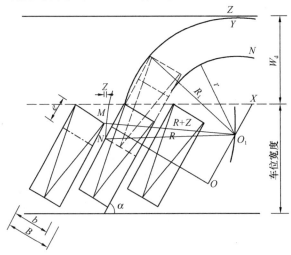

图5.45　前进停车，后退出车时的行车通道宽度作图方法

①从汽车后轴做延长线，量出 r，得出回转中心 O；

②经过 O 点作与车纵轴平行的线 OX；

③以 M 点为圆心，R_1 为半径，即 $R+Z$ 为半径，交 OX 线于 O_1 点；

④以 O_1 点为圆心，R_1 为半径作弧，与水平线相切于 Y 点；

⑤从 Y 点起，加上安全距离 Z 后作平行线，即为行车通道边线，此线至车位外缘线距离为 W_d；

⑥以 O_1 点为圆心，R 为半径作弧，交车外轮廓线于 N 点，N 点即为倒车时开始回转的位置。

（2）后退停车，前进出车时的行车通道宽度计算方法为

$$W_d = R + Z - \sin\alpha[(r+b)\cot\alpha + (a-e) - L_r] \tag{5-3}$$

$$L_r = (a-e) - \sqrt{(r-S)^2 + (r-C)^2} + (C+b)\cot\alpha$$

式中，a 为汽车长度（mm），其他字母含义同式（5-2）。

公式（5-3）的作图方法见图 5.46，作图步骤：

①从汽车后轴做延长线，量出 r，得出回转中心点 O。

②经过 O 点作与车纵轴平行的线 OX；

③以 M 点为圆心，$r-Z$ 为半径作弧，交 OX 线于 O_1 点；

④以 O_1 点为圆心，R 为半径作弧，与水平线相切于 Y 点；

⑤从 Y 点起加上安全距离 Z 后做平行线，即为行车通道边线，此线至车位外缘线的距离即为 W_d；

⑥以 O_1 点为圆心，R_1 为半径，即以 $R+Z$ 为半径作弧，交车外轮廓线于 N 点，N 点即为进车时停止回转位置。

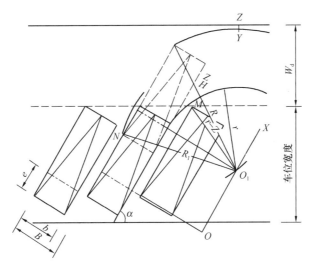

图 5.46　后退停车，前进出车时的行车通道宽度作图方法

（3）后退停车，前进出车，90°停放，两侧有柱的行车通道宽度计算同公式（5
—3），取 $\alpha=90°$，则

$$W_d = R + Z - \sqrt{(r-S)^2 - (r-C)^2} \tag{5-4}$$

作图方法同图 5.46，只是车两侧障碍物改为柱，见图 5.47。

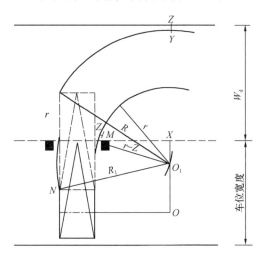

图 5.47　后退停车，前进出车，90°停放，
两侧有柱时的行车通道宽度作图方法

（4）曲线行车通道（环道）宽度的计算方法为

$$\begin{cases} W = R_0 - r_2 \\ R_0 = R + x \\ r_2 = r - y \end{cases} \tag{5-5}$$

式中　W——环道最小宽度（mm）；

　　　R_0——环道外半径（mm）；

　　　r_2——环道内半径（mm）；

　　　x——外侧安全距离，最小取
　　　　　540mm；

　　　y——内侧安全距离，最小取
　　　　　390mm。

公式（5-5）的作图方法见图 5.48，作
图步骤：

① 从汽车后轴作延长线，量出 r，得
出回转中心点 O。

② 以 O 点为圆心，$R+x$ 为半径作弧，
即为环道外缘线，半径 R_0。

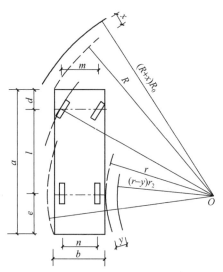

图 5.48　曲线行车通道（环道）
宽度的作图方法

③ 以 O 点为圆心，$r-y$ 为半径作弧，即为环道内缘线，半径 r_2。

④ R_0-r_2 即为曲线行车通道最小宽度。

§5.5　地下停车场附属设施的布置

地下停车场布置较简单，应设必要附属设施，保证停车场正常运营，主要包括停车服务设施及管理用房、辅助用房。

5.5.1　服务设施

停车服务设施主要有洗车、修理、充电、打气、加油以及相应仓库等设施。

地下停车场由于排水、防灾等方面的不利条件，有些设施不允许放在地下，如修车位、加油站等；油料等易燃易爆物品更不允许贮存在地下；有些设施不宜放在地下，如洗车、充电等。因此，大部分服务设施只能布置在地面上，洗车和修理应在车辆入口附近，加油则应在出口以外，符合防火间距大于 10m 的要求。有些附建式地下停车场范围很小，出入口附近布置附属设施很困难，除保留少数设施外，适当减少服务内容。

洗车设施有手工冲洗、机械冲洗两种。机械冲洗使用固定的汽车清洗机，均应布置在进车路线的一侧。手工冲洗时，小型车每台每日用水量 250～400L，中型车 400～600L，库容量在 50 台以下时按停车全数计算用水量，50 台以上时按全数的 70％～80％计算。日本有一个计算洗车用水量公式：

$$Q = A \cdot \alpha \cdot K \cdot 300 \tag{5-6}$$

式中　Q——日用水量（L）；

　　　A——停车场容量（台）；

　　　α——周转率（次/d）；

　　　K——折减系数，场地在行政办公区取 0.6～0.8，商业区取 0.3～0.5。

手工洗车一般设洗车台，长 11m，宽 3m，高 0.77m；如采用汽车清洗机，应满足设备提出的用水量和布置要求。洗车台和清洗机的位置和方向应使车辆不须调车即可进入停车场内。

洗车设施周围或附近应设置排水沟，截面尺寸不小于 300mm×300mm；还应有沉沙池，定期清除沉淀的泥沙。冲洗停车间地面的用水量可按每 1L/m² 计算。

地下停车场一般不对车辆保养，只提供简单修理服务。修理设施可在地面上建一个修理间，内有检修坑（或台）、机工间、充电间、材料库等，面积按每台位 60～70m²。检修坑长度应不小于车长加 0.5m，净宽 0.7～1.0m，深 1.0～1.4m。如采用液压式（或电动、风动式）双柱升降台，劳动条件有所改善，修理间布置应满足设备要求。充电间因有酸性气体，故应有良好的通风条件和室内防腐措施。

国外在 20 世纪五六十年代一些大规模公用地下停车场内设加油站，使用方便，但有严重安全隐患，后来很少布置。我国《汽车库、修车库、停车场设计防火规范》GB 50067-2014 规定"停车库和修车库内不应设置汽油罐、加油机"，也适用于地下停车场，但战时使用的地下停车场允许加油设施放在地下，以防地面上遭到破坏，但必须布置在停车场主体建筑之外，并采取安全防护措施，平时不得使用。

5.5.2　管理和生活设施

地下停车场中，应布置门卫室、调度室、办公室、防灾中心等管理用房。尽可能减少管理和生活设施，或缩减其面积，以降低造价，提高停车场利用效率，必要时可将一部分设施放到地面上。但是，调度室、控制室、防灾中心、计算机房等应放在地下，智能化程度较高停车场，这些内容更应置于地下。在生活设施方面，一般没有什么特殊要求，可按常规设计。在日本的一些大型公用地下停车场内，为了吸引顾客，还设置等候休息室、吸烟室、小卖部等设施，以及为改善职工劳动条件的淋浴设施。

5.5.3　辅助用房

在地下停车场中，布置风机房、水泵房、器材库、燃油库、润滑油库、消防水库等辅助用房，包括给水排水、供热通风和电气的各种建筑设备。

地下停车场给水系统由管道和泵房组成，包括生产用水（洗车、冷却、冲洗地面）、生活用水（饮用、盥洗）和消防用水等 3 个系统。生产和生活用水应按有关设计规范满足用水量要求，消防用水量较大，应满足《汽车库、修车库、停车场设计防火规范》GB 50067-2014 的要求。如果采用消防水池作为消防水源时，规范要求其容量应满足 2h 火灾延续时间的室内和室外消防用水总量的要求，这就需要建一个容量数百立方米的贮水池，在地下停车场的布置上是很困难的，因此应尽可能与城市消防给水系统相连。在有外来消防水源的情况下，规范仍要求设室内消防水箱，贮存 10min 的室内消防用水量，这个水箱比较小，在地下停车场内不难布置。附建式地下停车场的消防水池和消防水箱，可放在上部建筑适当位置。

地下停车场的排水系统主要是排除洗车和冲洗地面后的污水。洗车污水应在泥沙沉淀后再排除；地面污水沿坡度不小于 1‰的地面集中到排水沟排走；是否需要在排放前除油，应按环境保护标准处理。

地下停车场供热系统是为库内各部分保持适宜温度。由于地下环境热稳定性较好，除严寒和寒冷地区外，可不设供热系统。需要供热地区，应采取集中供热方式，避免在地下停车场内设锅炉房。

通风系统由进风和排风口、送风和排风管道和风机房组成，不但是保证地下停车场正常运行的重要设施，而且与建筑布置的关系相当密切。小型地下停车场只有 1 个通风系统，大型的则可能有 2 个、3 个甚至更多的系统，视每个系统的送、排能力和所服务的面积而定，经常与防火分区的划分结合起来。进、排口应与通风机房相衔接，并考虑出地面的设置。首先，应避免进、排风口相距过近，以防短路；其次，排风口应有一定高度，满足环境保护要求；最后，根据基地情况合理布置，满足城市规划要求。

　　合理的气流组织是通过布置管道系统，实现送风和排风的合理循环。停车间通风的气流组织一般有上送下回和上送上回两种方式（图 5.49）。图 5.49（a）为送风管沿停车位布置，回风口设在停车位后部夹墙下方，利用夹墙内的空间做排风道；图 5.49（b）为送风管沿行车通道布置，排风管沿停车位两侧布置，送、回风口都向下开，气流上送，通过停车位后上回。前一种气流组织较顺，但设夹墙要占用室内面积，且墙内气流阻力较大；后一种不需夹墙，虽不能下回，但气流仍能通过整个停车位，故使用较为普遍。

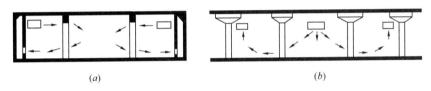

图 5.49　停车间通风系统的气流组织
(a) 上送下回；(b) 上送上回

　　地下停车场的通风量大，因而风管的截面积较大，有时甚至超过 $1m^2$。因此，管道截面形状最好取扁矩形，以减小高度。在布置管道系统时，应尽力避免因大管道重叠交叉而加大管道所占用的空间。

　　停车场一般不需设空气调节系统，但重要的管理用房，如调度室、控制室、计算机房等处，可设局部空调系统，或增设局部除湿设备。

　　地下停车场的电气设备有动力用电、照明用电和通信用电等 3 个系统。平时以城市电力系统作为电源，供电电压不超过 10000V，经配电室供各系统使用。为了保证电源不中断，大型地下停车场应引接两路电源。此外还应设应急照明系统，由蓄电池提供电源。地下停车场内的各种照明灯、标志灯、导向灯、信号灯、指示灯等均由照明系统供电。配电室和蓄电池室的布置均应满足各自的技术要求。

　　平时使用的大型地下停车场和战时要求不间断运行的地下专用停车场，可设置柴油机发电站。发电站应布置在负荷中心位置，应在电源中断后 15s 内向负荷供电。但柴油发电有许多技术要求，建筑设计上很难与停车场一致，同时柴油发电机有较强的振动和噪声，也不宜放在停车场内，因此有条件时，柴油机发电站单独布置在停车场主体建筑之外，经一段通道互相连接，使许多技术问题容易处理。

5.5.4 交通安全措施

地下停车场内行车辆行驶和人员往来，因此不论对车辆还是对人员，都存在交通安全问题，应采取措施防止交通事故的发生。

保障车辆行驶的安全措施：

（1）设置引导或制止车辆入库的明显文字或箭头标志（夜间有照明）及门内外互相联系信号设备；

（2）在进入封闭的坡道以前应设置控制车辆高度的装置，防止车上装载的物件过高，发生碰撞；

（3）坡道内的照明应考虑室内外的过渡措施；

（4）车辆出库的坡道口处应有警告及信号装置，使外部车辆和行人注意躲避；

（5）在出入口处、坡道中和停车间内应设置限制车速的标志，库内车速以5km/h 为宜，一般不超过 10km/h；还应有引导行车方向和转弯的标志，以及上、下坡道的标志；

（6）地面上要用明显的颜色划分比行车线、停车线和车位轮廓线，并在柱和墙上写出车位编号；

（7）采用后退停车、前进出车的停车方式时，车后悬尺寸减 200m，高度为150～200mm。

保障人员的安全措施：

（1）车辆安全行驶，保证驾驶人员的安全；

（2）人员经常行走的路线应尽可能与车行线分开，特别应避免与车行频繁的车行线交叉；

（3）当人行道与车行线在一起时，应在车行线一侧划出 1m 左右的人行线；

（4）人行道与车行线交叉时，应在地面上划出明显的人行横道标志。

§5.6 地下停车场的防火

地下停车场防火措施是防止和减少火灾对停车场的危害，保障人员及财产安全。停车场防火规范常指露天停车场，而地下停车场内部火灾的危害比地面要大得多，燃烧扩散快，消防人员进入困难，混乱程度高，容易迷路。因此，内部防火设计十分重要。

5.6.1 防火分类和耐火等级

根据《汽车库、修车库、停车场设计防火规范》GB 50067－2014，地下停车场防火分类分为四类，每类应符合表 5.22 的规定。停车场、修车库的耐火等级分为三级。建筑构件的燃烧性能和耐火极限不低于表 5.23 的规定。因为地下停车场缺乏自然通风和采光，发生火灾时，火势易蔓延，扑救难度大，通常为钢筋混凝土结构，因此规定地下停车场的耐火等级应为一级。

车库的防火分类　　　　　　　　　　　表 5.22

类别 数量/辆		I	II	III	IV
名称	汽车库	>300	151～300	51～150	≤50
	修车库	>15	6～15	3～5	≤2
	停车库	>400	251～400	101～250	≤100

注：汽车库的屋面停放汽车时，其停车数量应计算在总车辆数内。

汽车库、修车库构件的燃烧性能和耐火极限（h）　　　表 5.23

建筑构件名称		耐火等级		
		一级	二级	三级
墙	防火墙	不燃性 3.00	不燃性 3.00	不燃性 3.00
	承重墙	不燃性 3.00	不燃性 2.50	不燃性 2.00
	楼梯间和前室的墙、防火隔墙	不燃性 2.00	不燃性 2.00	不燃性 2.00
	隔墙、非承重外墙	不燃性 1.00	不燃性 1.00	不燃性 0.50
柱		不燃性 3.00	不燃性 2.50	不燃性 2.00
梁		不燃性 2.00	不燃性 1.50	不燃性 1.00
楼板		不燃性 1.50	不燃性 1.00	不燃性 0.50
疏散楼梯、坡道		不燃性 1.50	不燃性 1.00	不燃性 1.00
层顶承重构件		不燃性 1.50	不燃性 1.00	不燃性 0.50
吊顶（包括吊顶格栅）		不燃性 0.25	不燃性 0.25	不燃性 0.15

注：预制钢筋混凝土构件的节点缝隙或金属构件的外露部位应加设防火保护层，其耐火极限不应低于表中相应构件的规定。

5.6.2　平面布置和总平面布局的防火要求

（1）停车场不应与甲、乙类生产厂房、库房以及托儿所、幼儿园、养老院组合建造；不应布置在有易燃、可燃液体或可燃气体的生产装置区和贮存区内；当病房楼与停车场有完全的防火分隔时，病房楼的地下可设置停车场。

（2）I类停车场应单独建造；II、III、IV类停车场可设置在一、二级耐火等级的建筑物的首层或与其贴邻建造，但不得与甲、乙类生产厂房、库房、明火作业的车间或托儿所、幼儿园、养老院、病房楼及人员密集的公共活动场所组合或贴邻建造。

（3）I、II类停车场、停车场宜设置耐火等级不低于二级的消防器材间。

（4）停车场的防火间距，包括车库之间及与其他建筑之间，与易燃、易爆物品之间的防火距离可参照防火规范要求设计。

（5）停车场及修车库周围应设环形车道，当有困难时，应设有消防车道并利用交通道路。消防车道净宽及净高不宜小于 4m。

5.6.3 防火分区及安全疏散

（1）地下停车场应设防火墙划分防火分区，防火墙上开设门、窗、洞口时，应设置甲级防火门、窗或耐火极限不低于 3.00h 的防火卷帘。每个防火分区的最大允许建筑面积为 2000m²，如在停车场内设有自动灭火系统时，其防火分区的最大允许建筑面积可为 4000m²。

（2）电梯井、管道井、电缆井和楼梯间应分开设置。疏散楼梯的宽度不应小于 1.1m。

（3）停车场、修车库的室内疏散楼梯应设置封闭楼梯间，其楼梯间前室的门应采用乙级防火门。

（4）停车场室内最远工作地点至楼梯间的距离不应超过 45m，当设有自动灭火系统时，其距离不应超过 60m。

（5）汽车疏散坡道的宽度不应小于 4m，双车道不应小于 7m，两个汽车疏散出口之间的间距不应小于 10m，停车场疏散出口应不少于 2 个。Ⅳ类停车场、Ⅲ类少于 100 辆的地下停车场及双车道疏散的停车场可设 1 个出口。

对于汽车在启动后不需要调头、倒车而直接驶出的停车场，汽车与汽车、汽车与墙、汽车与柱之间的间距应满足表 5.24 的规定。

汽车与汽车之间以及汽车与墙柱之间的间距（m）   表 5.24

间距 \ 汽车尺寸	车长≤6 或 车宽≤1.8	6＜车长≤8 或 1.8＜车宽≤2.2	8＜车长≤12 或 2.2＜车宽≤2.5	车长＞12 或 车宽＞2.5
汽车与汽车	0.5	0.7	0.8	0.9
汽车与墙	0.5	0.5	0.5	0.5
汽车与柱	0.3	0.3	0.4	0.4

思 考 题

5.1 地下停车场的有哪些特点？

5.2 地下停车场规划有哪些要点？

5.3 简述停车场的分类？有哪些选址要求？

5.4 简述如何实现地下停车场内有效交通组织？

5.5 分析地下停车场工艺流程？

5.6 地下停车场平剖面设计主要有哪些影响因素？

5.7 地下停车场出入口及坡道设计有哪些特点？

5.8 地下停车场防火有哪些主要要求？

第6章 地 下 铁 道

§6.1 地铁的发展及特点

地下铁道是快速、安全、舒适、运量大、无污染的高效率交通工具，是电动高速机车运送乘客的轨道公共交通系统，是城市运输重要组成部分，简称地铁。

6.1.1 国内外地铁发展概况

世界上第一条地铁是 1863 年 1 月 10 日在英国伦敦建成通车，明挖法施工，蒸汽机车牵引，线路长度约 6.4km；1890 年 12 月 18 日伦敦又建成了电气机车牵引的地铁，盾构法施工，线路长约 5.2km。1892 年美国芝加哥（10.5km）与匈牙利布达佩斯，1898 年美国波士顿及奥地利维也纳，1900 年法国巴黎（14km），先后建设了地铁。20 世纪上半叶有柏林、纽约、东京、雅典、莫斯科等 12 座城市建造了地铁。从 l863～1963 年的 100 年间，世界上共计 26 座城市建有地铁；从 l964～1980 年的 16 年中又有 33 座城市建有地铁；从 1980～1985 年的 5 年中又有 16 座城市建有地铁。1985 年全世界地铁线路全长 4767km，1999 年全世界已有 115 个城市建成了地铁，线路总长超过了 7000km。

各国地铁各具特色。美国旧金山"巴特"地铁全长 120km，地下部分长 37km，穿越 5.8km 的海底隧道（埋深 30～40m），平均时速 90km，最快时速可达 128km。莫斯科地铁有"欧洲地下宫殿"之称，103 个车站内浮雕各具特色，仿佛是艺术博物馆，同时运输量大，九条线路纵横交错，线路总长 146.5km。朝鲜平壤地铁最大埋深达 200m 左右。巴黎地铁主要出入口均设电脑显示屏，换乘方便，每天发车 4960 列。法国里昂地铁全部由微机控制，无人驾驶，轻便、省钱、省电，车辆运营噪声和振动都很小。

我国地铁起步 1965 年 7 月。北京地铁一期工程 22.17km，1971 年竣工使用，二期工程环线 16.1km，2019 年 6 月达 617km，2013 年北京地铁总客运量突破 36 亿人次，轨道交通日均客运量 1000 万人次以上，占公共交通总量 50% 以上，已成为世界上最繁忙的地铁系统。天津地铁 1970 年动工，1980 年通车（7.4km）。香港地铁始建于 1975 年，1980 年全部完工并运营。上海地铁第一条 14.57km 的一号线于 1995 年正式通车，2019 年 6 月达 669km。1995 年至 2008 年我国轨道交通城市从 2 个增加到 10 个。随着我国地铁建设的加快，截至 2017 年拥有地铁运营线路的城市增加至 33 个，运营里程 3965km，已开工建设轨道交通的有 53 个城市，规划建设规模超过 9000km，在建规模约 5770km，位居世界前列。

6.1.2 地铁的主要特点

地面公共交通的主要问题：

① 人流、车流交叉、拥挤，道路已经饱和，这是大中城市存在的突出矛盾；

② 车行难、车速慢，目前许多城市的平均车速下降到 20km/h 以下；

③ 地面环境噪声太大，污染严重；

④ 机动车交叉路口堵车现象十分严重；

⑤ 车流、人流混杂，交通事故增加，结国家、个人造成很大的损失；

⑥ 由于车行慢，给运输带来困难，过往车辆不能及时通过，延误乘客时间。

地铁运输优点显著，有效解决了上述交通矛盾，地铁建设已遍及全世界。150 多年来，地铁已同其他城市地下功能组合建造，逐渐形成"地下城市"，表现为综合性、立体性、高速快捷，主要特点：

（1）地铁及其他地下空间建设同城市规划相结合，统一规划建设，在城市交通枢纽处，设置较大规模的立交地铁站，同地下街、地下停车场相联系。

（2）地铁规划设计对城市规划影响大，地铁建设按总体规划、分期建设，由城市中心扩散至卫星城，直至城市远郊，出现越山，跨河、跨海。

（3）地铁已不单纯设在地下，必要时同地面轻轨、高架轨道相结合，形成地下、地面、高架桥的立体交通系统。

（4）地铁按平均时速分类，有低速 30～40km/h、中速 70～80km/h、高速 100 多 km/h，城市繁华区以外，地铁向更高速度发展。

（5）地铁机车驱动方式有直流电机、交流电机、直线电机等，3～10 辆编组，较高的启动、制动加速度，轮轨摩擦阻力较小，列车停站时间短，与公共汽车相比节省能源。

（6）列车行车时间间隔短，最小运行间隔可低于 1.5min，行车速度高，列车编组辆数多，运输能力大，单向运能最高达 3 万～7 万人次/h。

（7）专用行车道上运行，运行特性好，保证了交通的安全性、高速性和定时性，省时（是地面的 30%～50%），能按运行图运行，换乘方便，全立交，有先进的通信信号设备，没有复杂的交通组织问题，不受其他交通工具干扰，不受气候影响，不存在人车混流现象，可有效地减少交通事故的发生。

（8）地铁运营管理更先进、方便、清洁、无污染、安全和舒适性，运营费用较低。没有平交道口，具空调、引导装置、自动售票等直接为乘客服务的设备，较好的乘车条件，将成为 21 世纪城区主要交通工具。对地面无太大影响（噪声小，无振动，不妨害城市景观），大气环境得到改善。

（9）地铁具有良好的防灾能力，是人员疏散的重要交通工具，对于战争等人为的灾害及地展、火灾等自然灾害具有较强的防御能力。

（10）充分利用了地下空间，节约地面空间，能有效缓解道路拥挤、堵塞现象。

（11）地铁造价高，表现出非营利性，但地铁工程是解决城市交通矛盾的有效途径，社会效益显著，间接促进社会经济发展。

6.1.3　地铁建设的必要性

地铁建设造价高。一个地铁车站往往需耗资人民币十几亿，地铁每公里造价达 2 亿元人民币以上，如上海、广州地铁每公里造价逾 5 亿元，南京地铁每公里造价约 4.5 亿元。但随着社会进步、经济发展，地铁建设具有显著的使用价值，经济效益明显。地铁建设的必需性主要表现为以下几方面：

1. 城市人口

地铁建设必要性的前提条件存在两种评估标准。一般认为，人口超过 100 万的城市就有必要建设地铁；也有人认为，人口超过 300 万时才是合理。前一种评估方法大体上符合已建地铁城市情况。从国际范围内，世界上 78 个已有地铁运营城市看，超过 100 万人的城市最多，有 61 个，占 3/4。人口在（50～100）万而有地铁的城市有 13 个，多数已接近 100 万；少于 50 万人的仅有 4 个，如芬兰的赫尔辛基、挪威的奥斯陆、德国的纽伦堡等，应属于特殊情况。说明城市人口超过 100 万后，一般就会出现建设地铁的客观需要。因此，城市人口 100 万应作为地铁建设的宏观前提。

2. 交通流量分析

对城市主要交通干道的交通流量进行调查研究后，判断是否需要建设地铁，有些专家认为，城市交通干道是否存在单向客流量超过 2 万人次的情况（包括现状和近期预测），是判断是否需建地铁的"分水岭"。当然，这类交通主干道应具有一定的长度，而非局部现象的拥塞。

上海市地铁一号线规划，以单向客流量的统计和预测资料为依据，初期高峰小时客流量为 2 万人次，到 20 世纪末增至 4 万人次，远期达到 6 万人次；同时，在全长 100km 线路中，只有通过市区的 14.4km 采用地铁，形成一条包括地面、高架和地下三种方式的南北向快速轨道交通干线，将金山、宝山两大工业基地和卫星城与市区紧密联系起来。

3. 城市地面、上部空间开发动态交通的可能性

国外发达城市中心区，由于土地的超强度开发，建筑容量、商业容量、业务容量过分膨胀，原有道路框架不胜重负，地面、上部空间在已有技术条件下已充分开发，调整余地不大，交通矛盾加剧。

近年来，我国城市化步伐加快，百万人口以上城市已达 40 多个，（50～100）万人口也超过 44 座。按国际标准，城市人口密度大于 2 万人/km²，属于拥挤情况。我国城市人口平均 4 万/km²，局部地区 16 万/km²，北京市 4 个区平均 2.7 万人/km²。我国许多大城市交通主干道的高峰每小时客流量均超过 3 万人次，有的

高达（8～9）万人次，低运输量的公共交通运输很难适应客流增长需要。同时，经过 40 年经济快速发展，特别是近 20 年经济高速发展，特大型及大型城市已面临发展的矛盾，城市中心区的地面、上部空间开发已很充分，交通矛盾加剧等城市问题日益突出。伴随城市规模发展及经济发展，地下空间开发已成为可能，我国地下交通开发是历史发展的必然趋势。

2018 年国务院 52 号文件规定地铁建设条件：城市 GDP 超过 3000 亿元，财政收入超过 300 亿元，城区人口超过 300 万人，规划线路的远期客流规模达到单向高峰小时 3 万人以上。

§6.2 地铁线路网规划

地铁规划是城市总体规划的重要组成部分，应服从于城市总体规划的要求。地铁规划应包括近、中、远期的规划及同地面规划之间相互关系和影响。

6.2.1 地铁线路网的规划原则

（1）地铁规划应结合地面城市规划，适当留有发展的可能性。根据城市规模、用地性质与功能、城市内外交通情况，编制路网规划，考虑近期、远期地铁线路网布置及同城市道路、人口密度的总体关系。地铁设计年限分近、远两期，近期宜为交付运营后第 10 年；远期不宜小于交付运营后第 25 年。

（2）地铁规划应考虑到地面轻轨、高架轻轨及整体交通网络，充分利用地面交通道路网，为乘客提供交通服务。地铁规模、设备容量及车辆段用地，应按远期客流量和通过能力确定。分期建设工程和设备配置，应考虑分期扩建和增设，至少应有一个车辆段设置连接地面铁路专用线。

（3）路网规划中线路走向应与城市交通的主要客流方向一致。轨道交通分布应方便居民快速出行，充分发挥轨道交通客运量大的功能，建设资金最经济、投资效益最佳，提高城市经济社会效益。

（4）规划线路应尽量沿城市干道布置。线路应贯穿连接城市交通枢纽对外交通中心（如火车站、飞机场、码头和长途汽车站等）、商业中心、文化娱乐中心、大型的生活居住区等客流集散数量大的场所，缩短居民出行时间，解决城市交通的需要。

（5）路网中线路布置应均匀、适量，乘客换乘方便，换乘次数少。路网中各条规划线上客流负荷量要尽量均匀，避免个别线路负荷过大或过小的现象。

（6）地铁建设中必须周密考虑车站的位置及形式、设备因素、埋深、施工方法，以及穿越山、河、特殊地段、地面建筑及地下管线设施等，要注意保护重点历史文物古迹和环境。地铁线路规划要根据现时及远期财力、施工及技术水平，考虑可能出现的各种困难。

（7）考虑地铁良好的防护防灾效果及应急状态下的运输、疏散及与其他防灾单元的联系。车辆段（场）是快速轨道交通的车辆停放和检修的基地，在规划线路时，一定要同时规划好其位置和用地的范围。还要规划好设备维修，维修材料供应和人才培训基地的用地等。

（8）地铁线路远期最大通过能力应每小时不少于 30 对列车，采用 1435mm 标准轨距，线路为右侧行车双线线路。

6.2.2　地铁线路网形式

路网中各条线路组成的几何图形一般称线路网形式，地铁线路网有多种形式。

1. 单线式

单线式是由一条轨道组成的地铁线路，常用于城市人口不多，对运输量要求不高的中小城市。图 6.1 为意大利罗马地铁线路网示意图，只有 A 线和 B 线两条，几乎贯穿所有罗马市内外的名胜地。

2. 单环式

单环式是线路闭合形成环路，可以减少折返设备。图 6.2 为英国格拉斯哥地铁环形线路网示意图。

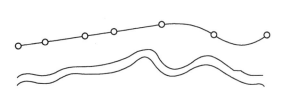

图 6.1　意大利罗马
单线式地铁线路网

图 6.2　英国格拉斯哥
单环式地铁线路网

3. 放射式

放射式又称辐射式，是将单线式地铁网汇集在一个或几个中心，通过换乘站从一条线路换乘到另一条线。郊区乘客可直达市中心，并由一条线到任何一条线只需换乘一次就可到达目的地，乘客方便，换乘次数最少。但是，当多条线路汇集在市中心一点时，加大了相邻区域换乘的绕行距离，延长了乘车时间，增大了市中心过境客流量，易造成客流组织混乱；增加施工难度和造价。一般适用于放射状布局的城市街道。图 6.3、图 6.4 分别为美国波士顿、捷克布拉格市地铁线路网示意图。

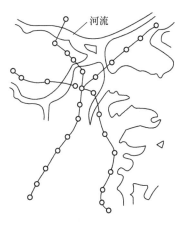

图 6.3　美国波士顿放射
式地铁线路网

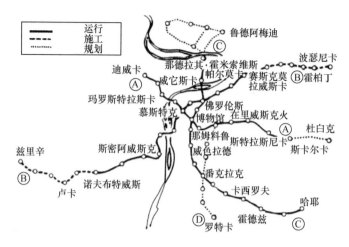

图6.4 捷克布拉格市放射式地铁线路网

4. 蛛网式

蛛网式由放射式和环式组成，运输能力大，是多数大城市地铁建造的主要形式。蛛网式地铁通常分期完成，首先完成单线或单环，然后完成直线段。既具备放射形线网优点，又克服了不足，方便了环线的直达乘客和相邻区域间需换乘乘客，能起到疏解市中心客流的作用。图6.5为莫斯科地铁系统，被公认为世界上最漂亮

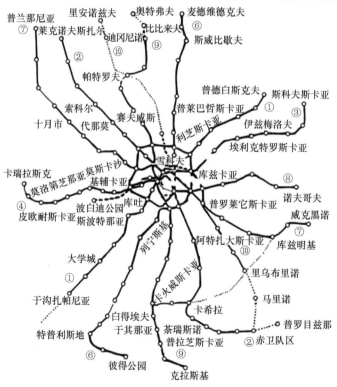

图6.5 莫斯科蛛网式地铁线路网

的地铁，车站的建筑造型各异，规模大，大多为环路与放射线相组合，市中心较密集区放射及环行线路至市区边缘。

5. 棋盘式

棋盘形线网是由若干纵横线路在市区相互平行布置而成，大多与城市道路走向相吻合。特点是客流量分散、增加换乘次数、车站设备复杂。如结合城市干道网必须要采用这种结构形式时，应尽量将交叉点布置在大的客流集散点上，以减少换乘次数，方便乘客。图 6.6 为美国纽约地铁线路网示意图。

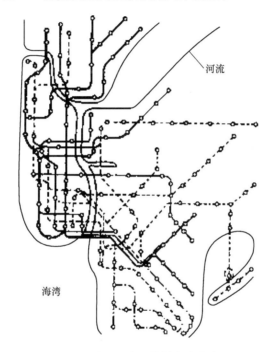

图 6.6　美国纽约地铁棋盘式线路网

6.2.3　地铁线路网的规划设计

1. 线路网规划前期准备工作

（1）拟规划地段的地形图、城市规划图、规划红线位置及红线宽度、道路及建筑规划模式。

（2）掌握地段内的地下状况，主要是附近建筑的基础资料，地下管网资料（电、水、煤气等的位置、标高等），已建地下建筑状况（性质、形式及标高等）。

（3）准备工程地质与水文地质资料，包括岩土状况、地下水深度、岩土物理力学性质等。

（4）了解当地自然气候的情况，如风力、风向、雨雪分布、地震烈度及洪水等。

（5）准备其他资料，如河床、坡谷、重要保护性建筑、古文物、古树等。

（6）获取地铁线路的防护等级、基本要求、防火等级等资料。

（7）调查预测近期和远期列车编组的车辆数，由近期、远期客流量和车辆定员数确定。车辆定员数为车厢座位数和空余面积上站立的乘客数之和，车厢空余面积应按每平方米站立6名乘客计算。

2. 线路网规划设计内容

根据准备资料，进行调查研究、勘测及方案比较。勘测设计必须按已经批准的可行性论证报告及上级有关主管部门批复的文件进行。需对沿线单向最大客流量及其中可能乘坐地铁比例，地形和地质条件，地面和地下空间的现状，施工条件和施工方法，与其他交通方式的关系，与城市防灾系统的关系，及社会和经济效益等多种因素进行综合分析，比较多方案，选择最佳方案。

线路规划设计首先确定线路的长度、走向及不同线路形式（地下、地面、高架）的位置和长度。线路设计分为可行性研究阶段、总体设计阶段、初步设计阶段、施工设计阶段等四个阶段，设计阶段逐步由浅入深，不断比较修正线路平面、纵剖面和坡度、线路与车站的关系，最后得到地铁和轻轨线路在城市三维空间中准确的位置。线路规划设计的主要内容：

（1）线路的形式及各分期建设线路。如放射式或蛛网式，各线段分期完成时间及远期规划。

（2）线路的平面位置及埋深。包括线路网平面形式与地面街道的关系，最小曲线半径与缓和曲线半径等的确定，应尽可能采用直线或较大曲率的环形线。工程水文地质条件、地面和地下设施现状、施工方法及地面接轨情况等因素对线路埋深影响较大。线路走向和埋深决定工程造价高低、施工难易，埋深越小越经济，施工越容易，但同时应考虑线路必须避开不良地质区域或已建的地下管线、建筑物基础等其他地下设施。

（3）线路纵断面设计图，包括线路的坡度竖曲线半径等。

（4）线路标志与轨道类型。线路标志是引导列车运行的一种信号，应按规定设置。轨道形式包括轨枕、道床、轨距、道岔、回转及停车等。

（5）机车类型、厂家、牵引方式等。

（6）车站的位置、数量、距离、形式。

地铁车站位置选择是综合性工作，既要在一定范围内吸引足够客流量进入地铁，又要保持合理站距以提高运行速度，还应考虑地铁线路间换乘、地面公交车站换乘的方便。车站距离应根据现状及规划的城市道路布局和客流实际需要确定，城市中心区和居民稠密地区宜为1km左右，城市外围根据具体情况应适当加大。车站距离有两种趋向，一是平均约1km的小间距，二是平均约1.6km大间距。车站形式有岛式、侧式、混合式。

（7）设备间的位置、通风、上下水及电力形式、布局等。

（8）线路内的障碍物状况及解决办法。如管线的影响、改造方案、协调管理措施等。

（9）总体说明。包括城市状况、建造地铁的意义、上级主管的意见、建设规模及设计施工方案等。

（10）技术经济比较论证。包括筹建措施、技术、经济的可行性论证、社会经济效益等。

影响地铁造价的因素很多，如线路形式、占地面积、地质条件、车站的位置、数量和站台长度、结构形式、断面尺寸、施工方法等，应针对在不同条件下的主要影响因素，采取降低造价措施。地铁造价中，主要项目为土地费、土建费、车辆费和电气等设备费，其中土建费为主要部分。

3. 线路设计的一般技术

线路设计是指地铁线路网调查、勘测、规划、设计等工作，设计过程中有许多技术问题及基本规则需要解决。地铁线路按运营中的作用，分为正线、配线和车场线。

正线是地铁线路中直接用于运营的线路，包括主线和支线，列车载客高速运行的线路，贯穿车站、区间。根据地铁运营特点，地铁正线应为双线，采用右侧行车制。在设计中有左线、右线之别；在运营中有上行、下行之分。正线行车速度高、密度大，应保证安全和舒适，线路标准要求高。多数线路为全封闭；与其他交通线路相交处，多采用立体相交。

配线是为保证地铁线路正常运营，实现列车合理调度，满足非载客状态下组织临时低速运行和维修作业而设置的辅助线路，多与车站联系一起，又称"车站配线"，按使用性质分为折返线、存车线、停车线、渡线、安全线、出入段线、联络线和国铁专用线等八种线路。

车场线是列车非运营的车辆基地内，完成车辆运行和检修作业的线路。

（1）线路平面设计的重要技术参数

① 最小曲线半径的确定　最小曲线半径是指当列车以求得的"平衡速度"通过曲线时能够保证列车安全、稳定运行的圆曲线半径的最低限值。如图 6.7 所示，最小曲线半径的计算公式为

$$R_{\min} = \frac{11.8v^2}{h_{\max} + h_{qy}} \tag{6-1}$$

式中　$R_{\min}$——满足欠超高要求的最小曲线半径（m）；

　　　　v——设计速度（km/h）；

　　　　$h_{\max}$——最大超高，120mm；

　　　　h_{qy}——允许欠超高（$h_{qy} = 153 \times a$）；

　　　　a——当速度要求超过设置最大超高值时，

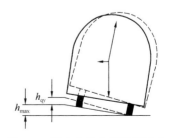

图 6.7　最小曲线半径计算示意

产生的未被平衡离心加速度，规范规定取 $0.40\mathrm{m/s^2}$。

曲线上运行列车会产生离心力，通常设置超高 $h=11.8v^2/R$ 产生的向心力来平衡离心力。R 一定时，v 越大则 h 越大，规定 $h_{\max}=120\mathrm{mm}$，当车速要求超过规定 $h_{\max}$ 值时，产生未被平衡的离心加速度 a，则允许欠超高值为

$$h_{\mathrm{qy}}=153\times0.4=61.2\mathrm{mm}$$

我国 $R_{\min}=300\mathrm{m}$，困难条件下取 $R_{\min}=250\mathrm{m}$，则列车速度见表 6.1，此值是根据北京早期地铁运营中对钢轨磨耗确定。

地铁列车运行速度值　　　　　　　　　　　　表 6.1

v（m/s）	a（m/s²）	0	0.4
R（m）	300	55.25	67.90
	250	50.42	61.96

国内外城市地铁最小曲线半径有差别（表 6.2）。

某些城市、地区及国家地铁最小曲线半径　　　　　　表 6.2

城市、地区及国家	一般情况（m）			困难情况（m）		
	正线	配线	车场线	正线	配线	车场线
北京	300	200	110	250	150	30
香港	300	200	140			
俄罗斯	600	150	75	300	100	60
匈牙利	400	150	75	250	100	60

② 缓和曲线的确定　地铁线路中直线与圆曲线相交处的曲线称为缓和曲线（图 6.8），目的是为了满足曲率过渡、轨距加宽和超高过渡的需要。

缓和曲线的半径是变化的，与直线连接一端为无穷大，逐渐变化到等于所要连接的圆曲线半径（R）。我国铁路的缓和曲线半径采用三次抛物线型，缓和曲线方程式

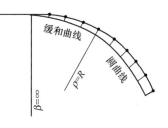

图 6.8　缓和曲线示意图

$$y=\frac{x^3}{6C} \tag{6-2}$$

式中　C——缓和曲线的半径变化率，$C=\dfrac{Sva^2}{gi}=\rho L=Rl$；

　　　　R——曲线半径（m）；

　　　　S——两股钢轨轨顶中线间距，1500mm；

　　　　v——设计速度（km/h）；

　　a——圆曲线上未被平衡的离心加速度（m/s²）；

　　g——重力加速度，9.81m/s²；

　　i——超高顺坡（‰）；

　　ρ——相应于缓和曲线长度为 L 处的曲率半径（m）；

　　L——缓和曲线上某一点至起始点的长度（m）；

　　l——缓和曲线全长（m）。

缓和曲线长度的分析与计算按下述情况考虑。

　　a. 按超高顺坡率的要求计算

一般超高顺坡率不宜大于 2‰，困难地段不应大于 3‰，按此要求，缓和曲线的最小长度为

$$L_1 \geqslant \frac{h}{2} \sim \frac{h}{3} \tag{6-3}$$

式中　L_1——缓和曲线长度（m）；

　　　　h——圆曲线实设超高（m）。

　　b. 按限制超高时变率保证乘客舒适度分析计算

$$L_2 \geqslant \frac{hv}{3.6f} \tag{6-4}$$

式中　L_2——缓和曲线长度（m）；

　　　　v——设计速度（km/h）；

　　　　f——允许的超高时变率，$f=40$m/s。

允许超高时变率 f 值，是乘客舒适应的一个标准，应依据实测确定，当 $f=40$mm/s 时

$$L_2 \geqslant \frac{hv}{3.6f} = 0.007vh \tag{6-5}$$

以最大超高 $h_{max}=120$mm 代入

$$L_2 \geqslant 0.84v \tag{6-6}$$

　　c. 从限制未被平衡的离心加速度时变率保证乘客舒适分析计算

$$\beta = \frac{av}{3.6L_3} \tag{6-7}$$

$$L_3 \geqslant \frac{av}{3.6\beta} \tag{6-8}$$

$$L_3 \geqslant \frac{0.4v}{3.6 \times 0.3} = 0.37v \tag{6-9}$$

$$0.37v \leqslant L_3 < 0.84v \tag{6-10}$$

式中　a——圆曲线上未被平衡离心加速度（0.4m/s²）；

　　　　β——离心加速度时变率，取 $\beta=0.3$m/s³；

　　　L_3——缓和曲线长度（m）。

　　圆曲线上未被平衡的离心加速度 a 值应按增长率 β 值逐步实现，不能突然产生或消失，否则乘客感到不舒适。地面铁路 $\beta=0.29\sim0.34\text{m/s}^3$，英国实测认为 $\beta=0.4\text{m/s}^3$ 时，乘客舒适度接近感觉边缘。

　　说明 β 值对缓和曲线长度不起控制作用，应满足式（6-3）、式（6-5）来控制缓和曲线长度，即

$$L_1 \geqslant \frac{h}{2} \sim \frac{h}{3}, \quad L_2 \geqslant 0.007vh$$

　　如果在正线上，当曲线半径等于或小于 2000m 时，圆曲线与直线间的缓和曲线应根据曲线半径及行车速度按表 6.3 查取。

缓和曲线长度　　　　　　　　　　　　　　表 6.3

R ＼ v ＼ L	90	85	80	75	70	65	60	55	50	45	40	35	30
2000	30	25	—	—	—	—	—	—	—	—	—	—	—
1500	40	35	30	25	20	20	20	20	—	—	—	—	—
1200	50	40	35	30	25	20	20	20	—	—	—	—	—
1000	60	50	45	35	30	25	20	20	20	—	—	—	—
800	75	60	55	45	35	30	30	25	20	20	—	—	—
700	75	70	65	50	40	35	30	25	20	20	—	—	—
600	75	70	70	60	50	45	35	30	20	20	20	—	—
500	—	70	70	65	60	50	45	35	20	20	20	20	—
450	—	—	70	65	60	55	50	40	25	20	20	20	—
400	—	—	—	65	60	60	55	45	25	20	20	20	—
350	—	—	—	—	60	60	60	50	30	25	20	20	20
300	—	—	—	—	—	60	60	35	30	25	20	20	—
250	—	—	—	—	—	—	60	60	40	30	25	20	20
240	—	—	—	—	—	—	—	—	40	35	30	20	20
230	—	—	—	—	—	—	—	—	40	35	30	20	20
220	—	—	—	—	—	—	—	—	40	35	25	20	—
210	—	—	—	—	—	—	—	—	40	40	25	20	—
200	—	—	—	—	—	—	—	—	40	40	35	30	20
190	—	—	—	—	—	—	—	—	40	40	35	25	20
180	—	—	—	—	—	—	—	—	40	40	35	30	20
170	—	—	—	—	—	—	—	—	40	40	40	30	20
160	—	—	—	—	—	—	—	—	—	40	40	30	25
150	—	—	—	—	—	—	—	—	40	40	35	25	—

注：R—曲线半径（m）；v—设计速度（km/h）；L—缓和曲线长度（m）。

根据表 6.3，考虑超高顺坡要求，在一定时速范围内，曲线上的缓和曲线长度计算方法如下：

当 $v \leqslant 50\mathrm{km/h}$ 时，缓和曲线长度 $L = \dfrac{h}{3} \geqslant 20\mathrm{m}$；当 $50\mathrm{km/h} < v \leqslant 70\mathrm{km/h}$ 时，缓和曲线长度 $L = \dfrac{h}{2} \geqslant 20\mathrm{m}$；当 $70\mathrm{km/h} < v \leqslant 3.2\sqrt{R}\mathrm{m/h}$ 时，缓和曲线长度 $L = 0.007vh \geqslant 20\mathrm{m}$。

缓和曲线的最小长度为 20m，主要是按照不短于一节车厢的全轴距而确定。

由表 6.4，有些情况可不设缓和曲线。是否设置则视曲线半径（R）、时变率 β 是否能不大于 $0.3\mathrm{m/s^3}$ 的规定而定，否则需设置缓和曲线。若不设缓和曲线的曲线半径应按允许的未被平衡的离心加速度时变率计算确定，即

$$R \geqslant \frac{11.8v^3 g}{1500 \times 3.6 L\beta + Livg/2} \tag{6-11}$$

式中　L——车辆长度（19m）；

　　　β——未被平衡离心加速度时变率（$0.3\mathrm{m/s^3}$）；

　　　i——超高顺坡率（2‰~3‰）；

　　　g——重力加速度（$9.81\mathrm{m/s^2}$）；

　　　v——设计速度（km/h）。

若以 $v=90\ \mathrm{km/h}$，$i=2‰$，$L=19\mathrm{m}$，代入式（6-11），可得 $R \approx 1774.5\mathrm{m}$，所以，曲线半径等于或小于 2000m 时应设缓和曲线。

线路中平面圆曲线（正线及配线）最小长度不宜小于 20m，困难地段不得小于一个车辆的全轴距。两个圆滑曲线（正线及配线）间夹直线长度不应小于 20m；车场线中夹直线长度不得小于 3m。通常不得采用复曲线。车站站台应设在曲线段，在困难地段，车站还必须设在曲线段时，曲线半径不应小于 800m。

（2）线路设计中的纵断面设计要求

线路纵剖面应结合地形、地质、水文条件，线路敷设方式与埋深，隧道施工方法，地上地下建筑物与基础，排水站位置、桥下净高、防洪水位，线路平面条件等，进行合理设计，力求方便乘客使用和降低工程造价。纵剖面设计应保证列车运行安全、平稳、乘客舒适，高架线路要注意城市景观，坡段应尽量长。尽量设计成符合列车运行规律的节能型坡道。

① 坡度　地铁纵向线路坡度按表 6.4 中规定设计。

线路坡度　　　　　　　　　　　　　　　表 6.4

路段	正线	配线	车站	车场线	坡道	道岔	折返与存车
最大坡度	30‰	40‰	5‰	1.5‰	5‰	5‰	
最小坡度	3‰	3‰	2‰	—	—		2‰
极限状况	35‰	—		—	10‰	100‰	

② 竖曲线 为保证车辆安全运行，当相邻坡段的坡度代数差等于或大于 2‰时，应设竖曲线连接，竖曲线半径（R_v）应符合表 6.5 的规定。

竖曲线的半径   表 6.5

线别		一般情况（m）	困难情况（m）
正线	区间	5000	2500
	车站端部	3000	2000
配线		2000	
车场线		2000	

R_v 与 v、a_v 的关系为

$$R_v = \frac{v^2}{(3.6)^2 a_v}$$ (6-12)

式中 v——行车速度（km/h）；

a_v——列车变坡点产生的附加加速度（m/s²），一般情况下 $a_v = 0.1 m/s^2$，困难情况下 $a_v = 0.17 m/s^2$。

同时规定车站站台及道岔不得设竖曲线，竖曲线离开道岔端部的距离不应小于 5m，竖曲线夹直线长度应大于 50m。

（3）线路轨道

对线路轨道要求，我国主要有足够的强度、稳定性、弹性与耐久性，以及符合绝缘、减振、防锈等，以保证列车安全平稳、快速运行。正线、配线一般采用 50kg/m 以上钢轨；车场线采用 43kg/m 的钢轨。轨距是轨道上两根钢轨头部内侧间在线路中心线垂直方向上的距离，应在轨顶下规定处量取。国内标准轨距是在两钢轨内侧顶面下 16mm 处测量，应为 1435mm。轨距变化率不得大于 30‰。

对于小半径曲线地段（$R \leqslant 200m$），为使列车顺利通过，轨距按标准轨距适当加宽标准可见表 6.6。

配线和车场线曲线轨距加宽值   表 6.6

曲线半径（m）	加宽值（mm）
200～151	5
150～101	10
100～80	15

圆曲线的最大超高值为 120mm。超高值的设置与道床材料有关，道床为混凝土整体道床的曲线超高，按内轨降低一半和外轨抬高一半的方式设置，碎石道床的曲线超高采取外轨抬高超高值设置。

矩形隧道内混凝土整体道床的轨道建筑高度不宜小于 500mm，圆形隧道的轨道建筑高度不宜小于 700mm，混凝土强度等级宜为 C30，需要加强的地段应增设

钢筋。道床面应有小于3‰的横向排水坡，道床面至轨台面的距离宜为30～40mm。轨枕铺设数量在正线及配线的直线段和半径大于等于400m的曲线地段，铺设短轨枕数为1680对，小于400m以下的曲线地段和大坡道上，铺设1760对。

4. 地铁规划实例

(1) 上海市轨道交通规划 (图6.9)

上海市轨道交通路网由中心城线网和郊区线网两部分组成。中心城线网又分骨架线和加密线两个层次。根据预测客流把线路分为高运量、大运量、中运量三种。上海市城市轨道交通系统规划考虑整个市域范围和居民出行需求。上海的远期轨道交通线网总长度将达到约805km，中心城长度约480km；430座车站（其中换乘站186座），网络建成后将承担上海市公交客运量的52%。远期轨道线网中心城内的网密度为0.729km/km²（其中内环线内的网密度为1.394km/km²）。远期轨道线网中心城内的站密度为0.574个/km²。强调枢纽作为"锚固"整个网络的重要节点，通过多线换乘枢纽达到减少换乘、稳定网络的目的。上海地铁规划类似蛛网式，路网密度与莫斯科、柏林等城市相当，届时将极大促进城市的可持续发展。2020年前将初步形成500km左右的地铁线路。地铁线路规划也较密集，甚至穿越上部隧道、防汛堤、地面建筑基础，施工难度较大。

(2) 日本东京地铁线路规划 (图6.10)

 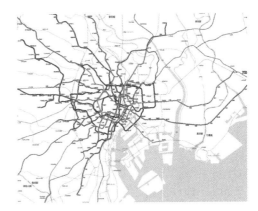

图6.9　上海市地铁规划示意图　　　　图6.10　日本东京地铁线路图

东京交通系统最大特征是四通八达的城市轨道交通网。轨道交通包括地铁、地面线或高架线组成的市郊铁路、市区横贯铁路以及环状铁路。东京市中心有地铁、JR、私营铁道三种轨道交通系统，几乎所有的路线都和JR或私营铁道相互连接。地铁中4条路线为都营线，其余是东京Metro地铁。各条路线的颜色和名称不同，只要记住路线颜色，就能在路线图中迅速找出目的地车站。地铁站的出入口都标有电车标志、都营地铁或东京Metro地铁标志。乘地铁出行人数约占利用东京都市圈轨道交通出行总人数的1/5，而线路里程则只占据轨道交通总里程数的1/10，东京的轨道交通都严格按照以秒为单位的时刻表来运行，东京轨道交通通过不断完善和改造建设，实现了高效率运行。

§6.3　地铁隧道及区间设备段

地铁设计主要由三部分组成，即地铁隧道、区间设备段及地铁车站。根据到地表的距离，地铁分为浅埋和深埋（图6.11）。图6.11（a）为浅埋，埋深（通常指轨顶面到地面的距离）一般小于20m，车站布置在纵向坡底；图6.11（b）为深埋，埋深一般大于20m，车站布置在纵坡变坡点顶部。一般在无特殊条件下，车站尽量布置在纵坡变坡点顶部，这样有利于列车运行。

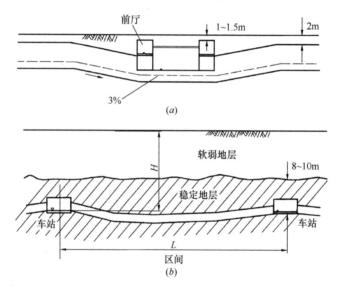

图6.11　地铁纵剖面示意图
（a）浅埋；（b）深埋

6.3.1　地铁隧道

地铁隧道是机车运行的空间，也是联系车站的地下构筑物，要求有足够尺寸，同时必须满足排风、给排水、通信、信号、照明、线路等工程的多种技术要求，是地铁线路中最长、工程量最大的一部分。

1. 限界

限界是确定地铁与行车有关的构筑物之间净空大小，也是确定运行和设备相互位置的依据。为了保证机车平稳安全运行，建筑空间尺寸必须保证车辆正常运行，车辆与建筑物内缘及各种设备之间应有合适的尺寸。限界有车辆限界、设备限界、建筑限界、接触轨和接触网限界。

地铁车型是指地铁（城市轨道交通）所用车辆的型号。世界各地地铁车型没有统一标准，往往按照某个地方的地铁所需量身定制，比如纽约地铁的 A 系统和 B 系统。中国大陆地铁车型往往分为 A、B、C 三种型号以及 L 型。图 6.12 为电动机车应符合的尺寸规定。

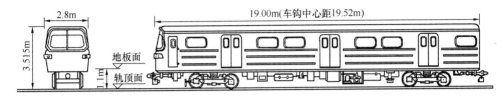

图 6.12　BJ-2 型地铁电动机车主要尺寸

　　建筑限界　是行车隧道和高架桥等结构物的最小横断面有效内轮廓线。在建筑限界以内、设备限界以外的空间，应能满足固定设备和管线安装的需要，还需考虑其他误差、测量误差、结构变形等。盾构施工的圆形隧道和矿山法施工的马蹄形以及拱形隧道，在列车顶部控制点范围内，建筑限界以内，设备限界以外即建筑限界与设备限界之间的空间，宜不小于 150mm，以满足电缆管线横穿的需要。在高架桥上以及隧道内可以设置侧向人行道，也可以不设置。高架桥侧向便道宽度以 600～700mm 为宜。

　　车辆限界　包括直线段和曲线段，是车辆在高速运行时纵横向偏移量及偏转角的极限位置，按可能产生最不利情况而进行组合计算的轮廓线，车辆任何部分不允许超出此限界之外。

　　设备限界　是线路上各种设备不得侵入的轮廓线。是车辆限界基础上再计入轨道出现最大允许误差时，引起车辆偏移、倾斜等附加偏移量，以及设计、施工、运营中难以预计因素在内的安全预留量。

　　接触轨限界　在设备限界范围内，用以控制接触轨的固定结构和防护罩安装，以及容纳受流器安全工作状态下所需净空。应根据受流器的偏移、倾斜和磨耗，接触轨安装误差、轨道偏差、电间隙等因素确定。

　　区间隧道内建筑限界与设备限界之间应能保证各种设备的安装要求。

　　（1）曲线段矩形和马蹄形隧道建筑限界应按直线段的建筑限界分别进行加宽和加高，计算公式为

$$E_{内} = \frac{l_1^2 + a^2}{8R} + X_4\cos\alpha + Y_4\sin\alpha - X_4 \tag{6-13}$$

$$E_{外} = \frac{l_0^2 - (l_1^2 + a^2)}{8R} + X_8\cos\alpha - Y_8\sin\alpha - X_8 \tag{6-14}$$

$$E_{高} = Y_1\cos\alpha + X_1\sin\alpha - Y_1 \tag{6-15}$$

$$\alpha = \sin^{-1}(h/s) \tag{6-16}$$

式中　$E_{内}$、$E_{外}$、$E_{高}$——分别为曲线内侧、外侧、高度增加值（mm）；

l_0——车体长度（mm）；

l_1——车辆定距（mm）；

a——车辆固定轴距（mm）；

R——圆曲线半径（mm）；

h——超高值（mm）；

s——内外轨中心距离（mm）；

$(X_1,Y_1),(X_4,Y_4),(X_8,Y_8)$——分别为计算加宽和加高的控制点坐标值。

（2）曲线范围内的建筑限界加宽量计算公式为

$$e_{内}=\frac{l_1^2+a^2}{8R_0} \tag{6-17}$$

$$E_{外}=\frac{l_0^2-(l_1^2+a^2)}{8R_0} \tag{6-18}$$

式中　$e_{内}$、$E_{外}$——分别为道岔导曲线内、外加宽量（mm）；

　　　R_0——道岔导曲线半径（mm）。

（3）竖曲线地段的建筑限界加高量按下列公式计算

$$\Delta H_1=\frac{l_1^2+a^2}{8R_1} \tag{6-19}$$

$$\Delta H_2=\frac{l_0^2-(l_1^2+a^2)}{8R_2} \tag{6-20}$$

式中　ΔH_1、ΔH_2——分别为凹凸形竖曲线加高量（mm）；

　　　R_1、R_2——分别为凹凸形竖曲线半径（mm）。

（4）车站直线段的站台高度应低于车厢地板面，其高度差宜为50～100mm。站台边缘与车厢外侧面之间的空隙，宜采用100mm。

（5）直线地段隧道限界与坐标值规定如下：图6.13、图6.14、图6.15、图6.16分别为区间隧道直线地段的矩形、马蹄形、圆形及车站直线段矩形隧道限界；图6.17、图6.18为相应的节点。表6.7、表6.8、表6.9为车辆轮廓线、车辆限界、设备限界坐标值。

车辆轮廓线坐标值　　　　　　表6.7

坐标＼点号	0	1	2	3	4	5	6	7	8	9	10	11
X	0	800	1100	1255	1325	1400	1400	1277	1277	1277	1473	1473
Y	3515	3515	3515	3435	3350	3250	1860	600	350	210	185	105

坐标＼点号	12	13	14	15	16	17	18	19	20	21	22
X	1220	1160	1140	1000	1000	818	818	717.5	717.5	676.5	676.5
Y	105	105	150	150	100	100	0	0	25	−25	−100

车辆限界坐标值　　表 6.8

点号 坐标	0'	1'_{4上}	2'_{4上}	3'_{4下}	4'_{7下}	5'_{7下}	6'_{1319下}	7'_{1319下}	J'	8'	9'	10'_1	10'_2	10'_3	11'_1	11'_2
X	0	881	1181	1368	1502	1520	1471	1348	1307	1307	1308	1425	1460	1515	1515	1510
Y	3953	3593	3515	3415	3241	1849	463	463	463	307	241	275	275	220	140	124

点号 坐标	11'—12'_1	11'—12'_2	11'—12'_3	10'	11'	12'	13'	14'	15'	16'	17'	18'	19'	20'	21'	22'
X	1455	1382	1365	1504	1504	1251	1191	1167	1027	1027	845	845	717.5	717.5	649.5	649.5
Y	134	146	146	216	44	44	44	70	70	60	60	0	0	-45	-45	60

设备限界坐标值　　表 6.9

点号 坐标	0''	1''_{4上}	2''_{4上}	3''_{4下}	4''_{7下}	5''_{7下}	6''_{1319下}	7''_{1319下}	8''	9''	10''	11''	12''	13''	14''	15''
X	0	917	1218	1406	1592	1600	1545	1545	1625	1625	935	935	717.5	717.5	627.5	627.5
Y	3653	3653	3578	3479	3282	1890	504	432	432	15	15	0	0	-70	-70	15

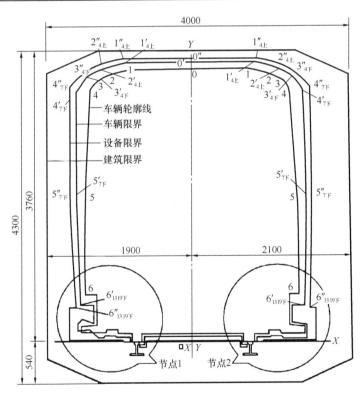

图 6.13　区间直线地段矩形隧道限界

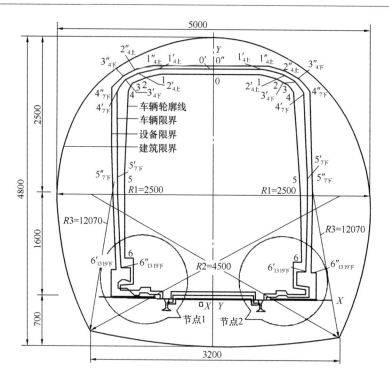

图 6.14　区间直线地段马蹄形隧道限界

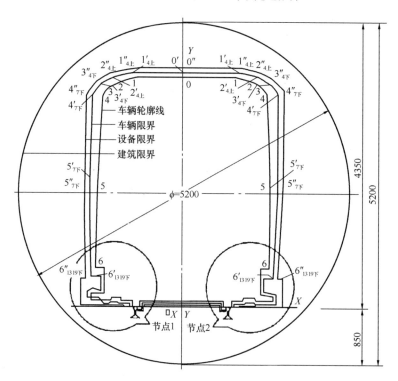

图 6.15　区间直线地段圆形隧道限界

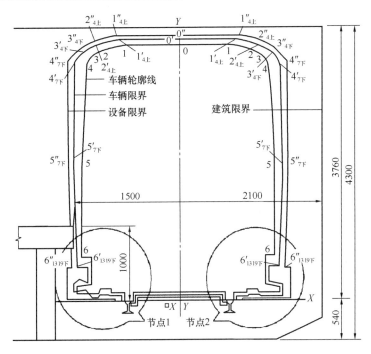

图 6.16　车站直线地段矩形隧道限界

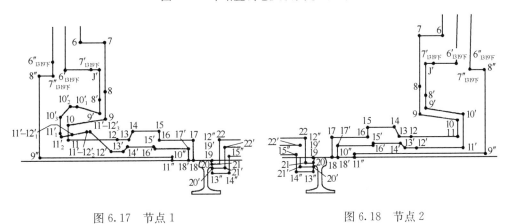

图 6.17　节点 1　　　　　　　　　　　　图 6.18　节点 2

2. 隧道断面

地铁隧道断面尺寸由限界确定，断面形式根据结构特征、水文地质、施工方案来确定。

浅埋明挖法施工地铁隧道的主要类型见图 6.19。图 6.19（a）为矩形单层框架，跨度大、施工土方量小，结构净空高。图 6.19（b）、（c）为单层及双层矩形，中间设柱或楼板，使用方便，结构形式较单层复杂，土方开挖量大。图 6.19（d）为直墙拱顶式结构，受力好，跨度大，拱顶空间可敷设管线。上述几种形式均适用。

暗挖法施工的地铁隧道常采用圆形、拱形、马蹄形等。图 6.20，圆形断面适

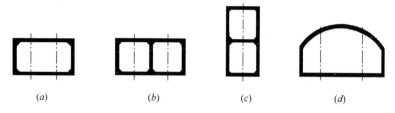

图 6.19　区间隧道横断面类型（浅埋明挖施工）

（a）单跨矩形；（b）双跨矩形；（c）单跨双层矩形；（d）直墙单拱形

用于盾构法施工，施工速度快，机械化程度高。图 6.21，马蹄形及拱形断面适用于深埋暗挖法施工，此种断面由于埋深较大，所以施工时如采用人工暗挖，则工期长，增加施工费用，如地面隔一段距离需设置垂直升降竖井，土方及人员可从竖井中出入，势必影响地面道路交通，间接经济损失更大。所以深埋圆形及拱形断面一般应采用机械化施工方法，且因埋深较大，不影响地面交通。

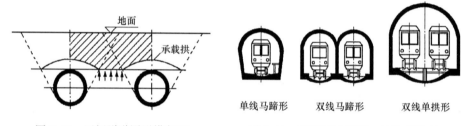

图 6.20　区间隧道圆形横断面　　　图 6.21　区间隧道拱形、马蹄形横断面

单线马蹄形　　双线马蹄形　　双线单拱形

图 6.22 为哈尔滨地铁规划中的单线轨道圆形区间隧道设计方案，建筑限界控

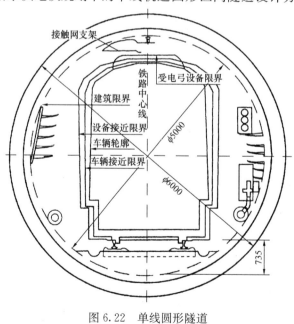

图 6.22　单线圆形隧道

制的内径为 $\phi 5m$ 及外径为 $\phi 6m$ 的断面，考虑了各种限界控制的轮廓线。图 6.23 为已建成的蹄形双线区间隧道的断面相关尺寸，在该设计中采用 50kg/m 耐磨钢轨、DTIV 型扣件、短枕式整体道床及无缝线路形式。

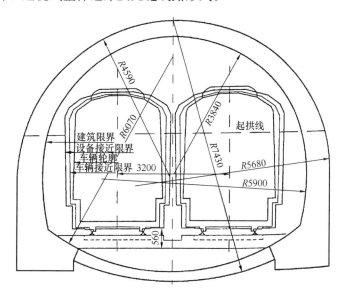

图 6.23　双线马蹄形区间隧道

6.3.2　区间设备段

1. 作用

区间设备段主要位置设在车站之间或重要而特殊的地段，主要作用是解决隧道内的通风、供水、排水、供电、防护等要求。设备段之间或设备段与车站之间可为进排风组合，也可利用设备段组成防护单元，为了保证及时供水，当城市自来水出现问题时可由设备段的深井泵房作为备用水源等。

2. 建筑布置

设备段设在隧道一侧，分为平行与垂直两种方式，每间隔 3～4km 设一个设备段。设备段主要要求如下：

（1）设置出入口及通风设施，也可单纯通风，通常与出入口合设，便于出入。出入口形式多为垂直设置，出入口可供检修人员平时及战时使用。

（2）设置必要的值班、休息用房（约 30～40m²）、风机房及其需要的防护设备用房（洗消间等）。

（3）按要求设置防护密闭设施及隧道单元的防护用门库，以便在应急状态下使用。

图 6.24～图 6.26 为平行隧道布置的设备段，内设出入口、防护门、风机房及消波系统。图 6.25 增设了洗消系统及深井泵房，图 6.26 增设了对开区段门库。图 6.27 为垂直隧道布置的设备段。图 6.28 为过渡区的多层设备布置，底层有封闭隧

道使用的门库、排水泵库及电控室、风机房，二层有防灾害状态下的除尘、滤毒、风室等房间。

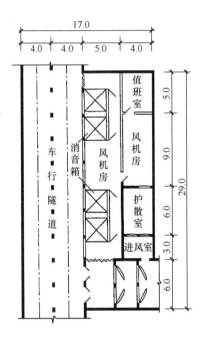

图 6.24　区间设备段平行布置一

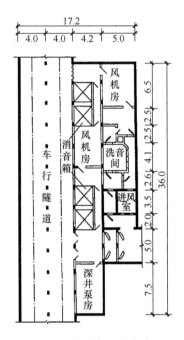

图 6.25　区间设备段平行布置二

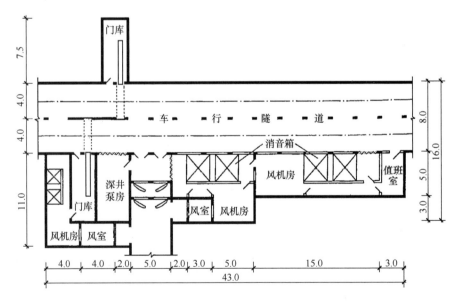

图 6.26　区间设备段平行布置三

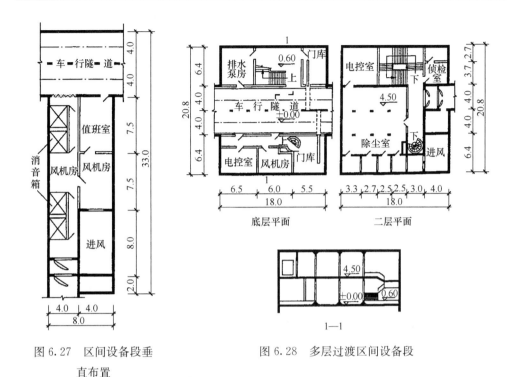

图 6.27　区间设备段垂
直布置

图 6.28　多层过渡区间设备段

§6.4　地铁车站总体设计

地铁车站是地铁设计中技术要求最复杂部分，建筑功能多，技术要求难度大，造价通常为同长度隧道的 3～10 倍。地铁车站总体设计包括车站的位置、类型，出入口与地面的关系，站台类型及尺寸，出入口立面形式，站厅在车站中的安排及类型等，车站在线路中位置及配置通常应由交通部门根据多种因素决定。

6.4.1　车站的位置及类型

1. 车站的位置

车站位置应结合城市地上地下总体规划进行，应考虑与地面道路及地下街的相互关系。站距应合适，最大限度地发挥车站功能，站距太远，乘客使用不便；太近影响运营速度。我国通常采用市区车站距离 1km，郊区站距离不宜大于 2km。车站应设在下述位置：

（1）城市交通枢纽中心。如火车站、汽车站、码头、空港、立交中心等；

（2）城市文化、娱乐中心。如体育馆、展览馆、影视娱乐中心等；

（3）城市中心广场。如游乐休息广场、交通分流广场、文化广场、公园广场、商业广场等；

（4）城市商业中心。如大的百货商场集中地、购物市场、批发市场等；

（5）城市工业区、居住区中心。如住宅小区、厂区等；

（6）同地面立交及地下街中心结合。出入口常设在地面街道交叉口、立交点、地下街中心或地下广场等；

（7）车站最好设置在隧道纵向变坡点的顶部，这样有利于机车车辆的起动与制动（图6.11）。

2. 车站的类型

车站规模应根据远期设计客流量（如近期值大于远期值时取大值），综合考虑行车组织（列车对数）和车站行车管理、设备用房需要来确定。远期设计客流量为该站远期预测高峰小时客流量（取早、晚高峰小时客流量中的较大值）乘以超高峰系数，超高峰系数则根据车站规模、车站周围环境、客流性质等所决定不同因素分别取1.1～1.4的系数。换乘车站的设计应包括换乘节点部分，要预留切实可行的换乘接口条件，一次设计，分期实施。换乘设施的通过能力，应满足远期换乘设计客流量的需要。车站应在满足使用功能的前提下，尽量缩小，以减少投资。车站规模设计应保证乘客使用安全、方便，并具有良好的通风、照明、卫生、防灾等设施，为乘客提供舒适的乘车环境。

根据不同地段条件的车站使用功能可分为中间站、换乘站、终始站、区域站等车站类型（图6.29）。

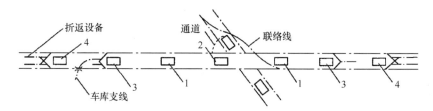

图6.29　地铁车站类型

1—中间站；2—换乘站；3—区域站；4—终始站

（1）中间站　中间站是供乘客中途上下车使用的车站，其特点是规模较小、流通量不大，是建造数量最多的车站。中间站决定整个线路的最大通过能力，某些中间站在中远期规划中有可能发展成区域站或换乘站，因此，设计规模应考虑扩展及功能转换的可能性。

（2）区域站　区域站具有中间站的作用，通常设有折返设备，使高峰区段能增加行车密度。

（3）换乘站　换乘站是位于地铁线路交叉点的车站。主要作用是改变乘客人流方向，具有中间站的功能。换乘站可分为垂直换乘（图6.30）、平行换乘（图6.31）和地道换乘（图6.32）三种类型。图6.30（a）为垂直换乘中的"L"形布置；图6.30（b）为"T"形布置；图6.30（c）为"十"字形布置，交通方式可通

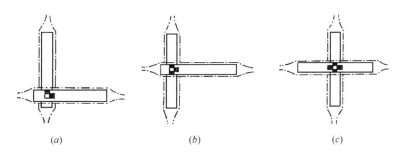

图 6.30　垂直换乘站示意图

(a)"L"形相交；(b)"T"形相交；(c)"十"字形相交

过楼梯或自动扶梯换乘。其中"十"字形换乘使用方便，步行距离短。图 6.31 (a) 是将四条线分设在两层两个岛式站台车站上，两层间以楼梯相连；图 6.31 (b) 是四条线设在同一层，通过天桥或步行道相连；图 6.31 (c) 将上下层的线路在垂直面上错开，下层为岛式站台车站，上层为侧式站台车站，以天桥相连。图 6.32 为地道换乘站的透视图，该换乘站通过地下步行道来解决人流换乘的问题。

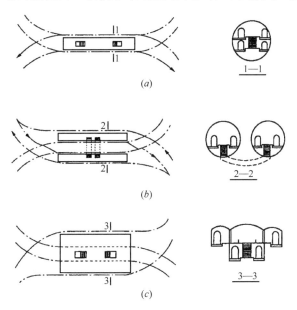

图 6.31　平行线路换乘站示意图

（4）终始站　终始站设有线路折返设备及设施，作为列车临时检修使用。而折返方式则决定列车折返速度的快慢。折返有环形式与尽端式两种。环形折返在需折返的车站位置尽端处设置一个环形回转线，但是此种折返对轨道磨损大，并要求有较宽敞的空间。尽端式折返通过道岔改变运行方向，不需要更宽敞的运行空间，该地段的开挖量小。两种形式应根据具体情况设计。

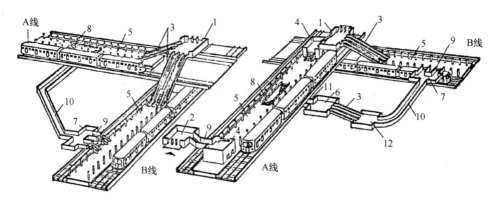

图 6.32　地道换乘站透视图

1—联合地面站厅；2—地面站厅；3—自动扶梯；4—前厅；5—车站集散厅；6—地下站厅；

7—地道小过厅；8—下降楼梯；9—天桥；10—换乘地道；11—通行地道；12—张拉室

6.4.2　车站的总体布局

车站总体布局应和隧道线路的方向一致，以便乘客迅速上下车及进出车站。车站出入口是引导乘客上下的主要进出通路，要合理设置出入口并处理好与城市道路、人行道、绿地和立交街道的关系。

车站地面出入口应根据地面道路走向确定。地面道路主要有多交叉口、"十"字交叉口、立体交叉口、广场型交叉口等。

1. 出入口与广场型多交叉口的关系

地铁车站出入口设在广场型多交叉口时，应顺应道路方向多设出入口。图 6.33 为伦敦甘兹山地铁车站出入口，交通广场周围有 5 条道路，每条道路均设带有步行过街的出入口，6 个出入口解决了地下步行过街问题，5 个街道通行畅顺，地铁车站设在广场左侧地下，有自动扶梯由出入口进入地铁站厅。

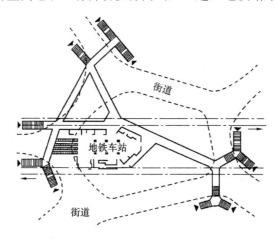

图 6.33　伦敦甘兹山地铁车站出入口布置

图 6.34 为上海某地铁车站出入口的设置。该地铁出入口位于漕溪北路立交桥处，有 5 条路口和 1 个立交桥，在人行道附近设 4 处出入口。

2. 出入口与地面立交桥的关系

地铁车站位于立交桥人行道处（图 6.35）。

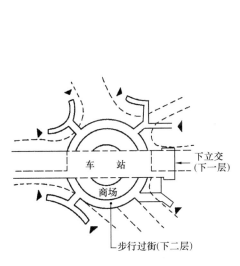

图 6.34　上海地铁车站出入口

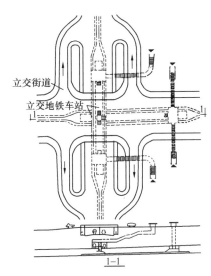

图 6.35　立交地铁车站与桥立交街道关系

3. 出入口与"十"字交叉口的关系

地铁车站位于"十"字交叉口的情况相当普遍，"十"字交叉口有"正十字"和"斜十字"交叉路口，出入口常布置在人行道一侧，保证人员不横穿路段，直接由出入口进入地铁。图 6.36 为"十"字交叉出入口与道路间的关系。图 6.36（a）为"斜十字"交叉口，出入口布置在路段建筑物内，为附建式出入口，不影响人员通行，节约地面面积，但建筑内部人流交叉多，不易被发现。图 6.36（b）为带地下步行道的出入口。图 6.36（c）为带地下中间站厅的出入口，地下中间站厅可在

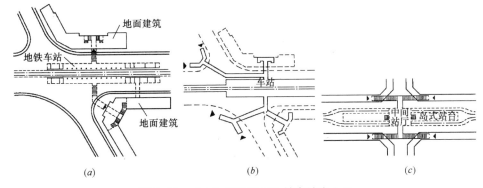

图 6.36　"十"字交叉口地铁车站出入口

（a）地面站厅的附建式出入口；（b）地下步行道的出入口；（c）地下中间站厅的出入口

"十"字交叉口左右各设一个，形成 4 个出入口两个中间站厅的类型，此种设计适用于岛式站台。

6.4.3　站台类型及尺寸

1. 站台类型

车站中最主要的是站台，站台形式决定车站总体设计方案和出入口布置。站台类型有岛式、侧式、混合式三种。

岛式站台设在上下行车线路之间，乘客中途折返同时使用一个站台，适用于规模较大的车站，如终始站、换乘站，其特点是折返方便，集中管理，需设中间站厅进入站台，站台长度固定（图 6.37）。

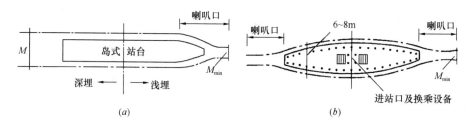

图 6.37　岛式站台

（a）岛式站台；（b）弧形岛式站台

侧式站台设在上下行车线的两侧，既可相对布置，也可相错布置。乘客中途折返需通过天桥或地道，其特点是适用于规模较小的车站，人流不交叉且折返需经过联系通道，可不设中间站厅，管理分散，可延长站台长度（图 6.38）。

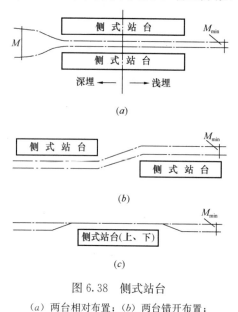

图 6.38　侧式站台

（a）两台相对布置；（b）两台错开布置；

（c）上下层重叠布置

混合式站台是岛式站台与侧式站台相结合，其特点是乘客同时在两侧上下车，能缩短停靠时间，常运用于大型车站，折返方便。由图 6.39 可以看出，混合式站台可设一岛一侧或一岛二侧等。

2. 站台尺寸

（1）站台长度

站台长度为远期列车编组长度加 1~2m

$$L = s \times n + \Delta L \qquad (6-21)$$

式中　L——站台长度（m）；

　　　s——电动客车每节长度（BJ-2 型为 19.42m）；

　　　n——客车节数（节）；

　　　ΔL——连接器及停车误差总和（取 1~2m）。

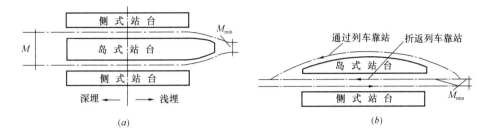

图 6.39　混合式站台

(a) 一岛二侧；(b) 一岛一侧

（2）站台宽度

① 经验公式

侧式站台宽度

$$b = \frac{m \times w}{L} + 0.45 \tag{6-22}$$

式中　b——侧式站台宽度（m）；

　　　m——超高峰小时每间隔列车单方向上下车人数（人）；

　　　L——站台计算长度（m）；

　　　w——站台上人流密度（m²/人），如上海取 0.4；

　0.45——安全带宽度（m），线宽 0.08m，线距站台边缘 0.4m。

　　岛式站台总宽度

$$B = 2b + n \times 柱宽 + （楼梯 + 自动扶梯） \times 宽 \tag{6-23}$$

式中　n——站台横断面的柱子数；

　　　B——总宽度，应按模数采用，且不小于 8m。

② 按客流量计算

侧式站台宽度

$$b = \frac{A}{L_计} + 0.45 + \frac{1}{2}b_0 \tag{6-24}$$

$$m = P_h \cdot n(P_s + P_c) \times \frac{1}{100} \tag{6-25}$$

式中　　A——站台面积（m²），$A = m \times w$；

　　　m——超高峰小时每间隔列车单方向上下车人数（人）；

　　　P_h——每节车厢容纳人数（人）；

$(P_s + P_c)$——上、下车乘客占全列乘客数的百分比，根据预测客流或调查资料取

　　　　　　20%～50%；

　　　n——列车的车厢数（节）；

　　　w——站台人流密度（正常情况为 0.75m²/人）；

$L_{计}$——站台计算长度（m）；

b_0——乘客沿站台纵向流动宽度，取 2～3m。

岛式站台总宽度要求不小于表 6.10 中的数值。

站台最小宽度　　　　　　　　　表 6.10

站台形式	结构		站台最小宽度（m）
岛式站台			8.0
侧式站台	无柱		3.5
	有柱	柱内	3.0
		柱外	2.0
混合式站台	岛式		8.0
	侧式		3.5
多跨岛式站台车站的侧站台			2.0

a. 单拱岛式站台总宽度

$$B = 2b + b_0 \qquad (6-26)$$

b. 三跨岛式站台总宽度

$$B = 2b + b_0 + 2 \times 柱宽 + (楼梯 + 自动扶梯) \times 宽 \qquad (6-27)$$

不论采用哪种计算方法，其结果选用值都不得小于式（6-27）所计算的站台最小宽度值。表 6.11、表 6.12、表 6.13 分别列出了日本地铁站台宽度及我国北京、上海地铁站台尺寸。

日本站台宽度　　　　　　　　　表 6.11

车站位置	岛式（m）	侧式无立柱（m）	侧式有立柱（m）
位于以住宅区为主地区内的小站	8	4	5
位于以住宅商业为主地区内的中等站	8～10	4～5	5～6
位于以商业办公为主地区内的大站	10～12	5～6	6～6.5
位于以商业办公为主地区内的换乘站或与铁路的联运站	12 以上	6 以上	6.5 以上

北京一期车站尺寸　　　　　　　　　表 6.12

岛式车站　　　项目	规模（m）		
	大	中	小
站台总宽	12.5	11	9
站台中跨集散厅宽	6	5	4
站台面至顶板底高	4.95	4.55	4.35
侧站台宽	2.45	2.10	1.75
站台纵向柱中心距	5	4.5	4
站台长度	118	118	118
地下站厅高	2.95	2.95	2.95
地下通道宽	4	4	4
地下通道高	2.55	2.55	2.55

上海一号线车站尺寸 表 6.13

岛式车站 项目	规模（m）		
	大	中	小
站台总宽	14	12	10
侧站台宽	3.5～4.0	2.5～3.0	2.5
站台长度	186	186	186
站台面至楼板底高	4.1	4.1	4.1
站台面至吊顶面高	3	3	3
吊顶设备层高	1.1	1.1	1.1
纵向柱中心高	8～8.5	8～8.5	8

从表 6.11 中可看出，无论哪种站台类型，以住宅为主的地区站台宽度取最小值，而换乘、中转的站台宽度取最大值，其他类型站台宽度取两者之间。岛式站台宽度基本是 8m、10m、12m，侧式站台的宽度净宽应为 4m、5m、6m，如有柱则加上柱宽。

3. 车站各建筑部位的高度、宽度及通行能力

车站各建筑部位的最小高度、宽度及最大通过能力参照规范规定，见表 6.14、表 6.15、表 6.16。

车站各建筑部位的最小净高 表 6.14

名称	站厅与站台厅	地下站厅一般用房	地面站厅一般用房	站台下面一般用房	通道或天桥	楼梯段	出入口
最小净高（m）	3.0	2.4	2.5	2.3	2.4	2.4	2.5

车站人行交通各部位最小净宽 表 6.15

名称	通道或天桥	出入口	楼梯
最小净宽（m）	2.5	2.5	2.0

车站各部位最大通行能力 表 6.16

名称	1m宽通道		1m宽楼梯			1m宽自动扶梯	1m宽自动人行道	人工检票口（月票）	人工检票口（车票）	自动检票机	半自动售票机	自动售票机
	单向通行	双向通行	单向下楼	单向上楼	双向混行							
每小时通过人数（人）	5000	4000	4200	3700	3200	8100	9600	3600	2600	1800	900	600

6.4.4 站厅、通道及出入口

1. 站厅

站厅是乘客进入站台前首先经过的地下中间层，是分配人流、休息、候车、售

票、检票的场所。站厅层设计应合理进行功能分区，一般设有检票、售票、商服、休息、管理、候车、大厅、设备等房间，公共区应根据客流流线及管理需要划分为非付费区和付费区，并按规范要求划分防火分区。

岛式车站必须设置地下中间站厅，侧式站台以中间站厅兼作天桥。站厅剖面位置应设在站台的顶部，站厅高度为 2.4～3.0m，通过楼梯（或电梯）与站台联系。

站厅的建筑布局形式如下：

（1）桥式站厅　在地铁站台的顶层设置类似桥式的站厅，联系站台和地面出入口，通常在站台中间或两端各设一个站厅（图 6.40、图 6.41）。

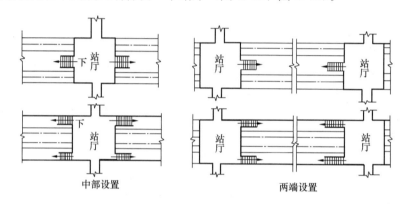

图 6.40　岛式和侧式站台站厅

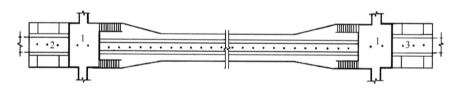

图 6.41　桥式站厅
1—中间站厅；2—电气用房；3—办公及休息室

（2）楼廊式站厅　站台上部四周布置夹层而形成一层站台上空形式，并在楼廊采用 2～3 个廊桥连接，通过廊桥下楼梯进入站台（图 6.42）。

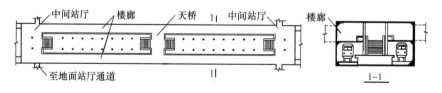

图 6.42　楼廊式地下中间站厅

（3）楼层式站厅　站台设计成二层，地下顶层为站厅、地下底层为站台。站厅很大，可设置管理及设备用房，人流可根据进出流线管理，并同其他地下设施（地下街等）相连接（图 6.43），站厅设在地下一层，采用自动售票和自动检票方式，宽敞的站厅实际上成为多功能的地下人行过街通道，多处设有出入口，连通地面街道、大楼底层、地下商业街，交通四通八达。

（4）夹层式站厅 站厅是在站台大厅中设置局部夹层，通过夹层连接地面及站台。此种做法站厅面积受到一定限制，但有一种共享空间的特色，较有艺术感（图6.44）。

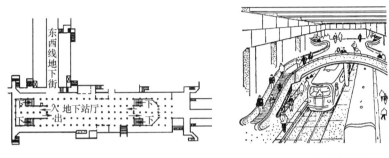

图 6.43 楼层式站厅　　　　　　图 6.44 夹层式站厅

（5）独立式站厅 站厅不设在地铁的顶层，而是独立设置，通过楼梯和步行道连接站台和地面。特点是布置灵活，不受地下层站台结构影响，上下层为两个独立式结构，甚至不在一条轴线上（图6.45）。

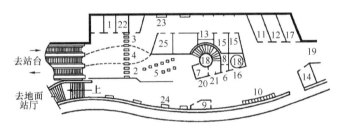

图 6.45 香港地铁车站地面站厅

1—站务、票务办公室；2—进站检票口；3—出站检票口；4—可逆性检票口；5—售票机；6—换钱处；7—会计室及票库；8—站长室；9—小卖部；10—电话间；11—公用男厕；12—公用女厕；13—清洁用具室；14—职工休息室；15—职工盥洗室；16—灭火器；17—风机房；18—风道；19—地下人行道；20—急救室；21—问询处；22—自动跟踪控制室；23—发光布告牌；24—坐凳；25—配电间

2. 出入口的立面形式

地铁车站出入口的立面形式应同地面街道视线、建筑、绿化、环境相统一，应成为城市建筑小品，引导性明显。地铁车站出入口的主要立面形式：

（1）单建棚架式出入口，为带有防雨罩及围护或半围护的出入口，做成矩形等其他形状（图6.46）。

（2）附建式出入口，通过地面建筑局部设置的出入口。

（3）开敞式出入口，出入口可不设围护及棚架（图6.47），直接在露天条件下

图 6.46　单建棚架式出入口

敞口设置，并做出必要的挡雨造型设施，如围栏等，出入口也可设在下沉式广场内（图 6.48）。

图 6.47　开敞式出入口（重庆）　　　图 6.48　下沉式广场内出入口（成都）

（4）立交式出入口，出入口同地面的立交桥或其他立交设施相结合，丰富了空间层次，现代化都市感强，有地铁交通特色。

地铁车站出入口大多设在繁华中心或人流集中地带，因此，应按照建筑立面一般原则设计：

① 立面入口应醒目、突出，吸引分散人流，且有地铁运行特点。如动态感地铁立面标志见图 6.49。

图 6.49　世界城市地铁标志

② 立面造型同街景相结合，与周围环境有机组成整体，活泼、生动。

③ 符合建筑设计的一般规律，如统一、对比、尺度、变化、协调等。

④ 充分利用原有环境特色，如建筑、立交、通风口等。

⑤ 若条件具备，应尽可能设计成附建式、下沉广场式、平卧开敞式等出入口形式。

3. 通道、楼梯及出入口设计要求

(1) 通道和楼梯宽度

① 通道宽度计算（图 6.50）

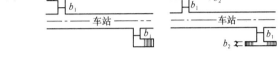

单支 $\qquad b_1 = \dfrac{Q \times \alpha}{C_1 \times 2}$ $\qquad$ (6-28)

图 6.50 通道宽度计算示意图

双支(二侧) $\qquad b_2 = \dfrac{Q \times \alpha}{C_1 \times 4}$ $\qquad$ (6-29)

式中 C_1——通道双向混行通过能力（人/h），见表 6.17；

$\quad$ α——不均匀系数，一般取 $\alpha = 1 \sim 1.25$；

$\quad$ b——通道宽度（m）；

$\quad$ Q——超高峰客流量（人/分钟）。

② 楼梯宽度计算

$$B = \frac{Q \times T}{C}(1 + \alpha_b)$$ (6-30)

式中 T——列车运行间隔时间（分钟）；

$\quad$ Q——超高峰通过客流量（人/分钟）；

$\quad$ C——楼梯通过能力（人/分钟）；

$\quad$ α_b——加宽系数，一般采用 0.15。

表 6.17 为北京、上海、香港、巴黎的通道、楼梯每小时通过能力。

出入口楼梯、通道的通过能力（人/h） $\qquad$ 表 6.17

人数 \ 地区		北京	上海	香港	巴黎
宽度	1m 宽通道 单向通行	5000	5280	5400	6000
	1m 宽通道 双向混行	4000	4200	4020	—
	1m 宽楼梯 单向下行	4200	4200	4200	4500
	1m 宽楼梯 单向上行	3800	3780	3720	3600
	1m 宽楼梯 双向混行	3200	3180	4000	—
	1m 宽自动扶梯	8100	8100	9000	7200

(2) 出入口设计原则

出入口设计应考虑人流进出方便程度、高峰时人流量、服务半径等多种因素，地面室外空间和内部地铁车站联系简捷，保证规定时间内疏散车站内的全部人员。
地铁车站出入口设计原则如下：

① 出入口必须与地面道路走向、主要客流方向相吻合，如可布置在交叉口四个角的地段，且数量不宜少于 4 个，小型车站出入口数量不宜少于 2 个。

② 出入口应尽量同地面有大量人流的公共建筑相结合，两者之间应采取防火措施。

③ 出入口要考虑与步行过街、地下街、交通干线等其他地下空间建筑相连接。

④ 出入口的总设计客流量应按该站远期超高峰小时客流量乘以 1.1～1.25 的不均匀系数来计算，最小宽度不应小于 2.5m，净高不小于 2.4m。

⑤ 出入口要考虑防灾要求。如防护、防火、防洪等情况，应按相应的国家有关规范进行设计（如防护，可考虑武器的破坏因素，设置防护门等）。

⑥ 出入口的踏步尺寸按公共建筑楼梯踏步设计，高度为 135～150mm，宽度为 300～340mm，最多连续踏步级数应少于 18 级。楼梯净宽超过 3m 时，应设中间扶手。如北京地铁楼梯踏步为 150mm×300mm，当有自动扶梯时踏步尺寸为 172mm×300mm，过长则需设休息平台，其扶梯宽度为 1.2～1.8m。

⑦ 出入口设置上下自动扶梯应依经济条件和提升高度来确定。应尽量设置，以方便乘客。我国规定，当提升高度大于 8m 时，设置上行自动扶梯，当提升高度超过 12m 时，上下行均应设自动扶梯。

⑧ 站厅与站台面的高差在 5m 以内时，宜设上行自动扶梯；高差超过 5m 时，上下行均应设自动扶梯；如分期建设的自动扶梯应预留位置。在出入口的入口处应设有特征的地铁标志，并注意各个城市地铁的入口标志均不同，明显的统一标志可引导乘客。

⑨ 出入口设计中如考虑残疾人通行，楼梯可做成坡道或电梯，若为坡道，其最大坡度不宜超过 8%，最小宽度不得小于 1.6m（图 6.51）。

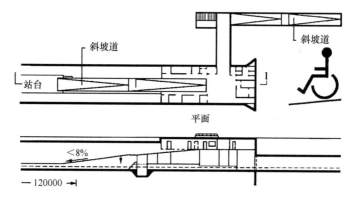

图 6.51　车站无障碍设计

⑩ 地铁地下通道水平段长度≤100m，如超过100m应设自动步道。

§6.5 地铁车站建筑设计

地铁车站建筑设计主要是建筑功能、建筑布局和结构形式。从建筑功能上主要由乘客使用、运营管理、设备技术、生活辅助用房四部分组成。平面建筑形式主要有侧式站台车站、岛式站台车站、混合式站台车站。从空间关系上有单层、双层车站。结构形式由施工方案及埋深确定。

6.5.1 地铁车站的功能分析及组成

从建筑功能上，地铁车站的主要组成有以下几部分：

（1）乘客使用部分，有出入口、地面站厅、地下中间站厅、楼梯、电梯、坡道、步行道、售票、检票、站台、厕所等。

（2）运营管理部分，有行车主副值班室、站长室、办公室、会议室、广播室、信号用房、通信室、工务工区、休息值班等。

（3）技术用房部分，有电器用房、通风用房、给排水用房、电梯机房等。

（4）生活辅助部分，有客运服务人员休息室、清洁工具室、贮藏室等。

四部分之间应有联系和区别，图6.52为地铁车站的功能分析图。

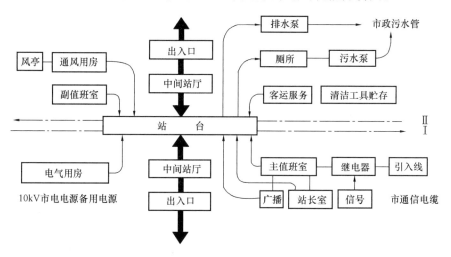

图6.52　地铁车站功能分析

图6.53为典型地铁车站建筑平面与透视图，底层为站台，两端为二层，设桥式地下中间站厅。站厅内设有电信、通风及变电机房。底层污水用房及变电用房各设一端，并设置行车主副值班室。简图分析的布局如图6.54所示。根据图6.53、图6.54的功能关系可进行地铁建筑平面设计。

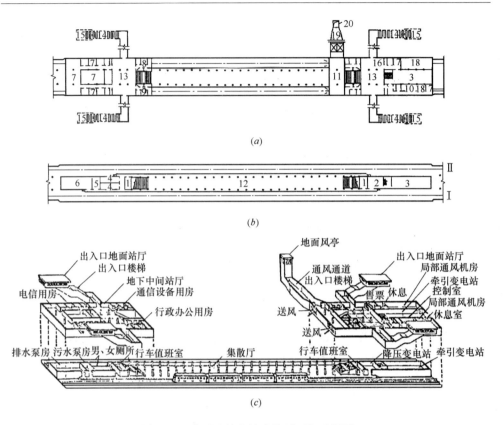

图 6.53　典型地铁车站建筑平面与透视图

(a) 二层平面；(b) 底层平面；(c) 车站透视

1—行车值班室；2—降压变电站；3—牵引变电站；4—男女厕所；5—污水泵房；6—排水泵房；7—电
讯用房；8—通信设备用房；9—行政办公用房；10—控制室；11—通风用房；12—集散厅；13—地下
中间站厅；14—出入口楼梯；15—出入口地面站厅；16—售票处；17—工作人员休息室；18—局部通
风用房；19—通风通道；20—地面风亭

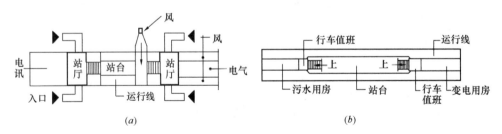

图 6.54　地铁车站简析

(a) 上层平面；(b) 下层平面

6.5.2　地铁车站平面布局方案

1. 侧式站台车站

(1) 平面关系

地铁车站平面布局方案仅从底层分析，站厅及出入口通道设在地下顶层，其主要关系见图 6.52。

根据图 6.55（a）布局提出图 6.56 浅埋侧式站台的平面设计。图 6.56 可知，侧式站台许多设备用房均可在同一层解决，地下中间站厅可采用独立式或桥式解决。

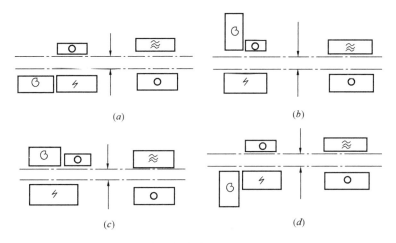

图 6.55　浅埋侧式站台的平面功能布局

（a）平面布局一；（b）平面布局二；（c）平面布局三；（d）平面布局四

🜨—风；≈—水；⚡—电；〇—管理；→—人流

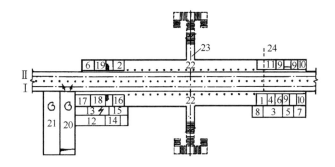

图 6.56　浅埋侧式站台平面

1—行车主值班室；2—行车副值班室；3—继电器室；4—引入线室；5—信号工区；6—休息室；7—站长室；8—广播室；9—厕所；10—污水泵房；11—排水泵房；12—高压变电；13—降压变电；14—主控制室；15—电气值班室；16—引导开闭所；17—蓄电池室；18—风机控制室；19—贮藏室；20—平时风机房；21—战时风机房；22—站台；23—车站中心线；24—变坡点

（2）实例方案

图 6.57 为二跨单层双拱直墙侧式车站方案。单拱净跨 8m，车站总长 129m，设 2 个门库及风亭，车站左部为电气用房，右部为污水用房。站台净宽 4.817m，上下行车线设在中间墙两侧。

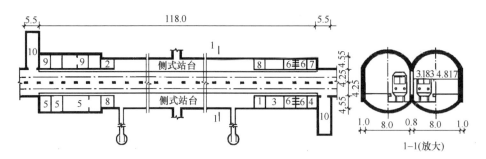

图 6.57 二跨单层双拱直墙侧式车站方案

1—行车主值班室；2—行车副值班室；3—信号设备室；4—广播室；5—电气用房；6—厕所；
7—污水泵房；8—客运休息室；9—牵引变电房；10—门库；11—风厅

该方案站台的左侧和右侧分别设一个行车主、副值班室，管理用房均设在站台右侧的上下行车线一侧，在站台内设出入口及两个通风口。车站的左右两端各设门库一个，在应急的状况下，如果关闭库门可使车站与隧道进行分隔，以保证其防护或防水单元的分区封闭。

图 6.58 为三跨单层三拱立柱式侧式站台方案。中间拱净跨 8.4m，两边拱净跨 3.5m，站合总长 105.5m，车站左部为电气用房，右部为污水及牵引变电，设独立式中间站厅及一条连接两个出入口通道的天桥。

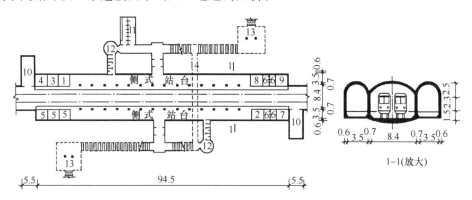

图 6.58 三跨单层三拱立柱式侧式站台方案

1—行车主值班室；2—行车副值班室；3—信号设备室；4—广播室；5—电气用房；6—厕所；
7—污水泵房；8—客运休息室；9—牵引变电房；10—门库；11—战备厕所；12—风厅；
13—中间站厅；14—天桥

图 6.58 方案站厅特点是独立建造在土层中，与车站标高不同，通过楼梯连接出入口及站台。站台设三跨，中跨为行车跨，边跨为站台跨。设垂直风井，用水的房间设在风井一侧。断面为三跨连续拱，由剖面 1-1 可知拱顶高 2.5m，两侧为直墙，中间为支柱，中间跨底板为 1.5m 高反拱，两侧地面为平板。

此种三拱立柱式车站可设在较深的土层中，采用暗挖法施工，适合拱形结构，此种结构形式的拱内空间还可用于敷设各种风、电、通信管线等。

2. 岛式站台车站

（1）平面关系

岛式站台与侧式站台的主要差别是须用桥式中间站厅解决交通问题。如设计成双层，可利用地下顶层做一部分设备用房，办公、污水等房间设在站台层。图 6.59 为岛式站台的布局关系图。

（2）实例方案

图 6.60 为岛式站台平面布置方案。该方案乘客由步行道进入设在车站站台两端的地下中间站厅，左右站厅分别设有电气及电信用房，底层左侧为电气和行车主值班室，右侧为污水、排水用房及行车副值班室。车站为三跨结构。图 6.61 为双层岛式站台的实例方案，该

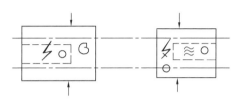

图 6.59　岛式站台平面关系

↯—电气；≈—水；◐—风；↯—电信；

○—办公；→—人流

方案为上下二层，顶层基本是为服务乘客的用房及通风用房，底层为电气用房。

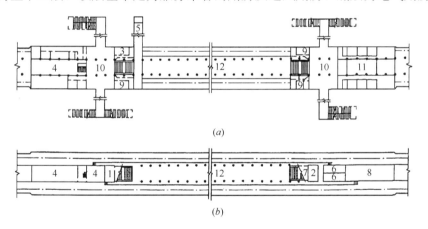

(a)

(b)

图 6.60　双层三跨岛式站台车站平面布置方案

（a）二层平面；（b）底层平面

1—行车主值班室；2—行车副值班室；3—继电器室；4—电气用房；5—通风用房；
6—厕所；7—污水泵房；8—排水泵房；9—办公及控制室；10—中间站厅；
11—电信用房（电话总机、广播等）；12—站台

3. 混合式站台车站

（1）平面关系

混合式站台常用于规模较大地铁车站，如区域站、大型立交换乘站。图 6.62 为混合式站台平面关系图，虚线表示不在同一层标高。人流由独立式站厅进入两个站台，电气用房与污水用房设在岛式站台两端。岛式站台左侧设一个行车主值班室，岛式、侧式站台的右侧各设一行车副值班室。

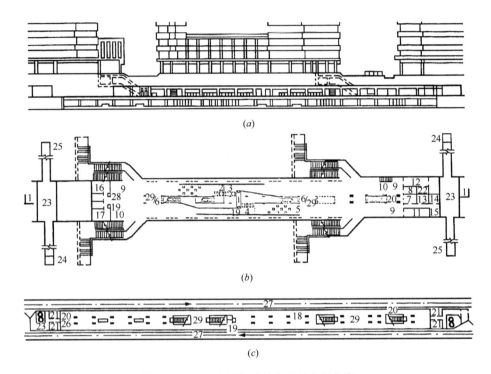

图 6.61　双层广厅岛式站台车站布置方案

(a) 剖面；(b) 一层平面；(c) 二层平面

1—站务票务办公室；2—进站检票口；3—出站检票口；4—可逆性检票口；5—售票机；6—换钱机；7—会计及票库；8—站长室；9—小卖部；10—公用电话；11—公共男厕；12—公共女厕；13—清洁用具；14—职工室；15—职工盥洗室；16—自动跟踪控制室；17—配电室；18—坐凳；19—灭火器；20—备用梯；21—继电器室；22—厕所及通风机室；23—风机室；24—进风道；25—排风道；26—发光布告牌；27—线路图；28—急救站；29—问询处

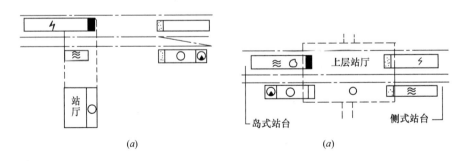

图 6.62　混合式站台平面关系图

(a) 站厅独立布置；(b) 站厅与站台上下布置

○—办公；≈—污水；↻—风机；◑—深井；↯—电气；■—主值班室；▨—副值班室

（2）实例方案

图 6.63 为混合式站台车站设计，建筑及设备房间布局同图 6.62 平面关系。车站内设有渡线使列车折返，岛式站台上方设反曲线使列车停靠。断面形式为五跨箱型结构，中间四排柱子。

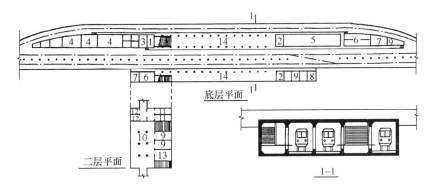

图 6.63　混合式站台车站平面布置方案

1—行车主值班室；2—行车副值班室；3—继电器室；4—电气用房；5—通风用房；

6—厕所；7—污水泵房；8—排水泵房；9—办公用房；10—中间站厅；11—广播室；

12—保安室；13—贵宾室；14—站台

6.5.3　地铁车站的结构类型

岛式站台、侧式站台都有相应的结构形式，地铁车站结构形式主要有以下几种。

1. 拱式结构

拱式结构有直墙拱、单拱、双拱、落地拱等类型（图 6.64），特点是受力合理，适合深埋，拱顶上部空间可充分利用。图 6.64 为（b）、（c）、（d）、（j）、（k）、（l）下部反拱用于管线通道；图 6.64 为（a）、（b）、（d）、（j）、（m）为直墙拱；

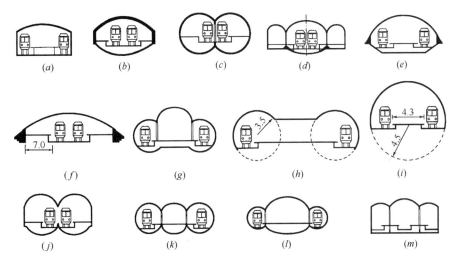

图 6.64　拱式结构断面类型

图 6.64 为 (c)、(g)、(h)、(i)、(k)、(l) 为圆拱；图 6.64 为 (e)、(f) 为落地拱；其中 (g)、(l) 带有多拱组合；图 6.64 为 (a)、(e)、(g)、(h)、(i)、(k)、(l)、(m) 为岛式站台；图 6.64 (b)、(c)、(d)、(f)、(j) 为侧式站台。

拱形结构大多为钢筋混凝土结构。某些拱，如直墙拱也可做成混合结构，可将直墙部分采用砖墙，底板为普通混凝土地面，基础做成混凝土或刚性基础。拱跨度小可直接砌砖拱，适用一些小型的地下通道等，跨度大，必须做成钢筋混凝土拱。

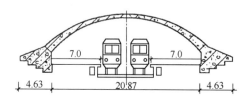

图 6.65 法国巴黎某地铁车站结构断面

图 6.65 为法国巴黎某地铁车站结构断面形式。采用落地拱，深埋于泥灰岩及石灰岩地层中，侧式站台宽 7m，站台长 225m，单跨拱跨度 21m，支撑在钢筋混凝土的台柱上。变截面拱，其拱顶厚 0.6m，拱脚厚 1m，由 13 块宽 0.8m 的钢筋混凝土管片拼装而成。管片端部涂以树脂，外侧用水泥浆充填。

2. 矩形结构

矩形结构有单层矩形、双层矩形、多矩形等类型。双层矩形顶层可作为地下中间站厅使用。矩形结构多用于浅埋施工，适用于岛式站台、侧式站台。

图 6.66 (a) 为三跨岛式站台车站；图 6.66 (b) 为四跨侧式站台车站；图 6.66 (c) 为两跨侧式站台车站；图 6.66 (d) 为双层三跨岛式站台车站；图 6.66 (e) 为双层双跨岛式站台车站，图 6.66 (f) 为五跨混合式站台车站。由图 6.66 可设计出多跨混合式单双层车站，如图 6.66 (f) 图对称翻转则成十跨混合式车站。

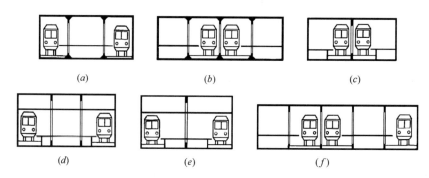

图 6.66 矩形结构断面类型

§6.6 地铁车站附属用房

地铁车站的正常运营需要有良好的行车组织及通信保障，为了保证设备的正常运转及机车的正常运营，车站必须设有相应的房间配置。

6.6.1　运营

1. 行车组织

我国规范规定线路最大通过能力每小时应不小于 30 对，列车编组车辆数为 6～8 辆。

2. 通信

专用通信：列车调度、电力调度、环控调度、站间行车调度、区间电话、无线调度、有线广播等。

公务通信：包括有自动电话、会议电话。

列车调度、电力调度、环控调度系统的电话总机应配置在同一机房内。

3. 信号

信号按供电一级负荷，两路独立电源。

根据运营的要求需要设置下述用房（表 6.18）。

运营用房　　　　　　　　　　　　　　　　　表 6.18

名称	面积（m²）	用途及位置
行车主值室	15～20	• 行车调度中心，主值班室位于下下行线一侧；有道岔的车站值班室设在道岔咽喉处。有 30 m 电缆槽
行车副值室	8～10	• 副值班室位于上行线一侧 • 有电话与主值班室联系
信号设备、继电器	30	• 设在主副值室中间，正确安全组织列车运营
信号值班	15	• 设备人员工作间，可和材料库合用
通信引入线	15	• 电缆引入车站
办公、会议、广播	各 15～20	• 位于主值班室、站长室附近或位于地面 • 隔声、噪声强度低于 40dB • 混响时间小于 0.4sec，木板地
工务工区	10～15	• 5～6km 一个 • 存放线路检修工具和材料

4. 其他管理用房

其他管理用房的房间数及面积参考值见表 6.19 所示。

车站管理用房位置、数量及面积　　　　　　　　表 6.19

房间名称	间数	面积（m²）	位置
站长室	1	10～15	站厅层接近车站控制室
车站控制室	1	25～35	站厅层客流量最多一端
站务室及会计室	1	10～15	站厅层
保卫室	1	15	站厅层客流量多一端

房间名称	间数	面积（m²）	位置
休息室及更衣室	各2	2×15	设在地面或地下
清扫工具间	2	2×6	站台层、站厅层各按一处
清扫员室	1	8	站厅层接近盥洗室处
茶水间	81	6~8	站台层或站厅层
盥洗室	1	6~8	接近茶水间设置
厕所间	2	2×8	内部使用，设在站厅或站台层
售票处	2	2×6	设在站厅层
问讯处	2	2×3	接近售票处设置
补票处	2	2×3	需要时设置，设在付费区内
公用电话	2	2×2	站厅层
备用间	1	15	站厅或站台层
乘务员休息	1	10~15	有折返线的车站设置，站台层
票务室	1	10~15	3~4站设一处，可设在地面

6.6.2　电气

地铁变电有牵引和降压变电两种，如表6.20所示。

电气用房　　　　　　　　　　　　　　　　表 6.20

名称	面积（m²）	用途及位置
牵引变电	40	・将10kV高压交流电改变为825V直流电 ・位于站台某一侧 ・每2km左右设一个
降压变电	40	・将10kV高压交流电改变为380V、220V ・同上
主控制室	30	・附属用房 ・位置以变电为中心布置一例 ・以电气专业为指导
蓄电池室	30	
整流器室	30	
值班及工具室	30	

6.6.3　通风

通风是隧道和车站不可缺少的部分，地铁通风一般以平时使用为主，设计时还要考虑应急状态下的防护通风，必要时还需采用空调系统。列车在隧道内运行会产生列车风，起到一定的通风作用，但地铁内的大量热量、污浊气体、灰尘应需通过辅助的机械排风去解决。

（一）通风方式

地铁车站人流量大，环境扰动大，人的体温、内部照明、电车所携带的热能、旅客带来的各种污染，使地铁车站通风要求较高。通风方式一般仍还只有自然通风、半机械化通风和机械通风三种。

1. 自然通风

自然通风的特点是利用地铁车站内部之间及其和外部空间的温差，利用地铁列车运行时对空气的活塞作用进行换气通风，不再利用其他机械设备。这种通风的优点在于节省造价，但缺点非常明显：

（1）风量不稳定，区间隧道内风量大、风速快，车站处风量小、风速慢；

（2）实际风量往往小于需要风量（通风距离短，通风口数量多，对风量需要也大；客流量增大，对新风量要求也大大增加）；

（3）难以控制地铁线室内温度。

因此，该通风方法仅在早期被采用，目前一般已不再使用。

2. 半机械通风

半机械通风一般有两种情况，一种是车站机械送风，区间（标准段）自然通风；另一种是车站自然通风、区间（标准段）机械排风。

3. 机械通风

全部采用机械通风。

（二）通风设施

1. 车站通风道

国外早期地铁工程中，大多采用自然通风方式。在地下隧道的顶板或侧墙上留有通风孔洞，外接直通地面竖井，地面竖井口部设有金属格栅。这种简易通风口设在道路上，每隔80～150m设一个，利用列车行驶的活塞作用进行隧道内与地面空气交换。车站的自然通风的效果不好，随着社会发展和科技进步，地下车站逐步采用机械通风方式，改善了地下环境。

国内外修建的地铁车站普遍采用了环控设备，车站内温湿度得到了控制，改善了事故情况下人员安全疏散。为了缩短地下车站的总长度，节约资金，环控设备多数设在车站以外的车站通风道内。环控设备主要有通风机、冷冻机组、控制设备、通风管道及附属设备等，一般分两层布置。

通风道的数量根据当地气候条件、车站规模、温湿度标准等因素由环控专业计算确定。地下车站一般设1～2个车站通风道。如地下车站附近设有地下商场等公用设施，应根据具体情况增设通风道。车站通风道的平面形式及长宽高尺寸应根据工艺布置、车站环境条件、道路及建筑物设置情况等因素综合考虑决定，见图6.67。

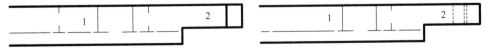

图6.67 车站通风道平面示意图

1—机房；2—风道

车站的送风方式有端部纵向送风、侧面横向送风、顶部送风及混合式送风几种。车站的通风管道可设在车站吊顶及站台层下的空间内。地下车站附属用房另设有小型通风机进行局部通风。

区间隧道也布置区间通风道。

2. 地面通风亭

通风道在地面口部所设置有围护结构的建筑物称为地面通风亭，简称地面风亭，为防止雨雪、灰砂、地面杂物等被风吹入通风道内，并从安全考虑，地面通风亭一般均设有顶盖及围护墙体。墙上设门，供运送设备及工作人员出入使用。车站通风厅上部设通风口，风口外面可设或不设金属百叶窗。通风口距地面的高度一般不小于 2m，特殊情况下通风口可酌情降低，但不宜小于 0.5m。位于低洼及临近水面的通风亭应考虑防水淹设施，防止水倒灌至车站通风道内。

地面通风亭规模主要根据风量、风口数量决定，同时考虑运送设备方便。地面通风亭位置应选在地势较高、平坦且通风良好无污染地方。城市道路旁边的地面通风亭，一般应设在建筑红线以内。地面通风亭与周围建筑物的距离应符合防火间距规定，间距不应小于 6m。进风及排风口之间应保持一定距离，如进风及排风口之间水平距离小于5m，高差不应小于 3m，如进风及排风口之间的水平距离大于 5m，其高差可不作规定。地面通风亭可设计成独建式或合建式，其建筑处理尽量与周围环境协调。

有关通风设备见表 6.21 所示。

通风用房 表 6.21

名称	用途及位置
风道	·隧道顶或侧部开口 ·一般的风量标准为 30m³/h ·每隔 80～150m 设一个 ·长度不宜大于 10m
风机房及消声	·见区间设备段
隧道隔墙	·防止隧道风过大 ·位于隧道二线路之间 ·车站 30m 以外设置 ·有开洞要求

6.6.4 给排水

给排水主要有给水泵房、排水沟、污水泵房、厕所等，详见表 6.22 所示。

给排水用房 表 6.22

名称	面积（m²）	用途及位置
给水系统		·每 3～4km 设一深水井
给水泵房	15	·地下 80m 深处设潜水泵
排水系统		·坡度 2‰～3‰

续表

名称	面积（m²）	用途及位置
排水泵房	30	· 位于边坡低点处 · 以 2km 设一个为宜 · 地面比轨顶标高高 25cm 以上，净高为 3.6m · 局部设集水井容积大于 40m³
污水泵房	12～15	· 邻近卫生间 · 地面应同化粪池底平 · 设污水泵

6.6.5　管理、设备用房布局

管理用房应尽量集中在站厅层一端紧凑布置。管理区内通道及楼梯布置应满足车站防灾要求。

车站设备用房由各专业用房组成，建筑设计中应满足各专业所提出的各种土建和工艺要求，并参照有关地面建筑设计规范和地铁规范的要求，以及地铁车站的特点进行设计。通风机房一般宜设在站厅层两端。风机监控室宜设在通风机房附近。任何给排水管不得穿过电气设备用房。气瓶间应设在被其保护范围的适中位置，保护距离应满足专业要求。车站变电所（含牵引变电所、降压变电所、牵引降压混合变电所）应集中布置在车站站台层，若确有困难时，在考虑地铁运营期间内设备进出车站的条件下，可集中设置在设备层或除高压配电室外其余配电部分可设在站厅。

运行管理用房、设备用房实例见图 6.68～图 6.72。由图 6.68 可以看出站台高度尺寸，站台与机车厢边尺寸不大于 120mm；图 6.69 是图 6.68 在运营管理中行车主值班室，常临近继电器室及通信引入线室；图 6.70 是变电站布置，图 6.71 是通风布置，图 6.72 为给排水泵房。

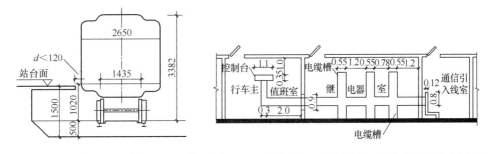

图 6.68　站台高度及站台车厢间缝隙　　图 6.69　主值班室、继电器室、通信引入线室布置车

电气设计主要有动力电（380V）、照明配电（220V），图 6.70 中牵引变电站占用房间为上下二层，降压变电同蓄电池室、整流器室、值班室、主控制室设在一

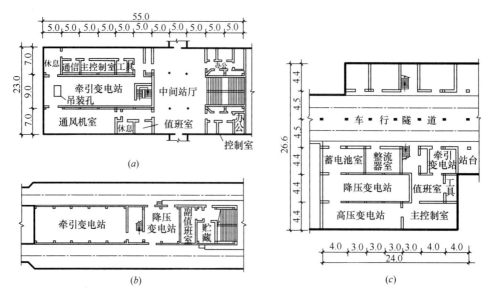

图 6.70　车站变电站布置

(a) 双层布置的二层平面；(b) 双层布置的底层平面；(c) 单层布置平面

起；图 6.71 中通风利用顶部风道，每隔一定距离设水平的风机房，并由风井进排风；图 6.71 (b) 中的隔墙是为了划分隧道风而设置；图 6.71 (c) 是隧道中顶部和侧部的两种通风方式做法；图 6.72 (a) 为深井泵房，主要供地铁用水，图 6.72 (b) 为污水井的设计，污水由水泵排至市政管网，图 6.72 (c) 为厕所下部化粪池与污水泵房间的相互关系。

6.6.6　防灾

地铁是地下空间利用中人员最集中的类型之一，防灾（尤其是防火）是地铁设计和运营管理的重要内容。地铁防灾主要指防火灾、防水灾、地震、人为事故及其他自然灾害等。为防止或减轻灾害对地铁造成的损失，地铁设计中必须采取多种防灾措施，包含在建筑布局、材料、设备各专业设计中。

1. 防火技术要求

地铁分为车站和区间隧道两大部分，火灾的起因和延烧不完全相同。车站布置、站台与隧道的空间关系相当复杂，而且互相连通，使控制火源，阻断其蔓延和排烟等都相当困难。此外，距地面几十米深埋的地铁，人员疏散和撤离比浅埋地下建筑更为困难。

从地铁发生火灾的原因和位置，主要有运行中的车辆起火，车站内起火和隧道中起火等几种情况。车辆起火多数因车身下部的电气设备故障；车站内火灾多由吸烟不慎引起，在站台、售票厅、小卖部、办公室、仓库、机房等处都可能发生，特别是仓库和垃圾堆积处，更容易由于混入未熄的烟蒂而引燃。

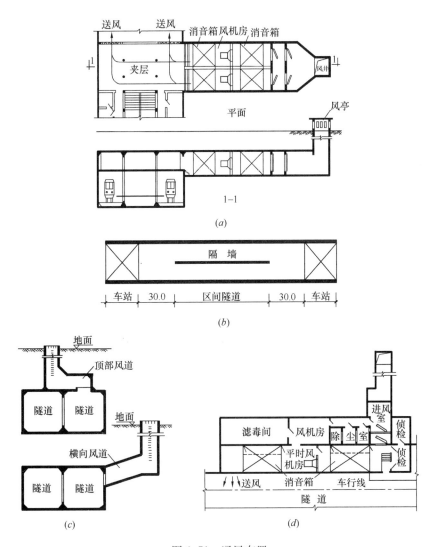

图 6.71　通风布置

(a) 车站风机房及风亭；(b) 车站与区间隧道间的隔墙布置；

(c) 自然通风的风道及风口；(d) 通风系统的平行式布置

　　地铁同其他地下工程一样，其耐火等级为一级。由于地铁的封闭与人流密集的特点，一旦发生火灾，其后果不堪设想，因此，地铁出入口、通风亭的耐火等级定为一级。

　　一级防火等级要求主要设备及办公用房应采用耐火极限不低于 3h 的隔墙、2h 的楼板与其他部位隔开。站厅、站台厅、出入口楼梯、疏散通道、封闭楼梯间等部位是乘客和工作人员疏散的必经之处，因此，其顶及地面的装修材料应采用非燃材料，对于其他部位的装修也不应采用可燃材料。石棉及玻璃纤维制品等有毒物质或燃烧后能够产生有毒物质的塑料类制品在装修中禁止使用。

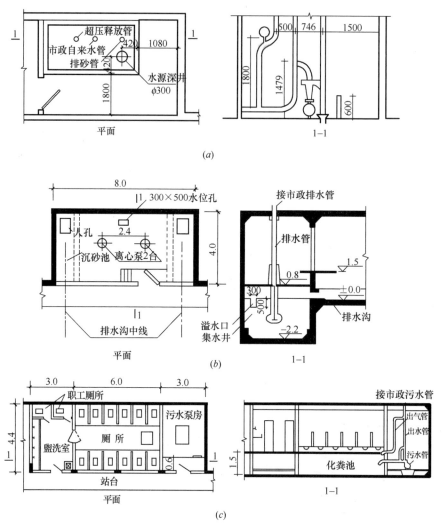

图 6.72 给排水泵房

(*a*) 深井泵房布置；(*b*) 排水泵房布置；(*c*) 污水泵房布置

（1）防火与防烟分区　防火分区是与人员疏散有关的规定，是防火设计中的重要概念，地铁车站防火分区除站台厅和站厅外定为 $1500m^2$ 使用面积。有水的房间如淋浴、盥洗、水泵等房间可不计入防火分区之内，上下层有开口部位应视为一个防火分区。防烟分区建筑面积不应大于 $750m^2$，且不可跨越防火分区，防烟分区的顶棚用突出不小于 0.5m 的梁、挡烟垂壁、隔墙来划分。

（2）防火门、窗及卷帘　防火门、窗应划分为甲（1.20 h）、乙（0.90 h）、丙（0.60 h）三组，防火分区之间的防火墙当需开设门窗时，应设置能手动关闭的甲级防火门、窗，如防火墙用卷帘代替，则必须达到相当的耐火极限（3h），且防火卷帘加水喷淋或复合防火卷帘才能达到防火要求。

（3）安全出口及疏散 防火要求规定每个防火分区安全出口的数量不应少于两个，两个防火分区相连的防火门可作为第二个安全出口，竖井爬梯出口不得作为安全出口；安全出口楼梯和疏散通道的宽度，应保证在远期高峰小时客流量在发生火灾的情况下，6min内将乘客及候车人员和工作人员疏散完毕。安全出口、门、楼梯、疏散通道最小净宽应符合表6.23规定。

安全出口、门、楼梯、疏散通道最小净宽　　　　表6.23

名称	安全出口、门、楼梯宽度（m）	疏散通道（m）	
		单面布置房间	双面布置房间
地铁车站设备、管理区	1.00	1.20	1.50
地下商场等公共场所	1.50	1.50	1.80

附设在地铁内的地下商场等公共场所的安全出口、门、楼梯和疏散通道，其宽度应按其通过人数每100人不小于1m净宽计算，商场等公共场所的房间门至最近安全出口的距离不得超过35m。袋形走道尽端的房间，其最大距离不应大于17.5m。

（4）设备及其他要求 地铁隧道区间及车站等处的消火栓及用水量设置应符合表6.24规定。

消火栓最大间距、最小用水量及水枪最小充实水柱　　　表6.24

地点	最大间距（m）	最小用水量（L·s^{-1}）	水枪最小充实水柱（m）
车站	50	20	10
折返线	50	10	10
区间（单洞）	100	10	10

与地铁车站同时修建的地下商场、可燃物品仓库和Ⅰ、Ⅱ、Ⅲ类地下汽车车库应设自动喷水灭火装置，地下变电所的重要设备间、车站通信站、信号机房、车站、控制室、控制中心的重要设备间和发电机房宜设气体灭火装置。

地铁车站及隧道必须设置事故机械通风系统，疏散指示与救援防护系统，防灾报警与监控系统等。防灾报警与监控系统应设置中心和车站两级控制室。车辆运营及控制中心、站厅、站台厅、折返线和停车线、车辆段等都应设自动报警装置。两个控制中心监控全线防灾设备的运行，如火灾、水灾、地震时发布指令和命令、控制设备运行状况等。

2. 防水淹技术要求

为防止暴雨出现后倒灌车站，出入口处及通风亭门洞下沿应比室外地坪高150～450mm，必要时设置防水淹门。

位于水域下的隧道排水应设排水泵房，每座泵房所担负的隧道长度单线不宜超过 3km，双线长度不宜超过 1.5km，主要排除渗漏、事故、凝结、生产、冲洗和消防水。

3. 地铁防水要求

地铁防水是以防为主，防排结合，综合治理的原则进行隧道防水设计。我国《地下工程防水技术规范》GB 50108 - 2008 中规定的地下工程防水等级标准分四级。

我国对地铁车站及机电设备集中地段的防水等级定为一级，即围护结构不应渗漏水，结构表面不得有湿渍。区间及一般附属结构工程的防水等级定为三级，即围护结构不得有线漏，结构表面可有少量漏水点。上海地铁新村站实验段渗漏量为 0.02L/(m² · d)；北京地铁一期工程苹果园至北京站全长 47.17km，渗漏量估计小于 0.02L/(m² · d)。要达到这样的标准，要求防水混凝土的抗渗标号不得小于 0.8MPa。采用沥青类卷材不宜少于两层，橡胶、塑料类卷材宜为一层，厚度不小于 1.5mm。必要时根据需要增设防水措施或刚柔结合的办法防渗。变形缝及施工缝可加设止水板或设置退水膨胀的橡胶止水条。

思 考 题

6.1 地铁线路网的规划原则是什么？

6.2 地铁线路网规划有哪几种类型？

6.3 如何进行地铁的线路设计及注意事项？

6.4 地铁由哪几个部分组成？

6.5 限界的意义及定义，限界主要有哪几种？工程意义是什么？

6.6 地铁隧道、区间设备段和车站的结构型式主要有哪几种？

6.7 区间设备段的建筑平面形式有哪几种？

6.8 地铁车站有几种类型？给出其功能关系图。

6.9 地铁车站由哪几个主要组成部分，画出其功能分析图及主要平面布局。

6.10 地铁站台有几种类型及适用条件？

6.11 地铁运营管理、电气、通风、防灾都有哪些主要要求？

第7章 地下人防建筑

§7.1 概 述

人民防空是国防建设的重要组成部分，许多国家都非常重视人防体系建设，地下空间建筑在战争灾害中防御效果最好，地下人防建筑是地下空间对战争灾害的预防性措施，是人防工程重要组成部分。

7.1.1 现代战争特点

总体上说，现代战争的特点可以概括为："在核威慑条件下的常规战争"。

1. 核战争的可能性依然存在

核技术将被越来越多的国家所掌握，核战争的可能性仍是现实威胁。

2. 常规战争随时可能爆发

阶级社会产生以来，地球上各类战争从未间断过。军事技术发达的今天，世界格局是总体和平与局部战争的平衡，除了二战中美国曾两次以核武器打击日本以外，其余战争使用的多是常规武器。

3. 战争的目的和打击目标有所转变

以前战争的目的主要在于掠夺（国土、资源和其他财富），主要表现是侵吞国土。但二战结束以来，战争具体目的和表现有所转变，大规模侵吞国土的现象已不大出现，战争主要目的是进一步在经济上控制被打击地区，威慑敌对势力。另外，打击目标也有所转变，已由人口的杀伤转向破坏重要的政治、交通、军事等中心，使被攻击目标失去抵抗力。

4. 战争的突发性和攻击的准确性大大提高

随着现代科技进步，大大提高了武器的打击范围和精确度，战争的突发性和攻击的准确性也提高了。另外，在常规战争的"空中袭击"在战争中的作用越来越明显，地位也越来越高，由此，一个国家人防建设在国防中的地位也更突出了。

5. 世界和平是一种力量平衡前提下的"和平"

世界的主题是"和平与发展"，但这种和平是建立在国防力量均衡的基础上，苏联解体前的"冷战"阶段就是这种典型平衡。国家的国防力量往往对其外交产生重大影响，毛泽东曾指出："原子弹力量的体现并不在它飞行时，而在它停在发射架上的时候。"因此，国家人防建设的意义也绝不仅仅停留在国防战争领域。

7.1.2　人防工程的概念及特点

地下空间能有效保护人身安全。第二次世界大战期间，斯大林地下安全宫深度是希特勒地下宫的两倍，是真正的"一级防弹防毒地下建筑"，地下宫建筑深37m，顶部铺有3.5m厚的钢筋混凝土，经得住2t航空炸弹的爆破。美国地下核导弹基地的一个地下空间发射中心掌管10枚核炸弹，总当量相当于600颗广岛原子弹。

人民防空，简称人防，外国称为民防。人防是"保卫国家的战略措施"、"国家总体防御的重要支柱"。20世纪50年代，我国提出了"长期准备、重点建设"的方针，后来又提出了"全面规划、突出重点、平战结合、质量第一"的建设方针。1996年《中华人民共和国人民防空法》中明确规定："人民防空是国防的组成部分。国家根据国防需要，动员和组织群众采取防护措施，防范和减轻空袭危害。人民防空实行长期准备、重点建设、平战结合的方针，贯彻与经济建设协调发展、与城市建设相结合的原则。"长期准备就是在和平时期，居安思危，有计划、有步骤地实施人民防空建设；重点建设就是在服务经济建设大局的前提下，区分轻重缓急，有重点、有层次地实施人民防空建设；平战结合就是人民防空建设要在平时和战时发挥作用，实现战备效益、社会效益、经济效益的统一。

人民防空工程，简称人防工程，是防备敌人空中袭击、有效掩蔽人员和物资、保存战争潜力的重要设施，是抵抗敌人进行现代高技术局部空袭战争、保存国家战争潜力的工程保障，是战时保护城市居民生命财产和物资安全的重要手段。它是由各级指挥通信工程、防空专业队工程（含医疗救护工程）、人员掩蔽工程和物资储备、疏散机动干道连接通道以及供水、供电等效能配套工程组成的防护体系。

人防工程建设是对人防工程所进行的计划、勘察、设计、施工、维护管理等全过程各项工作的总称。人防工程建设是国民经济和社会发展的重要内容，是国防建设的重要组成部分，是增强国家防卫能力的重要措施。搞好人防工程建设，不仅可以提高国家整体防卫能力和城市防空抗毁和抗抵抗自然灾害的能力，而且能够在一定程度上增强延缓和制止战争的因素，同时对开发利用城市地下空间、促进经济建设和城市建设都具有重要的意义。

人防工程属于国防工程和社会公益工程，质量的要求与一般地面建筑不同，具有以下重要特点：

1. 人防工程均为地下工程，以钢筋混凝土结构为主。从施工角度看，大部分为隐蔽工程，其中很多部位有密闭要求，具有不可修补性，出现质量问题难以修复。

2. 防护部位多。除了主体结构和孔口防护外，还有具有防护要求的通风系统和给排水系统，以及保障供电设备的系统等。此外，建筑平面布置决定了"三防"性能，这是与地面建筑显著不同。

3. 设计荷载为政策规定。人防工程设计荷载比民用建筑大得多，战时实际荷载可能与设计荷载有较大的差异，平时长期荷载大多小于设计荷载，只有高层建筑的地下人防建筑可能由平时荷载控制。

4. 战时为短时人员避难场所。使用舒适性较低，因此，破坏标准不同。动荷载下材料强度提高，同时钢筋混凝土构件可工作在弹塑性阶段，允许有明显的非惯性裂缝和较大挠度，因此，钢筋在混凝土中的锚固和搭接十分重要。

5. 设计精度和完善程度较低。人防工程建设的规章和规范的完善程度相对于地面建筑有差距，广泛应用的"等效静载法"，相对于动力分析是一种非常近似的方法，原则上只适用于简单的独立构件，用于分析框架和在墙拱顶结构会产生很大的误差，后者的弯矩与按多自由度体系求得的弯矩可差 90%，轴力甚至可相差将近一倍。

7.1.3　人防工程的分类及分级

1. 人防工程的分类

地下人防建筑按防护特性分类，划分甲类工程及乙类工程。甲类人防工程是指战时能抵御预定核武器、常规武器和生化武器破坏效应的人防工程；乙类人防工程是指战时能抵御预定常规武器、生化武器破坏效应的人防工程。

地下人防建筑按战时使用功能分类，划分为指挥通信工程、医疗救护工程、防空专业队工程、人员掩蔽工程及配套工程等五大类。

① 指挥通信工程：即各级人防指挥所，保障人防指挥机关战时不间断指挥、通信功能。

② 医疗救护工程：战时对伤员进行及时医疗救护的工程，根据作用和规模不同可分为三等：一等为中心医院，二等为急救医院，三等为救护站。

③ 防空专业队工程：战时为保障各类专业队掩蔽和执行勤务修建的人防工程，防空专业队伍包括抢险抢修、医疗救护、消防、治安、防化防疫、通信、运输七种。

④ 人员掩蔽工程：战时主要用于保障人员掩蔽的人防工程，根据使用对象不同可分为两等：一等人员掩蔽所，指战时坚持工作的政府机关、城市生活保障部门（电信、供电、供气、供水、食品等）、重要厂矿企业和其他战时人员的掩蔽工程；二等人员掩蔽所，指战时留城的普通居民掩蔽工程。

⑤ 配套工程：战时协调防空作业保障性人防工程，主要包括区域电站、区域供水站、人防物质库、人防汽车库、食品站、生产车间、疏散干（通）道、警报站、核生化监测中心等工程。

2. 人防工程的分级

地下人防建筑按抗力等级、防化分级进行分级。

抗力等级是反映人防工程抵御敌人核袭击能力的强弱，性质与地面建筑抗震裂度有些类似，是一种国家设防能力的体现。抗力等级按防核爆炸冲击波地面超压的大小和抗常规武器的抗力要求划分。防核武器的抗力等级共分为 9 级，即 1 级、2 级、2B 级、3 级、4 级、4B 级、5 级、6 级和 6B 级。防常规武器作用的直接命中的抗力等级共分为 4 级，即 1 级、2 级、3 级、4 级；非直接命中的抗力等级共分为 2 级，即 5 级、6 级。常见面广量大的地下人防建筑一般为抗核武器 4 级、4B 级、5 级、6 级和 6B 级，抗常规武器 5 级和 6 级。

防化分级是以人防工程对化学武器的不同防护标准和防护要求划分的等级，防化等级也反映了对生化武器和放射性沾染等相应武器（或杀伤破坏因素）的防护，《人民防空地下室设计规范》GB 50038－2005 包括乙级、丙级和丁级的各防化等级的有关防护标准和防护要求。

7.1.4 我国人防设施的现状与发展方向

我国人防建设从 20 世纪 60 年代后期大规模开展，修建了以简易工事为主的大量人防工程，随着国际局势的转变，人防建设从单纯强调战备效益向经济、社会、战备三效益的统一发展，强调了人防工程平战结合及人防建设与城市建设相结合，及时跟上了时代的发展。目前，在我国不少城市的旧城改造中，人防工程建设的特点是在置换（拆旧的简易工事，建新的等级工事）基础上发展。

和平和发展是当今世界的两大主题，然而战争的危险依然存在。结合现代战争的特点，我国人防建设的现状以及国外的发展趋势，我国人防建设的未来发展的总体方向是应达到相应人口的人防工程数量，达到应有的防护等级，通过把原先零散的工事组织起来，形成合理配置和联系，以达到提高人防防护效率的目的，实现城市人防工程系统有序化。

在我国城市人防工程建设中应解决好以下问题：

1. 突出防护重点。针对现代战争对重点目标重点轰炸的现状，我国人防建设中应突出重点，改变以前设防城镇很多的情况。另外，在重点城市中也应有重点防护目标，这些目标应为城市交通与通信枢纽、军事基地、后勤和军工工厂、指挥中心等，此类目标应提高等级，城市规划中避免重叠或集中。

2. 以就近分散掩蔽代替集中集体掩蔽。战争突发性增强，要求就近快速掩蔽；打击命中率提高，要求掩蔽分散。

3. 应突出对常规武器直接命中的防护。我国人防工程多以按照核爆炸的毁伤能力进行规划设计，不考虑常规武器的直接命中，显然，需要调整。人防工程规划中，比较有效的方法是尽量利用附建式地下室或单建式地下建筑的较深空间，或加大大型单建式人防工事的埋深等。

4. 应防范战争（尤其是核战争）后的次生灾害。战争次生灾害（如城市大火）对城市抗战能力的影响巨大，必须防范。较好的方法是加强人防工事间的地下连通（平时也可用于防灾）。

5. 加强人防工程平战结合研究。地下建筑的平时利用和人防工程要求往往矛盾，例如，平时利用需要大空间、尽量多的采光等，而人防要求则需要划分成小空间、尽量密闭等。因此，原则上人防工程以平时利用为主，但必须预留足够的战时转换手段和措施。

6. 应将无等级要求的各类地下设施纳入到城市灾害防护体系。

7. 制定人防工程相关法规，加大人防工程实施管理力度。

人防建设中应防止两个极端。一是片面强调当前利益，忽视战备建设，不了解战备建设在国防领域的意义，认为建造人防工程没有必要。二是过分强调人防战备建设的重要性，不认可普通地下建筑固有的防护能力，而忽视了我国正处在高速发展期，经济建设是我国发展建设的中心工作，要求人防工程必须按规范一次建成，忽视平战转换技术在人防工程建设的作用。

§7.2　武器破坏效应及工程防护措施

现代科学技术条件下，武器及其运载工具不断得到改进和更新，战争武器主要有核武器、常规武器和化学与生物武器三大类型，破坏效应主要表现为空气冲击波超压、动压振动以及城市大火、电磁脉冲、生化武器等，在建筑与结构设计上已有了较成熟的防护措施。

7.2.1　武器的破坏作用与防护原则

1. 武器的破坏作用

武器破坏作用主要指核武器、常规武器、生化武器及城市次生灾害的破坏。在工程防护上称为"三防"。总之，防护是随着武器的更新，其措施也会不断改进。

核武器是以核裂变（原子弹）或核聚变反应（氢弹）在瞬间释放出巨大能量，达到大规模杀伤人员和破坏城市设施的一种现代武器。核武器主要包括原子弹、氢弹和中子弹，前两种为战略核武器，后一种为战术核武器。核武器威力常以"梯恩梯当量"表示。所谓当量是与核爆炸能量相当的梯恩梯炸药的重量。核武器的杀伤作用效应表现为光辐射、早期核辐射、冲击波、放射性污染和核电磁脉冲等五种杀伤破坏效应。

常规武器主要指弹头装有化学炸药的航空炸弹、非核弹头的导弹和火箭弹的总称，可命中目标，造成直接杀伤和破坏作用。常规武器破坏效应包括直接命中作用和非直接命中两类，直接命中作用表现为局部破坏、整体破坏，非直接命中作用表现为空气冲击波、土中压缩波。根据破坏作用不同，炸弹可分为普通爆破弹、混凝土爆破弹、穿甲弹和半穿甲弹。炸弹的大小一般按"口径"分级，所谓口径是指炸弹的名义重量，如 250kg 炸弹、500 磅炸弹等。美国 GBU-57A/B 型钻地弹，是GPS 制导世界最大钻地弹，重量 14t，可以摧毁包括地下机库、地下核设施、地下指挥所、地下弹药库等钢筋混凝土加固的 60m 深埋设施。

化学武器是指利用化学毒剂达到杀伤人员、毁坏植物为目的的兵器，化学武器的典型毒剂有沙林和 V. X.，化学武器表现为剧毒性、多样性、流动性、持续性、局限性等特性。生物武器是依靠各种致病性微生物（细菌、立克次体、衣原体和病毒等）以及用细菌所产生的毒素来达到杀伤人员和牲畜的武器，其施放手段与化学武器相似，生物武器表现为致病性、传染性、迟缓性、局限性等特性。

2. 防护基本原则

（1）人防建筑必须按有关规定确定达到的防护等级。

（2）要按"三防"的设计要求进行设计，"三防"指防空、防灾、防污染。

（3）防护工程最重要的两点，首先最重要的是有足够的防护厚度，如防护层厚度为 1.0m 覆土或 0.7m 钢筋混凝土，辐射剂量可削弱 99%；其次是做好口部的防冲击密闭及伪装措施，做好进风口的除尘、滤毒。

3. 地面冲击波防护措施

（1）人防工程的围护结构应具有足够的抗力，满足抗核爆动荷载和建筑物倒塌荷载的强度要求；

（2）战时出入口设置防护门或防护密闭门；

（3）战时通风口、电缆引进口、进排水口设置消波设施；

（4）专供平时使用的出入口、通风口和其他孔洞应临战封堵。

4. 常规武器的防护措施

（1）为了降低炸弹的命中率，提高人防工程的生存概率，需要控制主体的规模，对于较大的人防工程按照规定在主体内划分防护单元和抗爆单元；

（2）为了尽量提高出入口战时可靠度，每个防护单元出入口应满足数量要求（至少两个），每个防护单元至少设置一个室外出入口，出入口应尽量分散配置；

（3）对有抗常规武器直接命中要求的指挥工程应按其所抗当量设计必要的遮弹层等。

7.2.2 早期核辐射

1. 室内剂量限值

甲类地下人防建筑室内早期核辐射剂量的设计限值根据工程类别的制定标准：

（1）医疗救护工程、防空专业队（系指战时担负防空勤务的各专业组织，包括抢险抢修、医疗救护、消防、防化、通信、运输、治安专业队等）队员掩蔽部剂量限值 0.1Gy；

（2）人员掩蔽工程和生产车间、物资库等配套工程有人员停留的房间和通道剂量限值 0.2Gy；

防空专业队装备掩蔽部、配套工程中仅放有电子设备、医疗物资的房间、通道剂量限值为 5.0Gy；

（3）4 级及以下地下人防建筑，室内剂量限值为 5.0Gy 的房间或通道可不进行防早期核辐射验算。

2. 顶板厚度与覆土

在早期核辐射的作用下，部分核辐射能够穿顶板进入工事内部，为保证该部分结构的防护能力，应使其满足一定的厚度要求，否则就需要覆土保护。

对于剂量限值为 0.2Gy 的工程，当顶板为混凝土结构并直接受到核辐射作用时，计算确定地下人防建筑顶板的最小厚度（包括顶板结构层上面的混凝土地面厚度）。在城市海拔高度 200m 时，防空地下空顶板厚度 5 级不应小于 360 mm，6 级不应小于 250 mm；在城市海拔高度 200m 到 1200m 时，地下人防建筑顶板厚度 5 级不应小于 430mm，6 级不应小于 250mm；在城市海拔高度大于 1200m 时，地下人防建筑顶板厚度 5 级不应小于 500mm，6 级不应小于 250mm。

当工程上方设有管道或普通地下室时，应根据相应标准进行折算，若不能满足早期核辐射的防护要求时，工程顶板就应覆土保护以达到防护要求。

3. 室内外出入口

5 级及以上的地下人防建筑，其室内出入口不宜采用无拐弯形式。当 5 级工事室内出入口具有一个 90 度拐弯时，自防护密闭门至最后一道密闭门之间的通道最小长度，对于剂量限值为 0.2Gy 的工程，在城市海拔高度 200m 时，可按建筑需要确定；在城市海拔高度 200m 到 1200m 时，最小长度 2m；在城市海拔高度 1200m 时，最小长度 2.5m。

乙类地下人防建筑和核 5 级、核 6 级、核 6B 级的甲类地下人防建筑，其独立式室外出入口不宜采用直通式；核 4 级、核 4B 级的甲类地下人防建筑的独立式室外出入口不得采用直通式。独立式室外出入口的防护密闭门外通道长度不得小于 5.00m。

4. 临空墙

室内出入口临空墙最小防护厚度（均按钢筋混凝土墙计算），对于剂量限值为 0.2Gy 的工程，城市海拔高度 200m 时，5 级不应小于 250mm，6 级不小于 250mm；城市海拔高度 200m 到 1200m 时，5 级不应小于 250mm，6 级不应小于 250mm；城市海拔高度 1200 m 时，5 级不应小于 350mm，6 级不小于 250mm。

室外出入口临空墙最小防护厚度，对于剂量限值为 0.2Gy 的工程，5、6 级均为 250mm。

附壁式室外出入口，其临空墙的最小防护厚度，对于剂量限值为 0.2Gy 的工程，城市海拔高度 200m 时，5 级不应小于 550 mm，6 级不应小于 250mm；在城市海拔高度 200m 到 1200 m 时，5 级不应小于 600mm，6 级不应小于 250mm；在城市海拔高度 1200m 时，5 级不应小于 650 mm，6 级不应小于 250mm。

当钢筋混凝土临空墙厚度不能满足最小防护厚度要求时，可采用砖砌加厚墙体，使复合墙的总折算厚度不小于最小防护厚度；或临空墙内侧的房间，战时不得作为人员工作或掩蔽使用。

7.2.3 地层振动

1. 地层振动的特性

核爆炸释放能量巨大，对地壳的一定深度范围内产生强烈振动效应，以纵波、横波两个方向传播形式通过介质向周围传递。类似于天然地震效应，但由于空气冲击波传播过程中，不断作用于地面，可能先于或后于介质中振动波到达地下建筑界面，同时，作用于地面建筑的空气冲击波对附建式地下室又成为振源，因此，核爆炸比天然地震复杂得多，一般称为地层振动（earth shock）或地运动。

地层振动的强度以振动的加速度与重力加速度 g（9.8m/s²）的倍数关系表示，与爆炸当量和工程所在地的地面冲击波超压大小有关。振动波作用于地下建筑，引起整个结构振动，同样包括加速度、速度、位移三个因素。图7.1是埋深5m的地下建筑，地面超压为0.05、0.1、0.2和0.3MPa时，结构底板振动加速度的变化，可知加速度的增加倍数与超压增长的倍数大体相当。

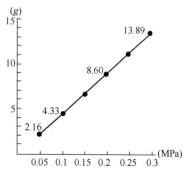

图 7.1　地面冲击波超压作用下
结构底板的振动加速度

地层振动的强度在地表附近最高，随深度的增加而有所衰减。图7.2表明了当地面超压为0.3、0.6MPa时，在不同土层埋深条件下，地下建筑结构底板的振动加速度衰减情况。振动波在岩层中传递，同样随埋深增加而强度减弱（图7.3），但因介质不同，加速度衰减比土层中慢。比较图7.2、图7.3，当地面超压同样为0.6MPa时，土层中每加深2m，振动加速度衰减2～3g，而岩层中每加深10m，衰减1～2g。由于岩层地下建筑顶部有厚度20m以上的天然岩石覆盖层，可以承受较高超压和动压，结构底板上的振动加速度也不过大，如果厚度30～40m的天然覆盖层，则容易满足抗震要求。

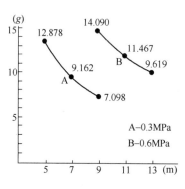

图 7.2　不同土层埋深振动加
速度的衰减

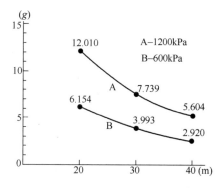

图 7.3　不同岩石覆盖层厚度下
振动加速度衰减

2. 地层振动效应的破坏作用

当地层振动作用于土或岩石中的地下建筑时，结构振动，产生位移，对结构构件产生振动荷载，同时，与结构构件直接接触的人和物都会受到振动作用，严重到一定程度时，即可造成危害。

地层振动对地下建筑内部的人员，可能造成直接和间接两种伤害。直接伤害是当人体附着于结构表面时，直接受到振动加速度的作用，例如地面上处于卧姿的人员，骨骼和内脏就可能被振伤，如果振动加速度大于 $10g$，可立即致死。但人在室内常处于立姿或坐姿，即使卧姿也有床铺作为缓冲。因此，振动对人的伤害主要是间接性质。例如，处于无约束状态下的人员，不论立姿或坐姿，在振动加速度作用下，首先在铅垂方向与底板脱离，然后自由下落，同时又受到水平方向振动波的作用而倾倒，造成摔伤或碰伤。此外，即使人员自身并未被振伤，但可能由于处在高位的物件（如吊顶、灯具、管道等）受振后脱落而被砸伤，这也是一种间接伤害。

对于地下建筑物本身，如在设计中已考虑了振动荷载，则不致破坏，但可能在薄弱部位出现裂缝，影响建筑的密闭性能，室内的设备可能会受到损坏。此外，与各种设备相连的各种管、线和穿过墙或楼板的管、线，如采用刚性连接方式，则可能因位移而产生脆性破坏，造成断裂。

3. 抗振标准与抗振措施

从地层振动的特性和可能对人、物造成的危害看，地下建筑在不同使用条件下应具备与其防护等级相当的抗振能力。为了保障内部人员和设备的安全，应有一定的抗振设计标准。

美国的抗振标准规定，地下建筑中直接承受铅垂方向振动作用的加速度控制极限值为 $10g$，结构初始向下运动的位移量限制为 13cm，水平方向振动加速度应控制在 $5g$ 以内。

瑞士用于人员掩蔽的地下人防建筑的抗振标准见表 7.1。

瑞士地下人防建筑的抗振标准　　　　表 7.1

地面冲击波超压（MPa）	抗振标准			
	加速度（g）	速度（m/s）	位移（cm）	地下室与土壤相对位移（cm）
0.1	2	0.5	50	±5.0
0.3	6	1.5	70	±7.0

芬兰的人员掩蔽所定型设计抗振标准见表 7.2。

芬兰人员掩蔽所抗振设计标准　　　　表 7.2

介质	地面冲击波超压（MPa）	振动加速度允许值（g）
岩石	0.1	0.3
	0.3	0.7
	0.6	0.9
土	0.3	0.5

从以上几个国家人防工程抗振标准，振动加速度 g 的控制值上差异较大，瑞士、芬兰标准中没有考虑振动波方向。根据综合分析，对于室内人员来说，加速度控制值与人在室内的姿势和有无约束条件有关，应按最不利情况考虑。例如，当人员处于毫无戒备的立姿时，如果结构底板上铅垂方向振动加速度超过 $1g$，就会出现人与底板脱离的现象，加上水平方向加速度的作用，就会使人失去平衡而摔倒致伤。因此，在无约束状态下，无论立、坐或卧姿，铅垂方向振动加速度值均不宜超过 $1g$，水平方向分别不宜超过 $0.5g$（立）、$1.0g$（坐）和 $0.75g$（卧）；如果是有约束的坐姿或卧姿，伤害程度会有较大的减轻，两个方向的振动加速度值只要控制在 $1.5g$ 之内，人员就不致受到直接和间接伤害。

按照防护标准建在土层或岩层中的人防工程，其所能承受的地面冲击波超压值固定，因此同一抗力等级的工程，只能在埋深上反映出底板振动加速度的区别。建在岩层中工程，如果主体部分有 $30m$ 以上的自然覆盖层，是比较有利，一般不需采取特殊措施即可满足抗震要求；但是土中浅埋工程的振动参数，则与抗震标准存在较大距离，特别是当地面超压大于 $0.1MPa$ 后，必须采取适当的隔振、减振措施，才能达到标准。

隔振是降低振动加速度值的有效方法，但一般代价较高。当抗振要求特别高时，必须使建筑物完全与介质脱开，底部因无法脱开，故需支承在弹簧减振器上。斯德哥尔摩市一个区级人防指挥所建在岩石中，但因抗力较高，自然覆盖层较薄，故采取了全面的隔振、减振措施，整个衬套结构与岩壁完全脱开，底部架空，支承在弹簧支座上（图 7.4）。另外一种做法是围护结构不与介质脱开，仅将地面做成架空地板，四周与墙壁脱开，下面支承在减振器上（图 7.4），减振效果虽不如前者，但造价较低。

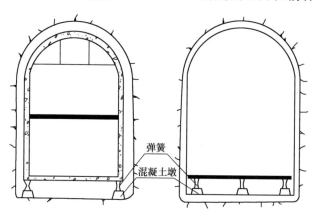

图 7.4　地下建筑的隔振减振措施

如果减振要求不高，可通过做弹性地面，在室内适当位置创造供人员扶、拉的条件，在座椅和床铺上加安全带，在坚硬物件上加软垫等措施，达到一定的减振目的。

地下建筑内部的机、电设备，都有一定的耐振性能，例如电机类为 $3g$，电子设备为 1.5g，电子计算机为 0.25g 等，应分情况采取隔振或减振措施，特别是固定在底板上的机、电设备，及与之相连接的管道、电线等，均需采取减振措施。

应当指出的是，作用在高层或多层建筑上的核爆炸冲击被超压和动压，对于附建在其中的地下人防建筑结构，是一个很强的振源，即使在地面超压小于 0.3MPa 的情况下，也会使地下室底板振动加速度大大超过抗震标准。对这个现象的认识和应当采取的抗震措施，还有待进一步的研究。

7.2.4 城市大火

核爆炸的热辐射效应持续时间很短，过去一般认为对地下人防工程基本上没有影响，除口部外，主体部分可不考虑对热辐射的防护。但是随着对核武器效应认识的深化，热辐射引起的城市大火问题及其对城市的破坏作用受到了应有的重视。城市大火形成的高温热气流，对地下建筑及其中的人和物有无影响，危害到什么程度，需采取何种防护措施，这些都是一些人防先进的国家正在研究的问题。

1. 地面空气温度对地下建筑室温的影响

核爆炸引起的城市大火，在连片延烧（简称火灾 A）和形成火暴（简称火灾 B）后，其中心空气温度变化情况见图 7.5，相应地面空气温度情况见图 7.6。为计算方便，取火灾 A 的中心平均温度为 700℃，火灾 B 的中心温度为 1100℃。在这两种火灾形成的高温作用下，地下建筑的结构顶板和外墙成为一个导热体，经过传热过程，内表面温度开始升高，其中顶板内表面温度升高的情况分别如图 7.7、图 7.8 所示。从图中可以看出，结构顶板内表面温度升高的幅度，和达到最高温度的延迟时间，均与顶板的厚度有关；顶板越厚，在同一延迟时间内，内表面温度越低，即达到峰值的延迟时间越长。

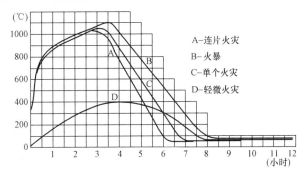

图 7.5 城市大火时火灾中心空气温度的变化

地下建筑结构顶板内表面升温后，向下辐射热能，使建筑内部气温升高。如果在经过较长的延迟时间后，室内气温仍未升高到人所不能忍受的程度，就意味着地面上的火灾对地下建筑中的人员无危害作用。表 7.3 是当一个地下建筑的顶板厚度为 300mm，火灾荷载为 40kg/m² 时，经试验和量测后，顶板内表面温度对室温的影响。

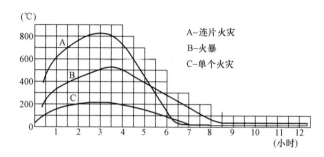

图 7.6 城市大火时周围空气温度的变化

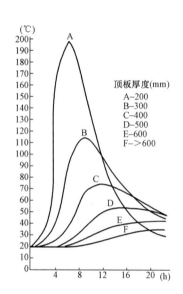

图 7.7 连片延烧地下建筑顶板内
表面温度变化

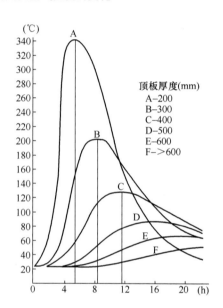

图 7.8 火暴地下建筑顶板内
表面温度变化

顶板内表面温度对室温的影响 表 7.3

顶板内表面温度 （℃）	顶板内表面以下不同距离处的室温（℃）				
	2.5cm	5cm	10cm	20cm	30cm
50	29.0	24.5	21.5	21.0	21.0
45	27.5	24.0	21.0	20.5	20.5
40	27.0	23.5	20.5	19.5	19.5
35	—	—	20.0	19.5	19.5

如表 7.3 所示，只要顶板内表面温度不越过 50℃，室内人员活动范围内保持几小时的正常温度；同时，从顶板以下温度变化的梯度比较明显。

2. 地下建筑对城市大火的防护能力

地下建筑结构本身，特别是钢筋混凝土顶板，虽能承受一定的温度应力，但应避免使板内温度过高，以免影响强度。如图 7.7、图 7.8 所示，如果板厚小于 300mm，火灾 A 作用下，板内温度超过 300℃，对于普通混凝土不利；如果极限大于 300mm，在火灾 B 作用下，板内温度不如过 100℃，对强度已无影响。因此从保持结构强度的角度出发，顶板厚度以大于 300mm 为宜，否则就应附加隔热措施。

城市大火对于地下建筑中的人员，并没有直接的危害，因此主要是应防止室内温度在大火熄灭以前升高到人无法在其中停留的程度。主要措施是加强顶板的隔热性能，使顶板内表面升温到 50℃ 以前，尽可能拖长延迟时间，使室内温度不超过 30℃。

从图 7.7 和图 7.8 还可以看出，当顶板厚度为 200mm 时，7h 后内表面温度就升高到 328℃（火灾 A）和 191℃（火灾 B），显然是不安全的。当板厚为 600mm 时，在 19h 后，内表面温度分别为 60℃ 和 41℃，才有可能保证室温不超过极限。但是，一般地下建筑的顶板厚度从结构上并不需要 600mm，因此当厚度小于 600mm 时，在顶板上加热隔绝层，例如利用顶板上一定厚度的覆土，可以起到延迟升温时间，减小升温幅度的作用。根据计算资料，当顶板厚度为 200mm、250mm 和 300mm，覆土厚度（包括面层 50mm）为 250mm 和 400mm 时，顶板内表面温度达到 30℃ 和 40℃ 时的延迟时间见表 7.4。

不同顶板和覆土厚度的顶板内表面温度达到 30℃ 和 40℃ 的延迟时间　　表 7.4

火灾类型	覆土厚度 (mm)	顶板厚度 (mm)	内表面温度最初出现的延迟时间（h）	
			30℃	40℃
火灾 A	250	200	6	7
	400	200	11	13
	250	250	7	9
	400	250	13	17
	250	300	9	10
	400	300	15	21
火灾 B	250	200	8	10
	400	200	14	21
	250	250	9	12
	400	250	18	28
	250	300	11	17
	400	300	24	36

从表 7.4 可以看出，热隔绝后（土）的隔热性能尽管并不很高，但对延迟顶板内表面升温的作用明显。因多数地下建筑不一定处于火暴中心，故按火灾 B 的情况看，即使顶板厚度为 200mm，覆土 250mm，内表面升温至 30℃ 和 40℃ 的延迟时间也有 8h 和 10h。如果接通常的做法，采用板厚 300mm，覆土 400mm，则延迟时间可达 24h 和 36h，已经超过地面大火可能延烧的时间，因而是安全的。同时也可

以认为，当地下建筑满足防早期核辐射的等级要求后，城市大火对内部人员基本上没有危害。显然，对具有相当厚度自然覆盖层的岩石中地下建筑，就更为安全。

但是，以上分析仅适用于地下建筑完全封闭的情况，对于暴露的出入口部分和无覆土的部分外墙和顶板，都可能受到火灾的直接损坏，因急剧升温而影响室内的正常温度。因此，对于出入口等暴露部分，应使之具有足够的耐火能力，并防止燃烧物在口外堆积；同时应保证密闭措施的有效，以防止地面上出现负压时将地下建筑内仅存的空气吸出，防止地面上浓度较高的一氧化碳进入建筑内部。

7.2.5 电磁脉冲

核爆炸后，在几百万分之一秒内形成电磁脉冲，然后很快消失。在地面冲击波超压小于 0.3MPa 时，对地下建筑中的人员一般无伤害作用，但是在瞬间产生的高强度电场和磁场，能使地下建筑中的供、配电系统和无线电设备受到严重干扰，甚至失效，其严重程度随核爆炸方式而有所不同。地爆最严重，但影响范围小；空爆时较轻，仍影响范围大，大当量高空爆炸电磁脉冲影响范围可达几千千米。

电磁脉冲的最有效防护方法是用金属进行屏蔽。地下建筑的钢筋混凝土结构，其中钢筋网可起到一定屏蔽作用；屏蔽要求较高时，需要用金属板全面封罩。如区级人防指挥所可采用将岩洞中的钢筋混凝土衬套结构外表面完全用钢板屏蔽，同时兼做施工用的外模。

建筑的全屏蔽可有效保护室内的电器和电子设备，但是对于从外部引入的电源，仍须单独进行屏蔽处理，因为电磁脉冲可通过电缆影响设备，国外有的为此而以内燃机代替电动机驱动风机、水泵等，可以免除对输、配电的干扰。此外，在实行全面屏蔽时，仍有少数孔口不能封闭，如通风口等，因此在这些孔、口处都应加金属格栅，在一定程度上削弱电磁脉冲的强度。

对电磁脉冲的防护，主要是电力和无线电专业方面的问题，但建筑设计中，应当考虑这些因素，为进行有效屏蔽创造条利。

7.2.6 化学武器与生物武器

在地下建筑防护领域中，对战争中可能使用的化学、生物武器的防护，一直与防放射性沾染一起（以下统称防化），作为主要防护内容之一，但是防护措施仅限于在袭击后初期实行隔绝和在此之后对引入的外部空气进行过滤。这些措施已不能完全适应现代化学、生物武器的发展，因此有必要对这类武器的类型、性能、危害等有一个新的认识，改进防护措施。

1. 化学、生物武器的发展

目前，化学毒剂已发展到 6 类 14 种，生物制剂有 6 类 28 种，同时还正在研究和寻找毒性更高，杀伤力更强，生效更快，能穿透防毒面具，和难以被监测到的新品种。另外，在和平时期的许多化学工业产品或中间体，本身就是化学毒剂（如氯气），或者很容易转制成化学毒剂；例如 1983 年一年内世界上生产的乙烯，就可制成几千万吨芥子气毒剂。如果这些化工生产和产品在核武器或常规武器袭击后发生泄漏或扩散，其后果很可能相当于一次大规模的化学武器袭击。

化学、生物武器杀伤力大，杀伤范围广，作用时间长，消灭有生力量而不破坏城市设施，成本比取得同样效果所需的其他类型武器都低。如一发 122mm 榴弹炮弹爆炸后，破坏范围仅有 312m²，对非直接命中的地下建筑没有破坏作用，但是一发同直径的沙林炮弹，爆炸后杀伤面积为 2100m²，并有可能随风扩大杀伤范围或进入到地下建筑内部。2000 万吨当量核武器的攻击面积为 $200\sim260km^2$，而用 200kg 生物制剂，至少可污染 9000km²。从袭击成本看，为了杀伤城市居民，使用常规武器时每平方千米的成本约为 2000 美元，用核武器为 800 美元，用神经性化学毒剂为 600 美元，用生物制剂仅需 1 美元。同时，化学、生物武器可有效地杀伤人口，从而削弱袭击后的恢复能力。

2. 地下建筑的防化内容与措施

首先，地下建筑的出入口位置，在地形和风向上应不利于毒剂的聚集；其次人防围护结构要满足密闭要求，应保证围护结构的密闭质量，特别应加强出入口的密闭性能，战时出入口设置密闭门，通风口设置密闭阀门，使建筑物内部保持一定的超压。为在室外染毒情况下，能给室内人员提供必要的新风，在进风系统中设置滤毒通风设施。为在室外染毒条件下，使人员能够进出人防工程，在主要出入口设置防毒通道和洗消间（或简易洗消间）。

在大规模化学、生物武器袭击的情况下，在初期浓度很高的阶段，地下建筑停止通风，实行与外界完全隔绝。但是应当指出的是，防化隔绝时间仅以放射性沾染的剂量作为控制指标是不全面的。因为很可能出现放射性沾染剂量很小，而化学毒剂浓度很高和持续作用时间很长的情况，以致规定的隔绝时间不能满足防化要求。因此，必须根据可能使用的化学、生物武器性能，可能的袭击方式和规模，结合工程的重要程度和场地条件，综合确定合理的隔绝时间。当然，隔绝时间越长，所需的内部空气贮存量越大，如果为此而扩大建筑的容积是不经济的。因此应提高地下建筑的机动性，必要时减少内部人员数量，经通道疏散到污染程度较轻的地区；对留下的少数人员，则应配备有效的空气再生装置。

经过一段时间的隔绝后，在恢复通风前，必须准确了解外部空气污染程度，重要的工程应备有自动监测系统。恢复通风后，初期仍须对引入的空气进行过滤。由于滤毒设备在长期不使用后会损坏或失效，放过滤通风系统的设备应高效、低价、轻便，和容易拆装。在这方面，我国与一些人防先进国家相比，还存在较大差距。

除防止室内空气受到污染外，对于饮用水和食品的防化问题，也应引起足够的重视，在地下建筑中保持必要的贮量。对于重要工程，应在内部备有水源深井，平时封闭不用。瑞典把有无可能打成深水井作为人防指挥所选址的条件之一，可见其高度重视防止水污染。

§7.3 城市人防建设规划

现代历史背景下，人防建设着眼于如何配合城市建设其他部门，建设平战功能齐全的现代化城市。人防建设规划由城市总体防御规划、区级防御规划及单位小区防御规划等组成，充分利用现有防御规划及地下空间规划体系，进行综合规划。

7.3.1 地下人防建筑规划原则及要求

人防建筑规划必须同城市地下空间及城市建设规划相统一，在总体规划指导下进行人防规划和单项工程设计。我国人防建设最根本目的是保持战争威慑力、保存战争潜力、保卫祖国和人民生命安危。

1. 规划原则

（1）人防建设应结合城市的战略地位、现状及发展要求。战略地位指城市在总体防御中的战略重要程度，是国家防护等级确定的重要依据，包括城市在战争中可能遭受的打击程度、平战中的重要程度，通常由上级机关确定。现状指城市目前与工程有关的地下设施，人防建设与城市建设相结合是时代发展的需要，给人防建设提供了保障。

（2）防护工程规划同城市规划相结合，确定防护规划等级。规划的同时考虑战争时的城市状况，根据城市、区级、街道、企业等的重要性等级，制定防护规划等级，确定防御程度。

（3）掌握水文地质和工程地质、地形条件详细情况，进行人防建筑合理选址。尽可能避开重要的军事及战略重要地段，如桥梁、码头、车站等，满足人防建筑施工和运输条件。

（4）人防建设必须贯彻"平战结合"的方针，应最大限度地体现"经济效益、社会效益和战备效益"。单纯地从战备角度建设人防工程不现实，必须与城市建设相结合，才能有效解决人防建设资金筹措、人防建设用地与城建用地的矛盾等问题。

（5）人防建设必须与城市地下空间开发相结合，形成完善的防护体系。城市开发建设中，人防工程应是地下空间工程的一部分，人防建设与地下空间开发统筹考虑，形成城市多功能的有机组合系统。

2. 规划要求

（1）制定街道、企业、区级的规划体系，单项规划体系服从于城市整体规划体系。

（2）市级、区级、街道的人防工程体系必须设有连接通道网，既独立，又连成整体。

（3）确定人防工程中重点工程的项目、等级、数量、规模及位置。这些工程通常有指挥所（省、市、区）、食品加工、医疗、电站、消防车库、贮藏等。

（4）市级、区级、街道的人防建筑整体上均应具备相应的完善系统，如具备生活、电力、抢救、医疗、指挥、动力、物资系统。

　　图 7.9 的市中心防护体系主要包括战备指挥、防护掩蔽、医疗救护、食品加工贮存、商业、停车场、战斗工事等。上述几个系统均通过地下公共交通隧道连接，并遍及市中心各个角落，满足了战时的指挥、防护、疏散、掩蔽、生活、工作的多种要求。

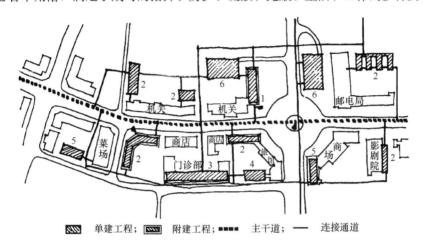

图 7.9　某城市中心区防护规划示意图

1—指挥所和防空专业队掩蔽所；2—人员掩蔽所（平时作旅馆、招待所）；3—救护站（平
时作门诊部）；4—食堂（战时作主食加工厂）；5—商店（战时作物资库）；6—车库（战时
作人员掩蔽所）

　　图 7.10 的工厂区防护规划规模局限于厂区，但功能仍十分完善。从指挥到掩蔽、战斗自卫与医疗救护等均能达到防护要求。所有地下空间防护系统都设在厂内中心道路左右的厂区内，并分散布局。

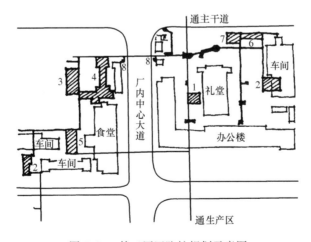

图 7.10　某工厂区防护规划示意图

1—指挥所；2—人员掩蔽所（平时作车间办公室）；3—救护站；4—食堂（战时作人员掩蔽所）；
5—会议室、厕所（战时作人员掩蔽所）；6—备用电站；7—浴室；8—战斗自卫工事

上述各方案均研究并设计了战时防护系统空间的平时使用问题，目前为和平时期，必须加以利用，若长期不使用，工程将受到影响，也会带来较大的经济损失。因此，防护空间建设必须做到平战结合。

7.3.2　城市人防建设总量的确定

城市人防建设的目标总量，一般在城市总体规划或国家人防部门的有关文件中有明确规定和要求。一个城市的人防建设需达到的指标一般以平均每人多少平方米为标准。例如，某市的人防建设 2010 年指标为平均每人（常住人口）1m² 人防使用面积，该市的人防建设目标总量即为 2010 年常住人口总数与人均指标的乘积。当然，人均指标的表达方式是多样的，一般有以下几种：

城市人防建设人均指标＝城市人防总建筑面积/城市常住人口总数
城市人防建设人均指标＝城市人防总建筑面积/城市留城人口总数
城市人防建设人均指标＝城市人防总使用面积/城市常住人口总数
城市人防建设人均指标＝城市人防总使用面积/城市留城人口总数

四种表达方式之间可以换算：

$$留城人口＝常住人口×留城人口比$$
$$人防建筑面积＝人防使用面积×k$$

其中 k 为系数，可由城市人防建设现状统计资料计算确定，一般在 1.30 左右。

城市人防建设总量仅仅是作为城市人防建设的发展目标和考核依据，应根据战时的各类人防设施需求计算得到，并且应大于或等于目标数。即：

$$城市人防建设总量＝\Sigma各类城市人防设施需求量≥城市人防建设目标$$

其中各类人防设施为指挥通信、医疗救护、专业停车、人员掩蔽（专业队和一般人员）、后勤物资等。

规划内容采用"平战结合人防工程规划表"表示，主要包括"人防工程建设指标"、"城市各片区、各组团人防工程建设指标"、"人防指挥工程规划"、"防空专业队工程规划"、"人员掩蔽工程规划"、"配套工程建设规划"、"人防工程规划总表"等方面。

7.3.3　人防各类设施的数量位置和等级的确定

（一）指挥通信设施

1. 工程性质

人民防空组织必须有组织指挥职能，防空指挥部以及预警组织所在的人防工程称为人防指挥通信工程，城市战时人民防空分市、区、街道三级指挥。

2. 工程规模和防护等级

按国家人防委现行规定选用，必须考虑常规武器直接命中的防护作用。

3. 建设规划原则

（1）工程布局，根据人民防空部署，从便于保障指挥、通信联络顺畅出发，综合比较，慎重选定，应尽可能避开火车站、飞机场、码头、电厂、广播电台等重要目标；

（2）工程应充分利用地形、地物、地质等条件，提高工程防护能力，对于地下水位较高的城市，宜建掘开式工事和结合地面建筑修地下人防建筑；

（3）市、区级工程宜建在政府所在地附近，便于临战转入地下指挥，街道指挥所结合小区建设。

（二）医疗救护设施

1. 工程性质

医疗救护工程是战时组织人员救死扶伤，达到保存人员潜力的救护站、急救医院和中心医院三级。

2. 工程规模和防护等级

按国家人防委现行规定选用，各级医疗设施的一般规模与医护救治能力见表 7.5。

各级医疗设施的规模、救治能力参考数据　　　　　　　　表 7.5

序号	项目	单位	救护站	急救医院	中心医院	备注
1	建筑面积	m²	200～400	800～1000	1500～1800	救护站为简易手术台；工作人员按24小时工作，分两班，男、女各半。
2	每昼夜通过伤员数量	人次	200～400	600～1000	400～600	
3	病床	张	5～10	30～50	100～150	
4	手术台	台	1～2	3～4	4～6	
5	工作人员	人	20～30	30～50	80～100	
6	供电照明		外电源及自备紧急照明设备	外电源及自备用电源	外电源及自备用电源	
7	给水排水		按15天用量贮水	贮水或自备水源并设单独排水设施	自备水源并设单独排水设施	
8	通风		过滤通风	过滤通风	过滤通风	
9	消毒要求		建议消毒	淋浴洗消	淋浴洗消	
10	防护等级		5级	5级	5级	
11	伤员周转时间		1天左右	1周左右	2周左右	

3. 建设规划原则

（1）医疗设施的规划布局，除应从城市所处的战略地位、预计敌人可能的袭击方式、城市人口构成和分布情况、人员掩蔽条件及现有地面医疗设施及其发展情况等因素进行综合分析外，还应考虑：

① 根据城市发展规划与地面新建医院结合修建；

② 救护站应在满足平时使用需要的前提下尽量分散布置；

③ 急救医院、中心医院应避开战时敌人袭击的主要目标及容易发生次生灾害的地带；

④ 尽量设置在宽阔道路或广场等较开阔地带，以利于战时解决交通运输；主要出入口应不致被堵塞，并设置明显标志，便于辨认；

⑤ 尽量选在地势高、通风良好及有害气体和污水不致集聚的地方；

⑥ 尽量靠近城市人防干道并使之联通；

⑦ 避开河流堤岸或水库下游以及在战时遭到破坏时可能被淹没的地带。

（2）各级医疗设施的服务范围，在无可靠资料作为依据时，可参考下列数据：按平时城市人口，救护站、急救医院、中心医院服务人口分别为 5000～10000 人、30000～50000 人、100000 人左右。

（3）医疗设施的建筑形式应结合当地地形、工程地质和水文条件以及地面建筑布局等条件确定。

与新建地面医疗设施结合或在地面建筑密集区，宜采用附建式；平原空旷地带，地下水位低、地质条件有利时，可采用单建式或地道式；在丘陵和山区可采用坑道式。

（三）专业停车设施

1. 工程性质

为保护战时人防队伍配合城市防卫、防空作战及消除空袭后果，应在市区和近郊修建各种类型的地下车库，包括救护车库、消防车库、载重车库、工程抢修车库、指挥专用车库、防化监测专用车库等。人防重点城市按市、区、街道三级配备。

2. 工程规模和防护等级

按国家人防委现行规定选用，结合具体情况确定。

3. 建设规划原则

（1）各种地下专用车库应根据人防工程总体规划，形成一个以各级指挥所直属地下车库为中心，大体上均匀分布的地下专用车库网点，并尽可能以能通行车辆的疏散机动干道在地下互相连通起来。

（2）各级指挥所直属的地下车库，应布置在指挥所附近，并能从地下互相连通。有条件时，车辆应能开到指挥所门前。

（3）各级和各种地下专用车库应尽可能结合内容相同的现有车场或车队布置在其服务范围的中心位置，使在所服务的各个方向上的行车距离大致相等。

（4）公共小客车地下停车场宜充分利用城市的外用社会地下停车场。

（5）公共载重车地下停车场宜布置在城市边缘地区，特别应布置在通向其他省市的主要公路的终点附近，同时应与市内公共交通网联系起来，并在地下或地上附设生活服务设施，战时则可作为所在区或片的防空专业队的专用地下停车场。

（6）地下停车场宜设置在或出露在地面以上的建筑物，如加油站、出入口、风亭等，其位置应与周围建筑物和其他易燃、易爆设施保持必要的防火和防爆间距，具体要求见《汽车库、修车库、停车场设计防火规范》GB 50067‐2014 及有关防爆规定。

（7）地下停车场应选择在水文、地质条件比较有利的位置，避开地下水位过高或地质构造特别复杂的地段。消防车地下停车场的位置应尽可能选择有较充分地下水源的地段。

（8）地下停车场的排风口位置应尽量避免对附近建筑物、广场、公园等造成污染。

（9）地下停车场的位置宜临近比较宽阔，不易被堵塞的道路，并使出入口与道路直接相通，以保证战时车辆出入的方便。

（四）人员掩蔽设施

1．工程性质

一般城市掩蔽工程数量，占人防工程面积 75％以上，人员生存率和保存潜力的重要因素之一。人员掩蔽设施分专业队掩蔽工事和一般人员掩蔽工事两大项，一般人员掩蔽工事又可分长久掩蔽工事和临时掩蔽工事两大项。

2．工程标准与规模

按国家人防委现行规定选用，一般以人均占用 $1m^2$ 使用面积为依据。单个人员掩蔽工程规模取决于战时预警时间和留城人口密度，根据系统分析，在有充分预警时间情况下，大型掩蔽部的效率‐费用最佳，在预警时间很短情况下，中型或小型的效率‐费用最佳。原则上以中、小型分散布局为好。

3．建设规划原则

（1）人员掩蔽工程规划布局以市区为主，根据人防工程技术、人口密度、预警时间、合理服务半径，实现优化设置，掩蔽人员地下人防建筑应布置在人员居住、工作适中位置，服务半径不宜大于 200m。

（2）结合城市建设情况，修建人员掩蔽工程。地铁车站、区间段、地下商业街、共同沟等市政工程作适当的转换处理，皆可作为人员掩蔽工程。

（3）结合小区开发、高层建筑、重点目标及大型建筑，修建地下人防建筑人员就近掩蔽。

（4）应通过地下通道加强各掩体之间的联系。

（5）临时人员掩体可考虑使用地下连通道等设施。当遇常规武器袭击时，应充分利用各类非等级人防附建式地下空间和单建式地下建筑的深层。

（6）专业队掩体应结合各类专业车库和指挥通信设施布置。

（7）人员掩体以就地分散掩蔽为原则，尽量避开敌方重要袭击点，全局适当均匀，避免过分集中。

（五）后勤保障设施

后勤保障设施一般分物资储备库和电站等公用设施两大类。

1. 物资储备库

（1）工程性质

战时为了保障留城工作人员的生存，按战时防空袭斗争的需要，必须修建一定数量的物资仓库，包括粮食食品库、燃料库、药品及医疗器械库等。

（2）物资储备的标准

关于物资定量供应标准和人防物资库储存物资数量短时间标准，我国尚未制定，现根据城市《人防建设规划纲要》，参照战术技术要求设计规范、我国平时供应标准及国外有关资料，确定物资储备量。

物资库的规模：

① 粮食库：参照城市《人防建设规划纲要》，其修建规模与留城人员的食用时间、外省市调入量及地面库存量等因素有关，暂按留城人员食用一个半月考虑，单位面积储存量为 $1000km/m^2$；

② 食油库：根据总后营房部经验，采用体积比值来确定，每 m^2 的存储量，只要确定油料库容量和油库类型，可以确定平面面积；

③ 燃油库：按保证各类专业装备车辆一个半月供油的要求修建，燃料油库规模与耗油标准、储备车辆数、每日运行里程、储油时间有关。

（3）防护等级：各类物资仓库均选用国家人防委的现行规定。

（4）建设规划原则

① 粮食库工程避开重度破坏区的重要目标，结合地面粮库进行规划。

② 油库工程结合地面油库修建地下油库。

③ 水库工程结合自来水厂或其他城市平时用给水水库建造，在可能情况下规划建设地下水池。

④ 燃油库工程避开重点目标和重度破坏区。

⑤ 药品及医疗器械工程结合地下医疗救护工程建造。

2. 地下电站

（1）工程性质

在空袭使地面电源破坏后，保证重点机关照明以及地面路灯和无地下自备电站的人防工事的滤毒、洗消等工作进行。

（2）工程规模和防护等级

根据战时需要，一般一个大城市需单独建立 3～4 个地下电站。等级由位置和核毁伤分析确定。

（3）建设规划原则

① 城市修建电站，应拉开距离，设在城市不同方向，以区域性确定位置。

② 结合城市发展的平时需要，建造地下电站（亦可作平时使用）。

（六）地下连通设施

1. 工程性质

通道工程是城市人防工程连接机动的重要工程，在城市全面受灾时具有重要作用，它反映了我国人防工程的特点，是人防工程体系的重要组成部分。

2. 工程规模和防护等级

规模根据市人防工程体系要求。防护等级根据城市核毁伤分析分组建造。

3. 建设规划原则

（1）结合城市地铁建设，城市市政隧道建设建造疏散连通工程及连接通道，联网成片，形成以地铁为网络的城市有机战斗整体，提高城市防护机动性。

（2）结合城市小区建设，使小区以人防工程体系联网，通过城市机动干道与城市整体连接。

7.3.4　人防建设的各类工程设施合理匹配

在我国人防建设标准中，尚无统一标准。一般，各类城市差异较大，需结合实际情况，由各项设施的需求计算后得到，并参照国内其他城市的有关指标进行权衡。

表 7.6 为 1989 年统计的我国全国各类人防工程比例，其中医疗救护、后勤保障、指挥通信设施的比例在重点设防城市中偏低。另外，专业停车场也未明确划分。

全国各类人防工程比例（1989 年）　　　　　表 7.6

类别	人员掩蔽	指挥通信	医疗救护	后勤保障	生产车间	连通干道	合计
面积比（%）	72	2.0	1.5	2.7	1.3	21.5	100

人防战时规划的其他重要内容还包括指挥通信、救援抗灾等战时工作的组织等。

在工程规划方面还应注意人防设施的口部位置与设计规范要求。

7.3.5　人防工程规划的编制内容

1. 人防工程总体规划的编制

编制城市人防工程总体规划的主要任务：根据国家人防建设方针政策，综合研究论证规划期内人防工程建设发展条件，确定总体发展目标、规模和设防部署，正确处理人防工程建设与经济建设、城市建设的关系，近期建设与中期、远期发展的关系，指导人防工程协调发展。

城市人防工程总体规划期限一般为 20 年。近期人防工程建设规划是总体规划的组成部分，应当对城市近期的发展布局和主要建设项目做出安排，应更具体、明确，落实到单个项目（单建式工程）和小区（地下人防建筑工程），并应落实建设经费、主要前期工作等。近期建设规划期限一般为 5 年。编制总体规划时，还应对城市人防工程远景发展作出轮廓性的规划安排。

城市人防工程总体规划的主要内容：

（1）城市概况和发展分析：包括城市性质、地理位置、行政区划、分区结构、城市面积、人口和发展规模、地形特点、建设用地、建筑密度、人口密度、战略地位、自然与经济条件。

（2）根据城市遭受空袭灾害背景判断和对城市毁伤程度的估测，提出城市对空袭灾害的总体防护要求，分析已建人防工程现状。

（3）提出城市人防工程远景发展目标、总体规模、防护系统构成及各类工程配套比例，确定人防工程总体布局原则和综合指标。

（4）确定总体规划期内人防工程发展规模和各类工程配套规模，提出工程配套程度和城市居民人均占有工程面积、战时留城人员掩蔽率等控制指标。

（5）确定防空（战斗）区内人防工程组成、规模、防护标准，提出各类工程配置方案。

（6）综合协调人防工程与城市建设相结合的空间分布，原则确定地下空间开发利用设施战时、平时使用功能和防护标准。

（7）提出早期人防工程加固、改造、开发利用和普通地下室及其他地下空间设施的平战转换利用措施和要求。

（8）进行综合技术经济论证，提出总体规划实施步骤、政策措施和建议。

（9）编制近期人防工程建设规划，确定近期规划规模、要建设项目和实施步骤。近期人防规划应区分指挥工程和一般工程两大类，一般工程尽量做到控制类别和立项，如面积等；指挥工程以及出政府投资建设的项目必须切合实际，做到规划指导近期建设，近期按规划建设。

城市人防工程总体规划的文件及主要图纸：

（1）总体规划文件包括文本和规划附件。规划附件包括规划说明和规划基础资料等。规划文本是对规划的各项目标、内容提出规定性要求的文件，规划说明是对规划文本的具体解释。

（2）总体规划图纸包括：城市总体防护体系图，人防工程现状图，人防工程总体规划图，防空区、片人防工程配置图，人防工程平时开发利用规划图，城市地下空间设施平战转换利用规划图，近期人防工程建设规划图等。图纸比例尺：中等城市为 1/10000～1/25000、小城市为 1/5000～1/10000。

2. 分区规划的编制

城市人防工程分区规划编制的主要任务应在总体规划的基础上，依据总体设防部署对分区内人防工程布局与配置地域作出进一步的安排，以便于同人防工程详细规划衔接。

城市人防工程分区规划内容包括：

（1）分区内经济布局、居住人口分布、重点防护目标分布以及建设用地和建筑容量控制指标情况；已建人防工程分布、数量、质量和各类人防工程配套情况。

（2）确定分区人防工程总规模及各类工程配套结构、配套标准。

（3）根据城市人防指挥体系，确定区级人防指挥通信配置地域，街道人防指挥通信工程宜与人员掩蔽工程合建；防空专业队指挥机构由各级人防指挥所所属后勤人员担任，可以在批建人防工程建设规划时有所考虑，有个别特殊人防工程可以并用，如没有条件不必单独修建指挥工程。

（4）依据市、区、镇（街道）三级防空专业队和中心医院、急救医院、救护站的编制和保障、服务范围，确定防空专业队人员、装备集结掩蔽工程及医疗救护工程的配置地域和地下空间控制范围。

（5）确定分区人员掩蔽工程、单位人员、物资掩蔽工程配置位置和地下空间控制范围，规定分区内战时留城人员掩蔽率控制指标。

（6）根据战时粮食、医药、油料等其他必需供给保障基数，确定各类物资地下储库容量和配置地域。对区域水源、区域电源的配置和保障范围作出规划安排。

（7）确定人防疏散干道、区域连通道的走向、空间控制范围。

分区规划文件及主要图纸：

（1）分区规划文件包括规划文本和附件资料收入附件；

（2）分区规划图纸包括：规划分区位置图、分区人防工程现状图、分区防护体系图、分区人防工程发展目标图、分区人防工程总体规划图、分区近期人防工程建设规划图、分区人防工程与地下空间相结合开发利用图。图纸比例为 1 : 5000。

3. 人防工程建设详细规划的编制

编制城市人防工程详细规划的主要任务是依据总体规划或者分区规划，详细规定人防工程及其他地下空间利用指标，或直接对人防工程建设作出具体的安排和规划设计。人防工程详细规划一般应当与城市详细规划同步编制。城市人防工程详细规划分为控制性详细规划和修建性详细规划。根据深化人防工程规划和实施管理的需要，一般应当编制控制性详细规划，并指导修建性详细规划的编制。

城市人防工程控制性详细规划的内容包括：

（1）规定各地块单建式人防工程地下空间利用位置界线、开发层次、体量和容积率；确定地面出入口数量、方位、控制点坐标和标高。

（2）规定各地块新建民用建筑地下人防建筑的控制指标、规模、层数、容积率以及地下室室外出入口的数量、方位、控制点坐标和标高。

（3）规定各类人防工程附属配套设施和人防工程设施安全保护用地控制界线。

（4）规定人防工程地下连通道位置、断面和标高。

（5）规定各地块人防工程战时、平时使用功能和防护标准。

（6）制定相应的地下空间开发利用以及工程建筑管理规定。

城市人防工程控制性详细规划的文件和图纸：

（1）控制性详细规划文件包括规划文本和规划附件，规划应包括规划管理的有关规定，规划附件包括规划说明和基础资料等。

（2）控制性详细规划图纸包括：规划地区现状图、单建式人防工程控制性详细规划图、结合民用建筑附建式地下人防建筑控制性详细规划图、人防与地下空间开发利用相结合控制性详细规划图。图纸比例尺一般采用 1/1000～1/2000。

§7.4　地下人防工程建筑设计

地下人防工程是为可能发生的各类战争做准备，必须根据战争中可能使用的各种武器综合效应，进行全面防护，包括布局合理、功能完善、抗力提高、口部防护可靠等，通过建筑设计实现防护功能。

7.4.1　人防工程口部综合防护设计

人防工程都处于城市地下土层中或山体岩层中，出入口成为内外联系、通风换气、水电供应和废弃物处理等的唯一渠道，自然成为对工程进行攻击、破坏的目标。在核袭击下，如果口部遭到破坏，主体部分的防护能力再强，整个工程也将失去防护作用。口部的类型很多，功能和防护设施都比较复杂，为了保证战时工程内外联系的畅通和确保工程主体部分的安全，必须重视口部的综合布置问题，是防护工程战时防护的关键环节，也是防护工程建筑设计的重点和难点。

口部设计是地下人防建筑设计中的重要部分，主要指主体与地面的连接部分。口部主要分为人员、设备出入口和进排风、排烟口，以及其他各种相关设备与地面的连接部分，通常包括出入口防护密闭门以外的通道、竖井、扩散室、密闭通道、防毒通道、洗消间（简易洗消间）、除尘室、滤毒室、集水井、防爆波电缆井等。

人防工程建筑图中除执行国家建筑制图标准外，还有人防专项设计图例（图7.11）。

1. 出入口的分类

地下人防建筑出入口按设置位置分为三类：（1）室内出入口，通道敞开段（即无顶盖段）位于地下人防建筑上部建筑范围以内的出入口，通常位于上部建筑的楼梯间；（2）室外出入口，通道敞开段位于地下人防建筑上部建筑范围以外的出入口，一般用作主要出入口；（3）连通口，人防工程（包括地下人防建筑）间在地下相互连通的出入口，地下人防建筑中防护单元间的连通口又称单元连通口。

地下人防建筑出入口按战时使用功能分为三类：（1）主要出入口，战时保证人员或车辆不间断地进出，且使用较为方便的出入口；（2）次要出入口，主要供平时使用，战时可以不再使用的出入口；（3）备用出入口，平时一般不使用，战时必要

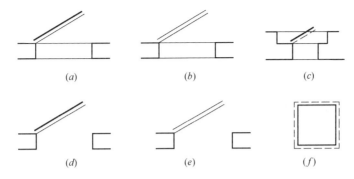

图 7.11　人防工程常用建筑防护设备

(*a*) 防护密闭门；(*b*) 密闭门；(*c*) 防爆波活门；(*d*) 活门槛防护密闭门；
(*e*) 活门槛密闭门；(*f*) 洗消污水集水坑

时（如其他出入口被破坏或被堵塞时）才被使用的出入口。

2. 出入口的设置要求

地下人防建筑的每个防护单元不应少于两个出入口、其战时主要出入口应设在室外出入口。室外出入口通道敞开段（无顶盖段），应布置在地上建筑的倒塌范围之外，其口部建筑宜采用单层轻型建筑。若因条件限制，室外出入口通道敞开段布置在地面建筑的倒塌范围以内时，口部建筑宜采用防倒塌棚架。按由外到内的顺序，设置防护密闭门、密闭门。防护密闭门应向外开启，密闭门宜向外开启。

当条件限制（满占红线），核 6、6B 级地下人防建筑与有可靠出入口的其他人防工程（抗力级别不低于本工程）相连通，不设置室外出入口。核 6、6B 级地下人防建筑的上部建筑为钢结构或钢筋混凝土结构，同时，首层楼梯间直通室外地面，且地下室至首层的梯段上端与室外的距离不大于 2m；或首层由梯段至通向室外的门洞之间，应设置与地面建筑结构脱开的防倒塌棚架；或首层楼梯间直通室外的门洞外侧上方，且设有挑出长度不小于 1m 的防倒塌挑檐；或主要出入口与其中一个次要出入口的防护密闭门之间水平直线距离不小于 15.0m，均可不设置室外出入口。

设计审查中，这部分存在较多问题。一方面，部分高层建筑设计在市中心地区，地下人防建筑由于空间限制或规划等原因都没有室外出入门口，只能将通向地上首层楼梯间的出口尽量靠近室外而当成室外出入口。另一方面，部分高层建筑上部为高级住宅，地下为车库，要求停车后直接乘电梯进入本单元，导致每个单元都有一部电梯进入地下室。规范规定，电梯必须设置在地下人防建筑的防护密闭区以外。可根据不同条件采取不同办法解决，一是电梯设置在核心筒内，把电梯和楼梯的防护统一考虑；二是单一电梯，有条件的可以增设一前室，设置防护密闭门，作为平时出入口，战时关闭；对于受面积等条件限制，不能做前室，在电梯口做竖向战时封堵，施工时布置预埋件，进行战时转换。但无论采取哪种形式，电梯口周边墙体均按临空墙设计，满足防护功能，保证人防工程战时的使用。

出入口通道、楼梯和门洞尺寸根据战时和平时的使用要求，以及防护密闭门、密闭门的尺寸确定。

（1）地下人防建筑战时出入口的最小尺寸应符合表 7.7 的规定。

战时人员出入口的最小尺寸（m）　　　　　表 7.7

工程类别	门洞		通道		楼梯
	净宽	净高	净宽	净高	净宽
人员掩蔽工程、配套工程	0.8	2.0	1.5	2.2	1.0
医疗救护工程、专业队队员掩蔽工程	1.0	2.0	1.5	2.2	1.2

（2）战时使用要求。为满足警报后人员 10min 内能及时进入工事，战时出入口的门洞净宽之和按掩蔽人数每 100 人不小于 0.3m（单建工程不小于 0.3m），且每樘门的通过人数不应超过 700 人（指即使门洞大于 1.875m，也只能按 500 人计算），出入口通道和楼梯的净宽不应小于该门洞的净宽。

（3）平时使用要求。地下人防建筑平时应满足防火安全疏散要求。出入口的门洞净宽之和按防火分区设计容纳总人数乘以疏散宽度指标确定，室内地坪与室外出入口地面高差不大于 10m 的防火分区，其疏散宽度指标应为每 100 人不小于 0.75m。楼梯的宽度不应小于对应的出口宽度。

（4）出入口的形式与数量

防护工程中出入口形式有直通式、拐弯式、穿廊式、垂直式等几种（图 7.12）。各种出入口形式都有不同特点，必须根据防灾要求、人员数量综合确定，

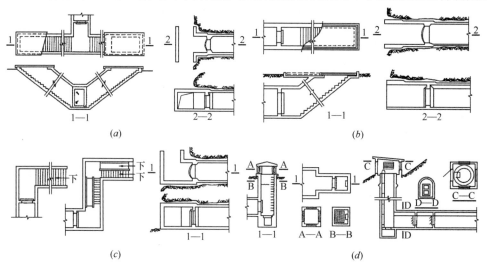

图 7.12　出入口形式

（a）穿廊式；（b）直通式；（c）拐弯式；（d）垂直式

同时考虑到冲击波具有超压和负压、遇孔即入并削弱强度、遇到障碍物反射使超压剧增等特性，出入口通常不少于 2 个。出入口形式的不同，防护密闭门上的冲击波超压也有不同（表 7.8）。

不同出入口形式的冲击波超压（MPa）　　　　表 7.8

地面超压　　抗力等级	6B 级	6 级	5 级	4B 级	4 级
穿廊或竖井式	0.1	0.15	0.3	0.4	0.6
直通或单向式				0.6	0.9

乙类地下人防建筑和核 5 级、核 6 级、核 6B 级的甲类地下人防建筑，室外独立式出入口不宜采用直通式；核 4 级、核 4B 级的甲类地下人防建筑的室外独立式出入口不得采用直通式；独立式室外出入口的防护密闭门外通道的长度不得小于 5.0m。

地下人防建筑的每个防护单元不应少于两个出入口（不包括竖井式和连通口），其中至少有一个室外出入口，战时出入口设置在室外出入口。消防车库、大型物资库（大于 6000m²）和中心医院、急救医院应设置两个室外出入口。两相邻单元，均为人员掩蔽；或一侧为人员掩蔽，另一侧为物资库；两单元均为物资库，且面积之和不大于 6000m² 时，防护密闭门外可共用一个室外出入口通道。

（5）战时通风口采用的防护方法与出入口不同，工程中采用阻挡与扩散相结合的做法，如防爆波活门与扩散室（箱）。

3. 口部常用建筑防护设备

（1）防护门及密闭门

地下人防建筑出入口应设置防护密闭门和密闭门。主要组成如下：

门扇：门扇开启能保障人员、车辆的进出，关闭时能阻挡冲击波和毒剂。

门框墙：门扇的支座。

铰页：使门扇灵活转动的支撑。

闭锁：锁住门扇，压紧密闭胶条。铰页和闭锁还充当防冲击波负压作用。

密闭胶条：设置在门扇内侧，关门时位于门扇和门框墙之间，使门扇与门框墙之间形成密封。

防护密闭门能阻挡冲击波、毒剂进入室内，起防护和密闭双层作用；密闭门能阻挡毒剂进入室内，主要起密闭作用。按由外到内的顺序设置防护密闭门、密闭门，防护门设在出入口第二道，密闭门设在第二或第三道。防护密闭门应向外开启，密闭门宜向外开启。防护门如图 7.13 所示。

地下人防建筑人员出入口人防门设置数量应符合表 7.9 的规定。

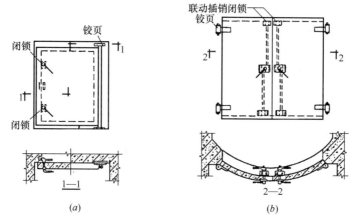

图 7.13　立转式防护门

(a) 平板门；(b) 双扇拱形门

出入口人防门设置数量　　　　　　　　　　表 7.9

人防门	工程类别			
	医疗救护工程、专业队掩蔽工程、一等人员掩蔽工程、加工车间、食品站		二等人员掩蔽工程、电站控制室、物资库、区域供水站等需要防毒的配套工程	停车场、电站机房等不需要防毒的配套工程
	主要口	次要口		
防护密闭门	1	1	1	1
密闭门	2	1	1	0

安装防护密闭门和密闭门的门前通道（表 7.10），其净宽和净高应满足门扇的开启和安装要求，否则会给施工或使用带来麻烦。防护密闭门、密闭门的规格以门洞口净宽和净高来表示，防护密闭门的代号是在门的规格前面加"FM"，门的规格是以其洞口净宽和净高的分米数值表示，常用规格单扇有 716、820、1020、1220、1520 等，双扇有 2520、2525、3025、4025、5025、6025 等。其中 7、8、10、12、15、25、30、40、50、60 代表门洞净宽，即 700、800、…、6000；16、20、25 等代表门洞净高，即 1600、2000、2500mm。密闭门的代号是在门的规格前面加"M"。如 GFM1520（5）是钢结构防护密闭门，GHSFM4025（6）为钢结构活门槛双扇防护密闭门，HHFM1520（6）为钢筋混凝土活门槛防护密闭门，GHM1520 为钢结构活门槛密闭门。

常用人防门门前通道尺寸（mm）　　　　　　表 7.10

门洞		门前通道				
宽（b）	高	铰页边	闭锁边	下门框	上门框	门前室
b<1200	≤2000	≥350	≥150	150	≥250	≥b+400
1200≤b≤1500	≤2000	≥400	≥200	150	≥250	≥b+400

（2）防爆波活门

防爆波活门是通风口处抗冲击波的设备。防爆波活门在自重作用下，悬板处于开启状态，在冲击波超压作用下的一瞬间悬板与底座自行关闭，底座孔洞被覆盖，阻挡冲击波超压的进入，保护通风设备的安全。目前采用的有悬摆式活门（可开启，供平时进风）、压式活门、门式活门等。图 7.14 为悬摆式活门，图 7.15 为压板式活门。如果活门不能全部阻止冲击波，为防止余波伤及人员及设备，常在活门后设置一个矩形房间，称为活门室，或设扩散室，减小余压，不至于伤害人员及设备。

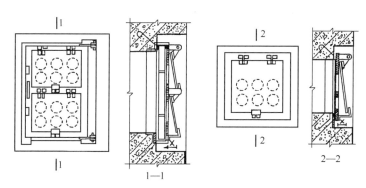

图 7.14　悬摆式活门

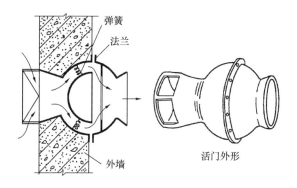

图 7.15　压板式活门

常用的有门式悬板活门和胶管活门，门式悬板活门的规格型号见表 7.11。悬板活门应嵌入墙内，嵌入深度不小于 73mm。

门式悬板活门的规格型号　　　　　　　表 7.11

规格	HK200	HK300	HK400	HK500	HK600	HK800	HK1000
风量（m³/h）	900	2000	3600	5700	8000	14500	22500

4. 密闭通道、防毒通道、洗消间与扩散室

防毒通道和洗消间是战时供人员清除自身污染有害物后进入工事内部的通道，

医疗救护工程、人员掩蔽工程、电站控制室、生产车间、食品站等战时主要出入口，应按规定设置防毒通道和洗消间。

（1）密闭通道

图7.16(a)，密闭通道由防护密闭门与密闭门之间或两道密闭门之间所构成，依靠其密闭隔绝作用阻挡毒剂侵入室内的密闭空间。当室外染毒时，密闭通道不允许有人员出入。

（2）防毒通道

图7.16(b)，防毒通道具有通风换气设施的密闭通道，由防护密闭门与密闭门或密闭门与密闭门之间所构成。防毒通道需在地下人防建筑设有机械进风系统、滤毒通风设备，室外染毒情况下，滤毒通风使室内能够维持一定通风超压；同时，防毒通道内设有通风换气设备，在超压排风过程中使防毒通道不断通风换气，将污秽空气不断排至室外。防毒通道的设置应与排风口相结合，防毒通道内应设置能满足换气次数要求的通风换气设备，而且在满足使用要求的前提下宜缩小通道容积。当主要出入口的防毒通道不止一道时，其中仅要求容积最小的防毒通道应满足换气次数要求。设置在主要出入口的防毒通道通常与洗消间或简易洗消间配合设置。

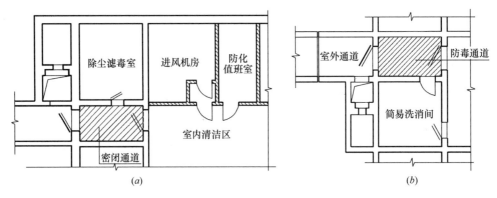

图7.16 密闭通道和防毒通道的平面布置

(a) 密闭通道；(b) 防毒通道

（3）洗消间和简易洗消间

图7.17，战时专供染毒人员通过，作为战时染毒人员清除有害物的通道（房间）。通常由脱衣室、淋浴室和穿衣检查室组成。洗消间应设在防毒通道一侧，脱衣室的入口应设置在第一个防毒通道内（普通门），脱衣室与淋浴室之间应设置一道密闭门，淋浴室与检查穿衣室之间可设普通门，检查穿衣室的出口应设置在第二防毒通道内（普通门）；脱衣室、淋浴室、检查穿衣室的使用面积均宜按每个淋浴器3m^{2}计；淋浴器的布置应避免洗消人员的足迹交叉。

简易洗消间宜与防毒通道合并布置，为简易洗消区。简易洗消区面积不宜小于

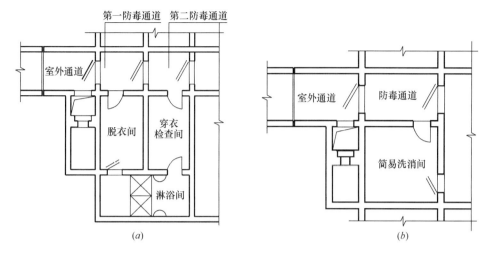

图 7.17　洗消间与简易洗消间的平面布置

(a) 洗消间；(b) 简易洗消间

$2.0m^2$，简易洗消间面积不小于 $5.0m^2$，简易洗消间与防毒通道设一道普通门，与清洁区之间应设一道密闭门。

一等人员掩蔽部应设洗消间，设置在防毒通道的一侧，淋浴室的入口设置一道密闭门；检查穿衣室的出口设置在第二防毒通道内。二等人员掩蔽部和战时室外染毒情况下有人员出入的配套工程，应设一道防毒通道和简易洗消间，简易洗消间宜与防毒通道合并设置；当带简易洗消的防毒通道不能满足规定的换气次数要求时，可单独设置简易洗消间。

（4）扩散室

图 7.18，防爆波活门受冲击波压力关闭，消波率 70% 左右，仍有部分超压进来，称为余压。这部分余压一般采用扩散室（或扩散箱）消减，余压峰值在扩散室内突然扩大、膨胀，从而降低了压力。将余压减到通风管路上的除尘器、滤毒罐、风机等设备能承受的程度（$0.03 \sim 0.05MPa$）。

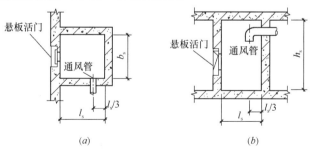

图 7.18　扩散室构造

(a) 通风管设在侧墙（平面图）；(b) 通风管设在后墙（剖面图）

扩散室采用钢筋混凝土整体浇筑构筑，其规格尺寸决定通风量大小。扩散室内横截面净面积不宜小于悬板活门通风面积的9倍，连接口应设在距后墙面三分之一扩散室的净长处。为检修防爆波活门和便于开关（平战转换）活门，扩散室应设置维修人孔，净宽不小于500mm，净高不小于800mm，并应设置防护密闭门。扩散室应设置地漏或集水坑。并应符合下列要求：

$$0.4 < b_s/h_s < 2.5$$
$$0.5 \leqslant l_s/(b_s \cdot h_s)0.5 \leqslant 4.0$$

式中　b_s——扩散室内净宽；

　　　h_s——扩散室内净高；

　　　l_s——扩散室内净长。

扩散箱作用与扩散室相同，是为了简化口部设计，替代扩散室，节省空间，方便施工，降低造价，用不小于3mm厚钢板焊制研制而成的用钢板制作的一种消波设备，可用于6级和6B级地下人防建筑。

（5）洗消污水集水坑

遭受空袭后，当室外毒剂下降到允许浓度时，为了对主要出入口的通道进行清洗，在主要出入口的防护密闭门之外应设置污水集水坑，以便用来集存洗消出入口通道产生的污水，集水坑的容积以不小于$0.50m^3$为宜。

5. 进排风口平面设计

（1）通风方式

平时通风主要有自然通风、机械通风及混合通风。自然通风是利用风压、地形的高差以及室内外温度差等形成的通风。通风保证室内换气及空气新鲜，所以建筑布局上必须考虑进排风路线的畅通，防止出现涡流、死角，尽可能减少通风阻力，成为平时通风（图7.19）。

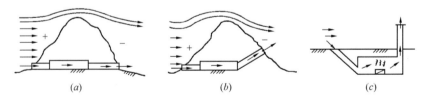

图7.19　自然通风的几种类型

(a) 风压；(b) 高差与风压；(c) 温差与高差

战时通风指人防工程在室外染毒情况下而采取的通风方式。这时，必须将染毒风进行消毒、过滤，从而使室内通风清洁，便于人员呼吸新鲜空气。战时有清洁式通风、滤毒式通风、隔绝式通风等三种通风方式（图7.20）。平时清洁式通风时，开启阀门4和5，关闭阀门6和7，空气通过风机进入室内；滤毒式通风时，开启6和7，关闭4和5；隔绝式通风时，关闭所有阀门，使空气形成自循环。

（2）进风口与排风口的平面设计

通风系统的防护包括消波和防毒密闭两部分组成，主要采用防爆波活门、扩散室（箱）、手动密闭阀门、自动排气活门等设施。

进风口、排风口应室外单独设置。供战时使用和平战两

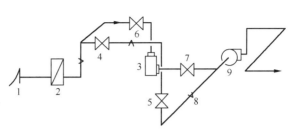

图 7.20　通风轴测图

1—防爆波活门；2—空气过滤器；3—过滤吸收器；

4，5，6，7—手动密闭阀门；8—送风管；9—风机

用的进风口、排风口应采取防倒塌、防堵塞措施。内部可采用砖砌风道，出地面风道应采用钢筋混凝土构筑，使进、排风口达到防护要求。如图 7.21 所示，将进风设备布置在建筑中，形成进风口，再把进风口同出入口结合起来，这种建筑布局是和通风工艺紧密相连。因此，出入口设计应同进排风设备相统一。

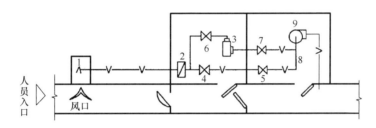

图 7.21　进风口与人员出入口平面布置

1—防爆波活门；2—空气过滤器；3—过滤吸收器；4，5，6，7—手动密闭阀门；

8—送风管；9—风机

战时进风口设计时，进风口兼出入口，一般应根据防护等级设计，有进风扩散室、除尘室、滤毒室、进风机房、染毒通道、防护门、密闭门等（图 7.22）。

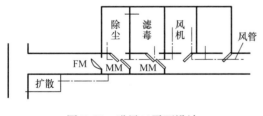

图 7.22　进风口平面设计

FM—防护门；MM—密闭门

排风口设计时，其中有一个必须同出入口相结合，这样可以保证在染毒条件下，室外部分人员进入室内时进行吹淋、洗消等消毒措施。因此，排风口有排风机、排风扩散室、染毒通道洗消系统、防护门及密闭门。图 7.23 是排风口布置，1

为缓冲通道，后面为染毒通道，排风机室设在洗消系统室内一侧，厕所、污水、蓄电池等有污染的房间都设在排风口一侧。图 7.23（a）中具有 2 个染毒通道，其中 1 个为缓冲通道，设防护门、防密门各一个，设脱衣 5、洗消 6、穿衣间，各间设密闭门。图 7.23（b）中设 1 个染毒通道和洗消系统。人员行动路线是从染毒通道 1→

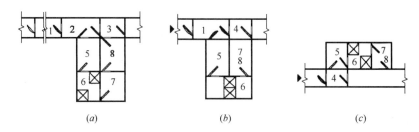

图 7.23 排风口平面设计

(*a*) 两个染毒通道；(*b*) 一个染毒通道；(*c*) 一个染毒通道

1—缓冲通道；2，3，4—染毒通道；5—脱衣；6—洗消；7，8—穿衣

2→5→6→7、8→主体室内，而风的路线与人员路线刚好相反，以保证人员进入工事内在超压环境下，可防止毒气倒流室内。

　　排风口设置实际上是平时使用的备用出入口，而在战争染毒状态下，为了让室外人员必须从排风口位置进入防护工程内，此时的排风口变为主要出入口，一旦室外染毒，防护工程内必须与室外全部隔绝，即进入战时使用状态。

　　土中单建式工程多是在外墙上某部位开口，经过阶梯或坡道到达地面。只供人员出入的口部比较简单，按防护要求设置防护门、密闭门，或防护密闭门即可，但这样通风口就要单独设置，增加出入口数量，对防护不利，因此一般都将人员出入口与进、排风口综合布量。

　　附建式工程与单建式相比，增加了从顶部出入，即通过地面建筑的楼梯或电梯出入的可能性。但附建式地下人防建筑如果仅依靠开在地面建筑底层的出入口，如楼梯、电梯间，可能会因地面建筑倒塌而堵塞，因此至少应同时有一个能直通室外、在倒塌范围以外的出入口。

　　6. 口部综合防护的共性问题

　　土层或岩层中的民防工程口部布置各有特点，但综合布置上具有共同性。

　　(1) 防护等级和防护要求

　　口部首先应根据防护等级，按照防护标准和要求进行布置和设计。在这个前提下，应视具体情况保留灵活性。例如，有的城市有条件将防护等级较低的工程布置在山体岩层中，工程主体具有比规定等级高得多的防护能力，如能适当提高口部的防护标准，则可以用不太高的代价获得较高防护能力的工程。城市地铁的区间隧道和车站，其结构本身已具有一定的防护能力；但是为解决城市交通问题而修建的地铁，往往因造价过高而不愿再增加口部防护的投资。然而实际上，即使按防核袭击考虑，口部防护设施所需资金还不到地铁总造价的1%，而社会效益显著。

　　(2) 口部防护能力的等强度

　　工程口部除供人员、车辆或设备出入和用于进风、排风外，还有多种管、线进出，以及沟、坑等。这些设施都必须具有相等的防护能力，防止由于个别的遗漏而使其他防护设施失去作用，或由于局部结构的抗力低于规定等级而先被破坏。特别是大型的岩石工程，通风道和排水沟未设防的情况时有发生，对此应当引起足够重视。

（3）口部布置的综合性

从若干口部布置实例可以看出，所谓综合防护，并不是指将各种防护功能和防护设施都集中到一个出入口。事实恰恰相反，口部布置内容过于复杂，可能给结构、施工、设备安装等造成困难，削弱口部防护能力，或者出现防护上的疏漏。因此，综合防护的含义是多方面，首先体现在口部的整体防护能力；其次表现为使用管理方便，规模与内容适当，结构及施工简单；再有是布置上的灵活性，不拘泥于某些现成的模式，根据实际情况决定集中和分散的程度。此外，综合防护还应当包括防止口部被堵塞的措施，对于重要工程，还有口部的伪装问题。

（4）防护设备的更新

防护设备应随武器的发展和科学技术的进步而不断提高质量和更新品种，口部的综合防护应当适应这种变化，做相应改进。例如，传统的防爆波活门，出于关闭时间不够短，空气进入活门后仍有一定的余压，需设扩散室来消除余压。扩散室就成为口部不可缺少的一个组成部分，如果由于活门质量的提高而不再需要扩散室，则可以简化口部布置。瑞士的人防工程，在抗力为 0.3MPa 时，通风系统中仍无扩散室，说明这是可以做到的。又如，有的国家采用可折叠的密封充气罩代替防毒通道，不但节省建筑面积，还便于平时的使用，简化了口部的布置。

7.4.2 人防工程主体部分防护设计

地下人防建筑的主体是指满足战时防护及其主要功能要求的部分，如有防毒要求的地下人防建筑中的最后一道密闭门以内的部分。人防工程与地面建筑相比，重要区别在于工程各构件尺寸大小选择有诸多因素影响，主要包括静荷载、爆炸动荷载、覆土荷载、倒塌荷载等，还有早期核辐射防护、防水保护层等重要因素。

1. 防护单元和抗爆单元

为了尽量减少炸弹命中破坏的范围，地下人防建筑应划分防护单元。在防护单元中还要划分抗爆单元，以进一步减少炸弹命中造成的人员伤亡。

（1）防护单元和抗爆单元的划分标准

人员掩蔽工程防护单元的建筑面积不大于 2000m²，抗爆单元的建筑面积不大于 500m²，配套工程（如车库、物资库等）防护单元的建筑面积不大于 4000m²，抗爆单元的建筑面积不大于 2000m²。医疗救护工程、防空专业队工程、人员掩蔽工程和配套工程上部建筑的层数为 10 层或多于 10 层时（其中一部分上部建筑可不足 10 层或没有上层建筑，但其建筑面积不得大于 200 m²），可不划分防护单元和抗爆单元。对于多层的乙类地下人防建筑和多层的核 5 级、核 6 级、核 6B 级的甲类地下人防建筑，当其上下相邻楼层划分为不同防护单元时，位于下层及以下各层可不再划分防护单元和抗爆单元。

（2）防护单元的防护

地下人防建筑中每个防护单元的防护设施和内部设备应自成系统。

相邻防护单元之间应设置防护密闭隔墙。当墙壁上开设门洞时，应在其两侧设置防护密闭门。若相邻防护单元的防护等级不同，高抗力的防护密闭门应设置在抵抗力防护单元一侧，抵抗力防护密闭门应设置在高抗力防护单元一侧，防护单元内不宜设置伸缩缝或沉降缝。当在相邻防护单元之间设置伸缩缝或沉降缝，且需开设门洞时，应在两防护密闭隔墙上分别设置防护密闭门。防护密闭门至变形缝的距离应满足门扇的开启要求。若两防护单元的防护等级不同时，高抗力防护密闭门应设置在高抗力防护单元一侧，抵抗力防护密闭门应设置在抵抗力防护单元一例（图7.24）。

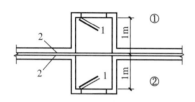

图 7.24 变形缝两侧防护
密闭门设置方式
1—防护密闭门；2—防护密闭隔墙；
①—甲防护单元；②—乙防护单元；
1m—防护密闭门至变形缝的最小距离

（3）抗爆单元的设置

相邻抗爆单元之间应设置抗爆隔墙。当墙上开设连通口时，应在门洞的一侧设置抗爆挡墙。抗爆挡墙的材料和厚度应与抗爆隔墙一致。抗爆隔墙和抗爆挡墙均可在临战时砌筑，可以采用厚度不小于120mm的预制钢筋混凝土构件组合墙，并应与主体结构连接牢固，也可采用高度不小于1.80m、厚度不小于500mm的沙袋堆垒。

（4）设计中存在的问题

随城市建设的发展，设计审查中，高层建筑下地下人防建筑的防护单元和抗爆单元的设置中提出了新的问题。根据要求，多层的乙类和核5级、核6级、核6B级的甲类地下人防建筑的地下二层及以下各层，高层建筑下的地下人防建筑可不划分防护单元和抗爆单元。高层建筑的建设形式有多种多样，有的为单一高层点式楼，中间用低层建筑连接。在这些高层建筑（含裙房）的下面，往往都有一个面积很大的地下室，防护单元和抗爆单元的设置主要是考虑减少常规武器命中下减少人员的伤亡，因此，在这些高层建筑的下面，若地下室面积较大，则仍要根据防护单元和抗爆单元的划分标准来划分防护单元和抗爆单元。

2. 染毒区和清洁区

有防毒要求的地下人防建筑（如人员掩蔽部）设计，应根据战时功能和防护要求必须划分染毒区和清洁区。在染毒区和清洁区之间应设厚度不小于200mm的钢筋混凝土墙，染毒区一侧墙面应根据防化要求（方便冲洗消除放射性沾染）用水泥砂浆抹光。当密闭墙上有管道穿过时，应采取密闭措施；在墙上开设门洞时，应设置密闭门。

染毒区包括：扩散室、密闭通道、防毒通道、除尘室、滤毒室、简易洗消间和洗消间、医疗救护工程及其所属的急救室、厕所、染毒衣物存放间等；柴油发电机室及其进、排风机室、贮油间等；停车场和工程机械库的停车部分；战时不需要防毒的其他房间和通道。

有的设计把染毒区和清洁区之间的隔墙做成砖墙抹灰，不满足密闭隔墙要求，使染毒区与清洁区的这道分界线形同虚设；有的设计不明确区分染毒区和清洁区，错误地在清洁区内设置滤毒室、洗消间等，特别是滤毒间和半染毒房间，战时在更换滤毒罐或进风管道不密闭时，滤毒间成为染毒房间，若把它设置在清洁区，污染了整个工程，无法保障掩蔽人员安全。

3. 地下人防建筑顶板的标高

顶板底面高出室外地平面的地下人防建筑必须符合下列规定：

（1）上部建筑为钢筋混凝土结构的甲类地下人防建筑，其顶板底面不得高出室外地平面；上部建筑为砌体结构的甲类地下人防建筑，其顶板底可高出室外地平面，但必须符合下列规定：

①当地具有取土条件的核 5 级甲类地下人防建筑，其顶板高出室外地平面的高度不得大于 0.50m，并应在临战时按要求在高出室外地平面外墙外侧覆土，覆土断面应为梯形，其上部水平段宽度不小于 1.0m，高度不得低于地下人防建筑顶板的上表面，其水平段外侧为斜坡，坡度不得大于 1∶3（高∶宽）；

②核 6 级、核 6B 级的甲类地下人防建筑，顶板底面高出室外地平面高度不得大于 1.00m，且其高出室外地平面外墙必须满足战时防常规武器爆炸、核武器爆炸、密闭和墙体防护厚度等各项防护要求。

（2）乙类地下人防建筑的顶板底面高出室外地平面的高度不得大于该地下室净高的 1/2，且其高出室外地平面的外墙必须满足战时防常规武器爆炸、密闭和墙体防护厚度等各项防护要求。

这是从防早期核辐射和避免地面冲击波作为主体外墙考虑。当上部建筑物作为钢筋混凝土结构时，在核爆冲击波的直接作用下，会给地下室传来较大的水平荷载，致使地下结构产生断裂或倾斜。当上部建筑是砖混结构时，空气冲击波将上部结构摧倒，视为水平力不传给地下室结构。因此，仅规定 5 级和 6 级地下人防建筑在其上部建筑是砖混结构时，允许其顶板底面可以适当高出室外地面。

地下人防建筑的上部建筑多为钢筋混凝土结构高层建筑，建设单位为了平时使用要求，一般都要求建筑首层高于室外地面。采用设置地下室顶板与主体建筑±0.00 标高之间做 1.0～1.5m 的管道层，解决了地下室顶板高出室外地面，又为主体建筑各种管道特别是下水管道预留了空间，有利于各种管道穿越地下室，同时还给防早期核辐射带来很大益处。

7.4.3　人防工程辅助房间设计

1. 人员掩蔽部的每个防护单元应规划出干厕（便桶）的厕所宜设在排风口附近，最好靠近超压排风的防毒通道。干厕所设置在排风口附近，便桶设置数量为男每 40～50 人一个，女每 30～40 人一个，每个便桶建筑面积 1.0～1.4m²。盥洗间在临战时设置。

2. 人员掩蔽部应在每个防护单元的清洁区设置生活饮用水贮水池（箱）。贮水池（箱）的容积应根据水源条件按规定的贮水时间确定。二等人员掩蔽部内贮水池（箱），当平时不使用时，可在临战时砌筑，但土建施工时要预留好孔洞或预埋好进出水管道在设计时，应在图纸上给予说明，标注清楚。

3. 柴油发电站

作为平战两用的柴油发电站的位置，应根据工程的用途和发电机组容量等条件综合确定。发电站位置与主体工程分开布置、并用通道连接，宜靠近负荷中心，并远离安静房间。

柴油发电站的控制室宜与发电机室分室布置，控制室应设在清洁区，控制室与发电机室之间应设密闭隔墙，密闭观察窗和防毒通道。当发电机室与控制室合并设置时，柴油发电站与主体的连通口应设置防毒通道。贮油间宜与发电机室分开布置，并应设置向外开启的防火门，其地面应低于附近房间或走道地面 150～200mm 或设门槛。

4. 防化通信值班室应设置在进风口附近，医疗救护工程、专业队队员掩蔽部、一等人员掩蔽工程等的建筑面积为 10～12m²；二等人员掩蔽工程的为 8～10m²。

5. 战时可砌筑风机房，设置隔声套间和隔声防火门（外开）。

7.4.4　主要人防工程类型的综合防护设计

人防工程的类型很多，没有必要对每一种工程的设计问题都加以论述，故仅以人防指挥工程、人员掩蔽工程和医疗救护工程为典型，阐明综合防护的要点和有关的共同性设计问题。

1. 指挥工程

指挥所是各级人防系统的中枢，主要任务是对辖区人防系统不间断指挥，同时对上级和下级及相邻指挥所保持不间断通信联系。人防指挥工程主体部分主要设计要点：

第一，内部功能和组成应当完备。瑞典、瑞士人防指挥所均由工作、生活、设备三部分组成，内部功能齐全，足以保证在与外界完全隔绝的条件下仍较长时间发挥指挥功能。这一点对指挥工程十分重要，因为一旦失去指挥功能，损失就不限于一个工程，而是整个系统可能瘫痪。我国人防指挥所的设计一般对生活部分重视不够，工作人员住宿、饮食都安排在指挥所以外工程中，实际没有保障，因而不具备完全隔绝条件下坚持指挥的能力。当然，在强调独立坚持的同时，应创造机动的条件，我国一些人防指挥所都有连接通道与其他工程在地下相通，提高了指挥工程的可靠性，国外较难做到。

第二，内部布置应当紧凑。内部功能完备的前提下，应尽可能紧凑布置。减少不必要的房间（如办公室）和走廊等辅助面积，以指挥室为中心合理进行功能分区，使内部联系方便，提高面积利用率。国外指挥所都有较大的活动室，具有用餐、会议、休息等多种用途，有的甚至做过厅使用，利用率很高，布置紧凑。图7.25（a）、图 7.25（b）两方案属同一等级的指挥所，但面积相差近一倍，后者虽较紧凑，但内部功能不完备。盲目扩大指挥工程的面积和空间，增加工程投资，而且加大通风、供电等负荷。

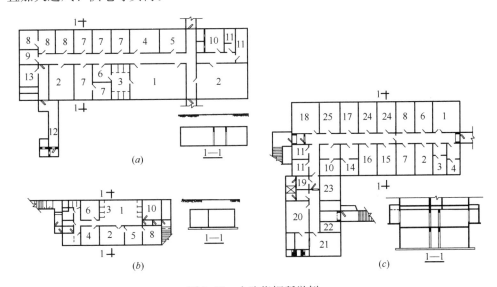

图 7.25　人防指挥所举例

（a）区级指挥所 1；（b）区级指挥所 2；（c）小型指挥所与救护站的组合布置

1—指挥室；2—会议室；3—电话间；4—总机室；5—广播室；6—电信室；7—办公室；8—休息室；9—贮存室；10—风机室；11—厕所；12—安全出口；13—配电室；14—水井；15—包扎室；16—化验室；17—药房；18—X 光室；19—洗消间；20—污水泵房；21—柴油电站；22—贮油间；23—滤毒室；24—治疗室；25—观测室

第三，应具备长时间坚持运转的能力。指挥所工程首先应能在人员补充，生活必需品供应，向外排出废物等活动均受阻的情况下，仍继续正常运转，因此必须有独立的内部电源、水源和足够的食品储备。同外对这类工程都有明确的要求，例如对于高等级指挥所，燃料、饮用水和食品的储备量，应够战时 15～30 天使用；低等级的也不应少于 7 天。此外，指挥所内部环境应达到一定标准，并略高于同等级其他工程。除温、湿度外，空气的供应量和清洁度标准应更高一些，以利于长时间坚持。

2. 人员掩蔽工程

人员掩蔽工程的主要功能是在预定的防护能力范围内，保障城市中各种人员的生命安全，保存支撑战争和战后恢复的有生力量。

人员掩蔽工程分为普通居民掩蔽和为防空专业人员掩蔽两大类，一般分别称为人员掩蔽所和专业队掩蔽所。人员掩蔽所又可分为长期掩蔽和临时掩蔽两种。长期掩蔽是指为疏散以后的留城居民每人提供一个符合防护标准的掩蔽位置，并保证其生活必需品的低标准供应。临时掩蔽还有三种情况：一是为来不及疏散的人员提供简易的掩蔽条件；二是为在警报发出后仍留在地面上的大量暴露人员提供足够大的地下空间，使之能迅速转入地下，然后再有组织地分散掩蔽，一般按坐姿考虑容量即可，生活供应也比较简单；第三种情况是为处于可能的核袭击范围以外的放射性污染区居民，提供简易的防核沉降掩蔽所。此外，在房产私有制国家中，人员掩蔽所分政府投资修建的公共掩蔽所和私人建造的家庭掩蔽所两类，后者在有些国家的人员掩蔽所总量中，占80％以上。专业队掩蔽所包括医疗救护、工程抢险、消防、运输、防化、治安等多种，除为人员提供住宿和生活条件外，这些专业队一般都配有专用的车辆和机具、设备，需要与人员处于同样的防护条件下。

人员掩蔽工程的数量多，分布广，需要大量资金，因此除合理进行规划布局外，每一个单项工程均应发挥最大的效益，尽最大努力提高掩蔽率和生存率。从国内外情况看，人员掩蔽工程主体部分的设计，应解决好以下几方面的问题。

第一，类型和设计标准。人员掩蔽工程类型很多，功能各异，因此不能简单地规定掩蔽一个人需要多少建筑面积作为统一的设计标准。以长期使用和临时使用两种掩蔽所为例，在组成、面积、设备等方面部有明显区别。瑞士、瑞典等国由于人防建设的目标是为每个国民提供一个完善的掩蔽位置，故不存在临时掩蔽问题，只有公共掩蔽所与私人掩蔽所之分。在我国，不可能为每个留城人口提供像瑞士、瑞典那样的掩蔽条件，也不可能建造家庭掩蔽室，因此只能区分长期和临时两种掩蔽要求，分别制订相应的设计标准。此外，防核爆炸掩蔽所的建设在我国还是空白，亟须制订政策、标准和规划。

第二，防护条件与生活条件。人员掩蔽工程涉及千百万人的生命安全，但防护标准不可能很高，故只能在按标准完善防护设施的同时，尽量提高工程的安全程度。例如，人员掩蔽所一般不具备抗炸弹直接命中的能力，但由于分布很广，不能排除少量直接命中的可能性。从这个意义上看，大面积大容量的人员掩蔽所，其安全程度不及小型分散的工程。我国规定按一定的掩蔽人数设置相对独立的防护单元和防爆单元，所用代价不高，但可避免整个工程同时被破坏，因而是合理的。国外一些大型公共人员掩蔽所，为了平时使用而不设隔墙，在容纳1000～2000人的大厅中设有防护隔墙，不仅对防护不利，环境卫生也不容易保持。用于临时掩蔽的工程，应充分利用平时建造的非防护地下建筑，在口部采取适当密闭措施，至少在非核袭击情况下是安全的。国外的人员掩蔽工程都准备了在外界供应断绝后，坚持1～2周的物资储备。我国的人员掩蔽所由于分类和功能不够明确，又缺少统一的设计标准，在生活供应和物资储备上没有保障，是亟须改进的。

第三，使用效率和经济效益。人员掩蔽工程数量很多，但平时不适于居住，因此很少专门为战时使用而建造人员掩蔽所。所以，人员掩蔽所的位置、规模、设施等往往取决于平时用途。我国城市居住区内的人员掩蔽工程，多布置在多层和高层住宅楼的地下室中，内部布置受上部柱网和结构的限制很大，平时很难利用，造成相当大的浪费，有的甚至因无人使用和管理而长期浸在地下水中。如果居住区的人员掩蔽所布置在公共建筑的地下室中，平时容易利用，可发挥较高的综合效益。

3. 医疗救护工程

地下医疗救护工程的任务是为战时可能使用武器袭击后迅速出现大量伤员进行紧急抢救和治疗，尽可能多地挽救受伤者生命；战后，除对一些伤员继续治疗外，还应承担受袭击地区间卫生防疫工作。因此，应尽最大努力在地下人防工程系统中，保护足够数量的医护人员和保存必需的药品、器械。

为了在核袭击后在大范围内迅速抢救伤员，所有地下医疗设施首先应具备快速救护能力。地下医疗设施应实行一定的分工，例如，经抢救后仍需手术治疗的伤员应送往急救医院施行早期治疗，待伤情基本稳定后，再送到中心医院进行确定性治疗或专科性治疗。因此，人防医疗救护设施宜分为三级：救护站、急救医院和中心医院。这样的分级与平时的城市医疗系统的分级基本符合，有利于工程的平战结合。至于需要长期治疗或康复的伤员，应转送后方医院，不再属于人防系统。以上三个级别的战时医疗救护设施在规模上的差别见表 7.5。

战时地下医疗救护设施，与平时各类各级医疗设施虽有不少共同之处，但在任务、功能、治疗内容、建筑组成、面积指标、病人周转时间、物资供应等方面存在较大差异。专门为战时使用而设计的附建式地下中心医院在国内外尚不多见，因为战时的一些特殊功能和大量病房，较难转换为平时使用，故对于大型综合医院的地下室，多按平时使用要求设计，同时考虑战时改做中心医院的可能性。

为了最大限度地发挥地下医疗救护设施的救治能力，工程的主体部分设计应适应以下几个特点：

（1）功能和组成应适应大量战伤和紧急救治的特点。医院平时与战时功能的最大区别在于接纳对象和治疗内容不同。平时分散就诊病人，诊疗科类多种多样；战时则集中伤员，以抗休克、外伤包扎和早期急救手术救治为主。因此战时医疗救护设施的功能和组成，必须适应伤员多，救治快，周转快的特点。例如，医院平时治疗能力是以正常工作时间内的门诊人数和病床数衡量；而战时，则以接纳伤员的通过能力和每一例手术占用手术台的时间确定。救护站的救治能力一般应按 24h 工作，染毒伤员每人滞留 12min，非染毒者滞留 5min 计算；急救医院的接纳能力取决于手术台数量和每例手术所需时间，一般按 20h 工作，伤员中 15%～25% 需做手术，每次手术用 30～40min 计算。此外，战时医疗设施中的病床与平时也不同，只用于手术前的观察、准备和手术后短时护理，一旦可以出院和转院的程度，就应立即离开，以提高病床周转率。从国内外实例看，像分类间的设置，以急救手术室为中心的内部布置，烧伤专科的设置（与平时的水疗结合）等，都在不同程度上反映了这一特点。

（2）内部分区布置应适应外部染毒情况下接纳和救治伤员的特点。核袭击或生化武器袭击后，来自地面的大量伤员，都不同程度上受到污染，因此在进入地下医疗救护设施后，首先应进行简易洗消（在防毒通道中），然后在半染毒情况下进行伤情分类和抗休克、急救手术、包扎等救治活动；经紧急处理后仍需继续治疗，需经过洗消间进入清洁区。这样形成了严格的内部卫生分区，如果中心医院具有专科治疗能力，还应划分出传染病隔离区。上面所举的几个实例，一般都考虑了两级卫生分区，但在第一密闭区内的组成和布置则有较大差别，有的简单到只设一个分类间，还不能完全满足早期急救的要求；卫生分区较明确，第一密闭区内的设施也比较完善，面积大小较适当（约占总面积的 1/4）。

（3）交通运输的组织应适应人力运送伤员的特点。在地面上遭到严重破坏，伤员数量又很多的情况下，不可能像平时一样用救护车运送，在医院内部也不可能乘电梯上下，因此地下医疗救护设施的设计，必须适应伤员出走、用担架抬、用病车推等人力运送方式。特别是垂直运输，对于到地下设施中去是不可少的，必须妥善处理。比较简便的解决方法是采用坡道，虽然增加一些面积和需要进行防护，但至少要有一条坡道。瑞士的地下医疗救护设施一律使用坡道，值得借鉴。

（4）内部设备能力和物资储备应适应与外界完全隔绝的特点。外部染毒浓度较高时，或地下连接通道遭到破坏后，地下医疗救护设施不能像人员掩蔽所靠隔绝短时间来维持生存，因此必须为此做好充分准备，设备容量和能力均应有较大余量，以应付紧急状态。物资储备除药品、器械外，不能忽视氧气等急救用品的储存。如瑞士的大型地下医院都准备有太平间，考虑较为周到。

7.4.5 地下建筑防护的平战转换

地下建筑的防护，主要是为在战时抗御各种武器的袭击，为此要比普通地下建筑增加约 5%～20% 的投资（视工程大小和防护等级而不同）。这部分投资在平时难以产生效益，同时一些防护设施给平时使用造成一定程度的不便。因此，为了充分发挥投资的效益，就要使工程同时具有平时和战时两种功能，即平战结合；这两种功能又必须能迅速转换，这就是平战功能转换问题。

在一些人防建设比较先进的小国家，国情较简单，国力较雄厚，不论平战结合还是平战转换，都已有比较成熟的经验；而像美国这样经济发达的大国，为了节省平时的人防投资，也不得不认真对待和研究地下工程的平战转换问题。我国人口众多，人防建设任务繁重，建设资金不足，更应充分发挥人防工程的综合效益，并为此做好平战转换的准备。近年来，这个问题在我国已开始受到重视，在实践中提出了不少措施、做法和方案，下面就其中的几个主要问题加以论述。

1. 平战转换的内容与前提

地下建筑在防护上的转换有两种含义，一种是指人防工程，为了平时使用的方便和节省投资而暂时简化防护设施，在必要时迅速使之完善，达到应有的防护能力；另一种是指在平时城市建设中大量建造的非防护地下建筑，或在战时可以利用的其他城市地下空间，如隧道、综合管廊、废弃的矿井等，利用这些工程主体部分本身具有的防护能力，在需要时适当增加口部防护设施。平战转换大体上包括的内容为：使用功能的转换，建筑结构的转换，内部环境的转换，和防护设备的转换。

从转换方式上看，有不转换，即一次达到应有的防护标准，或者是平战功能完全一致；全转换，即平时达不到防护等级要求，或者平战功能截然不同；和部分转换，即一次完成一部分防护功能，剩余部分待临战时二次完成。从实际情况看，第三种方式比较现实可靠，故较为普遍采用。采取哪一种转换方式和确定哪些转换内容，取决于多种因素，如工程的性质、规模、位置、重要程度等，但是有一个最重要的前提，就是完成转换所允许的时间。

转换时间包括为完成转换所需要的时间，和所能争取到的时间两个方面，前者应服从于后者，否则就失去了转换的意义。由于武器质量的改进，战争的突发性增强，预警时间缩短。这给平战转换工作增加许多困难。合理的做法是将平战转换的内容按其所需的转换时间分成几类，与可能争取到的时间联系起来，然后确定转换方式与内容。许多国家都根据自己的情况规定了完成平战转换的时间限制，例如72h、48h 等。从我国情况看，工程的平战功能转换时间与人口疏散的几个阶段大体保持一致是比较合理，即 6～3 个月前期转换、4～2 周临战转换、72～48h 紧急转换。在这样一个前提下，可以根据工程具体情况选择适当的转换方式和转换内容。

不论采取哪种转换方式或确定哪些转换内容，都必须在工程的规划设计阶段就做好必要的准备，以保证在若干年后，仍能按原设计在规定时间内完成转换。某些转换措施可以一次设计、二次施工；另外一些可以做好构件，临战安装。诸如瑞典和瑞士的许多平战结合人防工程，不但准备好了随时可以安装的防护设备，而且为安装所需的工具都陈列在设备旁边备用，这种认真的态度和做法是值得借鉴的。

2. 使用功能的平战转换

指挥所、通信枢纽等少数工程的平战使用功能完全相同而不需转换，在多数情况下，平时和战时的使用功能不可能完全一致，存在平战使用功能转换问题。例如附建在地面医院地下室的战时医疗救护设施，平时、战时功能没有本质区别，平战转换较容易；另外一些工程，平、战使用功能截然不同，例如平时做商场，或停车场，战时用于人员掩蔽，这种转换就需要一定时间和必要准备。

一些地下工程设计，对平战结合和平战转换缺少合理的可行性分析，大型地下建筑设计时以平时使用为主，战时功能难以具体安排，只能笼统地规定战时做人员掩蔽所或物资库。实际上面积几万 m² 的大型工程，战时作为人员掩蔽所是不安全。仅以按贮存物资考虑为例，如果面积为 1 万 m² 的公共停车场作为战时物资库，那么，在警报后首先将 250 台车辆撤出，如司机不在场，短时内无法完成；撤完后，以每平方米面积可贮存物资 3m³ 计，也不可能短时间内运进这样大量的物资。

3. 大型地下建筑使用功能的平战转换

城市建设中，在城市矛盾较集中的地区建造一些大型地下建筑，从单个建筑到多功能的地下综合体，是国内外的发展趋势。这类大型地下工程的平战转换是值得研究的课题。

到目前为止，战时的人员掩蔽或其他用途作为大型地下公共建筑或大型地下综合体的主要功能，在国外尚少先例。这是因为，首先，大型地下建筑多建于市中心区或交通枢纽地段，这些位置一般都在战争毁伤较严重的范围之内；如果要求这些地带中的地下建筑具有战时防护的功能，就需要达到较高的防护标准，因而这样要求是不合理的。其次，大型地下建筑由于平时使用和防灾的需要，要求地下空间尽量保持开敞，例如在顶部开窗，设置下沉式庭院或广场等；这些开敞部位在战时较难进行有效的防护，临战时采取封堵措施也比较复杂，因此要求这样的地下建筑在战时具有较强的防护能力是不实际的。以上情况基本上符合我国国情，因此，位于城市重要地区的大型地下建筑，不宜作为防护等级较高的人防工程。这些大型地下建筑，如能充分利用自身已具备的防护能力，临战时在口部适当增设防护设施，作为人防工程系统中的外围系统，仍能发挥一定的防护作用。

如果根据城市人防工程建设规划，在大型地下建筑所在地点确有布置某种人防工程的需要，而在面积和规模上两者并不一致的情况下，可以按工程性质和平战使用的不同要求，采取灵活的布置方式。

4. 工程口部防护功能的平战转换

平战结合的前提下，地下建筑平时的出入口较多、较大，要求开敞，而战时要求出入口少、小、封闭，导致口部防护功能的平战转换困难，对大型地下建筑更是如此。日本东京八重洲地下街，面积 7 万 m²，仅直通地面出入口有 39 个，总宽度 110m。北京市建造的一条地下商业街，长约 500m，共有各类出入口、孔口 108 个，其中通往相邻防护单元的 32 个，直通地面出入口 9 个，电梯口 26 个，楼梯口 18 个，设备孔口 20 个，采光井 3 个。这样大量的出入口和孔口，如果都一次完成防护，不但积压大量建设资金，而且影响平时使用，因此必须采取适当的平战转换措施。

普遍采用的口部防护平战转换措施有封堵大口，预留防护门位置，采用平战通用的防护设备等多种。如果用现浇钢筋混凝土结构封堵战时不用的大型出入口，需要较长时间，多采用预制装配方法，但构件、砌块应一次准备就绪，贮存适当位置，临战时迅速安装。预制构件封堵口部的缺点是难于实现密闭，缝隙较多，故需另外采取密闭措施。用砂袋或土袋封堵较简便，也容易密闭，但无法事先准备，临战时土源没有保障。如采用封堵方法，应当在设计中将大口与小口分开布置，如果要求在封堵大口时留出一个小口，是比较困难。防护门是口部防护的主要设备，如果能一次安装，有利于提高工程的整体安全程度和防止突然发生的灾害，但是对平时使用造成一些不便；在我国的实践中，有一些平时隐蔽门扇和垫高门槛的做法，也有的一次完成门框，门扇暂不安装，还有些单位正在研究门框墙二次浇筑的方案，以便使口部在平时能更为开敞。至于防护设备的平战转换，更多的是设备本身的改进和更新问题，如果各种设备做到体积小，重量轻，效率高，拆装方便，较容易实现平战转换。

对于平时大量建造的非防护地下建筑，应根据其自身具有的防护能力，相应提出口部的防护措施和平战转换要求。过多地要求这些地下建筑口部防护设施一次完成是不实际的，也没有必要；但是如能在平时普遍安装一道密闭门，代替管理门，对于除核袭击以外的各种突发性灾害，如常规和化学、生物武器袭击，火灾、洪水、毒剂泄漏等，都会起到有效的防护作用。

思 考 题

7.1　防护结构、防护等级、防护工程的概念是什么？

7.2　人防工程有哪几种分级？

7.3　主要的武器破坏效应及其防治措施有哪些？

7.4　简要说明城市人防规划基本原则及要求。

7.5　试画出地下建筑出入口防护布局关系图，并标出图内的房间及设施。

7.6　人防工程出入口的分类和形式有几种？

7.7　防护工程的出入口数量、位置和抗力有什么要求？

7.8　防护用门有哪几种类型，在设计及选用时都考虑哪些基本要求？

7.9　防护门及门框有哪些构造要求？

7.10　地下人防建筑口部综合防护设计有哪些要求？

7.11　简要说明地下人防建筑主体部分设计的注意事项。

7.12　如何实现地下建筑防护的平战转换？

第8章 城市地下管线工程

§8.1 城市管线的分类和布置原则

地下管线是城市基础设施的重要组成部分，随着城市现代化的不断发展，地下管线的数量与类型不断增加，地下管线系统日益复杂。管线工程按不同分类方法，种类很多，最常见的地下管线工程有给水系统、排水系统、煤气管道系统、供热系统，地下工程管网设计要从远景规划等综合考虑。

8.1.1 城市管线工程分类

1. 按性能和用途分类

（1）铁路：包括线路、站场及桥涵、地铁等；

（2）道路：城市道路、公路、桥涵、涵洞等；

（3）给水管道：生活给水、工业给水、消防等给水管道；

（4）排水管道：包括工业污水、生活污水、雨水管等排水管道；

（5）电力线路：高、中、低压输电线路、照明用电、电车用电等线路；

（6）电信线路：包括电话、电报、广播、电信等；

（7）热力管道：包括蒸汽、热水等管道；

（8）城市垃圾输送管道；

（9）可燃和助燃气体管道：包括煤气、乙炔等管道；

（10）空气管道：包括新鲜空气、压缩空气管道等；

（11）液体燃料管道：包括石油、酒精等管道；

（12）灰渣管道：包括排泥、排灰、排渣、排尾矿等；

（13）地下建筑线路：包括防空洞、地下商场、仓库等；

（14）工业生产专用管道。

2. 按敷设形式分类

（1）架空架设线路：如电力、电信、道路照明等；

（2）地下埋设线路：如给水、排水、燃气、热力、电信等线路。

各种工业管道则根据工艺需要和厂区具体情况进行敷设。电力和照明线路也可能采用地下敷设。

3. 按管线覆土深度分类

一般以管线覆土深度 1.5m 作为划分深埋和浅埋的分界线。北方寒冷地区，由于冰冻线较深，给水、排水及含有水分的煤气管道需深埋敷设。而热力管道、电力、电信线路不受冰冻影响，可采用浅埋敷设（但必须满足地面荷载要求）。南方地区，由于冰冻线不存在或较浅，给水管道、燃气管道等管道可以浅埋，而排水管道需要有坡度，排水干管往往深埋。地下管线最小覆土深度应符合表8.1的规定。

地下管线最小覆土深度（m）   表 8.1

管线名称		电力管线		电信管线		直埋热力管线	燃气管线	给水管线	排水管线	再生水管线	管沟
		直埋	保护管	直埋及塑料、混凝土保护管	钢保护管						
最小覆土深度	非机动车道（含人行道）	0.70	0.50	0.60	0.50	0.70	0.60	0.60	0.60	0.60	—
	机动车道	1.00	0.50	0.90	0.60	1.00	0.90	0.70	0.70	0.70	0.50

注：聚乙烯给水管线机动车道下的覆土深度不宜小于 1.00m。

4. 按输送方式分类

（1）各种管道：①给水：压力管道，如生活饮用水、工业用水和灌溉用水；②污水：重力流管道，如生活污水、工业污水；③供热；④燃气；⑤原料供应；⑥运输管道。

（2）电缆：供电，通信。

（3）综合管廊：敷设各种工程管网和专门管道。

8.1.2 常见地下管线工程的规划及布置

地下工程管网设计要综合考虑远景规划。工程管网线路取直，尽可能平行建筑红线。城市工程管网应沿街道和道路布置，道路横断面中必须考虑有敷设地下管网的空间。如，建筑控制线和道路红线之间的地带敷设电缆；人行道用于敷设热力管网或通行式综合管道；分车带用于敷设自来水、污水、煤气管及照明电缆；街道宽度超过 60m 时（两红线之间），自来水和污水管道应设在街道内两侧。小区范围内地下工程管网多数应走专门的地方。地下管网布置应符合建筑规范要求。

常见地下管线工程有给水系统、排水系统、煤气管道系统、供热系统等四类。

（一）给水系统

城市总体规划、水源、城市地形、用户要求是影响城市给水系统布置的主要因素。

1. 城市给水系统布置的一般原则

（1）保证提供足够水量是选择水源的前提，选择水质好、距离近、取水条件好的水源。

（2）应尽可能用地下水作为生活用水或冷却用水，而地面水用于工业用水。地下水开采时，应考虑储量是否满足需要、工程费用是否合理，以及地下水开采引起的地层下陷和水质降低等问题。

（3）确定地面水源取水点应考虑的因素：避免水流冲刷和泥砂淤积；避免河水暴涨时水位、水流速度、漂浮物等对取水构筑物的影响；保证取水构筑物、一级泵站的建筑施工条件；结合城市污水排放，保证取水卫生；取水点应尽可能靠近用水区，节省投资和降低运行费用。

（4）水厂位置应接近用水区，降低输水管道的工作压力和减少其长度。净水工艺力求简单有效、符合当地实际情况，降低投资和生产成本，易于操作管理。

（5）输水和配水管道的投资约占给水总投资 50%～80%，在保证供水条件下，应尽量采用非金属管道，以及低压管道结合加压措施的供水方案；采用多水源供水、远近期相结合的管网建设方案。

（6）充分考虑用水量较大的工业企业重复用水的可能性，节省水资源，减少污染，减少工程投资和运转费用。

（7）改造现有给水系统，改进净水工艺，调整管网，加强管理，尽可能提高给水系统的供水能力。

2. 给水管网布置要求

应符合城市总体规划要求，分期建设；管网应布置在整个给水区域内，保证向用户提供适当水压的水量；力求沿最短路线铺设输水管线至用户，降低管道工程造价和管理费用；应保证供水的安全可靠性，当内部管网发生故障时，仍能不间断供水。

管网布置依据用户需要可采用枝状管网、环状管网。枝状管网呈树枝状向供水区延伸，管径逐渐变小，管路简单、投资省，但管网供水可靠性差，终端水质易变坏，常用于小型给水管网或建设初期。环状管网各给水管道干管相互联通闭合，系统阻力小，降低了动力损耗，供水可靠性高、安全好，但管路长、投资大。

3. 给水干管的布置原则

给水管网布置与城市的平面布置、地形、水渠、水塔、河流、铁路、桥梁等天然或人为障碍物及其位置、用户有关。给水管道根据作用不同，分为干管、配水管和接户管。干管通常由系列邻接环组成，均匀分布在城市供水区域中，干管布置应遵循下列原则：

（1）干管布置方向应按主要供水流向延伸，而供水流向取决于最大用水户或水塔等构筑物的布置。

（2）为了保证供水可靠，通常按照主要流向布置几条平行干管，并用连通管连接，干管以最短距离到达用水量大的用户。干管间距视供水区的大小而定，一般为500~800m。

（3）干管一般按规划道路布置，尽量避免在高级路面或重要道路下敷设。管线在道路下的平面位置和标高，应符合城市地下管线综合设计的要求。

（4）干管应布置在高地，以保证用户附近水管足够压力和降低管内压力，增加管道安全。

（5）干管的布置应考虑分期建设要求，留有余地。

（二）燃气管网的布置

燃气管网应保证安全、可靠地供给各类用户具有正常压力、足够数量的燃气。燃气管网布置首先满足使用要求，同时尽量缩短线路，节省投资。燃气管网布置应根据全面规划，远近结合，以近期为主的原则，作出分期建设的安排。燃气管网的布置工作，原则上确定管网系统压力，按高压、中压管网先后顺序布置。改扩建管网应按实际出发，充分发挥原有管道作用。

1. 市区管网布置

市区管网布置应遵循城市地下管网综合规划要求，还应考虑：

（1）城市管线的干管应靠近大型用户。为保证燃气的可靠性，主要干线应逐步连成环状。

（2）市区燃气管道应直埋敷设。应尽量避开主要交通干道和繁华街道，以免施工和管理困难。

（3）沿城市街道敷设燃气管道时，可以单侧布置，也可双侧布置。双侧布置一般在街道很宽，横穿马路的支管很多或输气量较大，一条街道不能满足供气要求的情况下采用。

（4）低压燃气干管最好在小区内部的道路下敷设，这样既可以保证管道两侧均能供气，又可减少主要干管的管线位置占地。

（5）燃气管道不准敷设建筑物下，不准与其他管线平行地上下重叠。禁止下列场所敷设燃气管道：各种机械设备和成品、半成品堆放场地，高压电线走廊，动力和照明电缆沟道，易燃、易爆材料和具有腐蚀性液体的堆放场所。

（6）燃气管道穿越河流或大型渠道时，可随桥架设，也可采用倒虹吸管由河底通过，或放置管桥。具体采用何种方式，应与城市规划、消防等部门根据安全、市容、经济等条件统一确定。

（7）燃气管道应尽量少穿越公路、铁路、沟道和其他大型构筑物。必须穿越时，应有防护措施。

2. 管道的安全距离

市内燃气管道和建筑物基础及相邻管道之间水平净距和垂直净距分别见表8.2

和表 8.3。

市区地下燃气管道与建筑物（构筑物）基础以及　　　　表 8.2
相邻管道之间的水平净距（m）

序号	项　　目	地下燃气管道			
		低压	中压	次高压	高压
1	建筑物、构筑物基础	2.0	3.0	4.0	6.0
2	给水管	1.0	1.0	1.5	2.0
3	排水管	1.0	1.0	1.5	2.0
4	热力管的管沟外壁	1.0	1.0	1.5	2.0
5	电力电缆	1.0	1.0	1.0	1.0
6	通信电缆：直埋	1.0	1.0	1.0	1.0
	在导管内	1.0	1.0	1.0	2.0
7	其他燃气管：$D \leqslant 300mm$	0.4	0.4	0.4	0.4
	$D > 300mm$	0.5	0.5	0.5	0.5
8	铁路钢轨	5.0	5.0	5.0	5.0
9	有轨电车道的钢轨	2.0	2.0	2.0	2.0
10	电杆（塔）的基础：$\leqslant 35kV$	1.0	1.0	1.0	1.0
	$> 35kV$	5.0	5.0	5.0	5.0
11	通信、照明电杆（至电杆中）	1.0	1.0	1.0	1.0
12	街树（至树中心）	1.2	1.2	1.2	1.2

注：与人防设施的水平净距可参考燃气管道与建筑物、构筑物基础的水平距离。

市区地下燃气管道与相邻管道之间的垂直净距（m）　　　表 8.3

序号	项　　目	地下燃气管道（当有导管，以导管计）	序号	项　　目	地下燃气管道（当有导管，以导管计）
1	给水管、排水管	0.15			
2	暖气管、热力管的管沟底/顶	0.15	4	其他煤气管	0.15
			5	铁路钢轨底	1.20
3	电缆：直埋	0.50	6	有轨电车道钢轨	1.00
	在导管内	0.15			

3. 管道的敷设位置

地下管道的敷设位置必须按照城市规划部门批准的管位进行定位。定位方法如下：

敷设在市区道路的管道，一般以道路侧面线至管道轴心线的水平距离为定位尺寸，其他地形、地物距离均为辅助尺寸。敷设于市郊公路或沿公路边的小沟、农田的管线，一般以路中心线至拟埋管道轴心线的水平距离为定位尺寸。敷设于工房街场、里弄或厂内非道路地区的管道，一般以住宅、厂房等建筑物至拟埋管线的轴心线的水平距离为定位尺寸。穿越农田的管道以规划道路中心线进行定位。

因城市地下设施多，必须各就各位，不得随意更改设计管径。施工时的允许轴线偏差约在 30cm 内。施工时，必须摸清地下资料，而实地开掘几只"样洞"。

4. 城市燃气管网系统的分类

城市燃气系统一般以压力级制分类，分为单级系统、两级系统、三级系统和多级系统。我国多数城市采用中、低两级系统，这是因为：

（1）城市燃气供应量还不大，中压管道可满足要求；

（2）以人工煤气作为城市供气气源，输气距离不长，加压燃气耗电多，不经济；

（3）中压管道可以使用铸铁管，管材易解决，又耐腐蚀；

（4）一般城市中心区人口密度大，尤其是城市未经改造的老区，街道狭窄，敷设高压燃气管道，往往难以保证必要的安全距离；

（5）可以采用低压燃气贮罐。

（三）供热管网系统

城市综合供热的综合经济社会效益明显。供热管网是热源至用户室外供热管道及其附件的总称，也称为热力网。

1. 供热管网的布置原则

（1）供热管网的布置，首先要满足使用上的要求，其次要尽量缩短长度，节省投资和管材；

（2）供热管网的布置应根据热源布局、热负荷分布和管线敷设的条件等情况，按照全面规划、远近结合的原则，作出分期建设的安排。

2. 供热管网的平面布置，应符合地下管网综合规划。

（1）主要干管靠近大用户和热负荷集中的地区，避免长距离穿越没有热负荷的地区。

（2）供热管道要尽量避开交通干道和繁华的街道，以免给施工和运行管理带来困难。

（3）供热管道通常敷设在道路的一边或者是人行道的下面，在敷设引入管（支管）时，则不可避免地要横穿马路，应尽量少敷设这种引入管，并尽可能使相邻的建筑物的供热管道相互连接。对于有很厚的混凝土层的现代新式路面，应采用在街坊内敷设管线（主干线）的方法。

（4）供热管道穿越河流或大型沟渠时，可随时架桥或单独设置管桥，也采用倒虹吸管由河底通过。

（5）和其他管线并行敷设成交叉时，为了保证各种管道均能方便地敷设、运行维修，热网和其他管线之间应有必要的距离。

3. 热网的立面布置

（1）一般地沟埋线敷设深度最好浅一些，减少土方工程量。为了避免地沟盖受汽车等动荷载的直接压力，地沟埋深自地面到沟盖顶面不少于 0.5～1.0m，特殊情况下，如地下水位高或其他地下管线相交情况极复杂时，允许采用不少于 0.3m 的较小埋设深度。

（2）热力管道在绿化地带埋设时，埋深应大于 0.3m。热力管网土建结构顶面至铁路路轨基底间的最小净距应大于 1.0m；与电车路基底为 0.75m，与公路路面基础为 0.7m，跨越有永久路面的公路时，热力管道应敷设在通行或半通行的地沟中。

（3）热力管道和其他地下管线相交叉时，应在不同平面内通过。

（4）在地上，热力管道和街道（或铁路）交叉时，管道和地面应保持足够的距离。

（5）地下敷设时，必须注意地下水位，沟底的标高应高于近 30 年来最高地下水位 0.2m。在没有准确的地下水位资料时，应高于已知地下水位 0.5m，否则地沟要进行防水处理。

（6）热力管道和电缆之间的最小净距 0.5m，如电缆地带的土地受热的附加温度，在任何季节都不大于 10℃，而且热力管道有专门的保温层，那么可减少此净距。

（7）横过河流，目前广泛采用悬吊人行桥梁和河底管沟。

（四）排水系统

排水管道按排水性质分为雨水管道、生活污水管道、两污合流管道、工业废水管道等，主要接受、输送和净化城市、工厂以及生活区的各种污水，包括工业废水、生活污水、雨水。

1. 城市排水（污水）管道的平面布置

城市排水总体规划设计中，只确定主干管和干管的走向和布置，一般按确定主干管、干管、支管先后顺序进行。正确合理的污水管道平面布置，能在最短的管线、管道埋置较浅的情况下，将需要排除的污水送至污水处理厂或水体。布置时，一般应考虑：

（1）城市地形、水文地质条件；

（2）城市的远景规划，竖向规划的修建顺序；

（3）城市排水体制与污水处理厂、污水出口的位置；

（4）排水量大的工业企业和大型公共建筑的分布；

（5）街道宽度和交通情况；

（6）地下其他管线和地下建筑及障碍物。

污水管道的布置原则如下：

（1）城市排水一般采用重力流，因此排水主干管一般布置在排水区域地势较低的地带，沿集水线或河岸低处敷设，便于支管和干管的排水能自流接入主干管。

城市地形坡度较大时，排水干管平行于等高线布置，而主干管与等高线则应正交布置；地形较平坦，且略向一边倾斜时，将主干管沿城市较低的一边平行等高线布置，而将干管与等高线呈正交布置。

（2）污水干道一般沿城市道路布置。通常设置在污水量较大、地下管线较少一侧的人行道、绿化带或慢车道下。当道路宽度大于 40m 时，可考虑在马路两边多设一条。

（3）污水干道应避免穿越河道、铁路、地下建筑等障碍物，也要注意减少和其他地下管线交叉。

（4）尽可能使污水管道的坡降和地面一致，以减少埋深。

（5）管道布置应简捷，特别注意节约大管道的长度。避免在平坦地段布置流量小而长度大的管道。

（6）污水支管汇集住房或工业企业的污水，其布置形式决定于城市地形和建筑规划。

2. 污水管道的埋没深度

污水管道埋深应考虑污水排送、工程造价、工期和施工难度等影响因素。埋深包含两方面含意：埋没深度为管道内壁底部到地面的距离，覆土厚度为管道外壁顶部到地面的距离。管道起点的埋深将影响到整个管道的埋没。埋深愈小愈好，但结合覆土厚度考虑以下三个方面：

（1）必须防止冰冻胀裂管道。生活污水的水温较高，因此其埋没深度可较浅，离冰冻线以上 0.15m。

（2）必须防止管道受地面车辆等动荷载的破坏。因此，管顶以上必须有必要的覆土厚度。规范规定，车行道下的污水管最小覆土厚度不小于 0.7m。其他无动荷载的地段，可适当减少覆土厚度。

（3）必须满足管道间的衔接要求，即支管接入干管，干管应满足支管的接入要求。气候温暖、地势平坦城市，住宅出户管埋深 0.55～0.65m，因而污水管起端埋深不小于 0.6～0.7m。

3. 城市雨水管渠系统

由于大量的雨水大都集中在较短时间内降落，会形成较大的地表径流，需要城市雨水管来承担。雨水排除系统包括雨水管渠、雨水口、检查井、连接管、排洪沟和出水口等主要部分。

雨水管有明沟和暗渠两种。明沟占地大，影响交通和市容，易淤积，积水发臭等缺点；但其构造简单，投资少，建设快。宜修建在郊区建筑物稀疏，交通量不大地区。在城区内建筑密集，交通频繁或生产重要地区，则宜采用暗渠排水。

雨水管渠的布置应遵循原则：

（1）充分利用地形，就近排入水体

规划雨水管线时，首先按地形划分排水区域，再进行管线布置。根据分散和简捷的原则，雨水管一般都采用正交式布置，保证雨水管渠以最短路线、较小的管径排入水体。

（2）避免设置雨水泵站

由于泵站投资大，且雨水泵站一年中运转时间又短，利用率低，因此，尽可能利用地形，使雨水靠重力排入水体，而不设置泵站。如地形平坦，需设置泵站，应使经过泵站的泄洪量减少到最低程度。

（3）结合道路系统布置

雨水干管应设在排水地区的低处。一般设在规划道路的慢车道下，最好设在人行道下，以便检修。

（4）结合道路系统规划布置雨水管

雨水管平面布置应和它的立面布置相适应，因此必须结合城市用地的竖向规划来考虑雨水管的定线，对于竖向规划中确定的填方或挖方地区，雨水管布置必须考虑今后地形的变化，作出相应的处理。

（5）要结合街区内部规划来考虑雨水管布置

街区内部地形、道路和建筑物布置是确定街区雨水分配的主要因素。街区内雨水可沿街区内小巷两侧的明沟排除，道路上应尽可能在较长的距离内采用道旁明沟排水。若超过小巷道旁明沟的输水能力，可部分采用街区边沟排水。

§8.2　城市管线的施工敷设

城市工程管网敷设方法主要有分埋法、合埋法，应确保地下管线的识别和保护，按不同种类的市政管线进行施工与管理。

8.2.1　市政管线的一般敷设方法

城市工程管网敷设方法有：

分埋法：管线埋在各自的管沟中，施工期、敷设方法互不相干。

合埋法：一种是将几种管线合埋在管沟中，另一种是将几种管线联合敷设在综合管道中。

主要街道下敷设管线，改建地下设施密集的城市干道，街道断面上没有足够空间安排管沟，以及管线同主要街道和铁道交叉时等，应考虑采用综合管道。综合管道通常允许敷设加压的排水管及其他管网，但煤气管、石油管及其他输送易燃易爆液体的管道，则不宜同电缆一起敷设在综合管道中。

地下工程管网最先进方法是将各种管道和电缆敷设在通行式综合管廊，如直径500mm自来水管、500~900mm热力管、10条以上通信电缆和电压达10kV的电力电缆等几种全市性管线适宜同时敷设。

工程管网无沟埋设的几种方法：

水平坑道法：修建管线不长、埋深 5m 以下的大口径管道，城市建成区内使用有限。

盾构掘进法：修建埋深大的管廊、隧道、大口径管道、综合干管或管道下穿构筑物等。

顶管法和水平钻进法：用于直径达 1600mm 的管子，直径 800～1600mm 钢套，最大掘进长度视土质和铺管深度不同而不同，一般为 25～75m。

振捣真空法：用于铺设直径达 300mm，距离达 30m 的管子。

地下管线敷设方法与地面建筑、管子埋深有关，还应考虑施工季节、土壤冰冻程度等土壤条件。

8.2.2　地下管线的识别和保护

为了便于保护地下管线，在施工段识别地下管线的类别是至关重要。

（一）各种管线及标志的识别

1. 地面标志的识别：安装各种地下管线的附属设备时，为考虑维修的需要一般均设置窨井。窨井井盖上作出地下管线的标志。施工人员可借助井盖的标志来识别地下管线并掌握其基本位置和深度。

2. 地下管线的识别：为便于分清各种地下管线，规定了各种管线的符号、颜色。

（1）电力电缆线

分直埋和外加套管两种。电压较高的电细线用黄泥覆盖面层，离电缆线上方 10cm 左右配盖板保护。

（2）通信电缆线

军用通信、市内、长途、电视电缆等采用白铁管或混凝土导管加以保护，也有直埋于土壤中。

（3）下水管道

① 雨水管。多为水泥管，承插式接头，与侧石旁的雨水进水口接通，一般用混凝土作基础。有椭圆形、马蹄形，有水泥结构也有砖砌，基础有混凝土预制薄板或木桩等。

② 污水管。多数采用水泥管，有较牢固的混凝土基础，也有选用铸铁管。

（4）自来水管一般采用铸铁管和钢管，无加强管基。在每根分支管上均装有专用给水阀，地面上有给水阀阀盖的标志。

（二）保护措施

1. 电杆和房屋基础保护。如敷设管线离电杆和房屋的水平距离较近而沟槽又较深时，应加装支撑保护电杆、房屋，以防倾斜。

2. 管线保护。如敷设管线深于旧管线，其超越的深度大于相互间净距时，应采取保护措施。一般采用压入板桩固定其管基。如敷设管线和旧管相交叉，应加装吊攀或作基础处理加以保护。详见图 8.1。

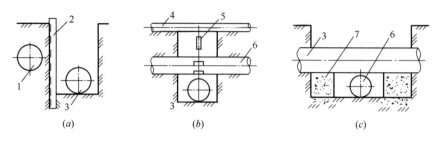

图 8.1　地下管线保护示意

（a）平行管道；（b）交叉管道 1；（c）交叉管道 2

1—旧管道；2—板桩；3—新埋管；4—钢吊杆；5—花篮螺丝；6—敷设管道；7—支座

8.2.3　管沟土方工程及敷设

地下管道施工中，土方工程量约占总工程量的 80%。土方工程施工质量直接影响管道的基础、坡度和接口的质量。

1. 路面分类和开掘

根据路面的种类和结构采用不同的开掘方法，见表 8.4。

城市道路的分类及开掘方式　　　　　　　　表 8.4

种　类	结　　构	开　掘　方　式
刚性路面	钢筋混凝土路面，俗称白色路面	先用路面破碎机击碎，后用铁棒撬松
柔性路面	沥青、细砂路面，俗称黑色路面	风镐开掘，铁棒配台
半柔性路面	三渣路基、柏油罩面层	风镐开掘，铁棒配合
简易路面	黄泥碎石碎、煤渣、石块等	小型风镐或直接用铁棒、铁镐

2. 土壤的分类和开挖

施工中常见几种土壤如下：

（1）沙土，分粗砂、细砂、粉砂，粉砂在润湿状态下容易开挖，但在水饱和状态下，会变成泥浆，呈溶砂状态，容易导致塌方。

（2）黏土，在开挖沟槽不太深，地下水位低的情况下，沟槽壁可以保持垂直不需支撑。但是如果沟槽搁置时间内，黏土被水分浸泡，其黏性减低，往往会突然间发生坍方。

（3）黄土，主要由砂和黏土组成，颗粒间由碳酸钙胶结在一起，其孔隙率较大，一般为 50% 左右。在自然条件下，承受力很高，沟槽壁可以垂直，但遇到水分后土壤颗粒之间的碳酸钙溶解，黏着强度锐减，即使很小压力也会造成坍方。

按土壤结构密实程度和开挖难易程度采用不同开掘法，见表 8.5。

<table>
<tr><th colspan="4">土壤分级及开挖方式　　　　　　　　　　　　　　表 8.5</th></tr>
</table>

级别	土壤名称	密度（kg/m²）	开挖方法
1	砂土、亚砂土、植物性土、泥灰（非岩性土壤）	1200～1600	铁锹开挖
2	轻质黄土、亚黏土、润湿黄土、密性植物土	1100～1900	铁锹、铁棒开挖
3	轻质黏土、重质亚黏土、干黄土、夹有碎石的亚黏土		铁锹、铁棒开挖
4	重质黏土、页岩黏土、粗卵石	2000	铁锹、铁棒及风镐配合开挖
5	坚密黄土、硬质炭化物黏土软泥灰岩、石膏	2000	铁锹、铁棒及风镐配合开挖
6～9	凝灰岩、轻石、贝壳、其他松岩石（岩石性土壤）	2500～3000	风镐、爆破
10～16	白方石、砂岩、花岗岩、玄武岩（硬质岩石）	3000	爆破

管道沟槽的开挖普遍采用机械挖掘机代替人工开挖，工作效率提高数十倍以上，并明显降低劳动强度。施工中可根据沟槽宽度选择各种类型挖掘机。

3. 管沟敷设

地下敷设分为有沟敷设和无沟敷设。有沟敷设又分通行地沟、半通行地沟和不通行地沟三种。

地沟主要作用是保护管道不受外力和水的侵袭，保护管道的保温结构，可使管自由地热胀冷缩。

地沟构造：一般是钢混凝土的沟底板，砖砌和毛石砌的沟壁，钢混凝土的盖板。在采用预制的钢筋混凝土椭圆形地沟时，则可省去沟壁和盖板。

为了防止地面水、地下水侵入地沟后破坏管道的保温结构和腐蚀管道，地沟的结构应尽量严密、不漏水。一般地、地沟的沟底设于当地 30 年来最高地下水位以上。地沟的防水措施则是在地沟外壁设防水层。沟底应有不小于 2‰的坡度，以便将渗入地沟中的水集中在集水坑中。

（1）通行地沟。要保证人员能经常对管道进行维护，单侧或双侧布管。地沟的净高应不低于 1.8m，宽度不应小于 0.7m。要有照明、通风设施。安装、检修和维护方便，投资大，建设周期长，适用于重要干线，不允许开挖路面检修的地段，或管道数目较多。

（2）半通行地沟。一般净高 1.4m，宽 0.5～0.7m。人能弯腰走路，能进行一般维修。

（3）不通行地沟。广泛采用的敷设方法，只需满足施工的需要就可以。

（4）无沟敷设（直埋敷设）。将管道直接埋地下，是最经济的埋设方法。由于保温结构和土壤直接接触，起到保温和承重作用。因此，保温结构既要有较低导热系数和良好的防护性能，又要有较高的承压强度。无沟敷设一般在地下水位较低，土质不会下沉，土腐蚀性小，渗水性质较好的地区采用。地下管线最小覆土深度应符合表8.1的规定。

4. 沟槽的形式和支撑

（1）沟槽的形式　一般有下列几种，见图8.2。

(a)　　　　　　(b)　　　　　　　　(c)　　　　　　(d)

图8.2　地下管沟槽的形式

(a) 直沟；(b) 阶梯沟；(c) 梯形沟；(d) 混合沟

城市应采用直沟，接口、镶接或超深部位可采用梯形或混合沟，郊区田野地带多数采用混合沟。

（2）沟槽支撑　已开掘成型的沟槽在管道尚未敷设前，由于土壤受地下水的浸泡和沟边受地面荷载的影响，往往会造成塌方。所以沟槽支撑是避免塌方，确保安全的有效措施，是地下管施工操作规程的主要内容之一。其规定如下：

根据实测，黄土、黏土在常温下，当地下水位较低时沟深1.5m以上容易塌方。因此一般规定沟深1.5m以上必须支撑板桩后方可下沟施工。

遇到砂土或沟边有电杆建筑物的黏土、黄土的沟槽深度超过1m，须采取支撑措施后才可敷设管道。支撑方法和工具见图8.3。

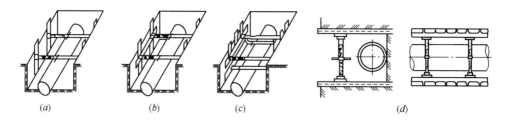

(a)　　　　　　(b)　　　　　　(c)　　　　　　　　　　(d)

图8.3　沟槽支撑示意图

(a) 直板桩；(b) 横板桩；(c) 花板桩；(d) 密板桩

支撑工具由板桩和螺杆横撑组成。视地层条件采用水平支撑、垂直支撑、长板桩支撑和密板桩支撑等支撑方法。沟深1.5～2.5m地下水位低的黏土、黄土地带可选用水平支撑和垂直支撑。沟深2.5m以上则采用长板桩和密板桩。为防止重载荷对板桩造成压力，必须把板桩压至沟底0.5～1.0m的深度。

8.2.4　流砂地区的施工方法

（1）排水处理

细砂土和水分接触后成为流动状而无静止角，即使开挖很浅也会坍方，因此排水重要。一般中小型工程中，采用在沟底部开挖集水坑排水，集水坑深度大于沟槽深度0.5m以上，设置电动泵或潜水泵排水。当水位高、工期长时，常采用井点法排水。此外，可以和城市污水系统的排水泵站联系，施工时启动泵站来降低施工点邻近地区的水位。

（2）沟槽及时支撑板桩

在沟槽面层开挖之后，立即将板桩压入沟槽的两侧，待沟槽逐步挖深后再加撑杆。如沟槽搁置时间较长，还必须在沟槽底部构筑混凝土基础。

（3）沟槽连续施工

无数工程的经验和教训证明，在处于流砂地区的工程应该配备足够的施工机具和施工人员，进行不停顿的、突击性的连续施工，直至工程结束。

8.2.5　管基处理

埋设于土层的地下管道受土压力和地面荷载作用，随着管基和回填土状况、管道的埋深和口径等不同而异，其中管基处理质量是主要因素。如无坚固的管基，或管道不是平稳均匀地置于土基上，那么已敷设的管道很容易松口，产生不均匀沉降以至管道断裂。施工中应注意做到以下几点：

1. 严格控制沟槽深度、防止超深挖掘。地下土层的原始状态一般比较紧密，能承受一定荷载，所以要防止开掘超深，以确保管基土的原始状态。

根据埋深和坡度要求，开掘深度应小于待埋管道的管底深度，一般控制在小于 15～20cm。敷设管道前，按照深度和坡度方向用人工逐步铲除多余土层，并用专用平尺板水平尺或水准仪测量，直至合格，方可吊管下沟。

2. 特殊情况的管基处理

（1）敷设管道和其他管道交叉时，为防止各方管道沉陷，相互碰损拆裂，对交叉管道之间须保持 10cm 净距之外，还应在处于上侧的管道的交叉两侧砌筑混凝土基础。

（2）敷设两根以上管道于同一沟槽或新敷设管道和老管道平行距离较小的情况，埋设较浅的管道的基础容易被破坏，因此在施工时，新敷设的两根管道的管底标高尽量考虑在同一平面上。当两根管道的埋深出现高差时，其高差 H 应控制小于两管的净距 L，见图 8.4。

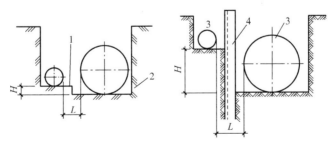

图 8.4　同沟槽多管道敷设示意
1—填土层；2—回填层；3—管道；4—槽钢

（3）换土处理

酸性土壤以及含有炉灰、煤渣、垃圾和受化工厂的污水浸泡的土壤对敷设管道均有腐蚀作用。清除管道周围的腐蚀性土壤即调换成无腐蚀性土是十分必要的。

§8.3　城市管线工程的综合布置

城市管线工程综合是城市规划的重要工作，应根据城市总体规划的要求，加强城市管线规划部门和各设计单位的联系，协调设计工作。

8.3.1　城市管线综合布置的意义

城市管线综合布置是分析搜集城市规划地区范围内各项管线工程的规划设计资料，包括现状资料，统一安排，协调各种管线工程在规划设计的关系，合理安排各种管线在城市用地以及道路下的位置，指导各单项管线工程设计，同时为管线工程施工、城市管理创造条件。城市管线综合布置的意义如下：

（1）管线综合布置对于城市规划设计必不可少。由于城市公用设施各单项工程规划是依据城市总体规划制定，如城市给排水、高压输电线路、城市道路等，管线和城市道路、管线和管线之间关系密切，管线综合布置是配合城市总体规划，有计划、有步骤地实现规划设计内容，是城市总体规划的组成部分。

（2）管线综合布置对于指导各单位工程设计必不可少。性质和用途不同的城市管线种类较多，而且多沿城市道路敷设，管线综合布置解决了各类管线的位置关系、衔接、局部与整体等问题，考虑了各种管线现状，明确各管线在平面和立面的合适位置，管线综合设计协调并解决了各单项工程设计矛盾，加强了城市管线规划部门和各设计单位的联系。

（3）城市管线综合有利于顺利施工。管线综合解决了各管线矛盾，各管线工程按城市总体规划要求和各单项工程进行合理安排，有计划、有步骤地进行各项管线施工，否则，不仅会影响管线施工顺利进行，还会浪费国家建设资金。

（4）进行管线工程综合，取得城市各种管线资料，为管线管理、城市改扩建提供了条件。

8.3.2　管线工程综合的工作阶段和布置原则

各种管线工程从开始规划到设计、施工是一个逐步过程，管线工程综合在不同阶段也有不同内容和要求，一般可分为以下三个工作阶段：

（1）规划综合

管线规划综合是城市总体规划的组成部分之一，是以各项管线工程的规划资料为依据，进行总体布置并编制综合示意图。规划综合主要是解决各单项工程在系统布置上存在的问题，从而确定各种管线主干线的走向，而对管线的具体布置，除有条件的，以及必须定出的个别控制点外，一般暂不予肯定，因为在各单项工程的管线工程规划提出修改建议，从而解决各种管线工程间的矛盾，为各单项工作的下阶段设计提供了条件。

（2）初步综合设计

在各管线工程初步设计的基础上，可以进行管线工程的初步设计综合，它相当于城市规划的详规阶段。在初步设计综合阶段除要确定各种管线的具体位置外，还要确定各控制点的标高，并将其综合在规划图上。从而检查各管线在平面和立面上是否存在矛盾。经过初步设计综合，对各单项管线工程的初步设计提出修改意见，从而为各单位工程的施工设计提供了条件。当综合的某单项管线工程设计已超越了初步阶段，则应引用该工作最初阶段的资料来综合研究。显然，初步设计综合只能在大多数管线工程或主要管线工程的初步设计的基础上进行，参与综合的工程越多，则综合越完善。

（3）施工详图设计与检查

管线工程经初步设计综合，一般的矛盾和问题已经解决，但在施工中，由于设计进一步深入，或由于客观情况的变化，可能会出现新的问题，甚至会对原来的初步设计进行某些修改。因此，在各单项管线工程施工详图完成后应检查校对，以便进一步了解新出现的问题，最后确定的管线工程综合资料也为今后的扩建、改建、管理提供了条件。由于施工图完成后，往往进入施工阶段，因而核对和检查工作只能个别进行。在某项工程施工前，须先向城市建设管理部门申请批准。核对和检查施工图工作，一般划入城市管理工作范围之内。

管线工程综合各阶段的工作内容和任务不同，但彼此相互关联；应根据具体情况确定管线工程综合的工作阶段，应保证综合工作的及时进行，避免综合之前施工。对于大城市，管线复杂，可按明确的工作阶段进行综合，但可能时，也可分区进行。对于建设任务繁重的城市，两个阶段的工作有可能需要同时并行；而对于小城市，管线简单时，则可将整个综合工作一次完成。

管线工程的综合布置应遵循以下原则：

（1）厂界、道路、各种管线等平面和立面位置，都应采用统一的坐标系统和标高系统，避免混乱和互不衔接。对于厂区，内部可自成系统，厂界和与厂外管线的进出口应与外界采用统一的坐标系统。

（2）满足需要的前提下，充分利用现有管线，可以节省建设投资。只有当原有管线不能符合生产发展的要求和不能满足居民生活要求时，才考虑废弃。

（3）基建施工的临时管线应与永久性管线结合考虑，使其可能成为一部分。

（4）安排管线位置时，应考虑到今后的发展变化，留有余地，但应注意尽量节约用地。

（5）城市管线布置要与人防战备工作紧密配合。

（6）不妨碍今后运行、检修和合理占用土地的情况下，尽量使管线路径短捷，减少管线长度，节省建设资金。但应避免随意穿越、切割可能作为工业企业或居住区的扩建备用地，并避免凌乱，使今后管理和维修不便。

（7）在居住区里布置管线时，首先应考虑将管线布置在街坊道路下，其次为次干道下，尽可能不将管线布置在人行交通繁忙的地段，以免施工或检修时开挖路面影响交通。

（8）埋设在地下管线，一般应和道路中心线平行。同一管线不宜自道路一侧转到另一侧，以免多占用地和增加管线交叉的可能性。

（9）管线在道路横断面的位置，首先应考虑布置在人行道下和非机动车道下，其次才考虑将修理次数较少的管线布置在机动车道下。

（10）各种地下管线从建筑线向道路中心线方向平行布置的次序，要根据管线的性质、埋设深度来决定。可燃、易燃和损坏时对房屋基础、地下室有危害的管道，应该离建筑物远一些，埋设深的管道距建筑物也较远。一般布置次序：①电力电缆，②电信管道或电信电缆，③空气管道，④氧气管道，⑤燃气或乙炔管道，⑥热力管道，⑦给水管道，⑧雨水管道，⑨排水管道。

（11）编制管线工程综合时，应使道路交叉口中管线交叉点越少越好，这样可减少交叉管线在标高上发生的矛盾。

（12）管线间发生冲突时，按具体情况解决：

①未建管线让已建管线；②临时管线让永久性管线；③小管道让大管道；④压力管道让重力自流管道；⑤可弯曲管道让不易弯曲的管道。

（13）沿铁路安设的管线，应尽量和铁路线平行，与铁路交叉时，尽可能呈直角交叉。

（14）可燃、易燃的管道，通常不允许在交通、桥梁上架越河流。在交通桥梁上敷设其他管线，应根据桥梁的性质、结构强度，并在符合有关部门规定的情况下加以考虑。管线跨越通航河流时，不论架空还是河底敷设，均需符合航运部门的规定。

（15）电信线路和供电线路通常不合杆架设。在通常情况下，征得有关部门同意，采取相应措施后，可合杆架设，同一性质的线路应尽可能合杆，如高低压电线等。

（16）综合布置管线时，管线之间或管线与建筑物、构筑物之间的水平距离，除了要满足技术、卫生、安全等条件外，还须符合国防上的规定。

8.3.3　管线工程综合编制及现状图

1. 管线工程规划综合的编制

编制管线工程综合规划有两种方式。一种是由建设单位分别作出各单项工程的规划，城镇建设（规划）部门搜集各单项工程的规划文件和图纸进行综合，在综合过程中举行必要的设计会议，解决主要的、牵涉面较广的问题，作出综合规划草图，邀请相关单位讨论确定方案。另一种方式是组织有关单位共同进行规划和综合，现场解决问题，迅速确定方案。

（1）管线工程综合规划平面示意图

比例为1：5000～1：10000，图纸比例应与城市总体规划图比例相同，基本内容如下：

①自然地形。主要的地物、地貌及表明地势的等高线；

②现状。现有建筑物、工厂、铁路、道路、各种管线以及它们的主要设备和构筑物；

③规划的建筑、工厂、道路、铁路等；

④各种规划的管线布置和它们主要设备及构筑物；

⑤标明道路横断面所在的地段。

管线工程综合规划平面图编制步骤：

①将规划城市的地形描绘下来，坐标网力求准确，否则会影响综合规划的准确性。

②将现有和规划的建筑物、工厂和道路网按坐标绘在图中，并根据道路的宽度画出建筑线。道路中心线交叉点的坐标，则根据道路网规划确定。

③根据现状资料，将各种现有管线绘入图中。

④将规划和设计的各种管线绘入图中。在绘制的过程中，必然会产生管线在平面布置上的矛盾，因此，往往是一边绘制，一边调整。同时，绘制中也涉及道路横断面，应避免管线过多集中在少数几条道路上，需要改变管线平面布置，或者改变道路各组成部分在横断面中原有排列。经过反复调整，将各种管线综合安排妥当后，标注必要的数据和扼要的说明。

（2）道路标准横断面图

比例通常采用1：200，图纸应包含以下内容：

① 道路的各组成部分及相应尺寸，如机动车道、非机动车道、人行道、分车带和绿化带等；

② 现状和规划设计的管线在横断面中的位置，并注有各种管线和建筑物之间的距离。管线布置应根据前述管网布置原则，及有关的管线间水平与垂直间距规范确定；并与综合规划平面示意图相吻合。对今后可能规划兴建的管线也应留出位置。

进行道路横断面的管线布置时，还应检查树冠和架空线路的干扰，以及树根与地下管线间的矛盾。一般道路横断面图应与综合规划平面图的绘制平行进行，以便进行调整修正。因居住区里架空的电力、电信线路几乎在每条道上均有，为避免图过于复杂，一般不将其绘入综合规划平面图，但应在道路横断面上定出它们与建筑物的距离，以控制其平面位置。

③ 道路横断面的编号。

（3）管线工程规划综合的说明书

主要内容：所综合的管线、应用的资料和准确程度，对管线工程规划综合的原则和依据，单项工程设计注意事项。

2. 管线工程设计综合的编制

管线工程设计综合的内容包括编制设计综合图、管线交叉点标高图和修订道路标准横断面图以及说明书。

（1）管线工程设计综合平面图

图纸比例一般采用1：5000。设计综合平面图的基本内容和规划综合平面图相同，但在内容深度上则更为具体，例如应确定管线在平面图上的具体位置，对管线在道路上的交叉点、转折点、坡度变化点、管线的起讫点，以及工厂四周的转角和进出口应标注坐标数据，或者用管线距工厂厂边或建筑物的距离尺寸来确定它们的位置。

（2）管线交叉点标高图

管线交叉点标高图是用以检查和控制交叉管线在立面上的布置位置。图纸比例的大小及管线的布置，一般与综合平面相同，可以在综合平面图上复制。但不必描绘地形和标注坐标。为了便于查对，在每个道路的交叉口编上号码。在交叉点上应标注各种管线的地面标高，管底标高和净距等。

管线交叉点标高的表示概括起来有三种表示法：

①垂直距离简表表示法

在每个管线交叉点画一垂直距离简表，在该表中将地面标高、管径、管底标高以及管线交叉处的垂距等填入表中。当管间发生矛盾时，可在表下注明，待解决后再填入表中。垂直距离简表法具有简便的特点，因为在综合图上直接表示，便于全面了解各交叉点。缺点是当交叉管线复杂时，图中往往绘制不下，此法适用于不复杂管线。

②垂距表表示法

此法是在管线交叉点编号后，依号将管线标高等各种数据填入另行绘制的交叉管线垂距表中。有关管线冲突和处理的情况可填入垂距表附注栏内，待修正后再填入各相应栏中，见图8.5和表8.6。

垂　距　表　　　　　　　　　　　　　　　表8.6

交叉口编号	管线交点编号	交点处的地面标高	上				下				垂直距离(m)	附注
			名称	截面(m)	管底标高(m)	埋深(m)	名称	截面(m)	管底标高(m)	埋深(m)		
①	1											

此法优点是不受管线交叉点标高图图面大小的限制，缺点是不直观方便。适用于管线复杂的情况。

③ 直接标注高程法

综合图上标注地面高程、管径，管线交叉点用线引出，图纸空白处注明管线相邻外壁高程（图8.6）。

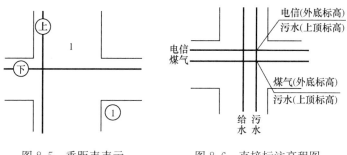

图8.5　垂距表表示　　　　图8.6　直接标注高程图

（3）设计综合说明书

设计综合说明书的内容与规划综合说明书相类似，但综合过程中需对所发现的问题以及一时无法解决，但不影响当前建设的问题提出处理意见，并记入说明书中。

3. 管线工程现状图

管线工程现状图反映各种管线布置，是城市建设管理、管线改建和扩建的依据。管线工程现状图是将每一单项工程竣工验收后，绘到现状图。现状管线改建完成后，也须根据竣工图修正现状图。现状图一般根据城市大小、管线复杂程度，采用较大比例尺。主要内容应包括：管线的平面位置及标高、各段的坡度值、管线的截面大小、管道材料、检查井的大小及井内各支管的位置及标高、检查井间距、相邻管线间的净距……等。此外，还可制订一些表格，以记录图中无法详细绘入的必要资料。

8.3.4　综合管廊的布置

随着我国经济快速发展，城市化进程正进入高速发展阶段。面对日益扩大的城区、日益增长的人口，地下管线在提高城市功能的同时，愈加成为城市可持续发展的主要瓶颈。西方发达国家城市发展经验证明，城市地下管线综合管廊是解决这一难题的唯一有效途径（图8.7）。综合管廊是实施统一规划、设计、施工和维护，建于城市地下用于敷设市政公用管线的市政公用设施。

所谓综合管廊（日本称"共同沟"、中国台湾称"共同管道"），是指"城市地下的市政管线综合走廊"，即在城市地下建造一种隧道空间，将市政、电力、通信、燃气、给排水、热力、垃圾输送等多种管线集约化地铺设隧道空间中，并设有专门的人员出入口、管线出入口、检修口、吊装口及防灾监测监控等系统，形成一种新型的市政公用管线综合设施，实施统一规划、设计、建设与管理。

缆线共同沟　　干线共同沟及地下空间综合利用　　支线共同沟

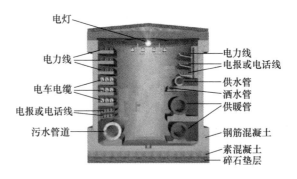

图 8.7　综合管廊

综合管廊的基本类型：

1. 干线综合管廊。一般设置于道路中央下方，负责向支线综合管廊提供配送服务，主要收容的管线为通信、有线电视、电力、燃气、自来水等，也有的干线综合管廊将雨水、污水系统纳入。其特点为结构断面尺寸大、覆土深、系统稳定且输送量大，具有高度的安全性，维修及检测要求高。

2. 支线综合管廊。为干线综合管廊和终端用户之间相联系的通道，一般设于道路两旁的人行道下，主要收容的管线为通信、有线电视、电力、燃气、自来水等直接服务的管线，结构断面以矩形居多。其特点为有效断面较小，施工费用较少，系统稳定性和安全性较高。

3. 缆线综合管廊。一般埋设在人行道下，其纳入的管线有电力、通信、有线电视等，管线直接供应各终端用户。其特点为空间断面较小，埋深浅，建设施工费用较少，不设有通风、监控等设备，在维护及管理上较为简单。

断面形式：根据管线工程的种类、数量、施工方法、地下空间和经济等进行设计。

1. 矩形断面（图 8.8）。一般适用于新开发区、新建道路等空旷的区域。矩形断面的建设成本低、利用率高、保养维修操作和空间结构分割容易、管线敷设方便。

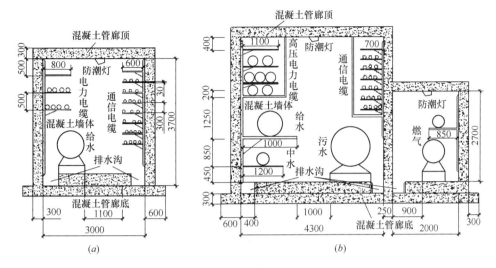

图 8.8　矩形断面综合管廊断面图

(a) 单舱；(b) 双舱

2. **圆形断面**（图 8.9）。一般用于支线型市政综合管廊和缆线型市政综合管廊。

可以在繁华城区的主干道和穿过地铁、河流等障碍时采用盾构掘进的施工方法进行施工，这样可以减少对人们日常生活和交通的影响，保护了市容环境。比矩形断面的利用率低，建设成本较高，而且容易产生不同市政管线之间的空间干扰，增加了工程造价成本和各管线部门之间的协调难度。

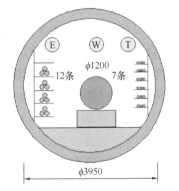

图 8.9　圆形断面综合
管廊断面图

综合管廊系统工程的建设应符合"将城市规划、建筑、社会与经济发展、城市景观、技术、基础设施、道路交通等方方面面尽早地、有效地统一起来"的原则和目标。工程应结合道路交通和各类市政公用事业管线的专业规划进行设置，实行统一规划设计、同步进行施工。在规划设计道路时，按道路的干线、支线等级标准，把综合管廊作为组成部分，超前地科学合理地规划，一般每条道路建一条综合管廊，也可按强弱电分离原则，建多条综合管廊，或在综合管廊内采取屏蔽措施，沟内设有足够的空间，便于人员和设备进入其中铺设或维修管线。施工时先建综合管廊，再建道路，综合管廊竣工验收，道路也可交付使用。城区新建道路时必须同步建设综合管廊，老道路整修或拓宽时，原则上也应同步建设，只有这样才能尽快形成城市综合管廊网，发挥其应有的作用。

纳入综合管廊的市政管线，应尽可能符合各主管部门制定的维修管理要求。综合管廊的断面布置在满足维修管理要求的基础上，应尽量紧凑，以充分体现经济合理。综合管廊应考虑各类管线分支、维修人员和设备材料进出的特殊构造接口。综合管廊需考虑设置供配电、通风、给排水、照明、防火、防灾、报警系统等配套设施系统。综合管廊的土建结构及附属设施应配合道路工程一次建设到位，所纳入的各类公用管线可按地区发展逐步敷设。

综合管廊总体设计包括：确定防火分区，以及每个防火分区内设置的工程设施（共同沟进料口、通风系统、排水系统、消防系统和应急出口等），确定进料口的位置设置、通风方式的设置、控制中心的设置位置、穿越重要障碍物的方式，综合管廊的端部设置作为各类管线的进出用的端部交汇井。

在发达国家，综合管廊已经存在了一个多世纪，在系统日趋完善的同时其规模也有越来越大的趋势。1833 年巴黎诞生了世界上第一条地下管线综合管廊系统后，至目前为止，巴黎已经建成总长度约 100 公里、系统较为完善的综合管廊网络。此后，英国的伦敦、德国的汉堡等欧洲城市也相继建设地下综合管廊。1926 年，日本开始建设地下综合管廊，到 1992 年，日本已经拥有综合管廊长度约 310km，而且在不断增长过程中。1933 年，苏联在莫斯科、列宁格勒、基辅等地修建了地下综合管廊。1953 年西班牙在马德里修建综合管廊。其他如斯德哥尔摩、巴塞罗那、纽约、多伦多、蒙特利尔、里昂、奥斯陆等城市，都建有较完备的综合管廊系统。

北京在 1958 年就在天安门广场下铺设了宽 4.0m、高 3m、埋深 7～8m 长 1000 多米的综合管廊，1977 年又建造了长约 500m 相同断面的综合管廊。1994 年，上海市政府规划建设了大陆第一条规模最大、距离最长的综合管廊——浦东新区张杨路综合管廊，管廊全长 11.125km，主要有给水、电力、信息与煤气等四种城市管线。2006 年在中关村西区建成了我国大陆地区第二条现代化的综合管廊，该综合管廊主线长 2km，支线长 1km，包括水、电、冷、热、燃气、通信等市政管线。中国与新加坡联合开发的苏州工业园基础设施建设，经过 10 年开发，地下管线走廊已初具规模。上海正在推进的地下综合管廊建设，主要结合新城或旧城改造等项目，计划到 2020 年新建 80 至 100 公里，2040 年力争达到 300 公里的综合管廊建设目标。

综合管廊建设的一次性投资常常高于管线独立铺设的成本，比普通管线方式要高出很多。但综合节省出的道路地下空间、每次开挖成本、道路通行效率的影响及环境的破坏，综合管廊的成本效益比显然不能只看投入多少。我国仅有北京、上海、深圳、苏州、沈阳等少数城市建有综合管廊，综合管廊未能大面积推广的原因不是资金问题，也不是技术问题，而是意识、法律以及利益造成。问题的关键是综合管廊建设投资巨大，未形成规模前难以发挥作用和产生效益。

西欧国家在管道规划、施工、共用管廊建设等方面都有严格法律规定。如德国、英国因管线维护更新而开挖道路，就有严格法律规定和审批手续，规定每次开挖不得超过 25m 或 30m，且不得扰民。日本也在 1963 年颁布了《共同管沟实施法》，解决了共同管沟建设中的资金分摊与回收、建设技术等关键问题，并随着城市建设的发展多次修订完善。

1998 年 12 月，建设部发布实施了《城市工程管线综合规划规范》GB 50289 - 98，提出了工程管线宜采用综合管沟集中敷设。在《中华人民共和国城乡规划法》中提出了地下管线的指导性意见，各地方政府在 2005 年陆续出台相关法规。2014 年 6 月，国务院办公厅印发了《关于加强城市地下管线建设管理的指导意见》，首次明确了"把加强城市地下管线建设管理作为履行政府职能的重要内容"。2015 年，住房和城乡建设部发布实施了《城市综合管廊工程技术规范》GB 50838 - 2015，提出市政公用管线宜采用综合管廊形式规划建设。

思　考　题

8.1　简述城市工程管网的布置原则是什么？

8.2　比较直埋敷设、管沟敷设及综合管沟的优缺点。

8.3　如何实现市政管线的合理施工敷设？

8.4　谈谈对市政管线综合布置的理解？

第9章　其他地下空间建筑

§9.1　地　下　贮　库

贮库是用来存放生活资料与生产资料的空间，根据使用目的分为地下、半地下、低层、多层、冷藏和特殊贮库等不同类型，地下贮库、地面仓库等组合形成城市仓储系统。

9.1.1　概述

人类自古就有利用地下空间贮存物资的传统。中国古代已经利用地下空间贮存粮食，公元605年隋炀帝杨广在洛阳兴建含嘉仓和兴洛仓等许多地下粮仓，古代欧洲在地下贮酒等。

地下贮库是近几十年才大规模发展。瑞典、挪威、芬兰等北欧国家，利用有利的地质条件，在近代最先发展了地下贮库，建造了大量大容量的地下石油库、天然气库、食品库等，近年又发展地下贮热库和地下深层核废料库。北欧的瑞典、挪威等斯堪的纳维亚国家已拥有大型地下油气库200余座，其中不少单库容量超过100万 m³用于战略储备，法国建有90天的石油战略储备系统，美国有1.5亿 m³的石油储备计划，日本建有10个石油储备基地。

我国地域辽阔，地质条件多样，具备发展地下贮库的有利条件。不论是为了战略储备，还是为平时的物资贮存和周转，都有必要发展各种类型的地下贮库。从20世纪60年代末期开始，已建成大量的地下粮库、冷库、物资库、燃油库等地下贮库。1973年，我国开始规划设计第一座岩洞水封燃油库，1977年建成投产，效果良好，是当时世界上少数几个掌握地下水封贮油技术的国家之一。我国黄土高原地区建成了大容量黄土圆仓直接贮粮，具有造价低、贮量大、施工简单、节省土地等特点。

地下贮库通过岩层中挖掘洞室或土层中建造地下空间，利用岩层和土层的围护性能，优越性好，具有保温、隔热、抗震、防护等特点，同时使贮存的物品不易变质，能耗小，维修和运营费用低，节约材料，保护地面空间及节约土地资源。随贮库使用功能的增多，地下贮库的存在条件也发生变化，一方面充分利用多种自然条件，另一方面通过发展某些新技术，适应各种特殊类型的要求。

20世纪60年代以前，地下贮库多用于军用物资与装备的贮存和石油及石油制品的贮存，类型不多。但近几十年来，地下贮库的使用范围迅速扩大，涉及人类生

产和生活许多方面，可概括为水库、食物库、石油库、物资库等五大类型（图
9.1）。地下贮库表现出多方面的优越性，受到了广泛重视，很多已取代了地面库。
有些由于使用功能的特殊要求，地面上难以实现，如热能、电能、核废料、危险化
学品等，在地下建造成为唯一可行的途径，这些类型地下贮库具有更大的发展
潜力。

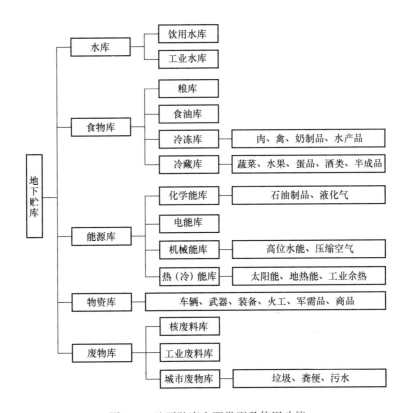

图 9.1　地下贮库主要类型及使用功能

　　地下物质库主要有商业商品库、生产厂家物质库，也可以是运输站、码头临时
堆放库。物质库常进出频繁，贮留时间短，取货与存货较快，大型物质库可直接堆
放集装箱。图 9.2 为日本的大型地下物质库，建在山体石灰石岩层中，岩柱断面
$1.9 \sim 2.8 m^2$，柱间约为 $3.7 \sim 5.8 m^2$，总使用面积 19 万 m^2，10 个出入口，可贮存
集装箱，岩层可保持较长时间低温，即使最大制冷设备停止运转，24 小时内的温
度仅上升 $0.556℃$，能源消耗相当于地面 50%，造价仅为地面相同建筑物的
$30\% \sim 50\%$。

　　废弃的矿井、矿坑是现成的地下空间贮库，适当改造建成的地下贮库具有规模
大、造价低的特点。美国堪萨斯城（Kansas City）用地下开采石灰石后遗留下的
废矿坑，大规模改建成地下贮库，面积达数十万平方米，库内温度全年稳定在

图 9.2　日本岩层中的物质库内部

14℃，对贮存粮食和食品十分有利，仅冷冻食品的贮存能力，就占全美总贮量的 1/10，是利用废矿坑做地下贮库的典型实例。据瑞典资料，这种地下油库的造价仅为人工岩洞油库的 1/4～2/3；德国和芬兰则正在研究利用废弃铁矿坑改建为核废料库的可能性。

地下岩盐开采后的地下空间，不必经过挖掘，就可在其中贮存石油制品或液化气体，具有容量大、造价低、密封性能好、施工简便等特点，只要存在足够厚度的岩盐矿层或岩盐丘（高出地面山体），就可以充分利用。在美国、法国、德国、苏联等国，大规模发展了地下岩盐库，用以大量贮存石油、液化气或压缩空气。美国在岩盐中用常规方法开挖人工洞室贮存核废料，部分挖出的盐则用于回填。

土层的含水层和岩层的断层、破碎带，具有天然的贮水条件，可以成为人工的地下水库，比起人工开挖的岩洞和地面蓄水库，具有容量大、造价低、蒸发损失小等特点，对于处于干旱地区的发展中国家来说，建造这类地下贮水库具有现实意义。

9.1.2　地下贮库的布局规划

地下贮库的布置，应根据其用途、城市规模和性质以及工业区布置，与交通运输系统密切结合，以接近货运多、供应量大的地区为原则，合理组织货区，提高车辆利用率，减少车辆空驶里程，方便生产、生活服务。大、中城市的贮库布置，应采取集中与分散，地上与地下相结合的方式。

1. 贮库布置与交通关系

贮库最好布置在居住用地之外，离车站不远，以便把铁路支线引至贮库所在地。

对小城市贮库的布置，起决定作用的是对外运输设备（如车站、码头）的位置。

大城市除了要考虑对外交通外，还要考虑市内供应线的长短问题。供应城市居民日用品的大型贮库应该均匀分布，一般在百万以上人口的特大城市中，无论地上或大型地下贮库，至少应有二处以上的贮库区用地，否则就会发生使用上的不便，并增加运输费用。

大库区以及批发和燃料总库，必须要考虑铁路运输。贮库不应直接沿铁路干线两侧布置，尤其是地下部分，最好布置在生活居住区的边缘地带，同铁路干线有一定的距离。

2. 各类贮库的分布与居住区、工业区的关系

（1）危险品贮库应布置在距离城市 10km 以外的地上或地下；

（2）一般贮库部布置在城市外围；

（3）一般食品库布置要求

① 应布置在城市交通干道上，不要在居住区内设置；

② 地下贮库洞口（或出入口）的周围，不能设置对环境有污染的各种贮库；

③ 性质类似的食品贮库，尽量集中布置在一起；

④ 冷库的设备多，容积大，需要铁路运输，一般多设于郊区或码头附近。

3. 地下贮库的技术要求

（1）靠近市中心地下贮库，出入口布置应满足货物进出方便，建筑上应与周围环境相协调；

（2）地下贮库应设置在地质条件较好的地区；

（3）布置在郊区的大型贮能库，军事用地下贮存库等，应注意对洞口的隐蔽性，多布置绿化用地；

（4）与城市无多大关系的转运贮库，应布置在城市的下游，以免干扰城市居民的生活；

（5）由于水运是一种最经济的运输方式，因此有条件的城市，应沿江河多布置一些贮库，但应保证堤岸的工程稳定性。

4. 地下贮库规模的主要影响因素

（1）城市的规模与性质

城市规模越大，人口与建筑密度越大，地下贮库的数量与规模就越大。城市的经济效益越高，生产能力越强，贮库规模也会加大。工业城市与交通枢纽城市，其贮库规模和性质又有很大不同，交通枢纽城市对转运贮库的需求大，转运量大，一般贮库的规模也大，为城市带来的经济效益也就更可观。

（2）城市的地理位置

城市地理位置的不同，地下贮库的规模与数量有较大差异，我国南北气候相差悬殊，北方地区往往需要建造大型地下水果蔬菜贮库，丘陵地区或地质条件好的城市，地下贮库开发规模一般较大。

（3）城市储藏品的特点和性质

地下贮库规模与城市经济特点、产品有关。石油化工城市需更大规模的地下油库和一定数量的易燃易爆的危险品地下贮库。沿海、沿江各大城市要求规划建造大型的地下冷藏库，以储存各种水产品。

9.1.3　地下冷库

地下冷库是指低温条件下贮存物品的仓库，通常由地上、地下两部分组成，地上部分为饲养、屠宰、设备、检验及办公生活用房，地下部分为冷却、冻结及贮存

库。主要贮存食品、药品、生物制品。

地下冷库温度稳定，冬暖夏凉，能耗低，构造简单，维修方便，可建造在土层或岩层中。

地下冷库分为"高温"冷库和"低温"冷库。高温冷库温度为0℃左右，主要用于冷藏。低温冷库温度为－30℃～－2℃，主要用于冷冻。

1. 冷库的设计原则

（1）划分地下部分规模、技术要求、冷藏物品的种类。

（2）按照制冷工艺要求进行布局，把制冷工艺与功能结合起来。

（3）高度6～7m为宜，洞体宽度不宜大于7m。

（4）选址要考虑地形、地势、岩性及周围环境，应选择山体稳定、排水畅通、导热系数小的地段。

2. 冷库功能分析图

冷库的一般工艺为加工、检验分级、称重、冷冻、贮存、称重、出库几个环节（图9.3）。

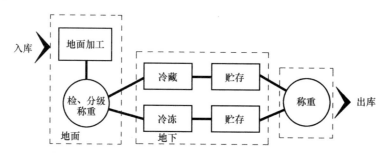

图9.3　地下冷库平面功能分析图

3. 冷库平面类型

冷库平面类型除必须满足工艺要求外，还要视基地环境及岩土状况、性质来确定。总体来说，冷库平面主要有两种形式，图9.4（a）为矩形平面，中间可通行小车，两侧冻藏物品；图9.4（b）为通过走道（通道）连接各组成部分，此种类型更适合岩层地段。

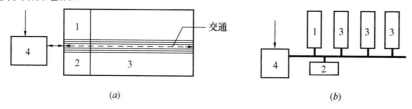

（a）　　　　　　　　　　　　　　　　（b）

图9.4　两种冷库平面类型

（a）矩形平面；（b）走道式组合平面

1—冷藏；2—冷冻；3—冷贮；4—辅助用房

图 9.5 给出冷库规划布局，为肉类贮库，贮藏量约 1500t，方案采用走道式平面组合，建设基地为山区岩层地带。辅助用房多设在地面，冷冻和贮存空间设在地下岩洞内，每个方案均设 2 个出入口。从通道的走向划分，贮存库与通道垂直布局，形成一个个内伸洞室，通过走道连接所有洞室。图 9.5（a）方案 5 间冻结贮存，1 间冷却贮存，若图 9.5（a）方案冻结与冷却间比例 5：1，则图 9.5（b）方案为 3：1，图 9.5（c）方案为 3：0，图 9.5（d）方案为 5：0。每个方案必设冻结间。

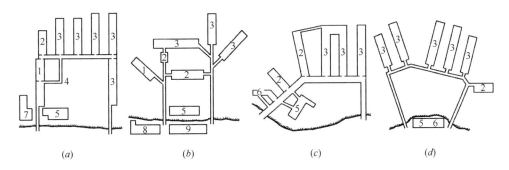

图 9.5 岩层中小型冷库方案

（a）方形；（b）长方形；（c）梯形；（d）多边形

1—冷却贮存库；2—冻结间；3—冻结贮存库；4—前室；5—冷冻机房；6—制冰间；

7—变配电间；8—屠宰加工间；9—办公室

9.1.4 地下粮库

1. 地下粮库的基本要求

（1）满足粮库的温度、湿度要求，防止霉烂变质、发芽。

（2）具有可靠的防火设施。

（3）平面合理，运输方便。

（4）具备良好的密封性与保鲜功能，既不发生虫、鼠害，又能保持一定的新鲜度。

2. 粮库设计基本因素

粮库由粮仓、运输、设备、管理几部分组成。贮存面积占建筑面积约 50%，每平方米贮粮面积可存放袋装粮 1.2～1.5t。袋装粮成垛堆放，称为“桩”，分为实桩和通风桩两种。实桩适用于长期贮存干燥粮食，堆放高度达 20m；通风桩有“工”字形、“井”字形，粮袋间留设通风空隙，高度 8～12m。“桩”的尺寸由粮袋尺寸和数量确定。桩间留 0.6m 空隙，桩与墙间留 0.5m 距离。粮仓长度由贮存数量决定。

地下粮库节约了大量的地面空间，确保了长期贮存粮食质量。如阿根廷的一座粮仓贮量为 2000t，贮存小麦 14 年不变质，发霉率仅为 5‰。英国曾进行小型地下粮库试验，粮仓 6m×6m，土中浅埋，存放 63t 玉米，粮食入仓前含水率严格控制在 13% 以下，五年后开仓检验，保持 10～14.5℃ 的低温，尽可能使粮仓缺氧等，含水率提高 0.5%，损耗为 4%，但发芽率为零。

3. 方案

粮食储存方式有袋装贮存和散装贮存两种方式。

图 9.6 为单建式地下粮仓，建筑面积 570m²，粮仓面积 270m²，结构为 8 个 6m×6m 的双曲扁壳。

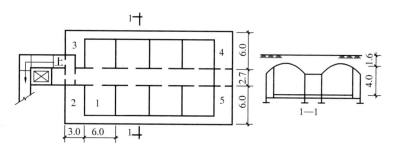

图 9.6　单建式地下粮仓
1—粮仓；2—办公；3—贮藏；4—风机；5—食油库

图 9.7 为黄土地区散装地下粮库示意图，断面为马蹄形圆筒仓，用砖衬砌后直接装粮，容量大，造价低，贮粮效果很好。图 9.8 为岩层中大型粮库方案，选择有利地形、地质条件，粮库规模建造很大，可贮存粮食 1000 万 kg，供 10 万人吃 3 个月，11 个粮仓，建筑面积 4000m²；粮库温度常年 11.5～13.0℃，相对湿度夏季 70%，冬夏 60%。构造处理上是在混凝土衬砌内另做衬套，架空地板。

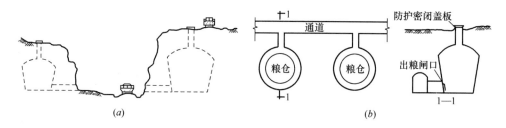

图 9.7　黄土地区地下马蹄形散装粮库示意图
（a）单仓，利用地形自留装卸；（b）多仓散装库

9.1.5　地下水库

修建地表水库会淹没库区耕地、森林和村镇，引起泥沙淤积以及下游河道冲刷，甚至诱发地震和山体滑坡，从而影响生态和环境。欧美发达国家基本放弃修建地表水库来储备水资源的传统做法，而是利用地下含水层来调节和缓解供水，包括地表入渗和井灌的人工补给是一种可行、费用低廉的解决供水的办法。日本宫古岛的皆福地下水库，地下坝深 17m，长 500m，总贮水量达 70 万 m³。

储备地下水，在水短缺的时候提供水量，满足用水需求。控制由于地下水位下降引起的海水入侵和地面沉降。维持河流的基流，提高地下水位，减少地下水的抽取费用。通过土壤中的细菌作用、吸附作用和其他物理、化学作用改善水质。通过处理后的污水入渗来实现污水的循环再利用，以管理不断增加的大量污水，保护了生态环境。

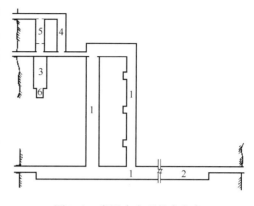

图9.8　岩层中大型粮库方案
1—粮仓；2—食油库；3—水库；4—碾米间；
5—电站；6—磨面间

地下空间蓄水是把水蓄在土壤或岩石的孔隙、裂隙或溶洞里，用水时，再把水顺利地取出来。地下贮水的方式主要有：

（1）把水灌注于未固结岩土层和多隙冲积物中，包括河床堆积、冲积扇及其他适合的蓄水层等；

（2）把水灌注于已固结了的岩层中，如能透水的石灰岩或砂岩蓄水层等；

（3）把水灌注于结晶质的岩体中；

（4）把水贮存于人工岩石洞穴或蓄水池里。

地下水库工程简单，投资相对地面水库要小，且不占农田，蒸发量小，因此，地下水库开发已引起国内外的重视。

9.1.6　地下核废料库

随着原子能技术的研究和应用，原子能电站的数量正在不断增加，所占的发电量的比重也越来越大，但如何处理和贮存高放射性的核废料是急待解决的问题。由于地下空间封闭性好，并有良好的防护性，自然会被人们所关注。地下核废料贮存库大致可分为两类：

（1）贮存高放射性废物，一般构筑在地下1000m以下的均质地层中；

（2）贮存低放射性废物，大都构筑在地面以下300～600m以下的地层中。

贮库技术要求高，贮库周围应进行特殊构造处理，防止污染外部环境和地下水。通过严格的地质勘探，选择库址，确定合适的埋藏地层，确保地下长期严密地封存核废料，不影响生态环境。

§9.2　地　下　公　路

地下公路设想早在18世纪便有人提出，经过200多年实践，地下公路隧道已得到广泛使用。中国公路建设蓬勃发展，截至2007年底，我国公路358.37万km，隧道总里程达 2555.5km。

9.2.1　概述

随着城市经济发展，交通矛盾日益突出，改善公路交通状况已成为人们的迫切愿望。这种背景产生了用于交通运输的地铁、地下公路及越江隧道。1993 年 5 月，欧洲建成了英吉利海峡隧道，全长近 50km，20 世纪的杰出工程预示地下隧道工程从技术到施工都跃上了新台阶，其中隧道公路 1993 年实际通过能力达轻型汽车 670 辆/h，货车 100 辆/h 和 65 辆/h，而设计通过能力分别达 3130 辆/h、370 辆/h 和 225 辆/h，隧道中运行时间仅需 28 分钟，大大提高了英、法两岸间的交通效率。日本 2007 年在东京都城铁环线"山手线"地下约 40m 处，建成了日本首条双向 4 车道的高速路，从东京的板桥区熊野町到目黑区青叶台，全长 11km。

地下公路主要有如下几类：

1. 越江（海）公路隧道

当城市中有较大的江、河贯穿时，越江隧道是城市地下交通体系的重要组成，这类公路隧道在许多国家的发达城市或地区中得到应用，具有很大的现实意义。

越海隧道在日本等国家很普遍，日本四岛已由地下交通系统联成一体，然而规模最大、意义最深远的仍首推英吉利海峡隧道。我国上海市在 20 世纪 70 年代已在黄浦江修建了第一条公路隧道，尽管环境指标较差，但客观上促进了上海浦东、浦西的交通联系。20 世纪 80 年代后期，上海市开始了"开发浦东"的宏伟计划，修建了延安东路越江隧道，随着经济发展，双车道的延安东路隧道难以满足交通需要，为此，又修建了延安东路地下越江公路隧道复线。图 9.9 为上海市延安东路越江隧道示意图，隧道全长 2261m，隧道以外采用 11.3m 的盾构施工，车道宽

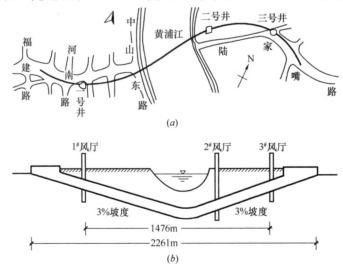

图 9.9　上海市延安东路越江隧道示意图

(a) 平面图；(b) 纵剖面图

7.5m，净高 4.5m，每小时通过能力 5 万人次。

2. 地下立交公路

地下立交公路一般距离较短，具备快速、大容量交通特点，解决了公路与铁路、公路间以及其他任意不同交通方式的相交问题，避免了机动车与非机动车道、非机动车道与铁路等平交。

我国地下立交公路应用较多，大城市交通中的自行车（非机动车）交通问题占据比例较大，当在城市交通岔口立交改造时，利用自行车道对通风和净高要求低的特点，可以将自行车道建于地下。如跨越铁路立交的两种方案，一是机动车、非机动车全都通过地下横跨铁路线；二是机动车利用高架，非机动车（包括摩托车）利用地下隧道，前者投资大，但占地少，对地面景观影响小，后者反之。

3. 地下快速公路

城市经济的快速发展，提出了不同程度的快速交通需求。由于地面空间的拥挤，难以发展新的动态交通，地面道路交叉口太多等，影响了交通通畅、快速，尤其当城市环境质量（空气有毒成分指标、噪声指标）要求已限制了发展地面、上部（高架）交通体系时，为了保证城市交通的正常和对城市发展的促进，需要建造地下快速公路。

地下快速公路有以下几个优点：

①改善相邻环境；②有利于保护公路景观；③实现快速公路地下空间的多功能用途（利用街道与快速公路之间的地下空间修建停车和其他公共设施）。

4. 半地下公路

半地下公路的结构形式有堑壕构造和 U 形挡墙构造两种。图 9.10 为半地下公路的三种断面类型。

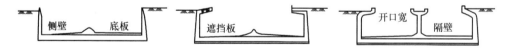

图 9.10 半地下公路的三种断面类型

半地下公路的主要特点：①有利于减少噪声和排放废气；②能得到充足的日照和上部的开敞空间；③在绿化带等自然气息较足的地区，能与周围环境较好地和谐共存；④缺点主要是排水、除雪不易；⑤造价介于全地下公路与地面公路之间。

9.2.2 地下交通公路规划原则与步骤

1. 规划原则

（1）地下交通公路造价高、涉及面广，所以必须在经济状况允许的条件下进行建设，尽量减少地下段的长度，降低埋深。地下公路造价虽然比地铁要少（经济性不如地铁），但比地面交通设施高得多，如日本东京都新宿线地下快速公路建设成本约为每公里 500 亿日元，几乎是用高架式建设的王子线的两倍。

（2）地下公路应能最大限度解决交通问题，并有继续发展的可能性，考虑交通流量及站台设计。

（3）地下公路仅是城市交通体系中很小部分，地下公路应与地铁、轮渡、地面路网结构、高架道路等设施形成有机联系，并解决各种交通工具的换乘问题。

（4）交通公路涉及面大，地下公路体系应与城市各类公路、环境（景观）等设施建设相互协调，避免影响城市景观。如日本东京火车站前的地下公路与八重洲地下街统一规划建设后，地下公路从地下二层通过，很好地改善了火车站附近的地面交通和城市景观。

2. 规划步骤

（1）交通公路规划要以城市现有公路体系为依据进行地面、地下、高架桥的整体开发。

（2）掌握规划段的工程水文地质及地下空间、地下管线的状况。

（3）对立项进行充分论证，作出可行性研究报告，估算投资规模、投资效益、资金来源等。

（4）协调各有关部门，进行方案比选和组织实施。

9.2.3　交通公路规划与设计

1. 规划

法国巴黎城市交通平均速度 10km/h。500 年间，长距离交通速度增加了 50 倍，而巴黎实际速度只增加了 2 倍。巴黎提出 LASER 线路规划（图 9.11），地下公路隧道部分解决城市交通的拥挤。LASER 网在巴黎市设置 12 个进口、出口，通过 5 个支线将它们在主要经济开发区与环形公路、环形高速公路相连。该网约 50km 长，埋深 40m（地铁 30m 以内），平均每 800m 设一个紧急服务通道和为乘客提供的出口，净空 2.4m（图 9.12），为了清洁、维护和安全，全部为单向行驶，夜间关闭。

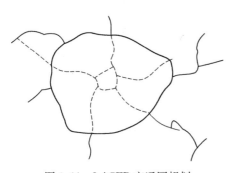

图 9.11　LASER 交通网规划

2. 具体技术

安全方面，特别是交会点附近，三股车道中的其中一股是混行车道，作为直线行驶车辆的中性车道，直到进入车辆插入车流为止（图 9.13）。表 9.1 为车道交叉距离。

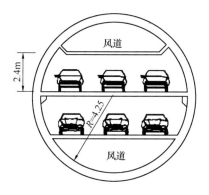

图 9.12　LASER 交通网断面　　　　　　图 9.13　交会点车辆出入

车道交叉距离　　　　　　　　　　　　表 9.1

距离	环形公路	LASER 交通网
最小	<150m	600m
平均	530m	1100m

通风设计为半横向型风道，并沿交通网按 2km 间距设一个地下通风站进行局部循环通风。新鲜空气通过相同间距设置的地下吸风机引入，与排风站交错布置，经过车道上、下层的风管为车道空间内供给空气。隧道内每 200m 设置一个安全区，隔一个安全区（每 400m）布置一个连接两个高程的梯道。为了方便疏散，在两交通高程之间设置一个互相连接的通道。

长隧道内一般使用运行人员探测和信息系统，包括自动火警和事故探测系统，闭路电视系统，无线电转播系统，完善的消防系统，疏散无法驾驶的车辆的方法，后备电力供应。

图 9.14 是我国厦门公路越海隧道示意图，隧道穿越地层为质地良好的花岗岩，采用双向六车道钻爆法施工，中间设管廊式服务通道。

图 9.14　厦门公路越海隧道示意图

9.2.4　城市地下公路发展的未来

日本提出城市中心区"无出口地下公路系统"，较好解决地下公路在市中心的出口滞留问题，进一步明确了城市空间功能划分，对于城市地下公路"零打碎敲"的局面，从体系上前进了一大步，开拓思路，值得参考。

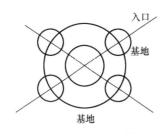

图 9.15 地下公路网体系

地下公路网体系如图 9.15 所示，地下公路进口位于离市中心约 10～20km 处，出口位于离市中心约 5km 的城市副中心，并布置大型地下停车场，城市中心区不设置出口，但布置大型地下停车场，作为联系中心区地面的节点，避免中心区设置出口而使地面交通混乱情况发生。

北京早在 2004 年至 2005 年，就为解决交通问题规划了"四纵两横"的地下道路网。在北京西侧建两条南北向的地下快速路，缓解西二环、西三环的交通压力，同时为金融街、中关村等提供长距离的通行干道。在东侧建设两条南北向的地下快速路，缓解东二环、东三环的交通压力，同时为 CBD、望京等地区提供长距离的出行服务。在长安街南北两侧各修建一条东西向的地下干道，缓解南北二环、三环和长安街的交通压力。这六条地下通道彼此并不连通，它们通过与地面的出入口和地面道路系统联系。建设地下道路主要解决的问题包括道路埋深（即进入地下的深度）、防灾、通风、对地面建筑的影响，以及与现有地下轨道交通的衔接、对未来地下交通的衔接预留等。

§9.3 地下步行交通系统

9.3.1 地下步行交通系统的类型

地下步行交通系统主要由以下两种设施构成：地下步行街（地下连接通道）、地下人行过街道。当然在其他各类地下公共（交通）系统都可能具有某些步行功能，如地铁站等。

1. 地下步行街

地下步行街是地下商业（文娱）街一部分，有两种构成形式。一种是在城市道路、广场、绿地等单建式地下建筑中，布置步行通道及商店、饮食店等店铺，此类建筑日本最发达，步行街形态如图 9.16 所示；另一种是在城市附建式地下建筑中，通过地下通道联通，附建式地下空间中设置专用步行通廊，与地下连接通道一起构成步行系统，此类建筑实施难度在于协调工作较难，如图 9.17 所示。

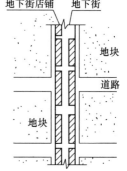

图 9.16 道路下地下街

2. 地下人行过街道

地铁车站、地下步行街等设施中具有地下人行过街的功能，地下人行过街道不包括这类设施，仅特指解决人行过街问题的单建式地下交通设施，两边一般不设店铺，横穿道路（铁路），下底面标高一般在地下，我国不少城市中都有此类设施。

3. 其他地下步行系统

当某些城市特定区域（多为保护性区域），难以解决地面人流交通状况拥挤时，通过修建地下步行系统，作为地面人流交通设施的补充。如法国巴黎卢浮宫的地下步行系统，随着游客增多，卢浮宫中原有道路不堪负荷，大门前交通较为混乱，因此专门规划设计了地下步行系统，游客通过地下空间进出卢浮宫，缓解地面压力，保护了文物古迹，地下步行系统的最大入口是建筑大师贝聿铭杰作，正三角体的玻璃造型成了新的城市景观。

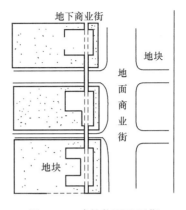

图 9.17　建筑物下地下街

9.3.2　地下步行系统的作用

1. 缓解地面人流交通压力

随着城市发展，人口、汽车的快速增加，各类社会活动频率、密度加大，造成了许多城市中心区交通拥挤，在商业繁华地区人流交通成为城市交通的很大负担。如北京天安门广场的地下过街横道长 80m、宽 12m，设有残疾人使用的坡道。

2. 重新组织城市交通，实现"人车分流"

"人车混流"在世界范围内普遍存在，相互影响人流过街与道路上汽车的正常行驶，减小了双方交通容量，影响交通安全，因此，提出了城市交通的"人车分流"措施。利用"人行天街"、"地下过街通道"两种方式来解决地面交通的"人车分流"问题，最典型的是地下人行过街道。

3. 缩短出行距离，减少交通压力

尤其特指各种地下交通设施之间的连接通道，常见在不同线路相邻地铁车站间换乘（如地下通道、地下街），人流不用到地面，直接在地下空间换乘地铁，缩短了换乘距离，避免增加地面交通压力。

4. 减少不利地形条件的影响

地形复杂城市中，地下步行系统缩短了两个地点间距离，减小步行距离，克服了不利地形条件影响。如上海市被黄浦江分隔成浦西、浦东，两地交通不便，经济发展不均衡，为实现开发浦东，建设了越江隧道、大桥，在东方明珠广播电视塔和黄浦区南京东路外滩之间修建全长 646.70m 外滩观光隧道，同时在浦西的黄浦区与浦东的陆家嘴地区之间修建越江地下步行通道，促进了两岸经济联动发展。

5. 减少不利气候条件的影响

严寒、酷热、多雨、多雪、风沙大等气候条件恶劣地区的城市开发中，应充分利用地下空间的恒温、封闭和节能的特点，修建城市地下步行系统。

9.3.3　地下步行交通系统的规划设计

1. 地下步行交通系统的规划步骤

（1）基础资料调研

主要需调研的基础资料有城市人流交通流量状况调查，城市未来交通流量预测，地质条件，土地利用情况和使用权，城市未来规划等。

（2）制定规划方案

根据各类调查、研究，按照一般的规划原则和指导思想，大致确定城市地下步行交通的方案体系。

（3）进一步优化细化方案和确定各类指标要求

根据已有城市地下步行交通体系框架，逐段参考地面建设发展情况，考察其可行性，对实施可能性不大的地段进行变更、优化，进一步确定各种地下步行设施的位置、埋深、规模等指标。

（4）组织实施方案

2. 地下步行交通系统位置的确定

（1）地下步行街

地下步行街的选位要尽量与城市地面人流交通密度大的方向保持一致，起始点尽量选择人流交通相对集中的节点布置（如地铁站、公交枢纽、繁华闹市口等），利用街区地下连通的地下空间标高应尽量统一，满足防灾疏散以及经济合理性、技术可行性要求。

（2）地下人行过街道

对照地铁和地下其他步行系统的建设现状和规划，找出城市道路交通主要节点，作为"人车分流"的规划节点，明确地铁站等地下设施兼顾解决的节点；结合人行天桥建设现状与规划，综合比较人行天桥和地下过街道，考虑道路宽度、高架道路（或铁轨）、浅埋地铁的建设以及人行天桥对城市景观的影响，优选"空中"及地上建设解决的作为交通主要节点；进行地下人行过街道经济技术性论证，确定每个修建点的主要指标参数。

3. 地下步行系统规划中的主要指标、参数和要求

（1）地下步行通道

通道高度一般为3m，通向地面的台阶有效宽度应不小于1.5m，通道宽度应根据预测人流量确定。按地道宽0.90m的最大通行能力为1400人/h，相当于宽1m的最大通行能力为1555人/h，因此地下步行通道的宽度

$$W = P/1555 + F$$

式中　W——地下步行通道的有效宽度；

　　　P——预计20年后每小时步行者人数的最大值（人/h）；

　　　F——余裕宽度，当通道边设店铺时取2m，没有店铺时取1m。

我国某些城市规划中，笼统规定地下通道宽度不小于 4m，缺乏依据，日本最小值为 6m。

（2）出入口

应在地面人流较集中处设置出入口，出入口可有利用建筑物内部结构通向建筑物地上一层室内的，也应有各类直通室外的出入口，出入口的设置数量应满足城市消防、防灾规范要求。另外，当相邻地块地下空间利用地下步行通道予以连接的话，必须有直通室外地面的出入口。

（3）地下广场

规模较大的地下步行系统（如地下街）应结合布置地下广场，主要作用在于：①缓冲人流；②提供休憩地点；③增强地下空间中的方位标识。日本规定原则上在公共地下步行系统的端部及所有地段，每隔 50m，都应设置地下广场。

（4）地下步行通道平面形态：力求路径简洁、导向标志明确。

§9.4　地下空间民用建筑

地下空间民用建筑主要有居住建筑和公共建筑。地下居住建筑是供人们起居生活的场所，地下公共建筑主要指用于各种公共活动的单体地下空间建筑，涉及商业、办公、文化娱乐等多种建筑类型。

9.4.1　地下空间民用建筑的发展

地下空间民用建筑历史悠久，现在某些地区仍有数百万人口生活在传统的地下空间中。地下空间居住与公共建筑被当作空间资源开发利用，保护土地与生态环境。进入 21 世纪，世界人口急剧增长，城市集约化程度的提高，人均占有耕地的减少，人们越来越重视地下空间的开发利用。

中国北部的黄土高原，至今仍有 3500～4000 万人居住在各种黄土窑洞中，陇东地区的庆阳、平凉、天水、定西四县，窑居户数为总农户数的 93%，临汾的太平头村高达 98%。

突尼斯撒哈拉沙漠边缘上，分布着 20 多个地下聚居点，马待马哈（Matmata）、泰秦尼（Techine）、高尔米萨（Guermessa）、都来特（Douiret）等，居住着 9000 多人。距土耳其首都安卡拉东南 400km 的耐夫塞尔城（Nevsehir）所在地区，名为开帕多西亚（Cappodocia），在那里散布着 42 个地下聚居点，已有 4000 年的历史，至今仍有人居住或作为其他用途。

凯马可地下城 1954 年发掘出来，是建在山体的地下综合体，有 9 层空间，可供 6 万人居住和从事各种活动，是中世纪欧洲基督徒逃难到此而建造。1963 年发现的德林库玉地下城，距凯马可 9km，已挖掘出 8 层，史籍记载当时地下有 18～20 层，面积 40 万 m^2，街道纵横，2 万多个洞室，可住 10 万人。

波兰的克拉科（Krakow）自 19 世纪以来就存在地下居住区，共有 7 层，埋深 200m，延续长达 120km，有剧场、教堂和舞厅等公共建筑。

美国旧金山市莫斯康尼中心是大型地下会议和展览建筑，建于 1981 年，2.3 万 m²，是跨度为 90m 的无柱展览大厅，地面建有 3.2 万 m² 的公园。美国的哈佛大学、加州大学伯克利工学院、密执安大学、伊利诺大学都建有地下公共图书馆。

瑞典的国家档案馆、斯德哥尔摩市大型地下电话交换台及档案库、美国明尼苏达州可容纳 400 名犯人的改造营等都是地下空间民用建筑的典范。

9.4.2　地下空间民用建筑的类型及特点

（一）地下空间民用建筑的类型

地下空间民用建筑主要有公共建筑和居住建筑。地下居住建筑是供人们起居生活的场所，如突尼斯的地下聚居点、中国的窑洞民居、美国的覆土住宅等。地下公共建筑主要指用于各种公共活动的地下空间建筑，通常将公共建筑定义为功能较单一、规模不大的地下建筑，涉及办公、娱乐、商业、体育、文化、学校、托幼、广播、邮电、旅游、医疗、纪念等建筑，小型地下街及集散广场也属于地下公共建筑，但地下综合体已带有城市的部分功能，其内涵较公共建筑大得多。

（二）地下空间民用建筑的特点

1. 可协调自然环境。人类生活居住离不开阳光、自然环境及气流，因此，居住建筑常建造成半地下式、覆土式、窑洞式、下沉广场式等类型（图 9.18）。此类型易同环境协调，具有保护环境的特点。

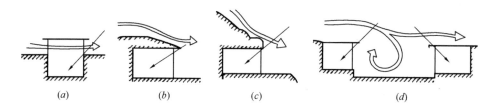

图 9.18　居住建筑的剖面形式

（a）半地下；（b）覆土式；（c）窑洞式；（d）下沉广场式

2. 地下空间民用建筑节约土地，不占用大量农田，保护了土地资源，缓解用地紧张状况。我国在 1986～1996 年间，平均每年占用耕地 2000km²，相当于我国 3 个中等县耕地。城市高度发展，占有大量的可耕地，严重威胁人类的生存和发展，因此，开发地下空间对保护耕地是最好的方法。

3. 防灾减灾性较强

地下空间民用建筑具有良好的防灾减灾功能。战争对地面设施破坏严重，地下建筑对战争灾害的防护性能好，保护了生命财产安全。1117～1920 年的 800 年间，我国发生强震 7 次，最大 8.5 级，窑洞比地面土坯墙、木屋架住房破坏程度要轻。1976 年发生的唐山大地震，300km 范围内的铁路、公路、桥梁全部坍塌，地面伤亡 25 万人，而地下通道完好无损，矿井等地下空间工作的 2.5 万人无一伤亡。

4. 冬暖夏凉、节约能源。地下民用建筑冬季保温性能好，夏季凉爽，既避风雨，又防寒暑。如我国黄土高原地面 6m 以下，地温基本稳定，解决了室内温度问题，降低了能源消耗。

5. 有助于保护古建筑及原有城市面貌。地下民用建筑的开发，不破坏城市原有建筑，解决了城市发展空间问题，保存了古建筑，保护了历史文化。

9.4.3 地下空间民用建筑的空间组成

出入口通道空间、主要使用空间、次要使用空间、交通联系空间等组成地下空间民用建筑。

交通联系空间有楼梯、电梯、坡道、通道、自动扶梯等垂直交通空间，走廊、过厅、步行道、休息厅等水平交通空间，以及集散厅、中间站厅、门厅、广场、入口等交通枢纽空间。会堂、广场、影剧院、体育馆等地下空间民用建筑人员多，交通疏散重要，火灾应急疏散应符合防火设计规范要求。

1. 出入口通道空间

出入口是地下建筑的重要部位，布局应根据地下建筑性质布置。城市繁华区或广场的地下建筑出入口布局应明显而直接，与工程主体连接紧密，不宜过多曲折。人防地下建筑出入口应考虑掩蔽要求，平战结合的地下建筑出入口通道设计应满足平时使用要求。基本布局原则是应尽量多设置出入口通道空间，通常不少于 3 个，包括主要出入口、备用出入口、连通口等。

出入口通道空间的主要几种布局方式：

（1）有条件时应同地面建筑相联系，在地面建筑首层设置出入口空间，以充分利用地面建筑的大厅组织分散人流。

（2）独立设置出入口交通联系空间。独立设置出入口是地下民用建筑不可缺少，根据规模、防火疏散、交通便捷要求设置出入口的数量、位置及方向，出入口一般沿建筑周边或四角设置。

（3）结合下沉式广场设置出入口。下沉式广场常建造在城市广场、站前、公园等人流集散地较宽广的地带，根据工程规模及性质布置下沉式广场。

（4）结合地面高架路设置出入口。出入口常将地面、高架过街桥、高架轻轨车站的出入口同地下民用建筑出入口组合在一起，通过地面转接，使地下建筑人流直接流向高架通道。

（5）利用地形组织出入口。建在山区坡地的地下建筑及覆土建筑利用坡地组织出入口，形式类似地面建筑，通风、透光，使用方便，能同自然环境相协调，整个地下建筑被岩土包围，出入口空间可做成庭院式，屋顶部分可种植被，不破坏自然景观。我国西北地区窑洞出入口也属此种类型。

（6）通过建筑中庭设置出入口。地面大型建筑常设中庭空间，中庭空间直接连接地下空间建筑,可通过楼梯、电梯或观光电梯直达地下中庭空间的出入口。

2. 主要使用空间

主要使用空间是地下民用建筑的主体,如学校的教室与办公室,医院的病房与诊所,影剧院的观众厅及舞台等。主要使用空间在总图设计中应布置在重要区域内,设计方法应按下述规则考虑。

(1) 满足功能要求。每种建筑应满足建筑特定的使用要求,注意人流、物流、车流的走向及主要使用空间的用途。如影剧院应按观众座位数及人员交通疏散的要求设计,考虑观众视线要求等。

(2) 执行防火规范。地下建筑平面空间布局应根据建筑使用性质按防火规范设计。如走道式建筑应主要考虑人员疏散的长度及房间内人数,厅式组合应考虑人员集散时间,注意楼梯间的形式(封闭与防烟)、防火门种类(级别)、防火与防烟分区、材料耐火极限、防火排烟设施布置及出入口的位置和数量等。我国已颁布的各种类型建筑及地下人防工程的防火规范是设计的基本依据。

(3) 执行技术规范。不同功能的地下民用建筑设计应按相应规范设计,我国制定了影剧院、学校、医院、住宅等各种建筑设计规范,尽管这些规范是针对地面建筑,但相同功能性质的地下建筑也可适用,特别是主要使用空间相似,如教室、影剧院观众厅、网球馆、游泳池等应按地面建筑规范设计。地下建筑与地面建筑设计的主要差别是平面布局及开挖条件、地段限制,地面建筑的平面布局灵活多变、兼顾立面效果,地下建筑布局应集中紧凑、无立面造型。

3. 次要使用空间

次要使用空间服务于主要使用空间。平面布局应根据建筑功能靠近主要使用空间布置,联系方便,交通交叉少,土方开挖量少。不同性质建筑的次要使用房间应不同,如影剧院的办公区、卫生间、化妆室、休息室、会议接待室、小卖店等均是次要使用房间,而指挥所的办公、会议是主要使用空间。

4. 交通联系空间

地下建筑的使用部分与辅助部分之间,主要使用空间与次要使用空间之间,辅助部分相互之间,楼层上下之间,地下与地面之间,出入口与主体之间等,都需通过交通联系空间进行组合。交通联系空间是各单元使用空间的连接,由水平交通空间、垂直交通空间、交通枢纽空间等三个部分组成。

(1) 垂直交通空间。有楼梯、电梯、坡道、自动扶梯四种联系手段。楼梯有单跑、双跑、三跑等形式,踏步高常为150~175mm,踏步宽为280~300mm,民用公共建筑踏步较缓。坡道主要用于运送物资和病人或人员通行、汽车运行,坡道坡度常为8%~15%,坡道所占面积大,特殊需要及条件允许才考虑设置。自动扶梯在地下建筑使用较多,适合公共建筑入口等人流大的地方,其坡度通常约30°,宽度为81cm,每小时运送能力5000~6000人左右,运行垂直方向升高速度为28~

38m/min。

（2）水平交通空间。主要是走廊、步道、过道等人员通行部分，联系各使用空间，通常走廊宽 1.5～3.0m，办公楼、学校、医院宽度依次增加，走廊设计要考虑人流通行方便、疏散符合防火要求。

（3）交通枢纽空间。是人流集散、休息、转换方向的空间，面积通常较大，净高较高，是出入口连接的部位，空间艺术、采光、材料要求都较高。如休息厅、门厅、下沉广场等，常同楼梯、电梯、扶梯、走道相联系，而不直接与主要使用房间相联系。

如瑞典国家广播电视台的斯德哥尔摩市伯尔瓦德半地下音乐厅（图 9.19），岩层中半地下大型公共建筑，建于 1979 年，可供大型交响乐演奏，观众厅座位 1306 个，其中 486 个合唱团可使用，总建筑面积 9000m²。主要使用空间为舞台、观众厅，次要使用空间为办公、化妆、卫生、贮藏、售票等房间，交通联系空间为走廊、休息厅、楼梯等设施，出入口空间是地上与地下联系通道。

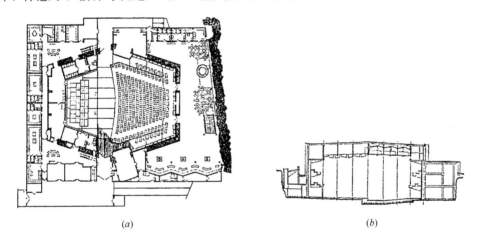

(a)　　　　　　　　　　　　　　　　(b)

图 9.19　瑞典斯德哥尔摩市伯尔瓦德半地下音乐厅

(a) 底层平面；(b) 纵剖面

9.4.4　城市地下居住设施

（一）城市地下居住设施规划

1. 规划前期应进行地质、地形、水文地质和土层性能等条件调查分析，确定合适地址。

（1）避开地质断层。如地下建筑建在地质断层附近，可能因断层活动使地下建筑遭到破坏。

（2）避开有滑坡、崩塌、泥石流等危险的区域。难以避开时，必须采取工程加固等技术措施。

（3）避开有洪、涝灾害可能性的地区。当不能或不宜避开时，应考虑必备的防汛排洪措施。

（4）有地下水时，地下建筑应尽量位于地下水上方，或者在地下建筑建造时要特别明确防水要求。

（5）对于矿藏、文物等国家财富应予保护。

（6）不同水质矿化度地区，应采取不同的建筑物防腐措施。

（7）避开土层条件太差的地区，当不能避开时，应考虑相应的工程技术及因此而增加的工程造价。

2. 基于当地气候条件，确定地下居所的建筑形式、能耗、朝向、通风、防灾措施等。

3. 已建城市中，应考察人口数量、分布、人均住房面积、住房环境标准、综合经济能力和工程技术水平，确定附建式地下室作为增加居住面积的必要性及其规模和分布等。

4. 规划应充分体现"三防"、"三节"、"三化"的原则，实现人与自然和谐共存的特点。"三防"是防空、防灾、防污染，"三节"是节能、节资、节地，"三化"是绿化、美化、现代化。

以色列曾在尼格伏干旱地区进行规划。该地区海拔高度约 400m，地质条件稳定，地基条件良好（黄土）。规划总目标是最大限度减少干旱区极端气候对城市生活影响，规划从属目标是自然环境紧凑；城市密集型垂直发展，而非传统的水平向发展；侧重采取地下和半地下设施发展方针。

（二）城市地下居住设施设计

1. 我国西北黄土地区窑洞

我国西北黄土地区的小城镇（农村）仍存在窑洞作为居住方式，但由于窑洞建设普遍缺乏统一规划管理、科学建设，存在居住分散、交通不便，排水不畅以及通风、采光较差等问题。窑洞设计应充分利用地形，统一规划，规范布局。采用沿山式与下沉式相结合，开通沿崖街道及小巷式窑洞通道，连接下沉式天井，组成地下住宅群，加强沿坡垂直交通联系。在通风问题上，沟口、沟谷、沟尾风力大，沟身、边坡、沟底风力小，充分利用沟尾地形，扩大引风面，还可在边坡沿山坡窑洞上打竖孔，采用"烟囱式"通风。加强窑洞防潮层处理，解决防潮问题，利用窑口满开窗方式解决采光问题。

2. 新建城镇的地下住宅

某些气候恶劣地区，应依靠地形、地质特点，广泛开发地下空间，成为新建城镇空间主体。

（1）交通网络设计

① 机动车网络。道路按尽端式深入密集邻里内部，但不穿过邻里（可环绕），住宅区之间要有交通网络作线性连接，公共交通采用地铁、公共汽车或电车，道路

可以开敞，以便光线进入。

②步行网络。应根据多样化、公用空间、使用等级、防护与安全、趣味与方便等多种要求设计，方便使用、简捷，应考虑阳光、强热（冷）风、尘风或噪声的方向影响，热旱气候区应尽量避免日晒，宜建有绿化、小品等景观与休息场所，解决排水系统、垃圾堆积清运等问题。

（2）地下住宅群设计

理想的居住用地是斜坡形，易排水，视景宜人，便于采光、扩建等。地下住宅群的设计原则：

①组织地形。主要以山顶或山谷为中心的两类地形选址途径，前者视景开阔、通风好、排水便利，但集聚性差、给水不利；后者给水便利、集聚性强，但通风不好、视景相对不够开阔、排水不利。

②选择好开口朝向。应考虑日照、光线、视景和通风，寒冷地区地下居所应尽量加大日照面和延长日照时间，热旱地区则反之。

③对于斜坡用地，地下住宅应采用被动式通风，如现场风力较好，可利用引风入室的方法通风。

④地下住宅的公共服务设施应出行便利，一般以山顶为中心，公建较多布置在较高位置。

⑤地下住宅群的交通设计应分离机动车交通与步行交通，通行舒适、方便，同时又不失私密性。

⑥保证住宅区的社交内聚性。地下住宅私密性好，但规划设计中不宜忽略居民间联系。

⑦设计地下房屋时，应了解地上、地下建筑的不同特性。

3. 城市附建式地下室住宅系统（特指小空间的传统地下室）

我国城市规划中，建筑物地下室不纳入容积率，在城市总体规划中也从未明确附建式地下室作为城市居住系统的一部分。新中国成立后，因为人防建设等原因，修建了较多的附建式地下室，因为建造时未考虑作为住宅使用，存在生活配套设施及室内环境都较差，经济相对较为落后时期，许多大城市人口密度过高，人均居住面积过小，不少城市利用附建式地下室作为居民住所，如天津、青岛、北京、上海、沈阳等城市都有附建式地下室住宅。随着经济发展，城市居民住房条件不断改善，附建式地下室作为住宅已越来越少。

4. 覆土住宅

美国覆土住宅起源于 20 世纪 60 年代，覆土住宅产生原因在于大城市破坏了自然生态，环境污染日益严重，加上核战争危险加剧，人们渴望返回自然环境。20世纪 70 年代后的世界性石油危机，提出了节能建筑，覆土建筑得到迅速发展，80年代美国已建成各类覆土住宅 3000 多幢，大部分集中在明尼苏达、威斯康星、俄克拉荷马等地。美国政府计划到 2000 年建造覆土住宅到 160000 幢,但随着能源危机的缓解,以节能兴起的覆土住宅的发展势头随之变缓,没有完全实现覆土住宅建造规划。

覆土建筑又称掩土建筑,是指建筑有 50% 以上被土覆盖的居住建筑,类似我国西北的窑洞建筑,随着科技进步,其优越性也越来越明显。覆土建筑的节能效果同地面建筑相比是十分显著,建筑能耗占全部能耗的第二位,住宅能耗占建筑能耗的 1/2。据美国对地面保温建筑与覆土建筑围护结构传热能耗比较,冬季 7 个月地面建筑能耗为 10186kW·h,而相同条件的覆土建筑能耗为 4043kW·h,即冬季覆土建筑失热为地面建筑的 1/3。如果覆土住宅中引入风能、阳光能及水处理系统,就可以建造"能源独立"的自然住宅,现有技术是可能建成这种节能型建筑。

图 9.20 为美国加利福尼亚建在无茂密树林的山坡中的掩土建筑,顺应山坡走向,地下直接挖掘洞室,正面有较大的庭院,宁静、自然,与环境巧妙结合在一起。

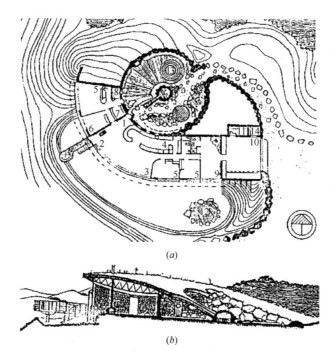

(a)

(b)

图 9.20 　美国加利福尼亚山坡中的掩土建筑

(a) 平面图;(b) 剖面图

1—入口;2—起居室;3—餐厅;4—厨房;5—卧室;6—书房;7—壁橱;8—淋浴室;9—卧室;

10—车库;11—果酒地下室;12—花圃;13—浴缸;14—杂物间

9.4.5　城市地下公共设施

城市公共设施是城市生活所必备,种类较多,包括商业、办公、文化娱乐、学校、托幼、广播、邮电、旅游、体育、科教、医疗卫生、纪念等建筑，小型地下街及集散广场也属地下公共建筑，按照城市地下公共设施的规划原则进行。

（一）城市地下公共设施的种类

1. 商业服务功能的地下公共设施

地下公共设施包括地下商场、地下餐厅（饮食店）、地下旅社等。

地下商业服务设施中最典型的是地下商业街。地下商业街的最早产生于日本，早期日本地铁站的步行系统并不布置商业设施，后来小商贩在地下通道两侧摆摊，出现了早期地下商业街，随着地铁的巨大客流量带来了显著经济效益，演化成了现代地下商业街。我国一些城市也建有较大规模地下商业设施，如南京市夫子庙的地下商场，建筑面积达 3 万多 m^2，但我国地下商业设施多为人防工程"平战转换"而来，在室内空间划分、环境指标、设计标准等方面与发达国家差距较大，大型地下商业设施并不多，以零星地下商场、餐厅占比较大。

2. 地下办公设施

办公需要安静和安全感，正吻合了地下空间的特性，因此，地下办公设施是较常见的地下公共设施，很多高层办公建筑的地下空间作为为地面办公功能的延伸。美国明尼苏达大学的威廉森大厅，主要用途为学生书店、大学办公室和档案保管室，95％建筑的位于地下一二层，总建筑面积达 8 千多 m^2。除了人防指挥所等特殊性建筑，我国地下办公设施开发不多，地下空间的环境指标、室内设计标准过低，带来生理和心理因素障碍。

3. 地下文化设施

地下文化设施主要指建于地下的博物馆、展览馆、纪念馆、科技馆、图书馆等，一般都有安静、利用人工照明等特点。美国哈佛大学的普塞地下图书馆，建筑物都位于地下，地下三层，保护了地面历史风貌，内部装饰精致、优雅，引入自然光，使人毫无在地下的感觉。我国建筑师普遍对于地面、上部空间的概念较明确，对于地下空间缺乏理性认识，甚至存在偏见，导致我国地下文化设施不多。

4. 地下娱乐设施

地下娱乐设施主要指建于地下的影剧院、音乐厅、舞厅、俱乐部、游乐场等各类娱乐活动场所。地下娱乐设施隔绝性强，但一旦发生灾害，不易疏散，影响地下娱乐设施开发。现代化地下娱乐设施应按防灾、疏散要求和内部环境标准设计建造，解决疏散困难、治安隐患等问题。我国常见地下娱乐设施是单个附建式地下空间，如地下舞厅、地下弹子房等，或"平战结合"的人防工程，规模较小，步行系统狭窄，消防困难，也常成为事故隐患，地下娱乐设施建设应充分考虑防灾要求，提高内部装饰和通风标准，确保开发效果好。

5. 地下体育设施

地下体育设施指建于地下的各类体育场馆、游泳池、体育训练基地等，以前两者为主。美国乔治城大学的雅特斯体育馆，建筑面积约 13200m²，包括运动大厅、多功能球场、游泳池、壁球室、舞厅和更衣室等设施，地下空间最大净高约 11m，最小净高也有 6m，完全满足体育运动需要。

我国许多大城市体育设施较匮乏，影响群众体育活动和全民健身计划的实施，有些城市只能沿绿地广场晨炼，进行跑楼梯锻炼。城市用地紧张条件下，尤其城市中心区，应充分开发利用地下体育设施，地下体育设施规模不宜大，如地下游泳池是较好选择；或开发城市地下空间，将地面空间修建成体育设施。地下体育设施规划选址应与城市人口分布、社会活动频率及人均体育用地指标等相适应。

6. 地下科教设施

地下科教设施是指建于地下的服务于科研院校及勘测设计机构等各类设施。明尼苏达大学的土木与矿物工程系馆是著名的地下教育科研设施，建筑总面积 14000m²，包括许多教室、实验室及各系和部门的办公室，95% 为单建式地下建筑，采用了很多先进的设计思想和技术手段。我国地下科教设施很少。城市科教用地的总量及单元规模都偏小，科教设施也很少，甚至操场面积也难以保证，只有通过增加用地面积，开发地下空间，拓展单位土地面积的空间容量，调节各项设施比例与配置，创造更有利于教学与科研环境。

7. 地下医疗卫生设施

地下医疗卫生设施指建于地下的各种医院、卫生防疫站、专科防治所、检验中心、急救中心等。地下医疗设施是人防设施的重要组成部分，多数地下医疗设施也是战时的人防医院、救护站等，平战功能一致，往往是平战转换最容易的地下公共设施。我国常利用医院主建筑的附建式地下部分开发医疗功能，有利于人防建设，还能起到通过内涵式开发充分利用土地资源的目的。

8. 地下文物古迹类公共设施

地下文物古迹类公共设施指地下具有保护价值的古遗址、古墓葬、古建筑等。在地下空间开发利用规划中，应充分调查文物古迹类设施，完善保护或发掘方案措施。

9. 地下其他公共设施

地下其他公共设施如地下宗教活动场所、社会福利场所等。

(二) 城市地下公共设施的规划原则

1. 城市地下公共设施在开发的规模和功能上应与地面相协调、对应、互补，统一建设开发，城市中心区中尤其如此。

2. 城市中心区建设较大规模的地下综合公共设施时，建筑设计应体现多功能、多空间的有机组合。融合商业、文化娱乐、餐饮、广场（休憩）等多功能现代化设施，产生的吸引力和经济价值远大于单一商业功能和简单建筑的价值。

3. 从城市全局出发，开发地下空间公共设施，进一步优化整个城市公共设施系统。旧城改造等城市建设过程中，应积极地通过地下公共设施开发，改变现有城市公共设施分布不合理、不平衡的现象，实现城市公共设施全局平衡、布局合理。

4. 地下公共设施开发应与城市交通现状及规划相结合。

5. 地下公共设施规划应考虑防灾要求。

6. 城市特定地下公共空间规划应与其特色相适应。

7. 较适宜将城市公共设施建于地下空间中的几种情况。

（1）对城市历史风貌有明确的保护要求

城市改造发展过程中，在要求保护原有风貌和历史意义建筑的地区，应建设开发地下空间公共设施。因为从视觉上地下公共建筑对原有城市风貌不会产生不利影响，如有许多历史优秀保护建筑的哈佛大学普塞图书馆、芬兰赫尔辛基太伯勒提地区教堂都是成功实践的例证。

（2）当保护名城风貌等原因而限制城市容量与作为繁华区对城市容量有较大需求的矛盾时

地面允许必须建设限定规模和风格建筑物，充分开发的地下公共设施应为附建式地下建筑，才能缓解对城市空间需求的压力，城市商业旅游中心地区更应发挥土地级差效益，而地面及上部空间难以发展，应规划地下空间开发公共设施，最大限度解决经济发展问题。

（3）当城市用地紧张，各种功能用地需求难以由地面和上部空间完全解决时

现代旧城改造过程中，应首先保证道路广场和绿化的建设用地要求。国外城市建设经验表明，交通和环境问题的恶化必然引起城市中心区的衰退。因此，在城市地面和上部空间受限的情况下，开发地下公共设施是解决城市用地紧张的有效途径。

（4）当需建造某些特定公共设施时

特殊的公共设施种类较多，如地下纪念馆、海滨城市的地下水族馆等，适宜或必须建于地下空间。

（5）城市中心区建造地铁车站。

（三）城市地下公共设施的建筑设计

1. 室内设计与布局

① 尽量通过各类先进技术（引入自然光等）和建筑语言（如大空间、中庭共享等）消除人对地下空间的消极因素；

② 通过室内各种小品（音乐喷泉、盆景等）创造优美环境；

③ 保证通捷的路径与明确的标识；

④ 当较大规模的地下公共设施（如地下街）进行布局设计时，应避免门面和室内布局千篇一律。

2. 应做好人从地上空间到地下空间中的自然过渡

当人沿着楼梯由地面走向地下室时，应尽量避免产生"我将进入地下"的心理。具体做法大致有：

① 利用各种室内设计手法，保持地面与地下的环境相同，如采用中庭设计手法；

② 多利用自动扶梯等先进的运输设备；

③ 利用下沉式广场等出入口的做法，等等。

因侧开放式地下建筑有利于摆脱地下空间的幽闭感，地面平坦地区可通过下沉式广场来获得类似效果。对于地下建筑来说，从地面到地下自然过渡的设计手法主要是利用下沉式广场作为出入口，其出入口为侧开口，有利于自然光的射入，使人进入地下时，从心理上产生依然还在地上的错觉。例如美国明尼苏达大学土木与矿物工程系馆的出入口，圆形平台式缓慢过渡，自然地将人引入到地下。

3. 城市中心区建设开发中，处理好地下空间中公共设施与停车设施的关系，应尽可能连通开发。

我国多数城市规划建设过程中，缺少对地下空间的足够认识。位于城市中心区适宜开发商业服务等功能的地下空间，却主要建设用于停车和设备用房独立的附建式地下空间，降低了中心区的集聚效应。因此，城市中心区适宜连片开发地下公共设施地区，地下一层应连通用于商业为主的公共设施建设，地下二层以下（包括地下二层）用于停车设施建设，还可以加强公共设施的开发深度。

4. 地下商业街（综合体）等大规模公共设施建设布局时，应避免产生难有人流经过的"死区"。

5. 地下商业服务设施中的店铺面积不能大于通道面积。

6. 避免采用可燃材料，设置防灾设施，满足消防要求。

7. 饮食店规模、数量要严格控制，原则上限制使用明火，宜集中布置。

§9.5　城市地下空间综合体

地下空间综合体是组合三类不同功能的城市地下空间，各类空间相互依存、相互协调，形成多层次、多功能、高效率的综合体。

9.5.1　地下街与地下综合体

1. 关系

城市地下街是地下空间开发的初级阶段，规模小，功能单一，有些地下街有多种功能，如将地下停车场、地铁等设施与地下街相联系，但人们还习惯称为地下街。地下街和地下综合体，各自的外延并不明确，通常把功能单一或规模较小的建设项目称为地下街，而对规模很大、城市功能较强的项目称为地下综合体。各国都流行沿用地下街，但不含地铁、停车场等设施。

2. 地下综合体的特征及功能

城市地下综合体是近年来出现，一般指多功能大规模地下空间建筑，在垂直与水平方向若干单栋地下建筑的连接不能称为地下综合体。地下综合体是伴随着城市集约化程度的不断提高而出现的，是城市地下空间资源集中利用的体现。尽管地下综合体功能多且复杂多样，但其基本功能相同。

（1）地下综合体的作用

① 有序地开发地下空间资源，实施统一规划布置，减少资源的浪费与损失。

② 分担和提高城市繁华区的特有功能，解决城市地面空间开发过程中所产生的一系列矛盾。

③ 实施对原有城市建筑的保护，特别是对有历史代表意义的古街道、古城堡、教堂及建筑的保护。拆毁那些对城市面貌及环境有突出影响的建筑、街道及管线，将阳光、绿地、广场、花园留给自然界。

④ 改善城区旧貌，使城市更贴近自然，对城市的改造使城市地面空间成为独特的风景艺术。为此，并不减弱原有的城市功能。

⑤ 恢复城市地面空间的物理生态环境，包括明媚的阳光、绿地与树木、清新的空气、清洁的江水、自由生存的动物等，改善这些最本质的办法是将地面空间活动移入地下空间进行综合解决。

⑥ 城市集约化程度的提高与规模的扩大，使城市环境恶劣，耕地减少。地下空间开发可解决空间紧张的局面。

（2）地下综合体的特征

① 使用功能复杂，结构形式多样　地下综合体的主要特征表现为用不同的空间组合形式将使用性质相异的功能组合在一起。例如，地下商业街的平面空间组合同商业建筑相似，而地铁车站则是隧道及大跨框架，地下运动厅和休闲广场是厅式建筑组合等，三类空间组合，出现三种结构形式。

② 设备管理要求高　地下综合体的各种管线需由综合管线廊道进行组织，避免管线混乱、不便维修；对水、电、热、汽、防护、防水等要求更高，需设独立的电站、水源、完善的通风及等级较高的防护与防灾系统。

③ 城市的重要组成部分　地下综合体是地下城的雏形，若干地下综合体的连接初步形成地下城。因而可承担或补充城市的基本功能。城市的基本功能之一是交通集散、商业流通、文化娱乐中心等。

（3）地下综合体的功能组合

城市地下综合体的特征决定了地下综合体的内容及组成。根据其所担负的城市不同功能特点，地下综合体的主要功能应有所侧重，主要有以下几方面功能：

① 以地下街及步行道为中心的大型地下步行街及商业中心，包括步行过街、

步行街及购物娱乐、出入口及休息厅等。

② 以地铁为中心的交通集散系统，包括出入口及站厅、站台与隧道等。

③ 以地下车库为中心的停车场系统，包括车辆出入口、车库、连接通道及相应设施。

④ 各种公共服务功能系统，如地面建筑的地下空间建筑中的饮食、文娱、体育、银行、邮政等公共设施，这些设施也可同地下步行街相结合。

⑤ 以地下设备为中心的综合管线廊道系统，如水源、变电、进排风、空调、煤气、供热等组成。

⑥ 防灾减灾防护体系，主要包括战时需要具备的一些功能，侧重平战结合，如防护设施，防灾中心，临战前应急加固体系，转移疏散及指挥系统。

地下综合体的每项内容在地面建筑中都被划分为某一种建筑类型，如地铁车站属车站建筑，服务性等属公共建筑等。因此，地下综合体是复杂的地下空间组合体。

9.5.2　地下综合体的发展概况

城市地下综合体是 20 世纪 60 年代左右出现，综合工程类型发展得十分迅速，主要原因是城市地面空间紧张及用地减少。地下综合体是城市重要组成部分，是现代化城市有象征意义的建筑特征之一。

地下综合体是随着地下街和地下交通枢纽的建设而逐步发展。初期阶段是以独立单一功能的地下空间建筑而出现，如 1930 年日本的早期地下街，欧洲国家战后建造的快速轻轨及道路交通枢纽系统等。随着社会高速发展，城市繁华地带拥挤、紧张的局面带来的矛盾日益突出，高层建筑密集，地面空间环境的恶化促进了地下空间向多功能集约化的方向发展，如纽约市曼哈顿、芝加哥的市中心、多伦多、蒙特利尔、日本东京等建设了大规模的地下综合体。

我国地下空间建筑自 20 世纪 60 年代以来，以人防工程起步（当时不过是出于战备的需要）；20 世纪 80 年代末，对人防工程进行改造开发利用；90 年代全国大中城市的建设蓬勃发展，人防工程和城市建设相结合发展，以平时利用为主的地下空间防护建筑随着城市建设的发展而发展；20 世纪末，我国地下综合体建设可以说是处在起步与发展阶段。

随着现代城市不断发展，地下综合体必将是解决城市矛盾最佳途径，城市发展中作用越来越重要。

9.5.3　地下综合体的平面空间组合

1. 地下综合体空间组合功能分析

地下综合体的空间布局与组合规划是城市总体规划的重要组成部分，过去单一功能的地下空间建筑的建设没有与城市规划相结合，因而规划混乱，甚至影响城市建设。因此，地下综合体应统一规划，空间功能组合如图 9.21 所示，表示

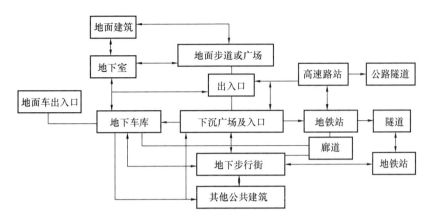

图 9.21　地下综合体的空间功能分析

了地下综合体入口、步行街与地铁车站相互间的空间功能联系，基本流线是人员从入口进入地下步行街或地铁车站，再转移到另一个综合体，起到转移疏散人流的作用。

2. 地下综合体竖向空间组合

地下综合体除平面所占面积很大之外，通常通过竖向组合方式完成它应有的功能。竖向组合方式是采用垂直分层式解决。基本关系是人流首先进入地下步行街，然后由步行街进入深层地铁车站；车由入口进入地下车库，存车后人员从车库进入地下街或返回地面街或建筑。图 9.22 是地下综合体分层布局组合示意图，地下空间建筑划分为四部分，依次为地下步行街、地下车库、地铁车站、管线廊道，并连接两端的高速公路隧道，地下车库与地下街既可平行设在同一标高上，也可设在地

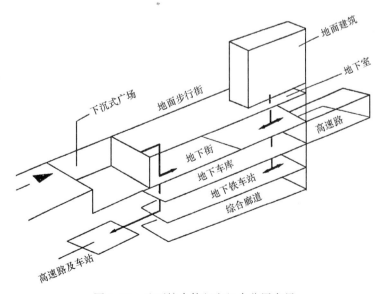

图 9.22　地下综合体竖向组合分层布局

下街下部，这是通常的竖向布局。图9.23表示了地上车库、地下街、高速路与地铁车站间的竖向组合关系。

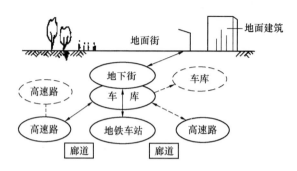

图9.23   地下综合体竖向空间组合关系

地下综合体中每项功能都有独立的设计方法，地下街设计采用厅或穿套式布局，地铁车站利用岛式或侧式站台，地下车库利用厅或条形布局，高速公路隧道可在地下街某一位置穿过，并设公路车站，综合管线廊道常设在建筑的某一部分中的顶、中或底部，多设在综合体最下层，不影响其他功能布局。

3. 地下综合体平面组合分析

地下综合体除在竖向分层组合外，在平面组合中也有多种类型，主要组合有下述几种形式。

（1）线式条形组合   该形式主要由于地面道路约束，在道路下垂直分层布置地下综合体，每层分别设计不同功能，一般是地下街、车库、公共建筑设在上面几层，而交通设施中地铁车站设在最下层，高速路车站既可在上，又可在下。条形组合形式为我国大多地下街开发的类型，其主要特点是在地面街道下并受到街道和相邻建筑的限制。条形组合中有走道式组合、穿套式组合和串联式组合（图9.24）。

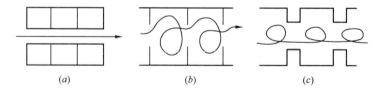

图9.24   线式条形组合
(a) 走道式；(b) 穿套式；(c) 串联式

（2）集中厅式组合   集中厅式组合常建设在城市繁华区广场、公园、绿地、大型交叉道路中心口等地下。常用于地下过街、步行街集散厅、地下中间站厅等功能的地下空间建筑。组合形式有圆形、矩形和不规则形（图9.25）。

（3）辐射式组合   由一个主导的中央空间和一些向外辐射扩展的线式组合空间

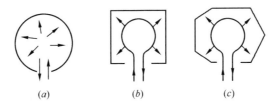

图 9.25　集中厅式组合

(a) 圆形；(b) 矩形；(c) 不规则形

所构成，有向外扩展的特征。组合形式有三角式、四角式、多角式（图 9.26）。

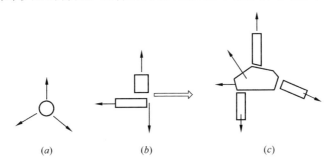

图 9.26　集中厅式组合

(a) 三角式；(b) 四角式；(c) 多角式

（4）组团式组合　组团式组合是由各个独立空间紧密连接起来而形成的整体，常由同形式不同形的类似功能空间相互连接。如地下街同地下室的连接，地下广场与地下车库的连接等。组合形式有单轴式、多轴式、环形，平面形式上较其他复杂（图 9.27）。

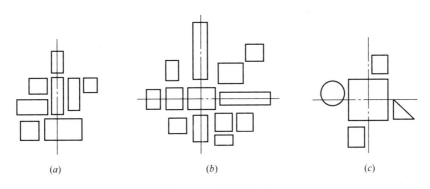

图 9.27　组团式组合

(a) 单轴式；(b) 多轴式；(c) 环形

9.5.4　地下综合体组合实例

1. 法国巴黎列·阿莱（Les Halles）广场地下综合体

列·阿莱地区位于旧城中心部位，西南为卢浮宫，东南方城岛上有巴黎圣母院，东为 1977 年建成的蓬皮杜艺术中心（Central National d'Art et de Culture），南临塞纳河，沿河有一条城市主干道。

列·阿莱地区新规划方案结合旧交易市场改造。旧市场主要由 8 个钢结构建造的街坊所组成（1854～1637 年），过去是法国 1/5 人口的食品交易与批发中心，直至 20 世纪 60 年代仍承担较大食品批发任务。该地区古迹集中，交通拥挤混乱，1962 年巴黎决定彻底更新改造，1971 年动迁完毕并做出新规划方案。

规划的基本原则是继续保持该地区的繁荣，这是由经济利益原则所决定，保护具有历史面貌的古建筑艺术传统风格，建成多功能的公共活动场，这是历史传统风格与现代都市生活高度统一。在构思手法上必然通过开发地下空间综合体才能解决这一难题。规划的基本方案是将全部公共与交通活动（地铁、高速路、停车场、商场、文娱、体育等）建在地下，形成大型地下综合体，保留具有历史文化的建筑艺术风格，地面形成绿地、广场、下沉广场及步行街系统。为减轻地下空间的封闭感，广场西侧占地 3000m²，深 13.5m 的下沉式广场与地面空间用环绕的玻璃走廊沟通。这样改造，使环境容量扩大了 7～8 倍，开发获得成功。

列·阿莱广场地下综合体（图 9.28），总建筑面积 20 万 m²，共分 A、B、C、D 四个区。该综合体由交通枢纽（隧道工程、步行道与高速公路）及车库、商业、文化、体育设施等组成（表 9.2）。

列·阿莱地下综合体组成　　　　　　　　表 9.2

内　容	面积（万 m²）	所在层位	备　注
汽车、火车、地铁线路与车站	5.2	2、3、4	2 号线高速地铁在 2 层，市郊高速、地铁在 4 层
高速公路和步行道	3.1	2、3	步行道 1.6 万 m²
停车库	8.0	2、3、4	容量 3000 台
商场、商店、饮食店	4.3	1、2、3、4	主要集中在 2、3 层
文娱、体育设施	1.2	1	
下沉广场	0.6	3	贯通 1～3 层

2. 法国巴黎德芳斯地下综合体

法国巴黎德芳斯卫星城地下综合体是法国巴黎市为分散市区人口而建设的卫星城，修建于 20 世纪 50 年代，是世界上第一个诞生的城市综合体。该城距巴黎市中心 4km，分为二个区，A 区为商业及业务中心，欧共体等一些国际性办公机构大楼设在 A 区，共有 150 万 m² 办公面积，30 万 m² 商服，6300 户住宅；B 区主要是居住区，并设有居住社服中心。德芳斯商业和业务活动集中、交通发达、充分开发

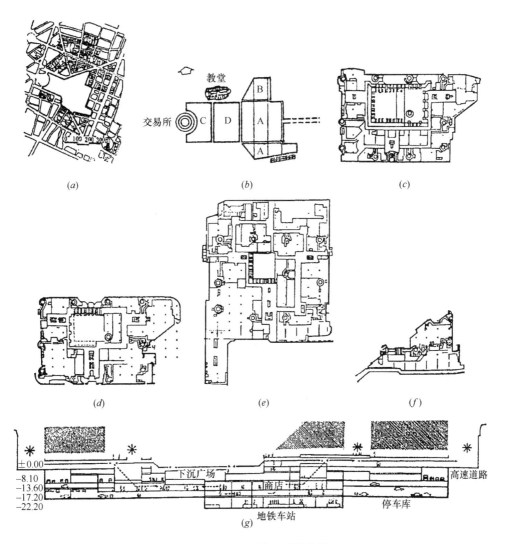

图 9.28　列·阿莱地下综合体

(a) 位置图；(b) 地下综合体分区图；(c) 地下一层平面；(d) 地下二层平面；

(e) 地下三层平面；(f) 地下四层平面；(g) 纵剖面

地下空间资源形成城市地下结合体。

　　德芳斯地下综合体中有三条高速公路，上下 6 条隧道，区域快速铁路上下行两条隧道，3 条公共汽车终始站台，并设有停车场及其他设施。地面交通实现了步行街，地下交通为机动车，人流、车流完全分开，地面首层及地下顶层均为商业中心，地下以交通线（高速公路与地铁）为主。地上地下及高层建筑连成一体，形成大型城市综合建筑群。

　　德芳斯地下综合体平面为集中式厅形布局，竖向为分层（6 层）设计（图 9.29）。

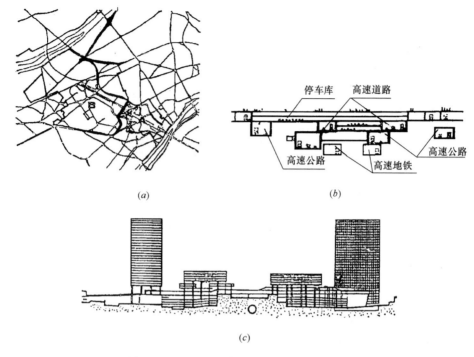

图 9.29 法国巴黎德芳斯卫星城地下综合体

(a) 区域图；(b) 中心轴横剖面；(c) 中心轴纵剖面

思 考 题

9.1 给出地下冷库平面功能分析图？

9.2 地下粮库建筑设计的基本要求和影响因素有哪些？

9.3 地下步行通道主要作用有哪些？

9.4 简述地下民用建筑的类型和特点？

9.5 设计地下住宅组群遵循的原则是什么？

9.6 城市地下步行交通系统规划原则是什么？

9.7 地下民用建筑的空间哪几部分组成及建筑设计的注意事项？

9.8 举例说明什么叫地下综合体，其发展趋势是什么？

9.9 地下综合体平面组合类型有哪些？

第10章 地下空间建筑防水

§10.1 地下建筑地下水防治原则

地下建筑受到地下水影响，阻止液态水进入建筑内部的综合措施称为防水，防止微量水或气态水进入建筑内部措施称为防潮，都是建筑防水范畴。地下空间水分挥发效果差、排除困难，所以地下建筑防水防潮设计比地面建筑物难度大。

10.1.1 地下建筑的设计水位

地下水有重力水、吸着水、薄膜水、毛细水、气态水和固态水等存在形态，重力水是对地下建筑影响最大的地下水，土层中重力水包括上层滞水、潜水和承压水。

潜水面距基准面的绝对标高简称为地下水位，是地下建筑防水设计的重要依据。城市地下水位不稳定，考虑地下建筑防水措施时，首先确定某历史水位作为设计依据，称为设计水位。设计水位不一定是历史最高水位，因为近期水位可能已稳定地低于历史最高水位。设计水位直接影响防水方案和措施，也影响到建筑物的基础、底板、墙身等结构设计及工程造价、工期，因此，确定设计水位应以长期勘测积累的水文地质资料为基础，并考虑地下水位的变化，加以综合分析。应考虑以下几种情况：

（1）掌握地下水位变化的主要影响因素。在地势高而附近没有江、河、湖、水库地区，地下水位取决定于降水量，一年中，雨季地下水位最高，称为丰水期水位；冬春季干旱时水位最低，称枯水期水位。在地势较低而又临近较大水源地区，地下水位变化主要与河、湖等水源水位变化有关，与降水量大小不一定完全一致。此外，由于每年气候变化情况不同，同一地区，不同年份的最高和最低水位也不相同，所以有记载的年份越多，从中找出地下水位变化规律，准确确定设计水位。

（2）重视人为因素对地下水位影响。城市中心区和工业区，由于用水量不断增加，有时甚至过量抽采地下水，使地下水位逐年下降，铺砌路面的扩大，也减小了地表径流下渗量，使得有些城市近年最高水位相比历史最高水位相距很远。应采用近年数据作为主要依据，同时考虑是否存在使地下水位永久性或暂时性回升的可能性，例如为防止地面下沉而进行人工回灌，水库和水渠的修建等。

（3）根据地下工程性质确定设计水位。对于必须确保使用质量的工程，防水标准应较高，设计地下水位应多留余地；一般工程则按当前稳定水位确定为设计水位；特别重要工程，即使当前水位较低，仍应以历史上最高水位为主要依据，并考虑到使水位上升的各种可能因素。

10.1.2 影响地下建筑防水质量的因素

地下建筑防水设计尽管采取了防水措施，但许多地下工程因防水失效而存在渗漏。我国 20 世纪修建的大量城市地下工程及隧道工程，限于当时技术条件，渗漏水严重，难以达到正常使用标准。近年来，随着新型防水材料及工艺技术发展，城市地下建筑渗漏水现象已明显减少，防水质量大大提高。

地下建筑防水失效，出现渗漏水现象的原因多方面。主要是水文勘测资料不全面，未能认清地下水赋存条件、运动规律和渗漏途径，没有针对渗漏采取可靠防水措施。防水方案不完善，防水构造不合理，防水材料质量不高等。此外，施工质量不能保证，不能实现设计要求，也常常是建筑防水失效的重要原因。为保证地下建筑防水质量，为建筑防水创造有利条件，应合理确定地下水的设计水位，还应从工程位置选择、总平面布置、建筑设计、结构设计和施工方法等方面进行全面考虑。

1. 在工程位置选择和总平面布置中应考虑的问题

（1）避开地质构造比较复杂的地带，如岩石的断裂和破碎带，土层中的含承压水粉砂层（俗称流砂）等，因为这些地方地下水埋藏情况复杂，水量也较大。

（2）选择地势较高的地形，使地下建筑的埋置深度既符合使用要求，又能处于设计地下水位之上，以简化防水措施。

（3）避开地面上容易积水的低洼地形，否则应组织好地面的排水系统。

（4）与地下埋设的供水、排水管道（特别是干管）保持适当的距离；同时应避开热力管道，因为防水用的沥青在高于 40℃时会软化。

（5）避开地下水受到严重污染和地下水水质对结构有腐蚀地段，同时避开地面上有较强振动地区。

2. 在建筑设计方案中应注意的问题

（1）建筑的外形应尽量整齐简单，减少凹凸部位。

（2）岩石地下建筑的主要洞室地面标高应略高于洞口外的地面标高，应组织有效的排水系统。

（3）附建式的地下建筑，应尽量与上部建筑的面积一致，避免不均匀的结构荷载。

（4）如变形缝、穿墙管、沟、坑等防水薄弱部位，应从建筑布置上为加强防水措施创造条件。

3. 在结构设计时应考虑的因素

（1）在选择结构形式时，应有利于防水构造和防水施工；当顶部采用空间结构时，如连续的壳体、幕式屋盖等，应防止在凹陷部位积水。

（2）按照地下水在设计水位时的静水压力，保证结构有足够的强度和刚度，防止裂缝，当遇到承压水时，则更应慎重。同时应防止地下建筑因受水的浮力面表失稳定时，使防水构造受到破坏。

（3）应防止地下建筑发生不均匀沉降，以避免因结构开裂导致防水构造破坏，必要时应设沉降缝；过长的地下建筑，应考虑适当设温度伸缩缝；预制装配的结构，应解决好拼装缝的防水问题。

4. 防水施工要求

（1）防水构造施工应严格按照操作规程进行。

（2）在主体结构和防水构造完工后，应及时回填，回填土应分层用机械夯实，不能用水冲法回填；如在雨季之前不能回填，应在基坑周围砌临时挡水墙，防止地面雨水大量灌入。

（3）岩石地下建筑的衬砌外需要回填时，应有足够操作空间，保证回填质量。

（4）应减少热沥青的使用，必须使用时，应具备适当的操作条件。

（5）所有排水用的明沟、盲沟、天沟、滤层等，施工后均应清理，以防因堵塞而失效。

10.1.3 地下工程的防水等级及一般规定

1. 地下工程的防水等级与适用范围

我国《地下工程防水技术规范》GB 50108-2008 中，地下工程防水标准按容许渗漏量划分为四级，各级标准及适用范围如表 10.1 所示，作为确定设计地下水位的依据。

地下工程防水等级标准

表 10.1

防水等级	防水标准	适用范围
Ⅰ级	不允许渗水，结构表面无湿渍	人员长期停留场所；因少量湿滞会使物品变质、失效的贮物场所及严重影响设备正常运转和危及工程安全运营的部位；极重要战备工程
Ⅱ级	不允许漏水，结构表面可有少量湿渍。 工业与民用建筑：湿渍总面积不大于总防水面积（包括顶板、墙面、地面）的 1‰，任意 100m² 防水面积的湿渍不超过 2 处，单个湿渍面积≤0.1m²。 其他地下工程：湿渍总面积不大于防水面积的 2‰，单个湿渍面积 0.2m²，任意 100m² 防水面积湿渍不超过 3 处；隧道工程平均渗水量≤0.05L/(m²·d)，任意 100m² 防水面积渗水量≤0.15L/(m²·d)	人员经常活动场所；在有少量湿滞的情况下，不会使物品变质、小贮物场所及基本不影响设备正常运转和工程安全运营的部位；重要战备工程

防水等级	防水标准	适用范围
Ⅲ级	有少量漏水点，不得有线流和漏泥砂。 单个湿渍面积≤0.3m²，单个漏水点漏水量≤2.5L/d，任意100m²防水面积湿渍不超过7处	人员临时活动场所； 一般战备工程
Ⅳ级	有漏水点，不得有线流和漏泥砂。 整个工程平均漏水量≤2L/(m²·d)，任意100m²防水面积的平均漏水量≤4L/(m²·d)	对渗水无严格要求的工程

2. 地下工程防水设计的一般规定

（1）地下工程的防水设计应定级准确、方案可靠、施工简单、选材适当、经济合理。

（2）城市地下工程宜根据总体规划及排水体系，进行合理布局和确定工程标高。

（3）地下工程的防水设计，应考虑地表水、潜水、上层滞水、毛细管水等的作用，以及由于人为因素引起的附近水文地质改变的影响，合理确定工程防水标高。

（4）地下工程防水宜采用防水混凝土自防水结构，根据需要设附加防水层或采用其他防水措施。

（5）变形缝、施工缝、穿墙管（盒）、埋设件、预留孔洞等特殊部位，应采取加强措施。

（6）地下管沟、地漏、出入口、窗井等，应有防灌措施，寒冷地区的排水沟应有防冻措施。

（7）防水设计前，应根据工程特点搜集下列有关资料：

① 最高地下水位的标高，出现的年代，近几年的实际水位标高和随季节变化情况；

② 地下水类型、补给来源、水质、流量、流向、渗透系数、压力；

③ 工程地质构造、岩层走向、倾角、节理及裂隙，含水地层及不透水地层的特性和分布情况，溶洞、陷穴以及填土区和松软土层情况；

④ 历年气温变化情况、降水量、蒸发量及地层冻结深度；

⑤ 区域地形、地貌、天然水流、水库、水沟、废弃坑井以及地表水、洪水和给水排水系统资料；

⑥ 工程所在区域的地震、地热有含瓦斯等有害物质资料；

⑦ 施工技术水平和材料来源。

（8）地下工程防水设计的主要内容：

① 防水等级和设防要求；

② 防水混凝土的抗渗等级和其他技术指标、质量保证措施；

③ 其他防水层选用的材料及其技术指标、质量保证措施；

④ 工程细部构造的防水措施，选用的材料及其技术指标、质量保证措施；

⑤ 工程的防排水系统、地面挡水、截水系统及工程各种洞口的防倒灌措施。

10.1.4　地下工程的主要防水措施

由于地下建筑位置不同，地下水的类型和埋藏条件也不相同，因此必须针对地下水特点，采取相应防水措施。主要防水措施有隔水、排水、堵水等几种，根据情况单独或综合使用。

1. 隔水

利用不透水材料或弱透水材料，将地下水（包括无压水、承压水、毛细水等）隔绝在建筑空间之外，称为隔水法。防水层设在结构外侧的为外防水，又称正向防水，可承受地下水的静水压力；防水层在结构内侧的为内防水，也称反向防水，对于毛细水和气态水能起隔绝作用，承受水压力能力较差。或结构本身作为隔水层的结构自防水。

防水层有柔性和刚性两种。柔性有各种卷材和涂料，刚性的有防水砂浆、防水板材、金属薄片等。

沥青油毡是传统柔性防水材料，缺点是耐久性差，需用热沥青粘结，很难保证困难部位的施工质量，破损的渗漏点难以找到。国外已被淘汰，被可冷操作的合成高分子防水卷材代替，我国在强度和施工方法上改进为改性沥青油毡。

合成高分子防水卷材分为合成橡胶系和合成树脂系两类，产品有丁基橡胶卷材、氯丁橡胶卷材、三元乙丙—丁基橡胶共混卷材、丙烯酸树脂卷材、氯化聚乙烯卷材等，共同特点是延伸性和耐久性好，可冷施工作业。

防水涂料都是合成橡胶或树脂材料的液体涂料，在结构基层面上刷涂和喷涂形成弹性、耐久性好的厚薄膜，潮湿基层仍有粘结性，起到隔水作用，特别适合不平整的结构基层面，如喷射混凝土表面等，也适用于一些防水薄弱部位作为附加防水涂层，但强度有限，多在静水压力较小时作为内防水层。

防水砂浆是刚性防水层。在水泥砂浆中加入添加剂，如氯化铁等，提高砂浆密实度，减少孔隙，增强抗渗性，起到隔水作用。采用纯水泥浆与砂浆交替压实，使水泥充分水化，提高了密实性；少量残留孔隙由于多层重叠结果，较难在一条直线上形成水的通路，从而起到隔水作用。五层防水抹面必须严格保证施工质量，否则可能局部施工不良而导致整体失效，故使用时应十分慎重。

结构自防水也属于刚性防水层，通过提高混凝土密实性，抑制混凝土内部孔隙，堵塞渗水通路。结构自防水性能可靠，能承受较大静水压力，省去了构造和施工都较复杂的防水层，成为地下建筑主要防水措施。早期防水混凝土主要是严格控制砂、石质量和配合比来提高混凝土密实度，称为集料级配防水混凝土，但施工工序复杂，不易保证质量；近年，防水混凝土通过加入减水剂来增加和易性，控制水灰比，使水泥水化充分、结晶致密，提高混凝土的强度和抗渗性。但混凝土结构自防水并不可能完全隔断渗水，少量气态水、毛细水等分散至室内。此外，温度剧烈变化或较强振源作用下，混凝土可能发生裂缝，破坏防水效果。因此，必要时，在结构自防水基础上，应适当附加柔性防水层。

2. 排水

排水是将水在渗漏进建筑物内部前加以疏导和排除，包括排除地表水、人工降低地下水位和将水引入建筑物后再有组织排走等做法，消除了静水压力，解除了水量较大的重力水对地下建筑直接威胁，防治承压水效果好。

地下建筑顶部地表水有组织排水，防止地表水下渗集聚形成局部上层滞水。尽量清除地下建筑顶部的地表植被，用抗渗性较好的材料（混凝土、灰土、黏土等）做水平隔水层，防止地面水下渗，地面做出排水坡度，周围用排水沟引走水。

地下建筑下部或下部周围设置集水管，用机械人工降低地下水位，抽水设备应能自动启动，形成疏干漏斗区，提高漏斗区范围内的建筑防水可靠性。地下水位高地区的地下建筑施工常采用井点降水法保持基坑干燥，人工降水系统结合施工降水系统，是比较经济合理。

另外，也可以允许地下水通过结构层渗入，结构层内再做夹层，两层之间留空隙，底部设排水沟，将渗水集中，及时排走，避免通过夹层结构渗入室内。常用于渗水量不大的情况，作为内部隔水屏障。

3. 堵水

堵水是在岩（土）体中注入防水材料形成隔水层而堵塞水流通路，也称注浆止水。或当防水结构或防水构造受到破坏而渗漏水时，向破坏处（孔隙、裂缝等）附近注入防水材料，常称为堵漏。此外，在预制构件接缝处密封措施，也是堵水方法。

注浆适用于大面积堵水，使用的材料主要有硅酸盐类和树脂系两类。硅酸盐类注浆使用较普遍，造价较低，其主要成分为硅酸盐水泥、黏土、细砂和水，工作压力不小于 0.2MPa，通过注浆孔压入结构层之外的土层或岩层中，形成不透水屏障，称为壁外注浆。当水量和水压都较大时，可在水泥黏土浆中掺加水玻璃等速凝剂，保证堵水效果。

局部堵漏材料很多，常用氰凝、丙凝、水溶性聚氨酯、821AF 和 TZS 等，但这些材料强度较差，不能承受结构变形或开裂而产生的应力，故应在堵水后再复合有弹性的密封材料，如聚氯乙烯胶泥、水性丙烯酸密封膏、聚氨酯密封膏等。

§10.2　地下建筑的防水构造

地下建筑防水分两部分，一是混凝土结构主体防水，二是混凝土结构细部构造，特别是施工缝、变形缝、诱导缝、后浇带的防水。岩层和土层的地下水赋存差异性大，外围介质影响地下建筑防水措施。

10.2.1　地下工程混凝土结构主体防水

混凝土结构主体防水措施主要有防水混凝土、水泥砂浆防水层、卷材防水层、涂料防水层、塑料防水层、金属防水层、膨润土防水材料防水层等。当前结构主体普遍采用防水混凝土自防水结构，一级防水等级应再增设两道其他防水层，二级防水等级应根据工程的水文地质条件、环境条件、工程设计使用年限等实际情况，应再增设其他防水层。

1. 防水混凝土

防水混凝土是结构自防水，防水抗渗效果尚好。

（1）一般要求

通过调整配合比，或掺加外加剂、掺合料等措施，配制防水混凝土。抗渗等级是根据实验室素混凝土试验测得，考虑地下工程结构主体中钢筋密布，故地下工程结构主体的防水混凝土抗渗等级不得小于 P6。防水混凝土的施工配合比应通过试验确定，而施工现场条件比试验室差，影响混凝土抗渗性能的因素有些难以控制，因此试配混凝土的抗渗等级应比设计要求提高 0.2MPa。地下工程所处环境复杂，结构主体长期浸泡在水中或受到各种介质的侵蚀以及冻融、干湿交替的作用，易使混凝土结构逐渐产生劣化，因此地下工程防水混凝土应满足抗渗等级要求，并应根据地下工程所处的环境和工作条件，满足抗压、抗冻和抗侵蚀性等耐久性要求。

（2）设计要求

防水混凝土的设计抗渗等级应符合表 10.2 的规定。

防水混凝土的设计抗渗等级　　　　　　　表 10.2

工程埋深 H（m）	设计抗渗等级
$H<10$	P6
$10 \leqslant H<20$	P8
$20 \leqslant H<30$	P10
$H \geqslant 30$	P12

注：① 本表适用于 I、II、III 类围岩（土层及软弱围岩）；
　　② 山岭隧道防水混凝土的抗渗等级可参照国家现行标准执行。

防水混凝土抗渗性随工作环境温度提高而降低，温度越高则降低越显著，防水混凝土的环境温度不得高于 80℃；处于侵蚀性介质中防水混凝土的耐侵蚀要求应根据介质性质按标准执行。防水混凝土结构底板的混凝土垫层，强度等级不应小于C15，厚度不应小于100mm，在软弱土层中不应小于150mm。防水混凝土结构应符合结构厚度不应小于250mm，裂缝宽度不得大于0.2mm并不得贯通，钢筋保护层厚度应根据结构的耐久性和工程环境选用，迎水面钢筋保护层厚度不应小于50mm。

2. 水泥砂浆防水层

（1）一般要求

掺外加剂、防水剂、掺合料的防水砂浆和聚合物水泥防水砂浆的应用越来越多，防水砂浆宜采用多层抹压法施工。水泥砂浆防水层可用于地下工程主体结构的迎水面或背水面，不应用于受持续振动或温度高于80℃的地下工程防水。水泥砂浆防水层应在基础垫层、初期支护、围护结构及内衬结构验收合格后施工。

（2）设计要点

水泥砂浆的品种和配合比设计应根据防水工程要求确定。聚合物水泥防水砂浆厚度单层施工宜为6～8mm，双层施工宜为10～12mm；掺外加剂或掺合料的水泥防水砂浆厚度宜为18～20mm。水泥砂浆防水层的基层混凝土强度或砌体用的砂浆强度均不应低于设计值的80%。

3. 卷材防水层

卷材防水层是将几卷卷材用胶结材料粘贴在结构基层上面构成的防水工程，当前使用较普遍，常用于屋面、地下室及地下结构物中。

（1）一般规定

卷材防水层宜用于经常处在地下水环境，且受侵蚀性介质作用或受振动作用的地下工程。

卷材防水层应铺设在混凝土结构的迎水面。其作用有三：一是保护结构不受侵蚀性介质侵蚀，二是防止外部压力水渗入到结构内部引起锈蚀钢筋，三是克服卷材与混凝土基面的粘结力小的缺点。

卷材防水层用于建筑物地下室时，应铺设在结构底板垫层至墙体防水设防高度的结构基面上，应符合规范规定的高出室外地坪高程500mm以上；用于单建式地下工程时，应从结构底板垫层铺设至顶板基面，并应在外围形成封闭的防水层。

（2）设计要点

防水卷材的品种规格和层数，应根据地下工程防水等级、地下水位高低及水压力作用状况、结构构造形式和施工工艺等因素确定。卷材防水层的卷材品种可按表10.3规定选用，卷材外观质量、品种规格应符合国家现行标准规定，卷材及其胶粘剂应具有良好的耐水性、耐久性、耐刺穿性、耐腐蚀性和耐菌性。

卷材防水层的卷材品种　　　　　　　　　　　表 10.3

类　别	品种名称
高聚物改性沥青类防水卷材	弹性体改性沥青防水卷材
	改性沥青聚乙烯胎防水卷材
	自黏聚合物改性沥青防水卷材
合成高分子防水卷材	三元乙丙橡胶防水卷材
	聚氯乙烯防水卷材
	聚乙烯丙纶复合防水卷材
	高分子自黏胶膜防水卷材

卷材防水层的厚度应符合表 10.4 的规定。

卷材防水层的卷材品种　　　　　　　　　　　表 10.4

卷材品种	高聚物改性沥青类防水卷材			合成高分子防水卷材			
	弹性体改性沥青、改性沥青聚乙烯胎防水卷材	自黏聚合物改性沥青防水卷材		三元乙丙橡胶防水卷材	聚氯乙烯防水卷材	聚乙烯丙纶复合防水卷材	高分子自黏胶膜防水卷材
		聚酯毡胎体	无胎体				
单层厚度（mm）	≥4	≥3	≥1.5	≥1.5	≥1.5	卷材：≥0.9 黏结料：≥1.3 芯材厚：≥0.6	≥1.2
双层厚度（mm）	≥(4+3)	≥(3+3)	≥(1.5+1.5)	≥(1.2+1.2)	≥(1.2+1.2)	卷材：≥(0.7+0.7) 黏结料：≥(1.3+1.3) 芯材厚：≥0.5	—

阴阳角处应做成圆弧或 45°坡角，其尺寸应根据卷材品种确定。在阴阳角等特殊部位，应增做卷材加强层，加强层宽度宜为 300～500mm。

4. 涂料防水层

防水涂料既可作为防水剂直接加入混凝土中，也可作为防水涂层涂刷在混凝土基面上。该材料借助其中的载体不断向混凝土内部渗透，并与混凝土中某种组分形成不溶于水的结晶体充填毛细孔道，大大提高混凝土的密实性和防水性，在地下工程防水中应用越来越多。聚合物水泥防水涂料，是以有机高分子聚合物为主要基料，加入少量无机活性粉料，具有比一般有机涂料干燥快、弹性模量低、体积收缩小、抗渗性好的优点。

（1）一般要求

涂料防水层包括无机防水涂料、有机防水涂料。无机防水涂料主要是水泥类无机活性涂料，水泥、石英砂等为基材，可选用掺外加剂、掺合料的水泥基防水涂料、水泥基渗透结晶型防水涂料。有机防水涂料主要为高分子合成橡胶及合成树脂乳液类涂料，可选用反应型、水乳型、聚合物水泥等涂料。

无机防水涂料由于凝固快，与基面有较强的粘结力，宜用于结构主体的背水面。有机防水涂料宜用于地下工程主体结构的迎水面，充分发挥有机防水涂料在一定厚度时有较好的抗渗性，在基面上（特别是在各种复杂表面上）能形成无接缝的完整的防水膜的长处，又能避免涂料与基面粘结力较小的弱点，用于背水面的有机防水涂料应具有较高的抗渗性，且与基层有较好的粘结性。

（2）设计要点

防水涂料品种的选择应符合下列规定：地下工程由于受施工工期的限制，要想使基面达到比较干燥的程度较难，因此潮湿基层宜选用与潮湿基面粘结力大的无机防水涂料或有机防水涂料，也可采用先涂无机防水涂料而后再涂有机防水涂料构成复合防水涂层；冬期施工时，由于气温低，用水乳型涂料已不适宜，此时宜选用反应型涂料，但不宜在封闭的地下工程中使用；埋置深度较深的重要工程、有振动或有较大变形的工程，宜选用高弹性防水涂料；有腐蚀性的地下环境宜选用耐腐蚀性较好的有机防水涂料，并应做刚性保护层；聚合物水泥防水涂料分为Ⅰ型和Ⅱ型两个产品，Ⅱ型是以水泥为主的防水涂料，地下工程防水中应选用聚合物水泥防水涂料为Ⅱ型产品。

采用有机防水涂料时，基层阴阳角应做成圆弧形，阴角直径宜大于50mm，阳角直径宜大于10mm，在底板转角部位应增加胎体增强材料，并应增涂防水涂料。

防水涂料宜采用外防外涂或外防内涂（图10.1、图10.2）。

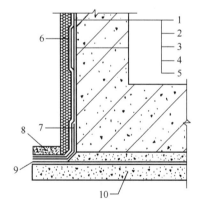
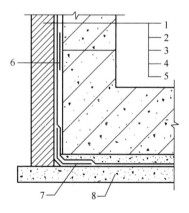

图 10.1　防水涂料外防外涂构造

1—保护墙；2—砂浆保护层；3—涂料防水层；
4—砂浆找平层；5—结构墙体；6、7—涂料
防水加强层；8—涂料防水层搭接保护层；
9—涂料防水层搭接部位；10—混凝土垫层

图 10.2　防水涂料外防内涂构造

1—保护墙；2—涂料保护层；3—涂料防水层；
4—找平层；5—结构墙体；6、7—涂料防水
加强层；8—混凝土垫层

掺外加剂、掺合料的水泥基防水涂料厚度不得小于 3.0mm；水泥基渗透结晶型防水涂料的用量不应小于 1.5kg/m²，且厚度不应小于 1.0mm；有机防水涂料的厚度不得小于 1.2mm。

5. 塑料防水板防水层

塑料防水板防水层属外防水结构，也是柔性防水。

（1）一般规定

塑料防水板防水层宜用于经常受水压、侵蚀性介质或受振动作用的地下工程防水。

塑料防水板防水层宜铺设在复合式衬砌的初期支护和二次衬砌之间。防水板不仅起防水作用，而且对初期支护和二次衬砌还起到隔离和润滑作用，防止二次衬砌混凝土因初期支护表面不平而出现开裂，保护和发挥二次衬砌的防水效果。

塑料防水板防水层宜在初期支护结构趋于基本稳定后铺设。为保护塑料防水板防水层的完整性，防水层铺设宜超前二次衬砌 1~2 个衬砌循环，即初期支护基本稳定后，二次衬砌要提前施做，亦应按设计要求铺设塑料防水板防水层。初期支护结构基本稳定的条件是隧道净空变形速度为 0.2mm/d。

（2）设计要点

塑料防水板防水层应由塑料防水板与缓冲层组成。铺设前，必须先铺设缓冲层，这样一方面有利于无钉铺设工艺的实施，另一方面防止防水板被刺穿。

塑料防水板防水层可根据工程地质、水文地质条件和工程防水要求，采用全封闭、半封闭或局部封闭铺设。全封闭铺设适合于以堵为主的工程，半封闭铺设适合于排堵结合型的工程，局部铺设适合于地下水不发育，且防水要求不高的隧道。水量大、水压高的工程，不宜进行全封闭防水，应采取排堵结合或限量排放的防水形式。

塑料防水板防水层应牢固地固定在基面上，固定点的间距应根据基面平整情况确定，拱部宜为 0.5~0.8m、边墙宜为 1.0~1.5m、底部宜为 1.5~2.0m。局部凹凸较大时，应在凹处加密固定点。

6. 金属板防水层

金属板防水层由于重量大，造价高，一般地下防水工程中很少采用，但对于一些抗渗要求较高且面积较小的工程，如冶炼厂的浇铸坑、电炉基坑等，可采用金属防水层。在一些受施工工艺限制并兼有防水防冲撞等功能需要的地下工程也采用金属板防水层，早期的沉管隧道外包防水层几乎均由它包揽。如今随着工程塑料、高分子防水材料的不断面世，它的应用在减少，但由于它有可以替代模板，强度高等优点，故仍在很多海底沉管隧道工程的底板使用（包括我国香港、广州新建的沉管隧道）。同时，为防止海水腐蚀，往往还设阴极保护。

金属板包括钢板、铜板、铝板、合金钢板等。金属板和焊条应由设计部门根据工艺要求及具体情况确定，金属防水层可用于长期浸水、水压较大的水工及过水隧道，所用的金属板和焊条的规格及材料性能，应符合设计要求。金属板的厚度与材质，由沉管所处的水下地层水文地质等环境作用条件经试验后，确定不同钢板的腐蚀速率，进而设计选定，同时也可加涂防锈涂层或设阴极保护。

应采用焊接拼接金属板，拼接焊缝应严密。竖向金属板的垂直接缝，应相互错开。主体结构内侧设置金属防水层时，钢板防水层可与混凝土中钢筋相连，或在金属防水层上焊接一定数量锚固件。

主体结构外侧设置金属防水层时，金属板应焊在混凝土结构的预埋件上。金属板经焊缝检查合格后，应将其与结构间的空隙用水泥砂浆灌实。

金属板防水层应用临时支撑加固。在内防水做法时，预先设置金属防水层，金属板防水层底板上应预留浇捣孔，并应保证混凝土浇筑密实，确保底板混凝土的浇捣质量，待底板混凝土浇筑完后应补焊严密。金属板防水层先焊成箱体，再整体吊装就位时，应在其内部加设临时支撑和防止箱体变形措施。金属板防水层应采取防锈措施。

10.2.2　混凝土结构细部构造防水

混凝土结构细部构造防水主要包括变形缝、后浇带穿墙管（盒）、埋设件、预留通道接头、桩头、孔口等防水。

1. 变形缝

设置变形缝的目的是为了适应地下工程由于温度、湿度作用及混凝土收缩、徐变而产生的水平变位，以及地基不均匀沉降而产生的垂直变位，以保证工程结构的安全和满足密封防水的要求，还应考虑其构造合理、材料易得、工艺简单、检修方便等要求。

（1）一般规定

变形缝应满足密封防水、适应变形、施工方便、检修容易等要求。

国内规定伸缩缝间距为30m，但由于地下工程规模越来越大，城市地下工程往往有建设工期要求，施工缝的防水处理难度较大，因此宜少设伸缩的变形缝，可根据不同工程结构类别、工程地质情况采用后浇带、加强带、诱导缝等，以取消伸缩缝或延长伸缩缝间距。后浇带对减少混凝土干缩和温度变化收缩产生的裂缝，抑制作用较好，但工期较紧的工程应用时受到一定限制。加强带是工程中使用的一种新方法，是原规定的伸缩缝间距上，预留1m左右的距离，同时浇筑缝间和其他地方，但缝间浇筑掺有膨胀剂的补偿收缩混凝土。作好伸缩缝防水处理，并在结构受力许可的条件下减少1m左右位置上的结构配筋，主动减小这部分结构强度，使混凝土伸缩应力造成的裂缝尽量在这一位置上产生。

变形缝处是防水的薄弱环节，特别是采用中埋式止水带时，止水带将此处的混凝土分为两部分，会对变形缝处的混凝土造成不利影响，因此变形缝处混凝土结构的厚度不应小于 300mm。

（2）设计要点

沉降缝、伸缩缝统称变形缝，两者防水做法类似，故一般不细加区分。但沉降缝主要用于上部建筑变化明显及地基差异较大的部位，伸缩缝是解决因干缩变形、温度变形而避免产生裂缝而设置。沉降缝的渗漏水比较多，除了选材、施工等诸多因素外，沉降量过大也是重要原因。常用止水带中，带钢边的橡胶止水带虽大大增加了与混凝土粘结力，但沉降量过大时，钢边止水带与混凝土也会脱开，使工程渗漏。根据现有材料适应变形能力的情况，规定沉降的变形缝最大允许沉降差值不应大于 30mm。

用于沉降的变形缝宽度过大，则会使处理变形缝的材料在同一水头作用下所承受的压力增加，不利于防水，但如变形缝宽度过小，在采取一些防水措施时施工有难度，无法按设计要求施工，伸缩的变形缝在板、墙等处往往留有剪力杆、凹凸榫处，因此变形缝的宽度宜为 20～30mm。

变形缝是防水薄弱环节，变形缝的防水措施可根据工程开挖方法、防水等级按表 10.1 选用。变形缝的几种复合防水构造形式，如图 10.3～图 10.6 所示。

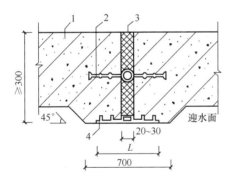

图 10.3　中埋式止水带与外贴
防水层复合使用（单位：mm）

1—混凝土结构；2—中埋式止水带；

3—填缝材料；4—外贴防水带外贴式

防水带 $L \geqslant 300$；外贴防水卷材 $L \geqslant 400$；

外涂防水涂层 $L \geqslant 400$

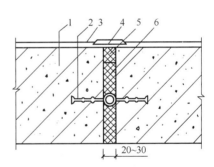

图 10.4　中埋式止水带与嵌缝
材料复合使用（单位：mm）

1—混凝土结构；2—中埋式止水带；

3—防水层；4—隔离层；5—密封

材料；6—填缝材料

中埋式金属止水带一般可选择不锈钢、紫铜等材料制作，厚度宜为 2～3mm。由于其防腐、造价、加工、适应变形能力小等原因，目前应用很少，但在环境温度较高场合使用较为合适。本条规定对环境温度高于 50℃处的变形缝，宜采用 2mm 厚的不锈钢片或紫铜片止水带。不锈钢片或紫铜片止水带应是整条的，接缝应采用焊接方式，焊接应严密平整，并经检验合格后方可安装。

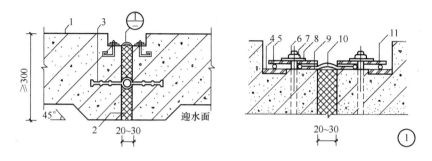

图 10.5　中埋式止水带与嵌缝材料复合使用（单位：mm）

1—混凝土结构；2—填缝材料；3—中埋式止水带；4—预埋钢板；5—紧固件压板；6—预埋螺栓；

7—螺母；8—垫圈；9—紧固件压块；10—Ω型止水带；11—紧固件圆钢

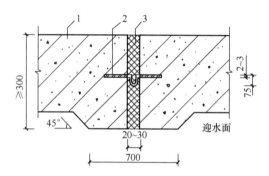

图 10.6　中埋式金属止水带（单位：mm）

1—混凝土结构；2—金属止水带；3—填缝材料

2. 后浇带

后浇带是在地下工程不允许留设变形缝的工程部位，而实际长度超过了伸缩缝的最大间距，所设置的一种刚性接缝。

（1）一般规定

虽然先后浇筑混凝土的接缝形式和防水混凝土施工缝大致相同，但后浇带位置与结构形式、地质情况、荷载差异等有很大关系，故后浇带应按设计要求留设。

后浇带应在其两侧混凝土干缩变形基本稳定后施工，达到 42d 龄期后再施工，间隔时间越长越好。高层建筑的后浇带施工应按规定时间，地基变形稳定后进行，通过地基变形计算和建筑物沉降观测，当地基沉降速度小于 $0.01\sim0.04\mathrm{m/d}$ 时，可认为地基变形已稳定，宜根据地基土的压缩性确定取值。

后浇带应采用补偿收缩混凝土浇筑，使新旧混凝土粘结牢固，其抗渗和抗压强度等级不应低于两侧混凝土。补偿收缩混凝土是在混凝土中加入一定量的膨胀剂，使混凝土产生微膨胀，在有配筋的情况下，能够补偿混凝土收缩，提高混凝土抗裂性和抗渗性，应满足防水混凝土的抗渗和强度等级要求。

（2）设计要点

后浇带部位在结构中实际形成了两条施工缝，对结构在该处的受力有些影响，所以后浇带应设在受力和变形较小的部位，其间距和位置应按结构设计要求确定。

后浇带宽度主要考虑：一是对后浇带部位和外贴式止水带的保护，二是对落入后浇带内的杂物清理，三是对施工缝处理和埋设遇水膨胀止水条，故后浇带宽度宜为 700～1000mm。

采用补偿收缩混凝土时，底板后浇带的最大间距可延长至 60m；超过 60m 时，可用膨胀加强带代替后浇带。加强带宽度宜为 1～2m，加强带外用限制膨胀率大于 0.015% 的补偿收缩混凝土浇筑，带内用限制膨胀率大于 0.03%、强度等级提高 5MPa 的膨胀混凝土浇筑。

后浇带两侧可做成平直缝或阶梯缝。选用的遇水膨胀止水条应具有缓胀性能，其 7d 的膨胀率不应大于最终膨胀率的 60%，当不符合时，应采取表面涂缓胀剂的措施。采用掺膨胀剂的补偿收缩混凝土，其性能指标不影响抗压强度条件下膨胀率要尽量增大，干缩落差要小，水中养护 14d 后的限制膨胀率不应小于 0.015%，膨胀剂的掺量应根据不同部位的限制膨胀率设定值经试验确定。

防水构造形式宜采用图 10.7～图 10.9。

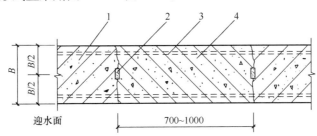

图 10.7　后浇带防水构造（一）（单位：mm）

1—先浇混凝土；2—遇水膨胀止水条（胶）；3—结构主筋；4—后浇补偿收缩混凝土

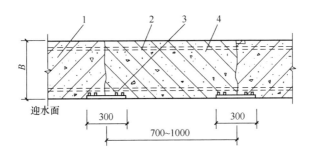

图 10.8　后浇带防水构造（二）（单位：mm）

1—先浇混凝土；2—结构主筋；3—外贴式止水条（胶）；4—后浇补偿收缩混凝土

3. 穿墙管（盒）

穿墙管（盒）应在浇筑混凝土前预埋，避免浇筑混凝土完成后，再重新凿洞破

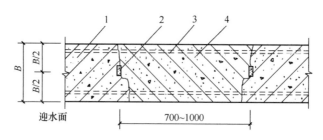

图 10.9　后浇带防水构造（三）（单位：mm）

1—先浇混凝土；2—遇水膨胀止水条（胶）；3—结构主筋；4—后浇补偿收缩混凝土

坏防水层而形成工程渗漏水隐患。为了便于防水施工和管道安装施工，穿墙管与内墙角、凹凸部位的距离应大于 250mm。

结构变形或管道伸缩量较小时，穿墙管可采用主管直接埋入混凝土内的固定式防水法，主管应加焊止水环或环绕遇水膨胀止水圈，可改变水的渗透路径，延长水的渗透路线，堵塞渗水通道，并应在迎水面预留凹槽，槽内应采用密封材料嵌填密实，以确保穿墙管部位的防水性能。另外，止水环的形状以方形为宜，以避免管道安装时所加外力引起穿墙管的转动。防水构造形式宜采用图 10.10。

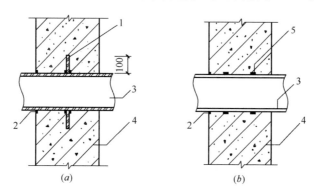

图 10.10　固定式穿墙管防水构造（单位：mm）

1—止水环；2—密封材料；3—主管；4—混凝土结构；5—遇水膨胀止水阀

结构变形或管道伸缩量较大或有变更要求时，应采用套管式防水法，套管应加焊止水环，可使穿墙管与套管发生相对位移时不致渗漏。

穿墙管防水施工时应符合下列要求：（1）金属止水环应与主管或套管满焊密实，采用套管式穿墙防水构造时，翼环与套管应满焊密实，并应在施工前将套管内表面清理干净；（2）相邻穿墙管间的间距应大于 300mm，管间距离过小，防水混凝土在此处不易振捣密实；（3）采用遇水膨胀止水圈的穿墙管，管径宜小于50mm，止水圈应采用胶粘剂满粘固定于管上，并应涂缓胀剂或采用缓胀型遇水膨胀止水圈。

穿墙管线较多时，宜相对集中，并应采用穿墙盒方法。穿墙盒的封口钢板应与墙上的预埋角钢焊严，并应从钢板上的预留浇筑孔注入柔性密封材料或细石混凝土。

当工程有防护要求时，穿墙管部位不仅是防水薄弱环节，也是防护薄弱环节，穿墙管除应采取防水措施外，尚应采取满足防护要求的措施。

穿墙管伸出外墙的部位，应采取防止回填时将管体损坏的措施，如施工时在管的下部加支撑的方法，回填时在管的周围细心操作等，以杜绝此类现象发生。

4. 埋设件

为了避免破坏工程的防水层，结构上的埋设件应采用预埋或预留孔（槽）等，如采用滑模式钢模施工确无预埋条件时，方可后埋，但必须采用有效的防水措施。埋设件端部或预留孔（槽）底部的混凝土厚度不得小于 250mm，当厚度小于 250mm 时，应采取局部加厚或其他防水措施（图 10.11）。预留孔（槽）内的防水层，宜与孔（槽）外的结构防水层保持连续。

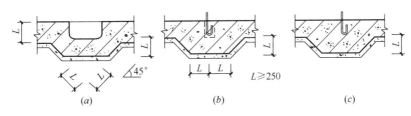

图 10.11　预埋件或预留孔（槽）处理
（a）预留槽；（b）预留孔；（c）预埋件

10.2.3　土层中的地下建筑防水

土中浅埋包气带中地下建筑，多布置在稳定的地下水位以上，需要采用防潮措施。饱水带中的地下建筑，长时间处于水的浸泡作用之下，必须采取综合措施防水。

1. 包气带中的地下建筑防水

包气带中土体无重力水，没有水压作用，我国早期地下建筑仅针对毛细水、气态水等做防潮处理，但由于地表径流或地面积水下渗，以及地下大型供、排水管道破裂等原因，建筑物附近易形成上层滞水，使防潮措施失效而出现渗漏，普遍渗漏水。包气带中的地下建筑防水应注意以下问题：

（1）防止地面水下渗，切断重力水水源。一般采取排水与隔水结合，如设置截水沟、排水沟，适当提高地表高程并保持排水坡度，清除地表植被，设置水平隔水层。如果工程完成后地表需进行绿化种植，水平隔水层可设在地表以下一定深度，上面覆盖种植用土。

（2）防止和排除地下建筑屋顶滞水。大面积的钢筋混凝土屋顶应做排水坡度，形成有组织排水系统，特别注意空间结构的沟、槽、坑等部分的隔水和排水，避免上部长时间积水而增加渗漏。如水量可能较大，在顶部周围还应设集水管，引向集水井后抽走。

（3）做好防水构造的细部处理。地下建筑物处于地下水位之上，防水构造带有预防性质，应避免局部渗漏水而导致整个防水防潮措施失效。结构底板与侧墙接缝处应进行弹性止水处理，或底板下布置砾石滤层，减小地下水向上的静水压力。

（4）重视回填层的作用。回填层应选用抗渗性好的材料，分层夯实，在建筑外围形成一个隔水屏障，我国传统使用的灰土和国外常用的膨润土，都具有良好的抗渗性能。

2. 饱水带中地下建筑的防水

饱水带中地下建筑长时间处于水浸泡、静水压力的作用，特别是承压水时，可能遇到承压水冲蚀作用，难以完全防水，必须采取综合防水措施，把渗漏水量减少到按建筑使用要求的允许值以下。

单体建筑选址时，应避开有压重力水带区域，但暗挖法施工的深埋工程，如地铁隧道和车站、越江隧道等，很难避开有压重力水带，因此，较安全的防水措施首先是排水，降低承压水的水位和压力。采用连续墙施工的地下建筑防水，由于连续墙混凝土厚度为 0.6m 以上，抗渗性能高，可以依靠结构自防水，只需在接缝处止水和堵水。在地下水位以下用盾构法施工隧道，多采用预制钢筋混凝土管片拼装的衬砌结构，用螺栓连接横向和纵向拼装缝，拼装缝、螺栓孔处进行隔水和堵水处理。

饱水带中明挖施工地下建筑，采用人工井点降水法疏干基坑内的水，防水结构和构造的施工条件好，保证结构自防水和附加防水层质量。多采用整体浇筑的箱形钢筋混凝土结构，自防水效果较好，但应连续浇筑，尽可能减少施工缝数量。为了防止混凝土局部渗漏，一般在结构层外侧再附加柔性防水层和保护层。图 10.12 是明挖浅埋地铁区间隧道典型防水做法。

在饱水带中的地下建筑防水，当采取多种措施后仍有少量渗漏，或当建筑特别重要，防水标准要求很高时，可采用在结构层内加套层的方法将渗入的少量液态和气态水完全与室内空间隔绝，使建筑防水达到绝对可靠的程度。套层防水要占用室内使用面积和空间，提高了建筑造价，使用须严格加以控制；必要时，可仅在地下建筑的某一部分或某些房间设置防潮套层。

10.2.4 岩层中的地下建筑防水

岩层潜水面不明显，裂隙潜水与承压裂隙水的界限也不易判断；同时，很难找到裂隙水渗水点或涌水点的分布，导致难以确定地下设计水位和防水措施。岩层洞室衬砌结构形式直接影响地下建筑防水措施与做法、防水效果。

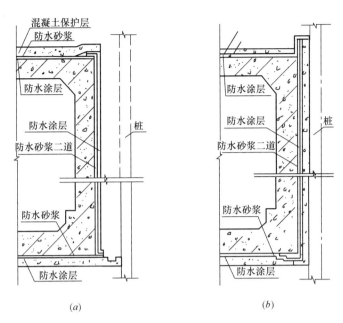

图 10.12　明挖浅埋地铁区间隧道的典型防水做法

(a) 外防水；(b) 内防水

1. 贴壁衬砌的防水

早期的铁路和公路隧道以及工业建筑和贮库等，较多采用贴壁衬砌，为了使衬砌能全面地承受山体压力，要求衬砌与岩壁完全接触。由于施工操作困难和毛洞可能出现较大的超挖，将混凝土完全贴壁浇筑比较困难，也不经济，故多用浆砌块石作为外模，然后浇筑混凝土，顶部则在完成顶拱结构后，超挖空间全部用浆砌块石回填。贴壁衬砌多被喷射混凝土衬砌代替。由于喷射混凝土较薄，又有细微裂缝，防水性能较差，因此应在喷射混凝土前，根据观测，在墙壁的渗水和涌水点预先做好空腔导水管，与现浇混凝土贴壁衬砌中留空腔的做法相似，只是导管有一定强度，以承受喷射过程中压力。国内用钢丝绕成直径 50mm 的弹簧圈，外面包层窗纱，沿渗水裂隙暂时固定在岩壁上，喷射混凝土后导水和排水效果较好，如图 10.13 所示。

2. 离壁衬砌的防水

岩石比较完整、岩壁侧压力较小时，常采用离壁衬砌，比贴壁衬砌较易解决防水问题。离壁衬砌的顶拱一般仍需考虑承受山体压力，要用块石回填以传递压力，因此回填前应先做好防水层，回填时在拱脚处留出天沟，通过预埋在顶拱内排水管将渗漏水排到壁外夹层中，经下部排水沟排走（图 10.14）。

贴壁衬砌（包括现浇和喷射混凝土）以内用轻型结构做不受力的衬套，把室内空间与岩壁隔开，利用衬套与衬砌之间的空隙排水，是目前岩层中地下建筑防水的

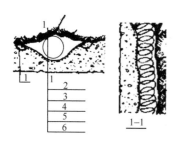

图 10.13　喷射混凝土衬砌的
空腔导水管

1—水泥砂浆粘贴；2—岩壁
（涌水处）；3—铅丝弹簧圈；
4—塑料薄膜；5—铁窗纱；
6—喷射混凝土

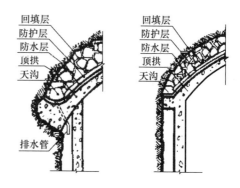

图 10.14　离壁衬砌顶拱
排水做法

比较有效和可靠的方法，为喷锚结构的推广使用创造了有利条件。衬套做法很多，现制或预制，单层或多层，平顶或拱顶等都可以，采取比较简单的防水防潮措施。一般离壁衬砌或衬套，并未与毛洞底面脱开，因此当水量和水压均较小时，在地面构造中加一道防水层即可；水量和水压较大时，应在地面以下做砾石滤层排水系统，以减小向上的水压力。对于高标准防水，可以架空地面，在空隙中组织排水，图 10.15 是采用喷射混凝土贴壁衬砌，轻型衬套和架空地板的岩层中地下建筑典型剖面。

3. 排水系统

组织地下建筑排水，主要包括两个方面，一是减少地表水的下渗，二是有组织地排除从岩壁上疏导到排水沟中的水。

岩层中地下建筑总体布置时，主要洞室和通道的纵轴线尽可能沿山脊布置，避开沟、谷等易积水地带，利用山坡坡度排水，洞顶方向设置截水沟、排水沟，减少地表水聚集。

建筑内部排水系统由各洞室和通道的单个系统汇集而成。单个洞室排水系统布置在洞室平面基础上，确定洞室内排水沟的位置、坡度、坡向和引水管位置，以及检查井的位置等。排水系统应

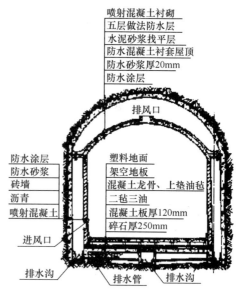

图 10.15　岩层中地下建筑高标准综合
防水做法（剖面）

根据洞室的大小，裂隙水的水量和出水位置等情况灵活布置，排水系统的适当位置设置检查井和清通口，使洞室和通道内裂隙水都沿排水系统排出洞口以外，确保洞室排水通畅。自流排水最小纵坡不小于 1%，避免出现反坡；无法自流排水时，应设集水井用泵抽至排水干沟。

§10.3　地下工程渗漏水治理

我国隧道与地下工程渗漏较为普遍，有的建设过程中发生渗漏。地下工程渗漏水是工程隐患，危害极大，地下工程渗漏不仅影响使用，而且治理渗漏的费用也大。

10.3.1　渗漏水治理原则

渗漏水治理前，应掌握工程现有防水、排水系统的设计、施工、验收资料，对现有防排水的位置，施工中的防水设计变更，材料选择做到心中有数，帮助制定治理方案。渗漏水治理施工时，应按先顶（拱）后墙而后底板的顺序进行，宜少破坏现有结构和防水层。地下工程渗漏水治理中要重视排水工作，主要是将水量大的渗漏水排走，减小渗漏水压，给防水创造条件。通常有两种排水方法，一种是自流排水，当地形条件允许时，应尽可能采用自流排水；另一种是机械排水，当受到地形条件限制时，应将渗漏水通过排水沟引至集水井内，采用水泵定期排水。防水堵漏时，应尽量选用无毒或低毒的防水材料，以保护施工人员身体和周围环境。为防止污染环境，除了对现场废水、废液妥善处理外，施工时还应对周围饮用水源加强监测。治理过程中的安全措施、劳动保护应符合安全施工技术规定。地下工程渗漏水治理，应由防水专业设计人员和有防水资质的专业施工队伍承担。

10.3.2　混凝土裂隙及防水

混凝土是多孔胶凝人造石材，其裂缝是很难避免。混凝土工程裂缝最常见出现问题是由于收缩变形受到约束引发的收缩裂缝和由外部荷载作用引发荷载（受力）裂缝。根据地下工程和防水混凝土的防水要求，混凝土裂缝分为有害裂缝和无害裂缝。

无害裂缝对结构耐久性、安全性、稳定性无影响，裂缝宽度小于 0.2mm，无渗漏水，不贯通、可自愈。无害裂缝治理原则上只进行表面修补，常用的方法在混凝土出现裂缝的表面涂刷一层无机防水涂料。无机涂料涂刷后不得开裂，但粘结力强，耐水性好。

混凝土结构有害裂缝影响其耐久性，裂缝宽度大于 0.2mm，裂缝深度与构造钢筋相连，贯穿结构层，裂缝密度呈网状，有渗漏水，形成钢筋串水，危害结构安全性、稳定性。混凝土结构强度达到设计要求，结构变形处于稳定状态，裂缝无发展。裂缝处理与防水处理、结构稳定性和耐久性处理相结合，方案合理、施工可靠、管理到位，裂缝治理应采用注浆和封缝相结合，沿裂缝开槽、钻孔注浆。

10.3.3　地下工程渗漏水处理措施

大面积的渗漏水是地下工程渗漏水的主要表现形式之一，在渗水工程中所占比例高达 95％以上，几乎所有渗水工程都存在这类问题。造成这类渗水原因来自设计与施工两方面，表现出渗水基面多为麻面，渗水点分布密集、有大有小，渗水面积大等特征。

大面积严重渗漏水，一般采用综合治理方法，即刚柔结合多道防线。首先疏通漏水孔洞，引水泄压，在分散低压力渗水基面上涂抹速凝防水材料，然后涂抹刚柔性防水材料，最后封堵引水孔洞。并根据工程结构破坏程度和需要采用贴壁混凝土衬砌加强处理。处理顺序：大漏引水→小漏止水→涂抹快凝止水材料→柔性防水→刚性防水→注浆堵水，必要时贴壁混凝土衬砌加强。

大面积轻微渗漏水和漏水点，漏水不明显，只有湿迹和少量滴水的点。渗水处理一般采用速凝材料直接封堵，也可对漏水点注浆堵漏，然后做防水砂浆抹面或涂抹柔性防水材料、水泥基渗透结晶型防水涂料等。当采用涂料防水时，防水层表面要采取保护措施。

裂缝渗漏水，一般根据漏水量和水压力来采取堵漏措施。对于水压较小和渗水量不大的裂缝或空洞，可将裂缝按设计要求剔成较小深度和宽度的“V”形槽，槽内用速凝材料填压密实；对于水压和渗水量都较大的裂缝，常采用注浆方法处理。注浆材料有环氧树脂、聚氨酯等，也可采用超细水泥浆液。裂缝渗漏水处理完后，表面用掺外加剂防水砂浆、聚合物防水砂浆或涂料等防水材料加强防水。近年来，采用“骑缝”和“钻斜孔”的方法处理裂缝渗水的实例越来越多，效果也比较明显。

地下结构仍在变形、未稳定的裂缝，应待结构稳定后再进行处理。

需要补强的渗漏水部位，应选用强度较高的注浆材料，如水泥浆、超细水泥浆、自流平水泥灌浆材料、改性环氧树脂、聚氨酯等浆液，必要时可在止水后再做混凝土衬砌。

喷射混凝土和锚杆联合支护，不仅是安全可靠的支护形式，而且是在岩层中构筑地下工程最为优越的衬砌形式，这种方法在铁路隧道、矿山等地下工程中都已大量采用。喷锚支护一般作为临时支护，要想作为永久衬砌，必须解决防水问题。喷射混凝土施工前，应调查围岩渗水情况，对不同渗水形式采用不同防水方法。明显的裂隙渗漏水和点漏水，可采用下弹簧管、半圆铁皮、钻孔引流等方法将渗漏水排走。大面积的片状渗漏水，可用玻璃棉等做引水带，紧贴岩壁渗水处，将水引到排水沟内。无明显渗漏水或间歇性渗水地段，可在两层喷射混凝土层间用快凝材料做防水层。当喷射混凝土层有明显的渗漏水时，可采用注浆的方法堵水，注浆孔深度根据裂隙情况而定；一般为 1.8～2.0m，常用的注浆材料有水泥-水玻璃、聚氨酯等，注浆压力 0.3～0.5MPa。

　　在地下工程渗漏水中，细部构造部位占主要部分，尤其变形缝几乎是十缝九漏。由于该部位的防水操作困难，质量难以保证，经常出现止水带固定不牢，位置不准确，石子过分集中于止水带附近或止水带两侧混凝土振捣不密实等现象，致使防水失败。施工缝和穿墙管的渗漏水在地下工程中也比较常见。施工缝、变形缝一般是采用综合治理的措施，即注浆防水与嵌缝和抹面保护相结合，具体做法是将变形缝内的原密封材料清除，深度约 100mm，施工缝沿缝凿槽，清洗干净，漏水较大部位埋设引水管，把缝内主要漏水引出缝外，其余较小渗漏水用快凝材料封堵，然后嵌填密封防水材料，并抹水泥砂浆保护层或压上保护钢板，待这些工序做完后，注浆堵水。穿墙管与预埋件的渗水处理步骤是：将穿墙管或预埋件周围的混凝土凿开，找出最大漏水点后，用快凝胶浆或注浆的方法堵水，然后涂刷防水涂料或嵌填密封防水材料，最后用掺外加剂水泥砂浆或聚合物水泥砂浆进行表面保护。

思　考　题

10.1　地下建筑的设计水位如何确定？有哪些主要防治措施？

10.2　简述地下建筑物防水与地上建筑物防水的区别。

10.3　混凝土结构主体防水措施有哪些？

10.4　混凝土结构细部构造防水措施有哪些？

10.5　用图表示饱水带中明挖法地下建筑防水的典型建筑做法？

10.6　用图表示饱水带中地下建筑防水的典型建筑做法？

10.7　岩层中的地下建筑防水有哪几种方法？各有何特点？

10.8　地下工程渗漏水防治原则有哪些？

第 11 章　城市地下建筑防灾

§11.1　城市灾害和防灾工程系统规划

城市灾害随着灾害类型和严重程度上的差异，在受灾规模、损失程度、影响范围、恢复难易等方面不同。城市集聚程度越高，灾害损失就越大。因此，致力于提高城市集约化和现代化水平的同时，不能忽视提高城市的抗灾抗毁能力，建立完善的城市综合防灾系统，使灾害损失降到最低程度。

11.1.1　城市灾害特点及综合防灾的意义

人类面临的灾害威胁主要有两大类，即自然灾害和人为灾害。自然灾害包括气象灾害、地质灾害和生物灾害，气象灾害又称大气灾害，如洪水、干旱、风暴、雪暴等；地质灾害又称大地灾害，如地震、海啸、滑坡、泥石流、地陷、火山喷发等；生物灾害指瘟疫、虫害等。人为灾害有主动灾害和意外事故两种，如发动战争、故意破坏等称为主动灾害，如火灾、爆炸、交通事故、化学泄漏、核泄漏等称为意外事故。据统计，在没有发生全面战争的情况下，威胁人类的最大灾害有水灾、风灾、地震和旱灾。除旱灾以外，各种灾害对于高度集中的城市人口和经济都具有很大破坏力。

城市是一个复杂系统，任何严重城市灾害的发生和所造成的后果都不可能是孤立或单一的现象。由于城市地理位置不同，集聚程度和发达程度也不相同，灾害类型不同。但从城市实际情况出发，城市防灾的共同点如下：

第一，对于高度集约化的城市，不论是发生严重的自然灾害还是人为灾害，都会造成巨大的生命和财产的损失。可以认为，城市灾害的破坏程度与城市灾害抗御能力成反比，建立完善的城市防灾体系具有必要性与重要性。例如 1906 年美国旧金山市大地震（里氏 8.3 级），破坏范围达直径 240km，市区 500 个街区和 2.5 万幢房屋全毁。同样，如果处于地震危险区的城市中所有建筑物都按照一定的抗震标准进行设计和建造，则只有在灾害强度超过设防能力时，才可能有部分建筑物破坏，唐山地震伤亡主要是由房屋倒塌造成的情况就有可能避免。

第二，城市灾害往往不是孤立发生，在原生灾害与次生灾害、自然灾害与人为灾害、轻灾与重灾之间，都存在着内在联系。地震引起城市大火，这种次生灾害破坏程度甚至可能超过原生灾害。此外，人类对生态、环境、土地等的破坏，可能诱发或导致某些自然灾害，或加剧自然灾害发生的频率与强度，例如，二氧化碳大量排放到大气中，影响到全球气候，增加了水、旱、风等灾害发生的可能性；地貌破坏诱发滑坡，过量抽取地下水导致地面沉陷等。因此，城市防灾必须考虑到主要灾害与可能发生的其他灾害的关系，采取综合防治措施，避免更大损失。如 1945 年日本广岛原子弹袭击后半小时，城市大火形成了火暴，仅在半径 2km 的火暴区内，房屋 5.7 万幢被烧毁，烧死 7 万人。

第三，多数城市灾害都有很强的突发性，给城市防灾造成很大困难。如现代战争中，对战略核武器袭击的预警时间，在有先进侦测技术条件下，最多只有三、四十分钟，甚至只有几分钟；又如地震、爆炸等灾害，都是突然发生，在几秒钟内就会造成巨大破坏。因此为了对这种突发性的灾害做好准备，城市必须建立先进的预测、预警系统；同时，提高城市中各基层单位和各个家庭的防灾和自救能力。

第四，城市灾害的破坏程度与位置、结构，城市规划和基础设施等关系很大，区域性强。历史较长的城市，其地理位置一般无法重新选择，但在规划及发展过程中，应努力避开不利于城市防灾的区域。城市结构和城市规划对城市抗灾抗毁能力影响大，如带状城市在发生地震或大火时，破坏程度就低于团状城市；又如房屋倒塌后，道路系统和通信系统能保留通畅，可以减少救助不及时而造成的伤亡，有利于加速灾后恢复工作。

国际城市综合防灾减灾应急管理体制的发展过程大致归纳为三个阶段：

第一阶段，大多在 20 世纪 60 年代以前，以单项灾害类型部门应急管理为主的体制，在观念上以救灾、应急救援为指导思想，制定若干单项灾害管理法规。

第二阶段，从 20 世纪 60 年代到 90 年代，从单项灾害类型的应急管理体制转向多项灾害类型的"综合防灾减灾管理体制"。把灾害或危机事件的"监测、预防、应急、恢复"全过程的灾害管理对策综合起来，协调实施，形成一体化管理。

第三阶段，从 20 世纪 90 年代以来，由于国际政治环境的变化，除重大自然灾害外，国际恐怖活动日益猖獗，因此各国把"综合防灾减灾管理体制"上升到"危机综合管理体制"，形成"防灾减灾、危机管理、国家安全保障"三位一体的灾害管理系统。

城市防灾关系到居民的生命财产安全，影响整个国民经济的发展，城市灾害应急管理是城市的基本功能。应用系统工程的方法，分析和评价城市灾害应急管理系统的总体抗灾抗毁能力。当今世界政治形势下，民防的作用已从单纯防御空袭，保护城市居民的生命安全，发展为保存有生力量和经济实力的重要手段，战争潜力的大小成为影响战略形势和力量对比的重要因素。现代世界的生态环境日益恶化，城市灾害的发生和危害具有突发性和复合性，现代科学技术还难以使城市摆脱灾害威胁，必须建立健全的城市灾害应急管理系统，有效防止城市灾害的发生，减轻灾害损失，加快灾后重建。

11.1.2　城市的总体抗灾抗毁能力

我国地域辽阔，地形、地质、气象条件复杂，总体上属于灾害多发国。许多城市处于灾害多发地带，例如西南和华北的地震多发区，东南沿海的台风灾害区等，还有 20 余座大、中城市的平均地面标高低于附近江、河、湖的最高洪水位，洪水威胁严重。一些老城基础设施陈旧和不足，抗灾能力低，少量新建城市对防灾管理不到位。因此，尽管随着经济的发展，我国日益重视城市防灾工作，但相比国外发达国家城市，我国城市防灾水平仍较为落后，需进一步加强了城市抗灾抗毁能力的建设。

城市总体抗灾抗毁能力是指能预料的各种灾害进行控制和抑制的能力，主要包括以下几方面内容：

1. 对灾害的预测和预告能力

对城市面临或潜在的主要灾害作出准确预测，及时发布预报和警报，处于有准备状态，有利于减轻灾害损失。根据城市的战略地位、地理位置和自然、人文条件，针对可能面临的战争形式、袭击方式、打击方向、目标位置，对可能遭受的伤亡和破坏，按最不利情况进行预测，称为"战争破坏评价模型"，或称"城市总体毁伤分析"；针对发生可能性最大，破坏性也最大的城市自然灾害和意外事故，综合预测灾害发生的成因、频率、强度、限度、危害程度等，制订灾害等级标准，建立灾害预测、监测、预报等功能的应急管理系统，称为"城市防灾模型"，或称"城市灾害预测系统"。城市防灾模型应适应实际情况的变化，作为不同情况下制订城市防灾预案的依据，结合先进的灾害不间断监测仪器设备，判断灾害可能发生的时间、地点、规模，及时发布预报和警报。

2. 对灾害的快速反应能力

城市对突发性灾害的迅速反应能力，可以弥补灾害预测失误和预报不及时的缺陷，避免某些人为因素的干扰以及灾害带来的混乱和被动局面，提高总体抗灾能力。1986 年苏联切尔诺贝利核电站的爆炸起火，导致了严重的核泄漏事故，对于这次完全没有预料到的突发灾害，苏联的民防系统作出了相当迅速的反应，及时采取了多种补救措施，在距爆炸反应堆 600m 的一处大型地下民防设施内建立了指挥部和救援基地，在爆后 3 小时内将附近 5.75 万居民撤离。在这种快速反应和有效救护的情况下，除少数专业人员牺牲外，平民基本上无伤亡，很快使局势得到控制。

3. 对灾害的抗御能力

抗灾能力强，救灾就比较容易。城市抗御灾害的能力包括两方面的含义，一是在灾害未发生前，进行长期的抗灾抗毁准备，例如加固房屋，修筑堤坝，建造民防工程等，只要灾害的破坏强度没有超出设防能力，城市就基本安全；第二个含义是严重灾害发生后，在遭受损失和破坏情况下，能最大限度地保全生命，减轻破坏程度，控制灾害范围的扩大和次生灾害的发生，为灾后迅速恢复创造有利条件。要做到后一点，应采取措施保护专业救灾人员和器材，确保灾害初期及时展开救灾活动。此外，为了使在灾害初次打击下保存下来的城市人口和专业救灾人员能生存下去，并积极展开救灾活动，必须依靠免遭破坏和污染的物资储备系统的支持，包括足够的救灾物资。有些国家在自己的民防系统中要求建立能维持两周生活的食品和水的储备，这对提高城市抗灾能力很重要。

4. 灾后的迅速恢复能力

灾后恢复能力是指消除灾害后果，使城市的生活、生产恢复正常所需时间长短。城市的人口、经济、基础设施等灾害损失程度，以及城市结构、生产力布局、人口密度、建筑密度、基础设施状况等方面，都直接影响灾后恢复能力，城市规划和城市建设应为灾后恢复创造有利条件。我国 400 多个城市集中了全国工业总产值的 70％，国民经济总收入的 80％，即使部分城市受灾而停止生产，对国民经济也会有明显的影响。如北京特大城市，年规模以上工业总产值 17370.9 亿元（2013年），如过半企业受灾停产，延迟恢复生产 1 天的工业产值减少 23.8 亿元，造成的直接经济损失比灾害大得多。

5. 城市的自救能力

城市防灾应建立自身的抗灾抗毁能力，具备足够的自救和生存能力，不能完全依靠外来援助，因为外来援助既不可靠，也不及时。如果从各级城市行政组织到各基层单位，从各个家庭到每个居民，不但精神上对灾害有所准备，而且在物质上具备自救和互救能力，并有能维持一定时间的饮水和食品储备，就可以在相当程度上减轻集中救灾的负担，对城市总体抗灾能力的提高显然是有益。

11.1.3　城市防灾工程系统规划

（一）城市防灾工程系统规划的主要任务

确定城市防灾工程的等级、规模、布局和综合利用。

1. 根据城市自然环境、灾害区划和城市地位，确定城市各项防灾标准，合理确定各项防灾设施的等级和规模，包括消防、防洪、人防、抗震以及城市重要性、受灾害影响程度等。

2. 科学布置各项防灾措施，包括市、区级避震通道，如绿地、广场等避震疏散场地，避难中心的设置与人员疏散的措施等。

3. 充分考虑防灾设施与城市常用设施的有机结合，制定防灾设施的统筹建设、综合利用、防护管理等对策与措施。

（二）城市防灾工程系统规划的主要内容

1. 城市总体规划中的主要内容

（1）确定城市消防、防洪、人防、抗震等的设防标准；

（2）布局城市消防、防洪、人防等设施；

（3）制定防灾对策与措施，实现灾害发生后的救援疏散等；

（4）组织建设城市防灾生命线系统，包括交通、能源、通信、给排水等城市基础设施，保证灾后的社会稳定、物资供应和对外联系。

2. 城市详细规划的主要内容

（1）确定规划范围内各种消防设施的布局及消防通道间距等。

（2）规定规划范围内地下防空建筑的规模、数量、配套内容、抗力等级、位置布局，以及平战结合的用途。

（3）确定规划范围内的防洪堤标高、排涝泵站位置等。

（4）确定规划范围内疏散通道、疏散场地的布局（如地震）。

（5）确定规划范围内生命线系统的布局以及维护措施。

§11.2　城市地下空间的综合防灾

地下建筑防护外部各种灾害能力较强，但由于地下空间的封闭性，地下建筑内部灾害比地面灾害危险得多，防护难度也大得多。因此，进行城市综合防灾规划设计，在建立城市综合防灾体系的过程中，应重视地下建筑的防护能力及内部灾害防灾问题。

11.2.1　地下空间的防灾特性

地下建筑的灾害与城市灾害一样，仍有自然灾害和人为灾害两大类，包括这两种灾害可能造成的次生灾害。地下空间在防灾问题上具有两重性，对于大部分来自外部的灾害，如战争、地震、飓风、火灾等，都有较强的抗御能力，对于某些灾害，例如核武器袭击，能起到地面空间不可能起的防护作用；但是发生在地下空间内部的灾害，特别是火灾、爆炸等，则比在地面上有更大的危险。因此，当一个城市已经具备合理开发与综合利用地下空间的条件时，充分发挥地下空间在防灾抗灾上的优势，同时加强内部防灾措施，应当成为城市立体化再开发的一项重要内容。

地下人防工程对各种现代武器的袭击，具有相应防护能力。如对核武器的光辐射、早期核辐射、空气冲击波、放射性沾染等主要效应，都能进行有效防护，而这些效应在地面空间或地面建筑，即使花费很高代价，也难以防护；对于常规武器和化学、生物武器，地下空间的防护效果比在地面上要好得多。因此，根据对可能遭到袭击及后果的预测，按不同防护标准在城市地下空间中建造系列民防工程，建立包括指挥通信、人员掩蔽、医疗救护、专业执勤、物资储备与供应、水电保障等多功能的完整的民防工程系统，对在发生战争的情况下减少伤亡，保存战争潜力，战后恢复，都有重要的意义。

地震对城市的危害主要是建筑物、基础设施的破坏以及人员伤亡。我国大部分地区为地震设防区，有一半地区位于地震基本烈度为 7 度或 7 度以上地震区。像北京、天津、西安等大城市都位于 8 度的高烈度地震区，因此做好地下空间防震减灾措施显得极其重要。一般认为，地震对地下空间结构的影响很小，地下结构的震害相对于地面结构也较轻，长期以来都认为地下空间的抗震性能良好。然而 1995 年日本阪神地震中，地下轨道交通车站、区间隧道等大型地下空间结构遭受严重破坏，暴露出地下空间结构抗震能力的弱点。研究认为作用在埋深 10m 以下的地下结构上的地震效应，比作用在地面建筑基础（一般埋深小于 10m）上的力要小，越深则越小；同时，地面建筑物越高，地震破坏的可能性越大，而地下建筑结构由于土壤对结构自振所起的阻尼作用，地下结构的破坏程度大大低于地面建筑。此外，地震波对地下结构的作用与核爆炸地面空气冲击波作用相似，因此对核武器具有防护能力的地下工程也有较强的抗震能力。

火灾是地下空间中发生频率最高的灾害，几乎占了地下空间事故总数的 1/3。地下空间的火灾导致设施瘫痪和大量人员伤亡，还可能造成地下结构和地面建筑损毁。由核武器袭击或地震引起的城市大火，由于冷热空气剧烈对流而产生的向心地面风作用，发展成火暴，严重破坏建筑物结构。由于高温空气是自下而上运动，又受到地面和土壤的阻隔，地面大火一般不向地下蔓延，地下建筑物相对安全得多。但应当注意两点，一是在地下建筑顶部的覆土厚度，使顶板下表面温度不致升高到正常范围以外；第二是火暴范围附近地面出现负压和缺氧现象，地下建筑应保持密闭及保留足够空气，确保保障人员安全。如 2003 年 2 月 18 日，韩国大邱市地铁中央路站，因精神病患者放火引燃座椅上的塑料物质和地板革导致火灾，导致 135 人死亡，137 人受伤，318 人失踪。

地下空间主要缺陷是防洪能力较差，容易灌水。如果城市排水能力不足而造成短时间积水，地下建筑口部应采取防、排水措施；当城市形成淹没性洪水时，应及时密闭或封堵地下建筑的孔口部，防止洪水灌入。深层地下空间应建设大规模的贮水系统，提高防洪能力，缓解城市水资源不足的矛盾。

地下环境的最大特点是封闭性，外部联系的出入口较少，防灾救灾难度大。首先，封闭的室内空间，人容易失去方向，特别是不熟悉地下空间内部布置的人，地下灾害在心理上的惊恐程度和行动上的混乱程度比地面严重得多。其次，封闭地下空间的空气质量难以保持，进、排风口较少量，机械通风系统发生故障时，自然通风效果有限。此外，封闭环境的物质燃烧不充分，可燃物发烟量大，控制和排除烟复杂，不利于内部人员的疏散和外部人员的救灾。

地下空间处于城市地面高程以下，行走方向与地面建筑相反，导致从地下空间只能垂直上行疏散和避难到地面，消耗体力，影响疏散速度。同时，自下而上的疏散路线，与内部烟、热气流的自然流动方向一致，因此人员疏散困难。另外，地面积水容易灌入地下空间，地下空间难以依靠重力自动排水，容易造成水害。

从统计数字看，首先，人员活动比较集中的地下街、地铁车站、地下步行道等各种地下设施和建筑物地下室中发生的灾害占 40％；其次，火灾次数最多，约占 30％，空气质量恶化事故约占 20％，其他灾害发生次数一般不超过 5％；第三，以缺氧和中毒为主要特征的内部空气质量恶化现象在建筑物地下室和地下停车场等处发生的次数较多，应列为地下空间内部灾害的主要类型之一。

虽然地下空间对发生的内部灾害抗御能力较差，但事实表明，只要采取切实有效的防灾措施和采用先进的防灾设备，内部灾害是可以避免，即使灾害发生，也完全可能将其控制在局部范围，并将损失减到最低程度。因此，应当从地下环境的特点出发，按照不同使用性质和开发规模，采取严格的综合防灾措施，才能保障平时使用中的安全，做到防患于未然。

11.2.2　地下与地面防灾空间的综合体系

1. 地下防灾空间的充分利用

城市地下防灾空间主要有两方面的作用：一是为地面上难以抗御的灾害做好准备；二是地面上受到严重破坏后保存部分城市功能。同时，除水灾外，地下空间对多种城市灾害的防护能力均优于地面空间。因此，城市地下空间是城市防灾空间体系的主体，并有足够的容量。

按照防护等级建造的地下民防工程，虽然对于多种灾害都有较强防护能力，但因需要资金较多，应坚持长期建设，高等级的地下人防工程的空间容量有限，远远不能满足整个城市平时和战时的防灾需要。但城市还存在着大量没有按战争要求设防的地下空间，仍具有较强的防护能力，例如大型公共建筑和高层建筑地下室、地铁车站、铁路和公路隧道、管线廊道、矿井、天然溶洞等，都可作为防震、防火、防风、防毒的场所，也适合于战时大量人流转入地下时的集散和短时掩蔽。因此，这部分城市地下空间应纳入地下防灾空间体系之中。

普通地下建筑承受的正常荷载大于地面建筑，比地面建筑抗力高，一般可达到 0.03～0.05MPa。地下空间顶部选择适当的结构形式，加强防护。研究资料表明，指定超压值，不同结构形式的顶板破坏概率不同，影响地下空间的人员生存率。常规的钢筋混凝土梁板结构，当超压大于 0.1MPa 时，生存率已趋近于零，而钢梁钢筋混凝土结构在超压大于 0.2MPa 时，生存率仍能保持 6％左右。

各种非防护地下空间，可利用其结构抗力外，还应采取适当措施，提高内外部的气密性、防火性，内部保存足够空气量。如果地下空间出入口设置密闭门，可以提高防火和防毒能力，0.03MPa 左右抗力的密闭门可抗御淹没高度为 3m 的洪水。广泛使用的钢筋混凝土密闭门的气密性不高，抗洪能力差。防灾空间容积和容纳的避难人数应保持合理比例，确保地下空间避难人员必需的空气供应。据日本资料，密闭空间中，维持 CO_2 浓度低于 0.15％，每人需要 62.5m³ 的空间；如果 CO_2 浓度标准为 1％，则每人需要 7.7m³；当每人避难面积只有 0.8m²，空间为 2.5m³ 时，CO_2 浓度将达到 3％，会引起避难人员明显的不良生理反应，因此人均避难面积应

保持在 $1m^2$ 以上，否则只能缩短隔绝时间，不利防灾。

　　为抗御全面战争而建设的地下民防工程，任何地面防灾空间都无法代替，因此必须按照国家标准和政策坚持长期建设，满足战时需要，是抗灾抗毁能力较强的地下空间，是整个城市防灾体系的核心，防灾机构中的重要部门都应以较高等级的民防工程为依托。民防工程应根据在战争的毁伤程度，分高、中、低、一般四种情况分级设置，其中"一般"即指完全处于毁伤区外的工程，可不按防护标准设计，即使如此，除空气冲击波外，对其他武器效应及平时多种城市灾害，仍具有优于地面抗御能力。

　　城市遭受大规模的严重灾害后，城市功能可能大部分丧失，甚至陷于瘫痪。这时，地下防灾系统成为唯一安全的空间，应使地下防灾空间互相连通，保存了城市救灾能力和灾后恢复能力，提高避难人员的生存率，维持通信、运输、供应等功能。例如在地面上大面积染毒或发生大火，地下空间处于与地面完全隔绝的情况下，仍能保持一部分必要的城市功能，主要有维持避难人员最低标准的生活，伤病员的转运，物资的运送，低标准的水、电保障，以及各系统之间的通信联络，城市领导机构和抗灾指挥机构的正常工作等。

　　我国在人防工程建设初期，曾强调过"连通搞活"，但因为大量连接通道平时难以利用，经济效益差，没有坚持这种做法。解决这一问题的途径是在规划建设城市地下交通系统时，地下防灾空间的连通与平时使用的地下交通设施统一起来规划建设。美国的休斯敦、达拉斯，加拿大的多伦多、蒙特利尔等城市，中心区都有长达 10 多 km 的地下步行道系统，连接地面重要建筑物地下室，平时使用方便，连通防灾空间。世界上，均把地铁纳入城市的防灾体系，每延米地铁约可提供地下空间 $200\sim250m^3$，以每人 $7.7m^3$ 计，可为 $26\sim33$ 人做防灾之用。日本重视地铁作为重要的城市防灾空间，地铁车站用于灾害初期大量流动人口的集散和临时避难，区间隧道则用于疏散人流和运送救灾物资。

　　2. 扩大地面防灾空间的容量

　　地下防灾空间是城市防灾空间的主体，但不应排除地面空间，包括城市建筑空间在城市防灾中的积极作用。因为地下空间的容量总有一定的限度，对于某些城市灾害，地面空间具有足够的抗御能力。因此，采取各种措施，充分发挥各类城市空间的抗灾作用，建立起地下与地面空间相互补充的城市防灾空间的综合体系，对于城市的安全有重要的意义。

　　城市中的广场、绿地、空地等凡是在建筑物倒塌范围以外的城市空间，对于地震和火灾的避难都是有效的。按照抗震标准设计的地面建筑，只要地震烈度在设防标准以内，建筑物的内部空间也是安全。地面建筑对于武器的袭击也有一定的抗御能力。

　　按照传统概念，地面建筑在核袭击下将大量被破坏，其中的人员只会伤亡，不可能得到防护，因而被排除在民防工程之外。但是，在同样地面超压条件下，不同结构的地面建筑的破坏程度有很大差别。例如，混合结构低层建筑，在超压小于0.02MPa时仅有中等程度的破坏，对其中的人员不致造成伤亡，大于0.04MPa时才会破坏，但只要建筑物未倒塌，其中人员或多或少受到建筑物对热辐射和早期核辐射的防护作用，而不致大量伤亡。框架结构的高层建筑，以及按烈度为七度以上设计的抗震建筑，抗倒塌的能力更强。研究资料表明，地面超压小于0.14MPa的地区，框架结构建筑不会倒塌。钢筋混凝土外墙箱形结构，即使地面超压达到0.05MPa，生存率90%，相当于一般地下建筑防护能力。

11.2.3 民防工程的防护效率

地下民防工程系统是城市防灾空间的重要组成部分，人均面积指标、费用与防灾效果比等方面衡量系统的水平。战时的防护效率最高，工程的效费比最高，平时的防灾能力最强，平时的经济效益最高，体现地下民防工程整体最优。现仅以对人员的防护效率为例，说明整体最优的概念。

（1）合理预测。应对城市可能面临的战争和其他灾害及毁伤情况做出合理预测，所谓合理预测，是指在准确的情报和信息的基础上，按照代价最小效果最大的原则，对可能的打击战略、打击规模、打击方向、打击方式等作出科学判断。根据合理的毁伤分析，可以按冲击波地面超压值的大小将城市划分成目标区（或称高危险，超压0.3~0.4MPa），一般危险区（超压0.05~0.1MPa）和波及区（超压小于0.02MPa），作为民防工程规划的一个依据。

（2）防护效率。工程防护效率应满足实际要求，建设人员掩蔽工程的总目标并不是使掩蔽人员的生存率达到100%，而是根据需要与可能，提出最大限度的比例，进而确定掩蔽工程的抗力和掩蔽范围。设人员掩蔽工程系统战时总防护效率为E，则

$$E = F(\alpha, \beta, R) \tag{11-1}$$

式中　α——工程的掩蔽率；

　　　β——工程的掩蔽系数；

　　　R——工程的抗力。

从式（11.1）中可以看出，并不是工程抗力越高，防护效率就越高，因为工程处在位置也是影响因素。例如，民防指挥工程应按较高抗力等级设计，但由于其重要，规划中应避开高危险区。

（3）防护效率与工程规模、预警时间的关系。人员掩蔽工程的防护效率与工程规模、预警时间有关，如果预警时间充分，大型公共人员掩蔽所的防护效率和效费比都较高，工程防护效率可达85%；若预警时间很短，如只有几分钟，则200人以下中型和家庭掩蔽所的防护效率最高，达到87%，容量1000人以上大型工程因人员无法到达，充满度低，防护效率降低。

（4）掩蔽工程质量与防护效率的关系。人员掩蔽工程即使有足够的抗力，如果温度、新鲜空气量等内部环境达不到标准，或者水、食品的供应不足，以及医疗和废物排除等不具备协调一致的能力，都有可能迫使已经进入掩蔽工程的人员因无法生存而离开，从而降低工程的有效率。此外，掩蔽工程之间如能互相连通，增加机动性，则防护效率比孤立的工程会有较大程度的提高。

11.2.4　内部灾害的综合防治

1. 内部灾害的早期控制系统

灾害都是由某种灾害源引起，在灾害发生之前应采取控制灾害源的措施，防止甚至杜绝灾害的发生，应当是综合防灾系统的首要任务和最高工作目标。

如地下街，首先，应当限制易燃和发烟量大的商品数量，禁止使用易燃装修材料；其次，商业空间内限制明火使用，饮食店实行集中管理，同时，除指定顾客吸烟处外，绝对禁止吸烟。

建立灾害感知系统，提高感知仪器设备的自动化程度和灵敏程度，确保状态完好；还需设立人工监视系统，防止自动系统失灵。灾害感知系统应与灾害初始控制系统自动联系，力求灾害早期就加以排除或抑制。

应设置防火分区和防烟分区，有利于火灾的初始控制。

2. 灾害扩大后的救灾系统

当灾害在初始阶段失去控制，开始扩大和蔓延后，救灾系统的主要任务有两个，一是安全撤离内部所有人员，二是实行有效的灭灾。

外来人员在防灾中心和受过训练的工作人员的组织和引导下，在灾害没有危及生命之前撤离灾害现场，到地面开敞空间的安全地带避难。动员一切内部和外部的人力物力将灾害在最短时间内扑灭。鉴于地下空间的灾害从外部救援比较困难，故主要依靠内部的救灾设施。减少损失的最有效措施应当是尽快控制和消除火害。

3. 内部防灾的指挥和管理系统

为了使防灾救灾系统正常运转，在灾害发生时能有效地起到救灾灭灾的作用，较大规模的地下空间应建立适应其使用性质和规模的综合防灾指挥和管理系统（图 11.1）。

图 11.1　名古屋中央公园地下街的防灾中心内部

一般可采用三级防火体制，第一级是地下空间内部装备的各种自动防灾、救灾、灭灾系统，第二级是内部的专职防灾人员和受过防灾训练的其他工作人员，第三级是从外部的城市防灾专业队伍。

§11.3　地下空间的火灾防护

地下空间火灾危害比地面建筑空间严重得多，按规范规定采取措施，控制火灾的发生和蔓延，确保人员的高效疏散和撤离。

11.3.1　内部火灾的特点与危害

地下空间火灾危害比地面建筑严重。首先，地下空间的火势蔓延方向、烟的流动方向与人员撤离方向一致，都是从下向上，火的延烧速度、烟的扩散速度大于人员疏散速度，同时，由于出入口处烟和热气流的自然排出，给消防人员进入地下灭火造成很大困难；其次，地下空间的封闭性较强，人们的方向感较差，那些对内部情况不太熟悉的人很容易迷路，因此灾情发生后，混乱程度比在地面上要严重。建筑规模越大，内部布置越复杂，这种危险性就越大。

地下建筑内部发生火灾的原因主要有电气事故（如打火、短路、过热等），使用明火不慎（如饮食加工、电焊、淬火等），易燃气体泄漏，以及管理不善（如允许吸烟、监控系统失灵）等。火灾发生后容易蔓延的原因是大量易燃物的存在，例如装修材料、家具（货架、柜台、桌椅等）、易燃商品（衣服、鞋帽等）、纸制品（书籍、资料、档案、包装箱等）。一般的办公室、商店，每平方米地面面积平均有可燃物 100kg，书库为 200kg。因此，针对内部火灾发生和蔓延的可能，限制易燃物和可燃物的数量，采取必要的消防措施。

火灾对人的主要四种危害效应：烧伤、窒息、中毒和高温热辐射。火灾死亡总数中，由于缺氧、CO 中毒窒息而死占 $50\% \sim 60\%$，烧死约为 30%。离火焰端头 3m 处的空气温度达 $150℃$，人在这种高温下只能生存 5min。包括 CO 在内的各种有害气体浓度达到 1% 时，人能维持呼吸的时间仅 $5 \sim 6$ 分钟。

当地下建筑的结构和构造设计完全符合有关防火规范要求时，一般钢筋混凝土结构在火灾作用下不致完全破坏，但在高温作用下的结构强度随温度作用时间增加而降低，因此，在火灾后，必须对地下建筑结构进行严格检验，经必要的加固后才能恢复使用。

此外，地下建筑中的各种物品，除直接被焚毁者外，还可能由于灭火剂的作用而损坏，如水、泡沫、化学药剂等。

由于热气流向上运动，除出入口部分外，地面外部火灾一般不蔓延到地下空间。但是如果地面发生大规模的火灾，例如空袭造成的大面积火灾或低耐火等级建筑物密度较大地区发生连片火灾，除因地面急剧升温而可能破坏地下建筑结构外，一旦形成火暴，由于强大的向心气流将地面附近的空气上吸，形成负压，吸出地下建筑内部空气而缺氧。同时，应注意地面大火使建筑物倒塌，可能堵塞地下空间出入口。

11.3.2　内部火灾的控制措施

首先应采取措施杜绝地下建筑火灾的发生，其次尽量阻隔火势蔓延、烟流扩散，组织有效灭火。

1. 控制火源

严格控制火源，降低火灾发生的可能性到最小。主要火源是明火、电器或金属打火。明火可能会引燃可燃物品、易燃气体或粉尘发生爆炸，地下空间原则上应禁止使用明火和吸烟。应限制明火使用范围，清除周围的可燃物，建筑布置上加以隔离，同时对易燃气体采取漏气感知、报警和自动切断气源措施。加强电气设备和线路维护，防范硬物碰撞打火，如停车场内排除钣金作业，在人行通道上使用防静电地面材料等。

建筑物的结构、构件，应有足够的耐火能力，符合防火规范的耐火极限要求，同时应禁用可燃材料，特别是可燃装修材料。

设置自动感温或感烟系统和自动报警系统，可以最短时间发现地下建筑中的意外火源，及时采取紧急控制和灭火措施。自动喷淋系统与感温或感烟系统相联系，有效控制火源，喷雾系统的雾状水滴可迅速包围火源、隔绝空气而窒熄，延缓猛烈火源的蔓延时间。自动报警、自动喷淋系统必须质量可靠，并配备必要的专职消防人员巡逻和设置闭路电视监视系统。因此，大型或人员集中的地下建筑中，应设防灾中心，中小型的可与机电设备的控制室合并一起。

2. 设置防火防烟分区及隔断装置

地下空间火灾发生后，应采取措施防止灾情进一步扩大，尽可能阻隔火势蔓延、烟流扩散。如设置防火分区、防烟分区、防烟楼梯间、防烟垂壁等，对火和烟的阻隔时间越长，越有利于人员疏散和消防人员的进入灭火。

我国防火规范明确规定，地下建筑中设置防火和防烟隔间，把火源控制在有限范围内，迟滞灾情扩大。但对于平时使用的观众厅、商场、车站等大空间，现行规范很少规定防火、防烟单元的划分，大型影剧院难以划分防火单元，应避免建在地下空间，少量中小型地下影剧院、会议厅等，也应以观众厅、休息厅、舞台为单元进行防火分区。

地下建筑应减少发烟量大的物品使用，划分防烟单元，设置排烟系统，实现有组织排烟，阻隔烟流的自然扩散。我国防火规范规定防烟单元是防火单元面积的一半，防烟单元应与防火单元统一布置，每个防烟单元中应设置独立的排烟系统。根据排风系统设备和管道的耐热性能，确定排烟系统是否可与平时排风系统合并，如排烟风机要求耐 $100\sim250℃$ 高温 1 小时，如满足要求，两个系统可合并布置。

地下建筑应设置防烟楼梯间，阻隔烟火沿垂直方向蔓延，特别是在人员安全出口处更为重要。在 1000m² 左右的防火单元中，防烟楼梯间布置应考虑地下空间的分割影响，防止某些部位难以快速到达防烟楼梯间，防烟楼梯间的门应朝向防火单元的通道。如上海人民广场大型地下商场，每个防火单元布置一个能直通地上的防烟楼梯间。

地下建筑较长通道不应采用防火门或墙分隔，应每隔一定距离设置一道 0.8m 左右高的防烟垂壁，有效迟滞烟的流动，垂壁平时作为吊顶的一部分，遇火或烟时自动翻转下垂。

3. 灭火

当地下火灾呈现蔓延和扩展趋势时，应尽快针对燃烧物特性使用不同的灭火剂加以扑灭。普通燃烧物用水扑灭，必要时增设泡沫灭火或二氧化碳灭火系统。水灭火的自动喷淋系统应有足够覆盖面积，应均匀设置消火栓，建筑的适当位置布置高位贮水库，具有足够的水量和水压。泡沫灭火或二氧化碳灭火系统比水的效果都好，但成本较高，使用前需要临时用化学药剂配制而灭火，加强整个系统的平时维护管理，故宜在可燃物很集中或防火标准很高的地下建筑中使用。电火灭火剂主要用卤代烷，油火灭火剂为轻水。

应加强地下建筑的消防管理，制订消防应急方案，火情发生后，人员必须在最短时间内撤出，确保人员生命安全。地下建筑宜采用三级消防体制，首先是地下建筑装备的各种自动灭火系统；其次是内部专职消防人员；最后是外部城市消防队。封闭状态的地下建筑消防应强调以前两级为主，如内部发生火灾，只能通过少量出入口进入灭火。当出入口向外排出浓烟和炽热气流时，外部人员不能进入地下空间。

外部消防队员进入地下建筑扑灭火灾的成功案例很少。当地下建筑内部火灾已失去控制时，内部人员应快速撤出后，应停止通风、排烟，封堵所有出入口和孔口，断绝内部空气，同时充分发挥内部自动灭火系统的作用，使火慢慢熄灭。这是比较现实的做法，尽管内部物资损失可能较大。

11.3.3 人员的疏散和撤离

封闭地下环境在火灾发生后，短时间内空气中氧含量迅速减少，不充分燃烧产生大量的烟和各种有害气体。因此，从人员疏散的角度看，必须首先针对烟的特点和流动规律采取相应措施。

1. 防火安全距离

正常人从听到火灾警报到撤离火场，一般经过三个阶段。第一个阶段从听到警报到采取避难行动，有一个感知和反应过程，大约需 1min。然后，从发火点附近疏散到安全地点，又需 1min，例如从火源所在的防火单元到达另外一个无火的单元或通道，暂时是安全，称为"临时避难"。假定火源位于某一防火单元的中心，人的步行速度为 0.85m/s，则人在 1min 之内可走出 50m 到达防火门。第二个阶段，沿通道系统到达安全出口，这一距离应包括水平和垂直两个方向，因为人沿楼梯步行的速度比水平方向要慢。当人流密度为 2.5 人/m² 时，每秒钟可在楼梯上走 2.5 级，以每步升高 0.15m，上升速度约为 0.38m/s。第三个阶段，是通过安全出口，到达空旷的室外环境中，因此要求出口有足够宽度，保持必要通过能力。在日本，综合指标称为出入口的流动系数，取 1.33 人/m·s。据此进一步规定每百人所需要的安全出口的有效总宽度。第二、第三两个阶段统称为脱离避难。

日本对人员多而集中的地下建筑防火要求，主要控制两个指标，一是防火单元的面积不超过 200m²；另一个规定从建筑物内任何一点到达最近一个安全出口的距离不超过 30m。这是考虑到在最不利条件下，例如在对烟的阻隔失效时，人在慌乱中步行速度降低，辨别方向的能力减弱，以及安全出口处未设防烟楼梯间等情况下，仍能使人在空气温度、含氧量和有害气体含量尚未达到极限值（150℃、10%、1.28%）以前，在保持通视距离时完全脱离火灾环境。据加拿大的试验资料，在不燃墙体的建筑物中，以上 3 个危险因素达到极限的平均时间为 4.9min，其中能见度的极限值仅为 2.2min。假定从发火点到一个防烟楼梯的距离为 30m，楼梯上升高度为 6m，烟的流动不受阻隔，则按图 11.2 所示的流动规律，在 64s 以后烟就到达安全出口的地面以上位置。如果人在发现火情后，以 0.85m/s 的速度离开，则水平步行需要 35s，垂直步行需 16s，即 51s 后可以安全脱离到达地而，说明 30m 的规定是安全的，超过越多，危险性就越大。虽然在 60m 范围内人的步行速度仍可能大于烟的流动速度，但考虑到减光系数维持在 0.1～0.2 的时间不超过 60s，

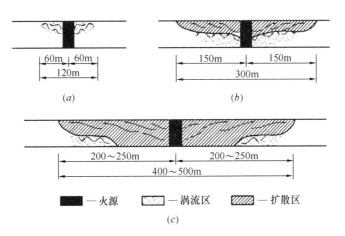

图 11.2　烟的流动规律和影响范围
(a) 发烟后 2min；(b) 发烟后 2～5min；(c) 发烟后 5～6min

安全距离控制在 30m 以内是必要的，否则就难以找到安全出口的位置。据日本资料，在火灾死亡人员中，每 4 个人中就有 1 人是因不能及时到达安全地点所致，可见保持安全距离的重要性。

2. 通道的最小宽度

从防灾角度看，通道布置应满足两方面要求，一是系统简单，最大限度地减少人们迷路的可能性；另一个是与最大密度的人数相适应的宽度，以保持快速通过能力，防止疏散时发生堵塞。

通道（一般指干道）的宽度，除满足平时使用要求外，还应在人员最多的情况下保持足够通行能力，即在灾情发生后使沿通道疏散的人流以没有障碍物的正常速度步行，以防止拥挤和堵塞。正常状态下，具有正常体力的人在水平方向的步行速度为 1.2m/s，这时人流密度不能超过 1.4 人/m²。如不能满足火灾疏散要求，则需加大通道面积，主要应加大主干道的宽度，才能加快人流疏散速度。据日本经验，当通道上人流密度为 1.4～2 人/m² 时，人流速度可保持在 1.2～0.85m/s，是比较合适，可作为确定主通道宽度时的参考。为了确定疏散主通道总宽度，应先按下式求出需要多少个单位宽度数

$$W = \frac{A}{d \cdot c} \tag{11-2}$$

式中　W——所得单位宽度数量；

　　　A——使用面积（m²）；

　　　d——人流密度（人/m²）；

　　　c——单位宽度通道每分钟能通过的人数。

当 $A=4000$m²，$d=1$ 人/m²，$c=100$ 人（水平方向）时，$W=40$ 个单位宽度。所谓单位宽度，是指人在正常步行时所需的标准宽度，一般取 0.5～0.7m。如果取单位宽度为 0.6m，则这个地下建筑所需疏散主通道的总宽度应为 40×0.6=24m。

3. 出入口的数量和位置

出入口对于地下建筑的人员安全疏散和完全脱离火灾环境是十分重要，包括直通室外地面空间的出口和两个防火单元之间的连通口。为了满足及时疏散要求，应有足够的出口数量，并布置均匀，使内部任何一点到最近安全出口的距离不超过 30m，每个出入口服务面积大致相等，防止部分出入口处人流过分集中，发生堵塞。出入口的宽度应与所服务面积上最大人流密度相适应，以保证人流在安全允许的时间内全部通过。表 11.1 列出 5 个日本地下街的出入口布置，不论从数量、位置，还是每个口所服务的面积看，都是比较适当。

日本地下街的出入口布置　　　　　　　　　　　　表 11.1

地下街名称	商业空间总建筑面积（m²）	出入口总数（个）	每口平均服务面积（m²）	室内到出入口最大距离（m）	开业（年）
东京八重洲地下街	18352	42	435	30	1965，1973
东京歌舞伎町地下街	6884	23	299	30	1973，1975
横滨波塔地下街	10303	25	412	40	1964，1974
名古屋中央公园地下街	9308	29	321	30	1978
大阪虹之町地下街	14168	31	457	40	1970，1971

11.3.4　不同类型地下建筑内部火灾的防护

1. 公路隧道

公路隧道虽然内部空间比较简单，但发生火灾的危险性较大，扑灭火灾要比在地面道路上困难得多，而且火灾的危害程度随隧道长度增加而愈趋严重。隧道中车辆起火后，火势很容易扩展，车辆疏散难，后续车辆无处躲避，起火点距隧道入口越远，后续车辆越多，损失也就越严重。隧道火灾多数是车辆事故所引起，车辆油料起火扑灭困难，而且随时有发生爆炸的可能。火灾发生的时间和运载物品与火灾大小也有直接关系。隧道火灾的主要防护措施如下：

（1）车行道应有足够的宽度，减少撞车的可能性，在适当位置应设避车线。隧道建筑材料要求不可燃，而且有较高的耐火极限，必要时应在结构表面喷涂防火隔热材料。应防止结构因高温而强度降低外，还应防止吊顶材料坠落堵塞公路。此外，我国公路隧道内如有大量自行车和行人通行时，必须用防火构件将机动车道与慢行道完全隔开，设置单独的排烟系统，保障人流安全和必要时快速疏散。

（2）为了及时控制灾情，把火灾损失降到最低程度，当隧道长度超过 500m 时，必须设置先进的感知、报警和自动灭火系统。隧道越长，消防设施越应完善。控制火源扩展，应在最短时间内停止车辆进入，并组织已进入车辆迅速撤离。应当注意的是，应防止意外情况而使监控系统失灵，必须加强管理，如派专职人员巡逻，沿线设置报警电话等。特别是隧道入口处，更应设专人监控火情和指挥车辆疏散，平时应限制载有危险品的车辆进入。

（3）针对隧道内大量油料燃烧的特点，采取有效灭火措施。国外多次试验和隧道火灾的结果已经表明，自动水喷淋系统对于油火只能起降温作用，而不能灭火，而轻水是一种对油火有效的灭火剂。只要将瓶装轻水与原有的喷水系统接通，即可喷出轻水，在油层表面形成泡沫薄膜，使火焰熄灭。

2. 地下商业空间

地下商场、地下商业街、地下购物中心等各种类型的地下商业空间，人员集中程度仅次于地铁，但其中的可燃物要比地铁多。特别是当商业空间与交通等设施组织在一起，形成地下综合体，同时连通相邻建筑物地下室，内部空间关系和人流的往来更为复杂，增加了迷路的可能性，火灾的危害程度也就更大。地下商业空间的防火，主要应从以下几方面进行：

（1）应限制易燃和发烟量大的商品，禁止使用易燃装修材料，限制明火使用，禁止吸烟。

大型商场经营的商品种类多，大部分易燃、可燃，特别是化学纤维织品和服装，可燃性更强。应根据实际情况，规定地下商场中经营的商品，减少火灾隐患。建筑装修材料、柜台和货架的材料都不得使用易燃和可燃品。

地下商业空间对于明火的限制主要取决于是否开设饮食店。为满足顾客饮食和休息要求，饮食店是地下商业街的重要组成部分，一般占商店总数的 1/5～1/4。然而，大量饮食店不利于防火，特别是分散型饮食店及煤气管道系统，火灾的危险性更大。为了降低危险程度，地下街饮食店应采用相对集中布置方式，加强明火的监视和控制，缩小煤气系统的覆盖面，设置漏气报警和自动切断装置。从限制明火使用角度，可以适当集中安排一些茶室、咖啡馆、快餐店等，饮食店适宜布置在下沉式广场周围，朝广场方向尽可能敞开。地下商场中应禁止吸烟。

（2）建筑布置应力求简捷，以减少灾情发生后顾客在慌乱中迷路的可能性。

大型地下街通道网应力求简单、便捷，形成了由纵向干道和横向连通道组成的比较规则的网状通道系统，地下商场内部通道布置应避免过于复杂，建筑设计上不宜追求通道的曲折和变化，主通道两侧和端头的明显位置设置安全出口，减少迷路和找不到出口的可能性。为了消除通道过直或过长而产生的单调感，可以使地下街两侧的商店布置丰富多彩，在路口或交叉口做一些建筑处理等。

（3）建筑布置上为疏散创造宽敞和通畅的条件，设置引导设施，疏散人流能够辨识方向，顺利到达安全出门。

地下街中的重要位置，如路口、楼梯口等处，标明现在位置的商场平面图和附近出口路标，明显的安全出口标志。平时正常营业的情况下，就应做好宣传和引导工作，增强防灾意识。地下商场的消防系统中，除火灾感知和报警系统外，还应有完善的广播系统，通过广播引导人群有秩序地疏散。此外，事故照明系统除保障电源外，还应使用穿透烟气能力强的光源。

3. 地下生产和贮存空间

在某些生产或物资贮存过程中，有发生燃烧或爆炸的危险，如化学品和燃油的贮存等。变压器室、空气压缩机和制冷机的气罐，一些易燃气体的钢瓶等，也都有火灾或爆炸的危险。

在地下厂房中，发生爆炸后不易泄压，火灾不易扑救，因此如果某些易燃易爆的生产或设备必须放在地下，一方面应当从工艺、设备等方面增加安全措施，例如把油冷却变压器改为风冷或水冷等；另一方面充分发挥岩石具有较高抗爆和耐火能力的特点，采取相对集中、就地隔离的方法布置，把火灾或爆炸的危害限制在最小范围之内。

爆炸后产生的空气冲击波对人员、设备和厂房结构造成损害，还可能产生热气流或有害气体，其中主要是冲击波的危害，对后两种，可设置必要的事故排风系统。为了限制冲击波的危害，易爆的车间或工部应当布置在单独的洞室中，尽量减少与其他洞空的连通，并在出入口处设置抗燃的防护门。

爆炸空气冲击波有三种处理方法。一是使之密闭爆炸，利用周围足够厚的岩石和出入口处的重型防护门把爆炸限制在密闭洞室内，缺点是对本洞室破坏性很大，重型防护门在平时使用也不方便；二是设置泄压竖井，冲击波直接泄出地面，安全性好，损失小，但竖井造价高，施工困难，而且爆炸冲击波与外界核武器的冲击波方向相反，使竖井口部的防护设施较复杂；三是缓冲或扩散冲击波，易爆车间旁边设置 1 个扩散室，内部堆积消波砂石，减轻本室破坏和减小防护门的荷载；只在易爆洞室设一道轻型防护门，使冲击波主要在门外专用通道中扩散，通道两侧设置混凝土挡波墙，进一步削弱冲击波。

没有通用的计算方法确定两个易爆车间之间或易爆车间与普通车间的安全距离，可在模拟试验的基础上酌情确定。

对于有燃烧危险的生产过程、设备或仓库等，布置的原则与防爆相似。岩层厚度具有足够的耐火性能，故防火重点应放在隔断火源和灭火等措施上。隔断火源是为了防止火势蔓延，一般是在易燃车间的出入口设防火门，在气温升高时能自动关闭；灭火措施则应针对燃烧物的性质准备相应的灭火剂、消火栓和足够的备用消防水源和电源。此外，在通风管道中应设置能自动关闭的防火阀门，在电缆道上也应设耐火的隔断墙。从厂房布置上看，在易燃区附近设置防火隔离带是比较好的方法，特别是比较长的通道，应分成几个防火隔离段，每段之间设置防火墙和防火门。

在总体布置上，重要的生产工段和人员密集的部位应远离易燃或易爆车间，避开火势和爆炸方向。输送可燃气体、液体的管道不应穿行重要的生产工段，以防发生突然事故。安全出口的通道、楼梯、竖井等的位置要明显，通行便捷无阻，以便生产人员在发生灾情后能在最短时间内疏散撤离。

§11.4　地下建筑的水害与震害的防护

城市地下建筑水害多由外部因素引起，位置选择、出入口与排洪沟布置应符合规定。城市土层中的地下建筑震害比地面建筑的破坏要小，抗震措施较简单，重点是防止地震产生的次生灾害。

11.4.1　水害的防治

城市地下建筑水害多由外部因素引起，主要有地面积水灌入，附近水管破裂，地下水位回升，建筑防水被破坏而失效等。我国城市过去修建的人防工程，由于缺乏必要的规划设计，地下建筑防水质量很差，在一些地下水位高的地区，地下工程浸泡在水中，影响正常使用和附近环境卫生。地下建筑在雨季或地下水管破裂的灌水现象更为普遍，可能造成地面沉陷，以致地面房屋倒塌。

地下建筑出入口不可能抬高到若干年一遇的洪水位以上，但仍可采取措施防止洪水灌入。山区地下建筑应重视外部防洪问题，山区洪水来势猛，水流急，破坏性大，可能短时间内聚集大量洪水，使地下建筑洞口外水位迅速上升，一旦淹没洞口，将给工程造成巨大损失。

正确估算山洪最大流量是做好防洪排洪的前提。发生山洪的因素与当地自然条件关系很大，应收集水文和气象资料，现场观察最高洪水位的痕迹、冲沟的断面形状、坡降情况、冲沟内石块大小等，作为地下建筑的设计依据。可根据流量和流速，确定洪水设计流量，估算所需排洪沟有效过水断面面积。排洪沟一般采用明沟，断面形状为三角形、矩形或梯形，在转弯或流速加大处应做好护面，否则应减小边坡角度。排洪沟的布置应尽量利用原有冲沟，适当加以平顺调直，因为自然形成的冲沟比较符合洪水排泄的规律。如果由于建房修路占用了原有冲沟位置时，可使排洪沟局部改道。排洪沟应与上游衔接，适当修整上游沟道，经过修整的排洪沟起点处应设置挡水墙，使上游来水都能引入沟内。排洪沟的洪水应引入河道或厂外其他排洪系统中，避免影响下游农田，最好能与农业排灌系统相衔接。

如果地下厂房洞口布置在比较狭窄山沟中，而沟内可能发生洪水时，应同时考虑排洪沟、堆碴位置，因为出渣量较大时，可能将沟底逐渐垫高，使排洪沟不能容纳最大流量的洪水或根本无法布置排洪沟。因此，必须综合考虑洞口位置、高程、出渣量、碴堆高度和宽度，以及排洪沟的位置、断面面积、构造做法等因素，施工时边堆碴边做排洪沟，以免石碴占去排洪沟的位置。

11.4.2　震害的防治

地下建筑埋深越大，地震波的作用越轻，周围的土岩石的阻尼作用，减小了地震波振幅，因此，从总体上看比同一位置地面建筑的破坏要轻得多，地下建筑的抗震性能优于地面建筑。

城市土层地下建筑抗震措施较简单，重点应放在防止次生灾害，例如由于结构出现裂缝而漏水，吊顶振落而伤人，管道破裂引起火灾、水害等。此外，地震可能引起地下水位上升或地层液化，对地下建筑产生浮力，在结构设计中应予考虑。

岩石地下建筑一般距地表较深，直接被破坏结构的可能性较小，防震重点是防止各种出入口破坏或堵塞，特别是确保地震作用下的洞口上部山体边坡保持稳定。保护好山坡坡脚，如建房或修路之前将坡脚处挖开，应及时保护或加固，防止土体失去平衡而发生滑坡。

针对引起局部边被不稳定的因素，需及时采取保护或加固措施。首先，根据边坡情况确定建筑物或道路的布置方式，荷载大或内部有振动的建筑物避免布置在不稳定的边坡；同时，应考虑施工要求，按照程序进行施工，先清理山坡孤石和危岩，排除地面积水，铲除开挖地段的不稳边坡，按土或岩石的性质确定放坡角度，做好出露岩石的表面和裂隙的保护工作，做好护坡、挡水墙、排水沟等。应适当加固不稳定的边坡，如做成阶梯形，或者适当削平，削下的土石可堆在坡脚下，提高边坡的稳定性。此外，应重视地下建筑范围内的雨水排除，有组织地排走地面径流和积水，防止边坡冲刷或浸泡。

思 考 题

11.1 地下空间的防灾有哪些特性？

11.2 如何实现地下空间的综合防灾？

11.3 不同类型地下建筑内部火灾的有哪些防护措施？

11.4 地下空间的水害和震害的基本防治措施有哪些？

参 考 文 献

[1] 童林旭. 地下建筑学[M]. 济南：山东科学技术出版社，1994.

[2] 陈立道，朱雪岩. 城市地下空间规划理论与实践[M]. 上海：同济大学出版社，1997.

[3] 陶龙光，刘波，侯公羽. 城市地下工程[M]. 北京：科学出版社，2013.

[4] 童林旭，祝文君. 城市地下空间资源评估与开发利用规划[M]. 北京：中国建筑工业出版社，2009.

[5] 贺少辉. 地下工程[M]. 北京：北京交通大学出版社，2008.

[6] 童林旭. 地下商业街规划与设计[M]. 北京：中国建筑工业出版社，1998.

[7] 陈志龙. 城市地下空间规划[M]. 东南大学出版社，2004.10.

[8] 童林旭. 地下停车场建筑设计[M]. 北京：中国建筑工业出版社，1996.

[9] 关宝树，杨其新. 地下工程概论[M]. 成都：西南交通出版社，2001.

[10] 王文卿. 城市地下空间规划与设计[M]. 南京：东南大学出版社，2000.

[11] 耿永常，赵晓红. 城市地下空间建筑[M]. 哈尔滨：哈尔滨工业大学出版社，2010.

[12] 钱七虎，陈志龙. 地下空间科学开发与利用[M]. 南京：江苏科学技术出版社，2007.

[13] 朱合华. 城市地下空间新技术应用工程示范精选[M]. 北京：中国建筑工业出版社，2011.

[14] 中华人民共和国国家标准《地铁设计规范》GB 50157－2013[S]. 北京：中国建筑工业出版社，2014.

[15] 张庆贺，朱合华，庄荣. 地铁与轻轨[M]. 北京：人民交通出版社，2006.

[16] 彭立敏，刘小兵. 地下铁道[M]. 北京：中国铁道出版社，2006.

[17] 彭立敏，王薇，余俊. 地下建筑规划与设计[M]. 长沙：中南大学出版社，2012.

[18] 束昱. 地下空间资源的开发与利用[M]. 上海：同济大学出版社，2002.

[19] 束昱，路姗，阮叶菁. 城市地下空间规划与设计[M]. 上海：同济大学出版社，2015.

[20] 杨延军，李建民，吴涛. 人民防空工程概论[M]. 北京：中国计划出版社，2006.

[21] 吴涛，谢金荣，杨延军. 人民防空地下室建筑设计[M]. 北京：中国计划出版社，2006.

[22] 张中和主编. 最新城市道路及地下管线设计手册. 北京：中国建筑工业出版社，2006.

[23] 中华人民共和国国家标准《城市工程管线综合规划规范》GB 50289－2016[S]. 北京：中国建筑工业出版社，2016.

[24] 中华人民共和国国家标准《地下工程防水技术规范》GB 50108－2008[S]. 北京：中国建筑工业出版社，2008.